AI智汇数据：Excel VBA智能化办公案例视频全解

韩小良◎著

中国石化出版社
·北京·

内 容 提 要

本书是面向 Excel VBA 初学者的入门基础类图书。全书共 11 章，全面介绍了从 VBA 基本语法到 Excel VBA 对象的操作，旨在帮助读者快速学习 Excel VBA 基本语法，设计开发自动化程序，自动操作工作簿、工作表和单元格，高效处理数据。同时，也简要介绍了如何借助 AI 工具，如 DeepSeek，来快速获取解决实际问题代码的相关技能和技巧。

本书适合准备学习应用 Excel VBA 的各类读者，也适合具备一定 Excel VBA 基础、想要再巩固加深并提升 Excel VBA 应用技能的各类读者，也可以作为各类 Excel VBA 培训班的参考资料。

图书在版编目 (CIP) 数据

AI 智汇数据 : Excel VBA 智能化办公案例视频全解 / 韩小良著 . -- 北京 : 中国石化出版社 , 2025. 5.

ISBN 978-7-5114-7979-2

Ⅰ . TP391.13

中国国家版本馆 CIP 数据核字第 2025Z05T21 号

中国石化出版社出版发行

地址：北京市东城区安定门外大街 58 号

邮编：100011　电话：(010) 57512500

发行部电话：(010) 57512575

http://www.sinopec-press.com

E-mail：press@ sinopec.com

涿州汇美亿浓印刷有限公司

全国各地新华书店经销

*

710 毫米 × 1000 毫米 16 开本 21.5 印张 421 千字

2025 年 5 月第 1 版　2025 年 5 月第 1 次印刷

定价：99.00 元

前言

作为 Excel 内置的核心工具之一，很多人对 Excel VBA 还不熟悉，认为它很神秘，看到别人单击一下按钮就迅速完成数据统计报表，感到非常神奇，产生了学习 Excel VBA 的想法。于是，就买了一本讲解 VBA 的书籍开始学习，经过一个月的努力，最终败下阵来，觉得 VBA 并没有函数公式好用。

Excel VBA 当真那么难学吗？

前两年给一家客户做咨询时，我带着几个员工使用 Excel VBA 设计各个部门的数据管理表以及统计报告。最后他们说："没想到 Excel VBA 这么简单啊，只要逻辑清楚了，每个语句的意思就很明确，现在我们自己也能结合实际情况动手编写代码了。"

说这个案例的目的就是想表达这样一个意思：Excel VBA 并不难学，甚至在某种程度上比函数公式还简单，之所以很多人认为它很难，学不会，一方面是缺乏基本的逻辑思维训练，另一方面是在学习 Excel VBA 时，没有结合处理实际数据问题来应用，结果学了一大堆 VBA 语法语句，却不知道如何应用。

学习 Excel VBA 的目的是应用到实际工作中解决实际问题，Excel VBA 只有应用到实际工作中才有生命力，就像 Excel 函数公式一样，只有结合具体表格数据才有灵魂。通过对实际问题的研究，梳理数据管理和数据统计计算的逻辑流程，通过录制宏了解每步操作对应的宏代码，就能很快掌握 Excel VBA 的基本知识和技能。

本书特点

视频讲解：本书录制了 345 集共计 1677 分钟（约 28 小时）的教学视频，对 Excel VBA 的每个知识点、每个案例都进行了详细的讲解。

案例丰富：本书提供了 318 个实际案例，通过学习这些案例，读者可快速掌握 VBA 的相关知识和技能，能够使用 Excel VBA 解决实际工作中烦琐的、重复的数据处理工作。

代码完整：所有案例均提供完整的 VBA 代码，并标识关键 VBA 语句，便于读者掌握重点，快速入门。

AI 辅助：本书介绍如何借助 DeepSeek 快速获取 Excel VBA 代码并解决实际问题，提升数据处理效率。

本书内容安排

本书共 11 章，从 VBA 基本语法到 Excel VBA 对象的操作，深入浅出地介绍了 VBA 初学者必须掌握的基本知识和技能技巧。

第 1 章介绍学习 Excel VBA 之前的准备工作，重点介绍如何录制宏，通过录制宏得到的宏代码快速了解 Excel VBA 的基本语法和对象操作，掌握录制宏代码的编辑加工技能。本章配套案例素材 1 个，录制教学视频 18 集，共 91 分钟。

第 2 章系统介绍 Excel VBA 编程基本知识，包括声明和使用变量、常量和数组，VBA 的基本运算规则，VBA 的基本语句，编写 VBA 语句的实用技巧等。本章配套案例素材 55 个，录制教学视频 62 集，共 285 分钟。

第 3 章介绍常用的 VBA 函数及其实际应用技能和技巧，包括字符串函数、日期时间函数、检查函数、转换函数、数学函数、数组处理函数、输入和输出函数等。本章配套案例素材 23 个，录制教学视频 31 集，共 150 分钟。

第 4 章介绍如何在 VBA 中调用 Excel 工作表函数。巧妙地使用 Excel 工作表函数，如计数函数、求和函数、查找函数、排序函数、数学函数、日期函数等，可以大幅提升数据处理效率。本章配套案例素材 22 个，录制教学视频 23 集，共 154 分钟。

第 5 章介绍 Excel VBA 设计并使用自定义函数的技能和技巧，从而快速处理一些复杂的计算问题。本章配套案例素材 8 个，录制教学视频 10 集，共 41 分钟。

第 6 章介绍设计并使用子程序的技能和技巧，包括通用子程序和对象事件子程序。本章配套案例素材 9 个，录制教学视频 11 集，共 64 分钟。

第 7 章全面介绍 Excel VBA 操作工作簿的技能和技巧，例如，引用工作簿、打开工作簿、保存工作簿、关闭工作簿、设置工作簿打开权限密码、获取工作簿路径及名称、新建工作簿、在打开和关闭工作簿时执行任务、复制和删除工作簿等。本章配套案例素材 30 个，录制教学视频 20 集，共 70 分钟。

第 8 章全面介绍 Excel VBA 操作工作表的技能和技巧，例如，引用工作表、选择和激活工作表、插入新工作表、移动工作表、复制工作表、删除工作表、隐藏和取消隐藏工作表、保护和取消保护工作表等。本章配套案例素材 43 个，录制教学视频 43 集，共 146 分钟。

第 9 章全面介绍 Excel VBA 操作单元格的技能和技巧，例如，引用单元格和单元格区域、引用整行和整列、引用特殊类型单元格、获取单元格和单元格区域信息、设置单元格格式、清除单元格信息、复制和移动单元格、插入和删除单元格、向单元格输入数据和公式等。本章配套案例素材 68 个，录制教学视频 68 集，共 256 分钟。

第 10 章重点介绍如何使用 VBA 提升日常数据处理效率，设计自动化数据处理和统计计算模型，包括数据排序、数据筛选等。本章配套案例素材 59 个，录制教学视频 59 集，共 420 分钟。

第 11 章简要介绍如何使用 DeepSeek 来快速获取解决问题的实用代码，提升编写代码效率和数据处理效率。

本书以 Excel 365 和 Excel 2021 为标准操作版本，相关操作也适用于其他版本，如 Excel 2016、Excel 2019 等。

本书目标读者

本书适合那些希望开始学习应用 Excel VBA 的各类读者，也适合具备一定 Excel VBA 基础、想要再巩固加深并提升 Excel VBA 应用技能的各类读者，也可以作为各类 Excel VBA 培训班的参考资料。

本书赠送资源

免费教学视频：本书提供了 345 集共计 1677 分钟（约 28 小时）的教学视频，扫描书中二维码，可以随时观看学习。

全部实际案例：本书提供了 318 个实际案例素材。

免费电子书：赠送 6 本应用案例精讲电子书，共 1275 页。

1.《新一代 Excel VBA 销售管理系统开发入门与实践》

2.《Excel VBA 财务管理应用案例详解》

3.《Excel VBA 工资管理应用案例详解》

4.《Excel VBA 行政与人力资源管理应用案例详解》

5.《Excel VBA Access 财务系统开发从基础到实践》

6.《Excel 会计应用范例精解》

本书配套及赠送资源获取方式：

扫描下方二维码，关注微信公众号，回复关键词：8558，获取资源包下载链接和提取码。

韩小良

读书笔记

目录

第1章

Excel VBA 准备工作

Excel VBA 是 Excel 的一个编程插件，其核心是面向 Excel 对象的 VB 语言。VBA 易学易用，不仅可以实现日常重复工作的自动化，还可以设计个性化的应用系统。

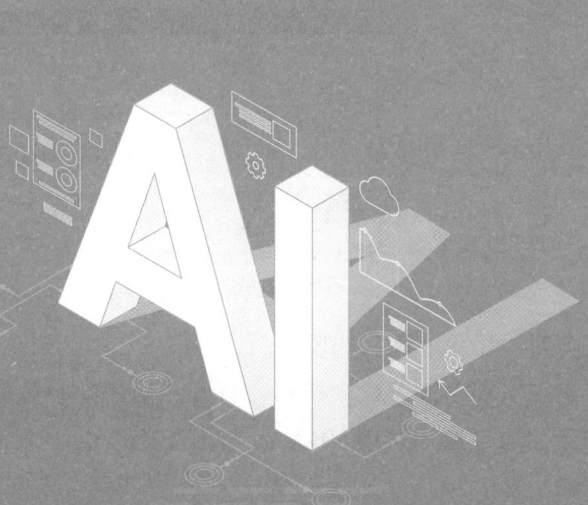

1.1 启用宏工作簿

在使用 VBA 之前，先了解几个基本知识和基本技能。

问答 1-001 什么是启用宏的工作簿

保存有 VBA 代码的工作簿又被称为启用宏的工作簿，其扩展名是“.xlsm”，扩展名中的字母“m”表示 Macro（宏）。

如果在某个 Excel 工作簿内编写了 VBA 代码，以后又要随时运行这个代码，那么就必须将工作簿另存为 Excel 启用宏的工作簿，如图 1–1 所示。

如果保存为默认的 Excel 工作簿（扩展名是“.xlsx”），那么就会丢失 VBA 代码。

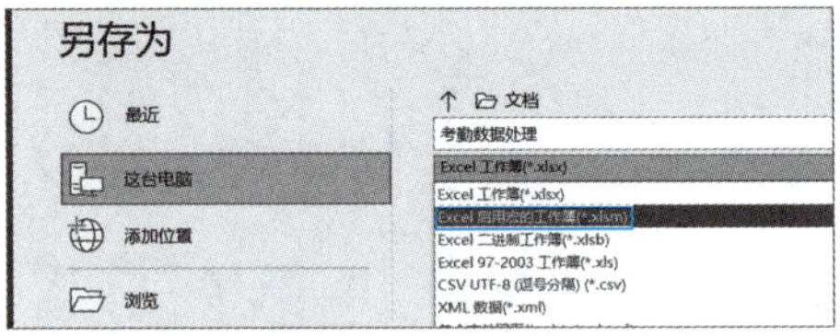

图 1–1　另存为 Excel 启用宏的工作簿

问答 1-002 如何设置宏安全性

要运行启用宏的工作簿的 VBA 宏代码，必须对 Excel 的宏安全等级进行设置，以便能启用宏。设置宏安全等级的基本步骤如图 1–2 所示。

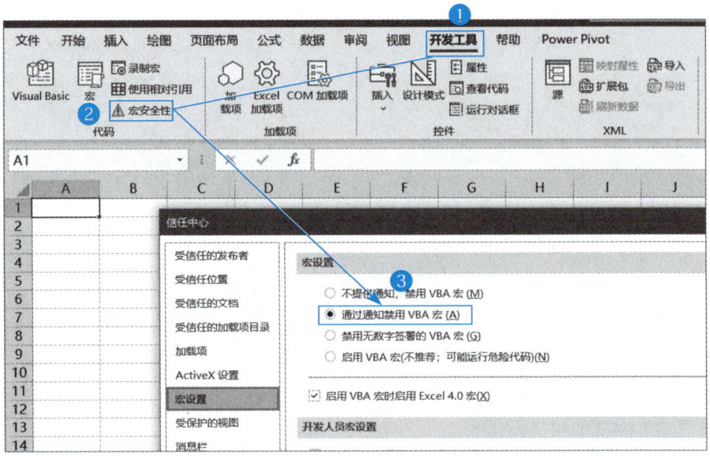

图 1–2　设置宏安全性

步骤 1：切换到“开发工具”选项卡。

步骤 2：单击“宏安全性”命令按钮，打开“信任中心”对话框。

步骤 3：勾选“通过通知禁用 VBA 宏”单选按钮。

问答 1-003 如何在功能区显示“开发工具”选项卡

“开发工具”选项卡是使用 VBA 的必需工具。默认情况下，Excel 功能区不显示“开发工具”选项卡，因此，我们需要将这个选项卡显示出来，具体步骤如下。

步骤 1：在功能区任意按钮位置右击并执行“自定义功能区”命令，如图 1-3 所示。

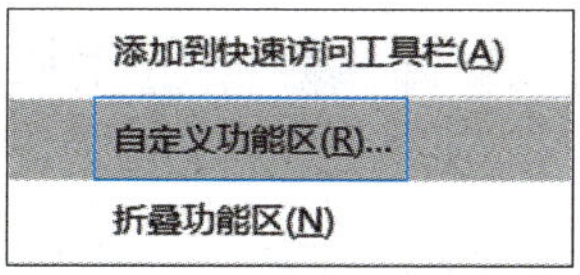

图 1-3　右击并执行“自定义功能区”命令

步骤 2：打开“Excel 选项”对话框，勾选“开发工具”复选框，如图 1-4 所示。

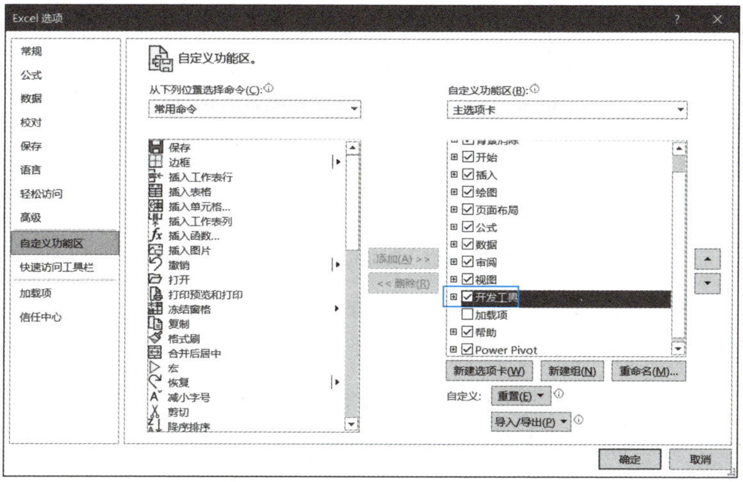

图 1-4　勾选“开发工具”复选框

1.2　VBA 编辑器

不论是录制宏，查看、编辑宏代码，还是设计应用程序窗体，都需要在“开发工具”选项卡中执行相关命令。

问答 1-004 如何查看 VBA 对象

在“开发工具”选项卡中，单击“Visual Basic”命令按钮，如图 1-5 所示，就打开了 Microsoft Visual Basic for Applications，简称“VBA 编辑器”，如图 1-6 所示。

打开 VBA 编辑器的快捷键是 Alt+F11。

图 1-5　单击“Visual Basic”命令按钮

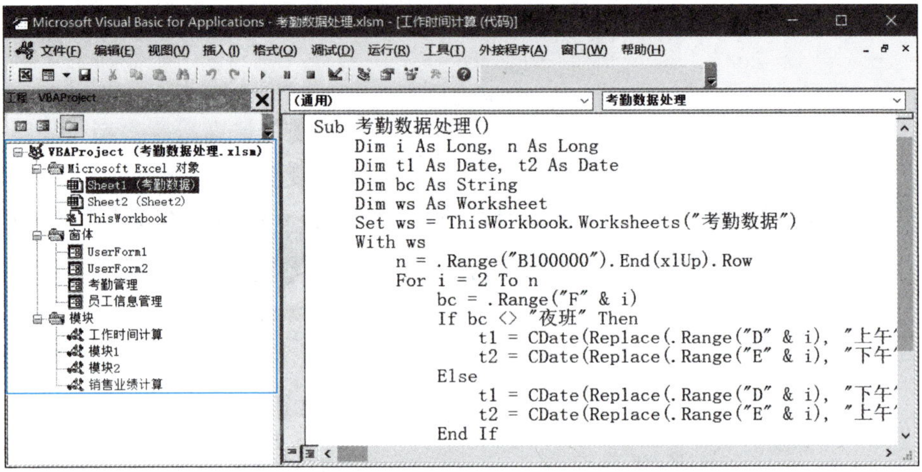

图 1-6　Microsoft Visual Basic for Applications

在 VBA 编辑器的左侧，有一个 VBAProject 窗口，列示了该工作簿中已有的几个对象，保存了相应对象下的 VBA 宏代码。

- 工作簿对象（ThisWorkbook）：保存控制当前宏代码工作簿的宏代码，例如打开工作簿、保存工作簿、激活工作簿等。
- 工作表对象（Sheet1、Sheet2 等）：保存操作某个工作表的宏代码，例如选择工作表、激活工作表、双击工作表等。
- 用户窗体对象（UserForm1、UserForm2 等）：用户设计的应用程序窗体界面，在窗体上可以插入各种操作控件，实现窗体与工作表的数据交换。操作控制窗体和控件的宏代码保存在各自的对象中。

插入用户窗体的默认名称是 UserForm1、UserForm2 等，可以将用户窗体默认的名称重命名为具体的名称，例如“考勤管理”“员工信息管理”等。

- 模块对象（模块 1、模块 2 等）：用户插入的对象，用来保存常规过程（子程序）的宏代码和自定义函数的宏代码。

插入模块的默认名称是模块 1、模块 2 等，可以将用户模块默认的名称重命名为具体的名称，例如“工作时间计算”“销售业绩计算”等。

问答 1-005 如何插入模块

模块用来保存常规过程宏代码和自定义函数宏代码，可以将不同功能和计算任务的宏代码保存在不同模块中，并将模块重命名为确切的名称。

插入模块的方法是在 VBA 编辑器中执行“插入”→“模块”命令，如图 1-7 所示。

每执行一次这个命令，就插入一个模块，模块的默认名称是“模块 1”“模块 2”“模块 3”等，如图 1-8 所示。

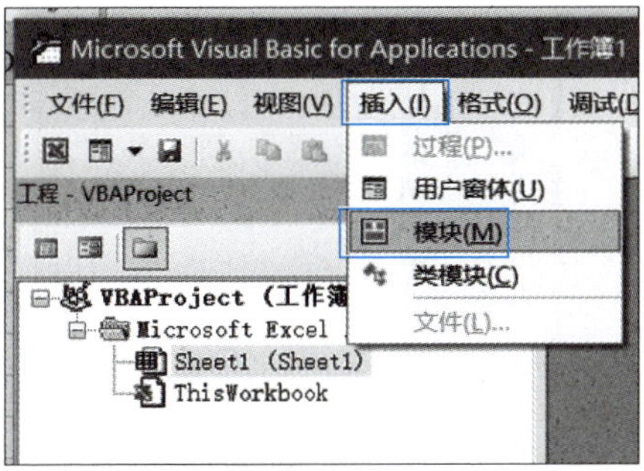

图 1-7 执行“插入”→“模块”命令

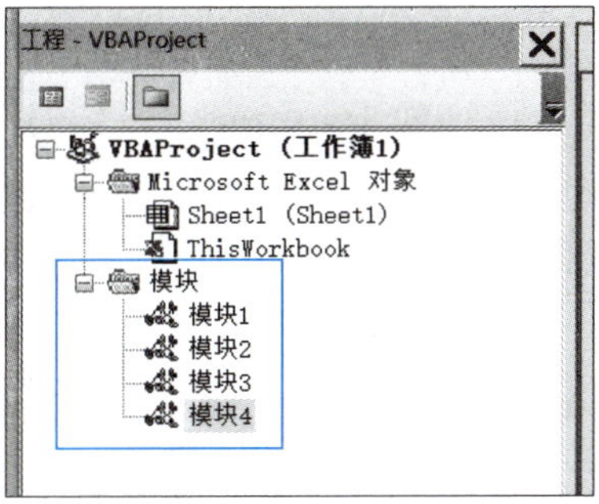

图 1-8 插入的几个模块

问答 1-006 如何重命名模块

每个模块可以保存不同功能、不同计算任务的程序代码，因此需要将模块重命名为确切的名称，以便于快速查找并编辑某个程序。

重命名模块的方法是：在 VBAProject 窗口中选择某个要重命名的模块，按 F4 键，打开“属性”窗口，然后输入新名称“经营分析”，如图 1-9 所示。输入新名称后，按 Enter 键即可。

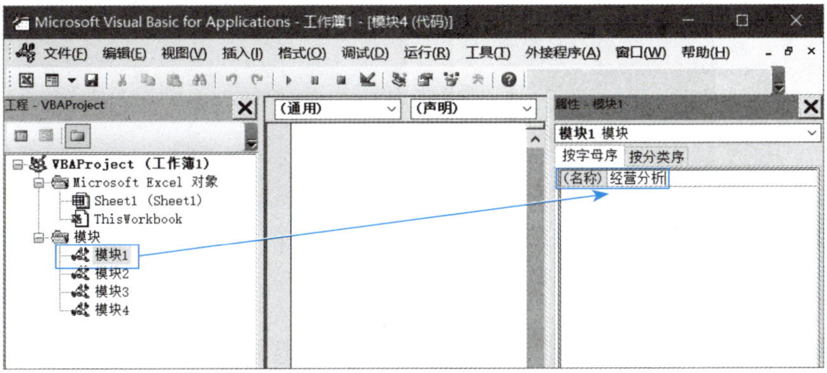

图 1-9 重命名模块名称

图 1-10 就是将各个模块重命名后的示例。

说明：可以对 VBAProject 窗口列示的所有对象，包括工作表、工作簿、模块、窗体等，进行重命名，方法与重命名模块是一样的。图 1–11 是重命名对象名称的示例。

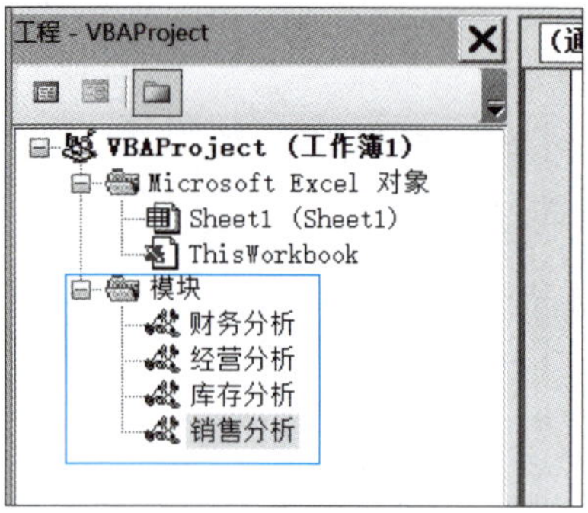

图 1–10　重命名的模块

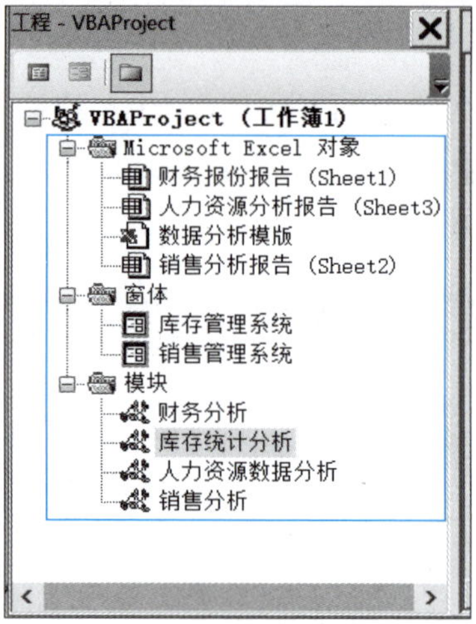

图 1–11　重命名对象名称

问答 1–007　如何删除模块

删除模块的方法很简单，选择要删除的模块，右击并执行“移除×××”命令，如图 1–12 所示，在弹出的警告信息框中单击“否”按钮，如图 1–13 所示，就可以将该模块完全删除。

图 1–12　右击并执行“移除×××”命令

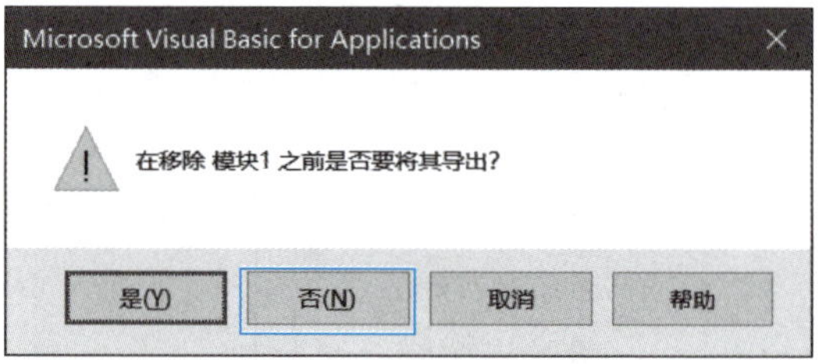

图 1–13　单击“否”按钮

在执行移除模块命令时，如果在弹出的信息框中单击“是”按钮，那么就会打开“导出文件”对话框，提示用户指定该模块对象的保存位置并进行保存。

问答 1-008 如何将模块导出保存为 .bas 文件

当编写了很多程序代码并保存在不同的模块中时，不妨将这些模块全部导出为 .bas 文件保存起来，一方面可以对编写的宏代码进行备份，另一方面也可以将模块的宏代码用在别的工作簿中，而不需要复制、粘贴代码。

导出模块文件的方法是选择要导出的模块，右击并执行“导出文件”命令，如图 1-14 所示，然后在打开的“导出文件”对话框中，选择文件保存位置，并根据需要更新或不更新文件名保存（默认的模块文件名就是模块的名称），如图 1-15 所示。

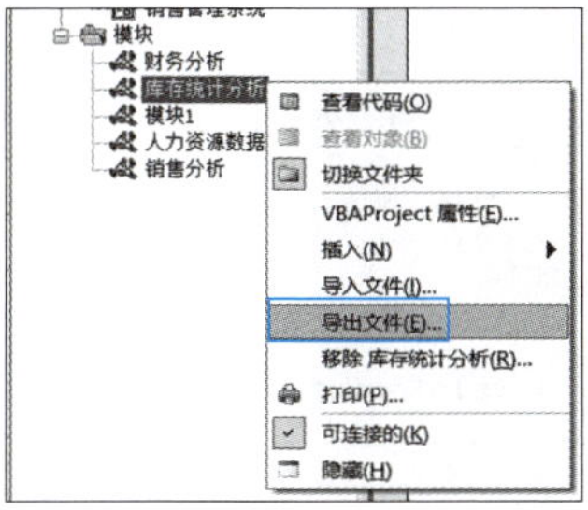

图 1-14 右击并执行“导出文件”命令

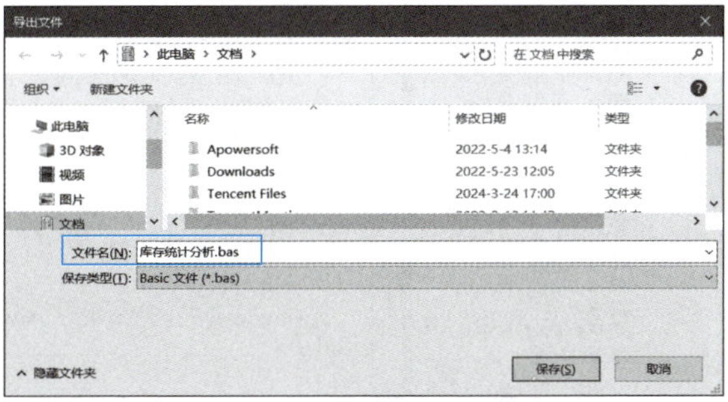

图 1-15 “导出文件”对话框

问答 1-009 如何将导出的模块文件重新导入工作簿

无论是导出的模块对象文件，还是导出的用户窗体对象文件，都可以随时导入其他工作簿中使用，也就是说，可以将 .bas 文件导入新工作簿中直接使用或进行编辑加工，提高编程效率。

导入某个模块 .bas 文件或者窗体文件很简单，在 VBAProject 窗口的任意位置右击并执行“导入文件”命令，如图 1-16 所示，打开“导入文件”对话框，选择要导入的模块文件或者用户窗体文件，单击“打开”按钮即可，如图 1-17 所示。

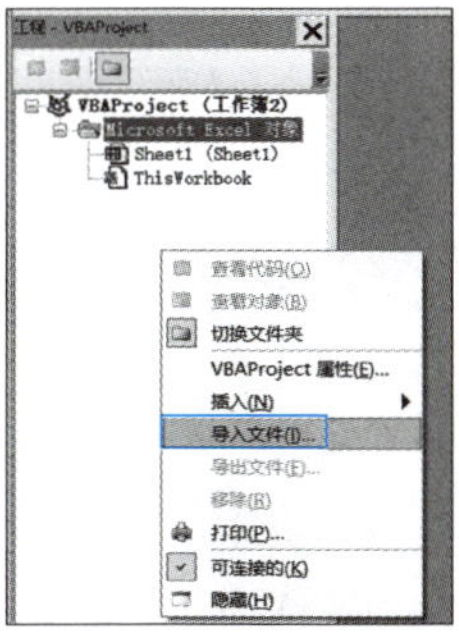

图 1-16 右击并执行“导入文件”命令

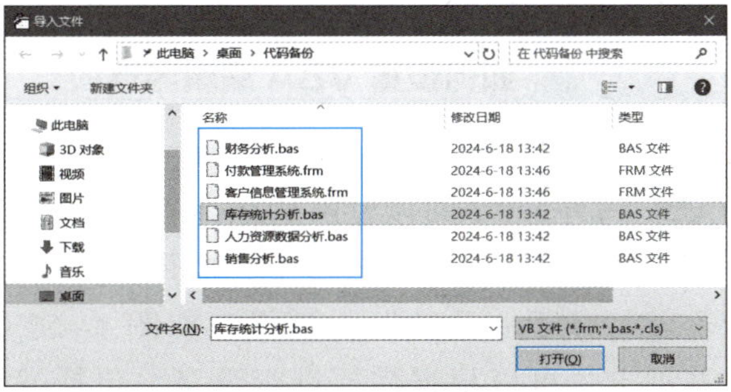

图 1-17 选择文件，单击“打开”按钮

问答 1-010 如何查看对象的 VBA 宏代码

如果要查看某个对象的宏代码，那么在 VBAProject 窗口中双击该对象，或者选择该对象后按 F7 键，就可以“打开”程序代码窗口，如图 1-18 所示。

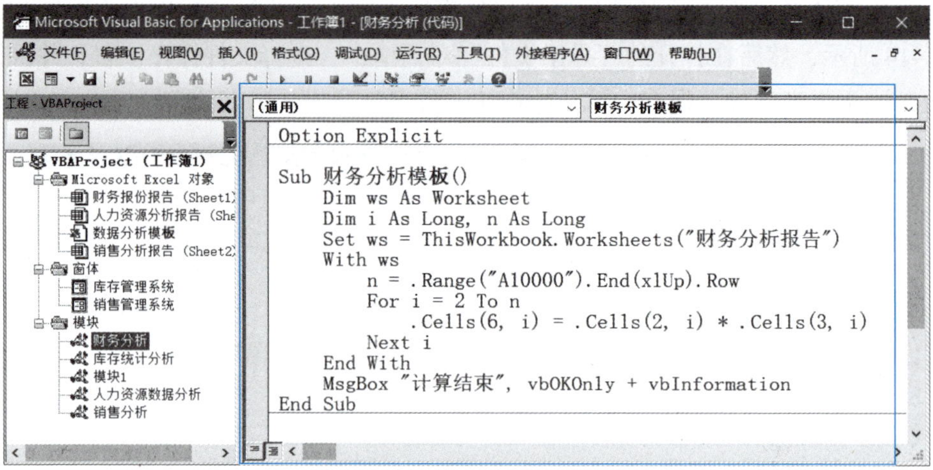

图 1-18 代码窗口

代码窗口由以下几个组成部分。

- 对象下拉框：用于选择对象。
- 过程 / 事件下拉框：列出对象的所有事件。
- 拆分栏：将代码窗口分隔成两个水平窗格，两者都具有滚动条。将拆分栏拖动到窗口的顶部或下端，或者双击拆分栏，都可以关闭一个窗格。
- 边界标识条：代码窗口左侧的灰色区域，在此会显示出边界标识。
- 过程视图按钮：单击此按钮，将显示所选的过程。
- 全模块视图按钮：单击此按钮，将显示模块中所有过程的代码。这是系统的默认状态。

问答 1-011 如何设置 VBA 编辑器选项

为了提升编写程序代码的效率，快速准确地输入 VBA 函数，增强代码阅读性，可以设置 VBA 编辑器的一些选项。

在 VBA 编辑器中，执行“工具”→“选项”命令，如图 1-19 所示，就打开了“选项”对话框，如图 1-20 所示。在“选项”对话框中有四个选项卡，可以根据需要进行设置，包括编辑器、编辑器格式、通用和可连接的。

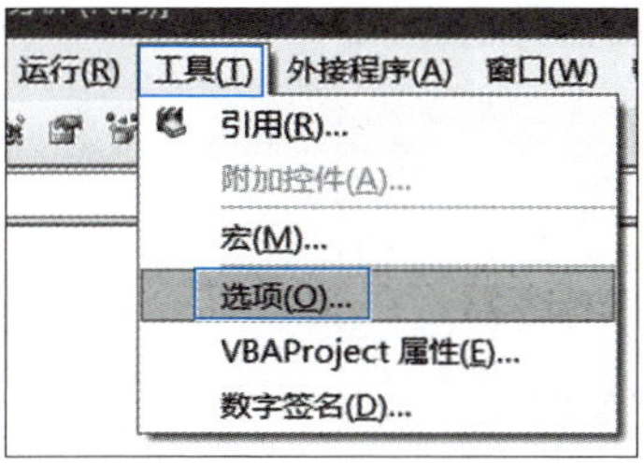

图 1–19 执行“工具”→“选项”命令

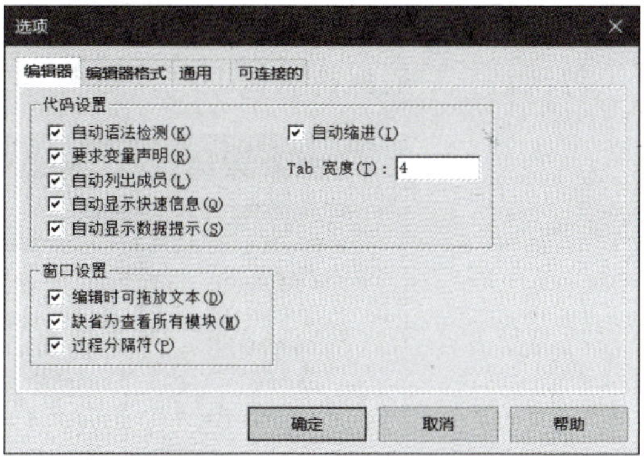

图 1–20 “选项”对话框

- “编辑器”选项卡：一般选择所有项目，如图 1–20 所示。这样，在输入代码时，可以检查语法错误，并能列示对象的所有成员（见图 1–21）、函数的参数（见图 1–22）等。这样就能方便、快速、准确地输入对象的属性和方法及函数的各个参数。

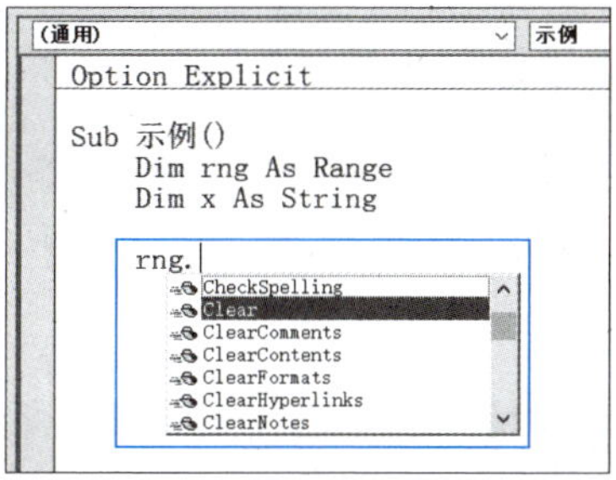

图 1–21 列示对象的所有成员

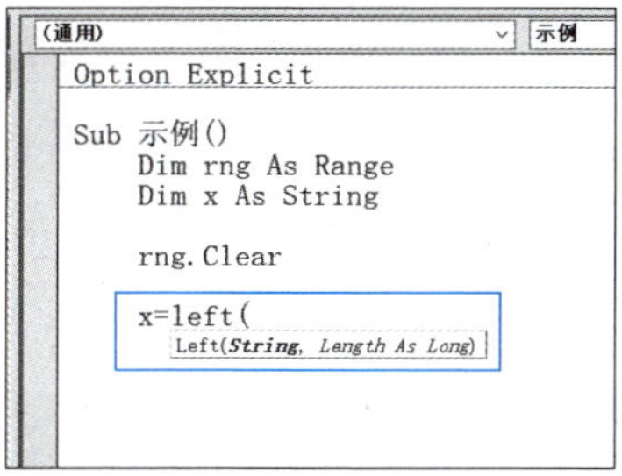

图 1–22 列示函数的参数

- “编辑器格式”选项卡：用于设置宏代码的外观，如“代码颜色”“字体”“大小”“前景色”“背景色”“标识色”“边界标识条”“示例”等，如图 1–23 所示，重点是设置字体和大小，以便阅读代码，其他项目保持默认即可。

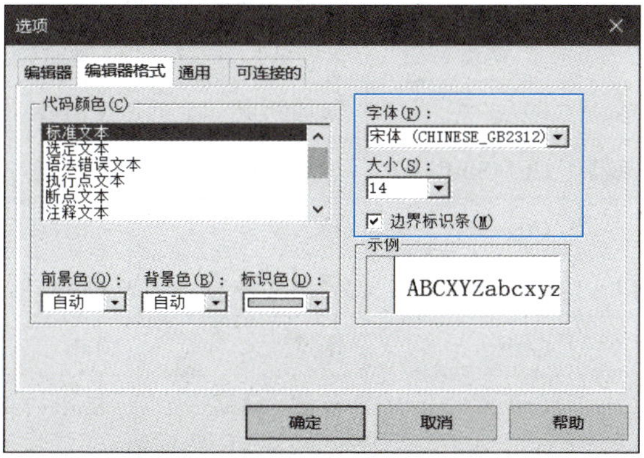

图 1–23 “编辑器格式”选项卡

- “通用”选项卡：主要用于“窗体网格设置”“编辑并继续”“错误捕获”“编译”等项目，一般保持默认即可，如图 1–24 所示。

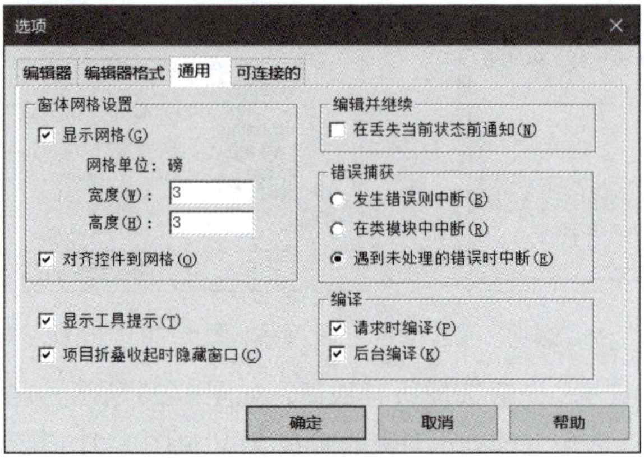

图 1–24 “通用”选项卡

问答 1-012 如何使用 VBA 编辑器的菜单栏和工具栏

VBA 编辑器的菜单栏和工具栏如图 1–25 所示。它们是编制程序和调试程序的重要工具，可以执行菜单命令或单击命令按钮，也可以使用快捷键执行相应的操作。

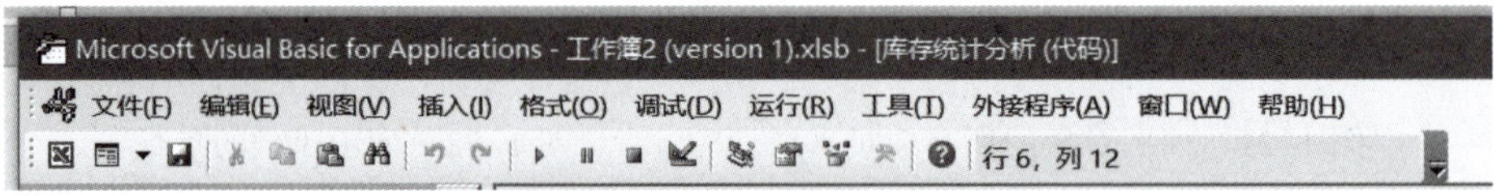

图 1–25 VBA 编辑器的菜单栏和工具栏

VBA 编辑器中常用的快捷键及其功能如表 1–1 所示（未全部列示）。

表 1–1 VBA 编辑器中常用的快捷键及其功能（未全部列示）

快捷键	功 能	快捷键	功 能	快捷键	功 能
F1	打开帮助信息	F9	添加断点	Ctrl+X	剪切
F2	打开对象浏览器	Ctrl+Shift+F9	清除所有断点	Ctrl+J	属性 / 方法列表
F3	查找下一个	Ctrl+M	导入文件	Ctrl+G	打开立即窗口
F4	打开属性窗口	Ctrl+E	导出文件	Ctrl+F8	运行到光标处
F5	运行程序	Ctrl+A	全选	Tab	缩进
F7	打开代码窗口	Ctrl+C/Ctrl+V	复制 / 粘贴	Shift+Tab	凸出
F8	逐句运行程序	Ctrl+F/Ctrl+H	查找 / 替换	Alt+Q	关闭 VBA 编辑器

1.3 录 制 宏

学习 VBA 的第一步是练习录制宏。通过录制宏，我们可以快速了解 VBA 的基础知识及宏代码结构，对 VBA 有一个初步的认识。

问答 1-013 如何录制宏

录制宏很简单，首先明确操作步骤，然后单击工作表状态栏左侧的“录制宏”按钮，如图 1-26 所示。

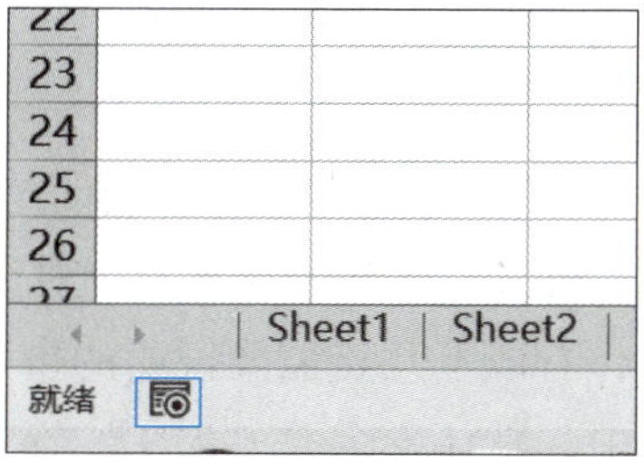

图 1-26 单击工作表状态栏左侧的“录制宏”按钮

或者在“开发工具”选项卡中单击“录制宏”命令按钮，如图 1-27 所示，就可以开始录制宏了。

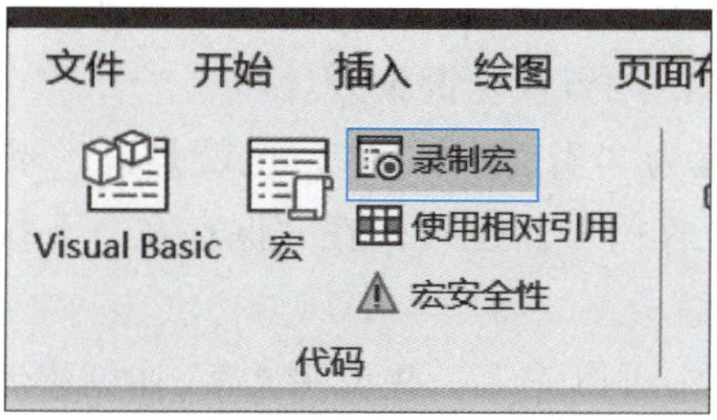

图 1-27 单击“开发工具”选项卡中的“录制宏”命令按钮

在录制宏时，每一步都需要认真操作，因为开启录制宏后，几乎会将所有的操作步骤都录制下来，包括错误和重复的操作，这样就会录制一些与主题不相关的宏代码，增加宏代码加工编辑的工作量。

录制宏结束后，单击“停止录制”按钮，即可停止录制宏。

下面我们结合一个示例，介绍如何录制宏。

案例 1-1

图 1-28 的左侧是原始表格，存在重复数据，并且含税单价、数量和含税金额都是文本型数字。现在的任务是将左侧原始表格中的数据去重，将含税单价、数量和含税金额转换为数值型数字，并新建一个工作表，将整理后的数据保存到新工作表中。

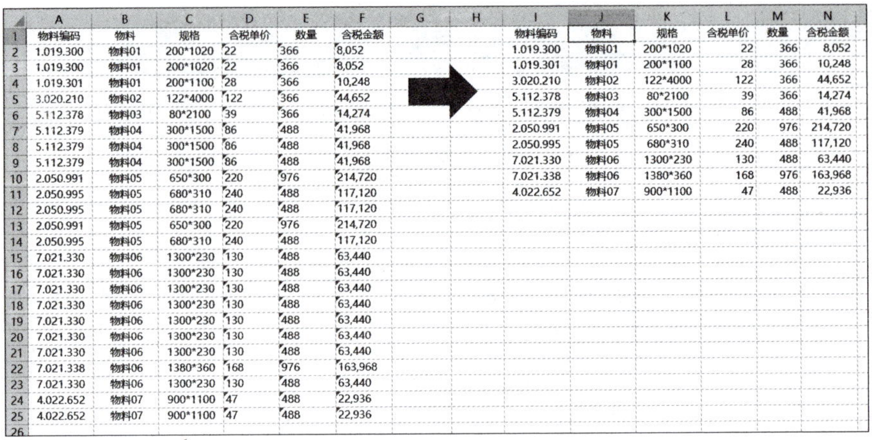

物料编码	物料	规格	含税单价	数量	含税金额
1.019.300	物料01	200*1020	22	366	8,052
1.019.300	物料01	200*1020	22	366	8,052
1.019.301	物料01	200*1100	28	366	10,248
3.020.210	物料02	122*4000	122	366	44,652
5.112.378	物料03	80*2100	39	366	14,274
5.112.379	物料04	300*1500	86	488	41,968
5.112.379	物料04	300*1500	86	488	41,968
5.112.379	物料04	300*1500	86	488	41,968
2.050.991	物料05	650*300	220	976	214,720
2.050.995	物料05	680*310	240	488	117,120
2.050.995	物料05	680*310	240	488	117,120
2.050.991	物料05	650*300	220	976	214,720
2.050.995	物料05	680*310	240	488	117,120
7.021.330	物料06	1300*230	130	488	63,440
7.021.330	物料06	1300*230	130	488	63,440
7.021.330	物料06	1300*230	130	488	63,440
7.021.330	物料06	1300*230	130	488	63,440
7.021.330	物料06	1300*230	130	488	63,440
7.021.330	物料06	1300*230	130	488	63,440
7.021.330	物料06	1300*230	130	488	63,440
7.021.338	物料06	1380*360	168	976	163,968
7.021.330	物料06	1300*230	130	488	63,440
4.022.652	物料07	900*1100	47	488	22,936
4.022.652	物料07	900*1100	47	488	22,936

物料编码	物料	规格	含税单价	数量	含税金额
1.019.300	物料01	200*1020	22	366	8,052
1.019.301	物料01	200*1100	28	366	10,248
3.020.210	物料02	122*4000	122	366	44,652
5.112.378	物料03	80*2100	39	366	14,274
5.112.379	物料04	300*1500	86	488	41,968
2.050.991	物料05	650*300	220	976	214,720
2.050.995	物料05	680*310	240	488	117,120
7.021.330	物料06	1300*230	130	488	63,440
7.021.338	物料06	1380*360	168	976	163,968
4.022.652	物料07	900*1100	47	488	22,936

图 1–28　数据整理示例

步骤 1：单击“录制宏”按钮，打开“录制宏”对话框，如图 1–29 所示。

关于“录制宏”对话框，有以下几点需要说明的事项。

- 在“录制宏”对话框中，默认宏名是“宏 1”“宏 2”等名称，也可以重命名一个更为确切的宏名，如“整理数据”，如图 1–30 所示。
- 可以根据需要定义快捷键，例如快捷键 Ctrl+ 字母（小写字母）或 Ctrl+Shift+ 字母（大写字母），方便以后直接运行宏。但需注意，在快捷键中不能使用数字或某些特殊字符组合，另外，使用快捷键 Ctrl+ 字母（小写字母）会使 Excel 的内置快捷键失效。
- 宏保存的默认位置为“当前工作簿”，也就是说，录制的宏代码被默认保存在当前录制宏的工作簿中。也可以在“保存在”下拉列表中选择新位置，如图 1–30 所示。
- 在“说明”文本框中可以输入一些说明文字，如创建者、录制宏的方式和日期。

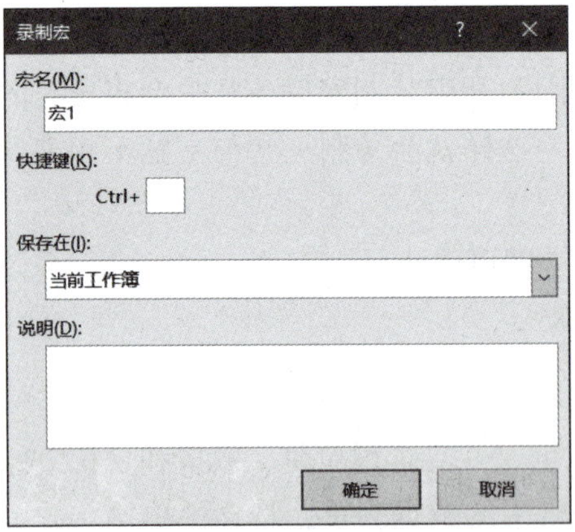

图 1–29　“录制宏”对话框

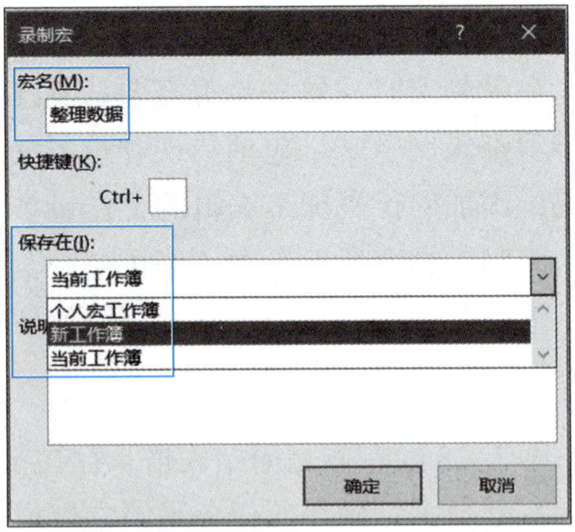

图 1–30　输入新宏名，设置宏保存位置

步骤 2：设置完毕，单击“确定”按钮，即进入录制宏状态，同时“录制宏”命令按钮变为“停止录制”命令按钮，如图 1–31 和图 1–32 所示。

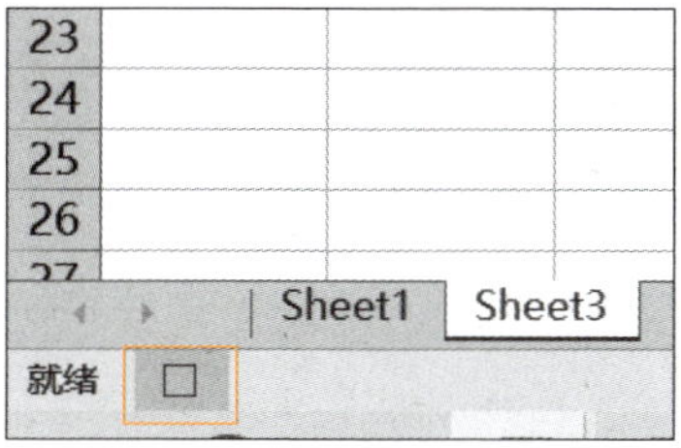

图 1–31 工作表状态栏中的“停止录制”按钮

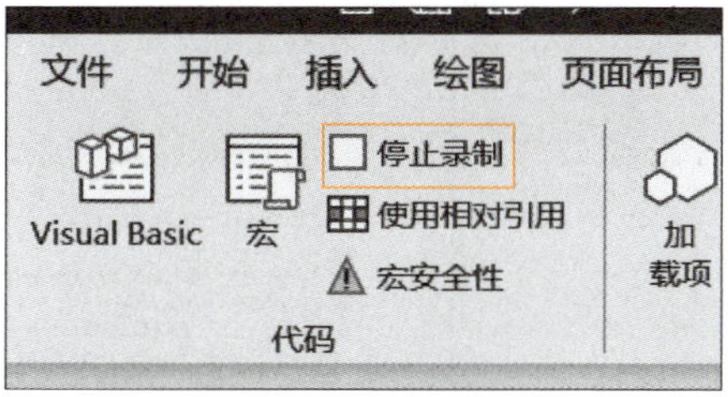

图 1–32 “开发工具”选项卡中的“停止录制”命令按钮

步骤 3：严格按照数据整理的步骤进行操作，录制每步操作的宏代码。

1）单击数据区域任一单元格，如单元格 A1，按 Ctrl+A 组合键，选择数据区域。

2）按 Ctrl+C 组合键，复制所有数据。

3）新建一个工作表。

4）单击新工作表的单元格 A1，按 Ctrl+V 组合键，粘贴所有数据。

5）在“数据”选项卡中，单击“删除重复值”命令按钮，即删除数据区域的重复值。

6）在任一空白单元格输入数字 1。

7）复制这个数字 1 单元格。

8）选择 D 列到 F 列的数据区域，打开“选择性粘贴”对话框，选择“数值”和“乘”，将文本型数字转换为数值型数字。

9）将 D 列到 F 列的数据区域的单元格格式设置为“常规”。

10）清除数字 1 的单元格。

步骤 4：所有操作完毕，单击“停止录制”按钮，结束录制宏。

问答 1–014 如何查看录制的宏代码

录制的宏代码保存在新建的一个模块中。想要查看录制的宏代码，方法很简单，首先在“开发工具”选项卡中单击“Visual Basic”命令按钮，打开 VBA 编辑器；然后在 VBAProject 窗口中单击“模块”按钮，展开所有模块列表；最后双击某个模块（如果没有插入其他模块，宏代码就保存在新建的模块 1 中），就打开了代码窗口，这时就可以看到录制的宏代码，如图 1–33 所示。

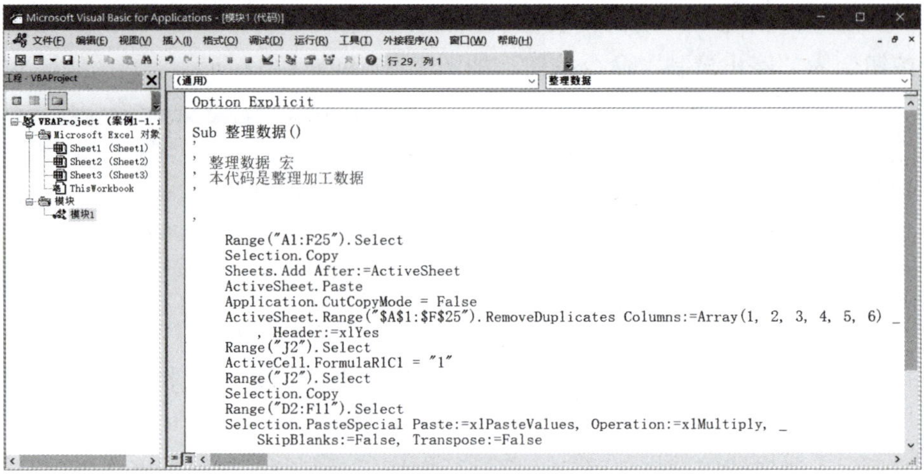

图 1-33　录制的宏代码

问答 1-015　如何对照操作步骤了解每行宏代码的含义

通过以上操作步骤，再对照录制的每行宏代码，我们可以了解每行宏代码的具体含义，初步了解 Excel VBA 的一些基本知识。

下面是我们录制的宏代码。为方便阅读，每行语句添加了序号。

```
01    Sub 整理数据 ()
02      '
03      ' 整理数据 宏
04      ' 本代码是整理加工数据
05      '
06      '
07        Range("A1:F25").Select
08        Selection.Copy
09        Sheets.Add After:=ActiveSheet
10        ActiveSheet.Paste
11        Application.CutCopyMode = False
12        ActiveSheet.Range("$A$1:$F$25").RemoveDuplicates Columns:
          =Array(1, 2, 3, 4, 5, 6) _
13            , Header:=xlYes
14        Range("J2").Select
15        ActiveCell.FormulaR1C1 = "1"
16        Range("J2").Select
17        Selection.Copy
18        Range("D2:F11").Select
```

```
19        Selection.PasteSpecial Paste:=xlPasteValues, Operation:=
          xlMultiply, _
20            SkipBlanks:=False, Transpose:=False
21        Application.CutCopyMode = False
22        Selection.NumberFormatLocal = "G/通用格式"
23        Range("J2").Select
24        Selection.ClearContents
25    End Sub
```

以下是我们对录制的宏代码的具体分析。

- 第 01 行语句：

```
Sub 整理数据 ()
```

表示程序的名称及开始。

宏命令以 Sub 开始，“Sub 整理数据（）”表示宏名为“整理数据”，在 Sub 和宏名之间应有至少一个空格，宏名后应有一对括号“()”。

宏命令以 End Sub 结束，在 Sub 和 End Sub 之间的各行语句均为宏代码，都是 VBA 命令。实际上，所有的程序（除自定义函数外）都是以 Sub 开头，以 End Sub 结束。

- 第 02 行至第 06 行语句：

以单引号（'）开头的语句为注释语句，仅表示对程序的注释说明，适当加入注释语句可以增强程序的可读性，避免在程序出现错误而需要修改时遇到困难。在执行宏时，所有的注释语句均被忽略。

- 第 07 行语句：

```
Range("A1:F25").Select
```

表示选择单元格区域 A1:F25。

Range 是 VBA 的一种对象，表示单元格或单元格区域。“Range("A1:F25")”表示当前工作表的单元格区域 A1:F25。

Select 是 VBA 对象的一种方法，即选择某个对象的动作。

- 第 08 行语句：

```
Selection.Copy
```

表示将选择的单元格区域复制到剪切板。

Selection 表示被选中的对象，这里指的就是上一句选择的单元格区域 A1:F25。

Copy 是 VBA 对象的一种方法，即复制指定的对象。

● 第 09 行语句：

```
Sheets.Add After:=ActiveSheet
```

表示在活动工作表 (ActiveSheet) 后面插入一个新工作表。当插入新工作表后，这个新工作表就成了活动工作表。

Add 是 VBA 对象的一种方法，是指插入、新建一个对象。

Sheets.Add 表示新建一个工作表。

ActiveSheet 是工作表对象，表示当前活动工作表。

● 第 10 行语句：

```
ActiveSheet.Paste
```

表示将选择的单元格区域 A1:F25 复制到新建工作表。

Paste 是 VBA 对象的一种方法，是指将剪切板的内容进行粘贴。

● 第 11 行语句：

```
Application.CutCopyMode = False
```

表示将 Application 对象设置为不处于剪切或复制模式。

Application 对象是 VBA 的一个对象，表示应用程序，这里指 Excel。

CutCopyMode 是 Application 对象的一种属性，用于设置剪切或复制的模式，设置成 False 表示不处于剪切或复制模式。

● 第 12 行和第 13 行语句：

```
ActiveSheet.Range("$A$1:$F$25").RemoveDuplicates Columns:=Array(1,
2, 3, 4, 5, 6) _
, Header:=xlYes
```

这其实是一行语句，但因为语句太长，所以使用断行符（下划线）将一行分成了两行。

RemoveDuplicates 是 Range 对象的一种方法，指删除数据区域中的重复值。

Columns 指定数据区域的列号（共有 6 列）。

Header 指定数据区域是否有标题。

● 第 14 行语句：

```
Range("J2").Select
```

表示选择单元格 J2，单元格被选择后，就成了活动单元格。

● 第 15 行语句：

```
ActiveCell.FormulaR1C1 = "1"
```

表示向活动单元格（就是上一行语句选择的单元格 J2）输入数字 1。

ActiveCell 表示活动单元格。

FormulaR1C1 是宏语言的 R1C1 表示法，是指向单元格输入公式。

- 第 16 行语句：

```
Range("J2").Select
```

表示选择单元格 J2。

- 第 17 行语句：

```
Selection.Copy
```

表示对选择的单元格（也就是上一行语句选择的单元格 J2）进行复制操作。

- 第 18 行语句：

```
Range("D2:F11").Select
```

表示选择单元格区域 D2:F11。

- 第 19 行和第 20 行语句：

```
Selection.PasteSpecial Paste:=xlPasteValues, Operation:
=xlMultiply, _
SkipBlanks:=False, Transpose:=False
```

这其实是一行语句，因为语句太长，所以使用断行符（下划线）将一行分成了两行。

PasteSpecial 是 Range 对象的一种方法，表示进行选择性粘贴操作。

- 第 21 行语句：

```
Application.CutCopyMode = False
```

表示将 Application 对象设置为不处于剪切或复制模式。

- 第 22 行语句：

```
Selection.NumberFormatLocal = "G/ 通用格式 "
```

表示将选择的单元格区域（也就是第 18 行语句选择的单元格区域 D2:F11）的格式设置为“常规”。

- 第 23 行语句：

```
Range("J2").Select
```

表示选择单元格 J2。

- 第 24 行语句：

```
Selection.ClearContents
```

表示将选择的单元格（也就是第 23 行语句选择的单元格 J2）数据清除。ClearContents 是 Range 对象的一种方法，表示清除单元格内容。

- 第 25 行语句：

```
End Sub
```

表示程序结束。

问答 1-016 如何编辑加工录制的宏代码

前面介绍了录制的每行宏代码与每步操作的对应关系，通过阅读每行宏代码，并与每步操作做对比，可以了解一些基本的对象操作及数据处理语句。

由于录制的宏代码中包含很多默认且多余的部分，且往往较为冗长，因此可以对这些烦琐的宏代码进行编辑加工，整理成一个通用的程序代码。

下面是对录制的宏代码进行编辑加工后的通用程序代码。为了阅读方便，笔者在语句前面增加了注释。

```
Sub 整理数据_编辑加工后()
    '定义几个变量
    Dim ws As Worksheet
    Dim wsx As Worksheet
    Dim rng As Range
    Dim n As Long
    '如果存在工作表"整理后表格"，就将其删除
    Application.DisplayAlerts = False
    On Error Resume Next
    ThisWorkbook.Worksheets("整理后表格").Delete
    On Error GoTo 0
    '设置工作表对象变量ws为工作表"Sheet1"
    Set ws = ThisWorkbook.Worksheets("Sheet1")
    '统计数据区域的行数
    n = ws.Range("A100000").End(xlUp).Row
    '引用原始数据区域
    Set rng = ws.Range("A1:F" & n)
    '插入一个新工作表，位置在所有工作表的最后面
    Set wsx = Sheets.Add(after:=ThisWorkbook.Sheets(ThisWorkbook.
    Sheets.Count))
    '复制数据，并整理加工数据
    With wsx
```

```
        '复制并粘贴数据到新工作表
        rng.Copy Destination:=.Range("A1")
        '数据去重
        .Range("A2:F" & n).RemoveDuplicates Columns:=Array(1, 2,
        3, 4, 5, 6)
        '获取数据去重的数据区域行数
        n = .Range("A100000").End(xlUp).Row
        '在某个空白单元格输入数字 1
        .Range("J2") = 1
        '复制这个单元格
        .Range("J2").Copy
        '选择性粘贴，转换数据区域的文本型数字
        Range("D2:F" & n).PasteSpecial Paste:=xlPasteValues,
        Operation:=xlMultiply
        '将 Application 对象设置为不处于剪切或复制模式
        Application.CutCopyMode = False
        '清除单元格的数字 1
        .Range("J2").ClearContents
        '设置 D 列至 F 列的单元格格式为常规
        Range("D2:F" & n).NumberFormatLocal = "G/通用格式"
        '修改新工作表名称
        .Name = "整理后表格"
    End With
    '弹出信息框，提示工作完成
    MsgBox "数据整理完成", vbOKOnly + vbInformation
End Sub
```

这个程序中，涉及几个关于 VBA 的知识点。

- 声明变量。
- 赋值对象变量。
- 赋值常规变量。
- 对象的常规操作，包括引用、复制、粘贴、去重、输入数据、清除数据等。

这些知识将在本书后面有关章节进行详细介绍。

问答 1-017 如何运行录制的宏

完成录制宏并进行编辑加工后，即可运行宏。若录制的宏被保存在当前的工作簿中，则在该工作簿中的任何一个工作表中都可以运行该宏。

运行宏有很多方法，如使用定义的快捷键（如果在录制宏时指定了快捷键）、使用对话框、使用自定义工具按钮、使用控件按钮、使用图形对象等。

运行宏最简单的方法是使用控件按钮，主要步骤如下。

步骤 1：在“开发工具”选项卡中单击“插入”命令按钮，展开控件面板，在“表单控件”组中单击命令按钮，如图 1–34 所示。这样就在工作表中插入了一个命令按钮，同时自动打开一个“指定宏”对话框，然后从宏列表中选择指定要运行的宏，如图 1–35 所示。

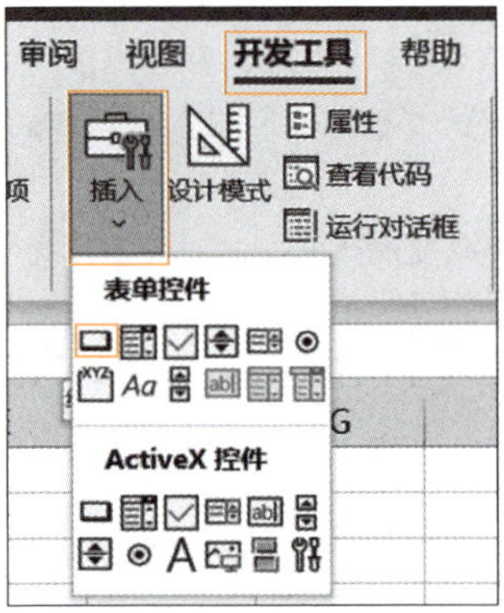

图 1–34　单击“表单控件”组中的命令按钮

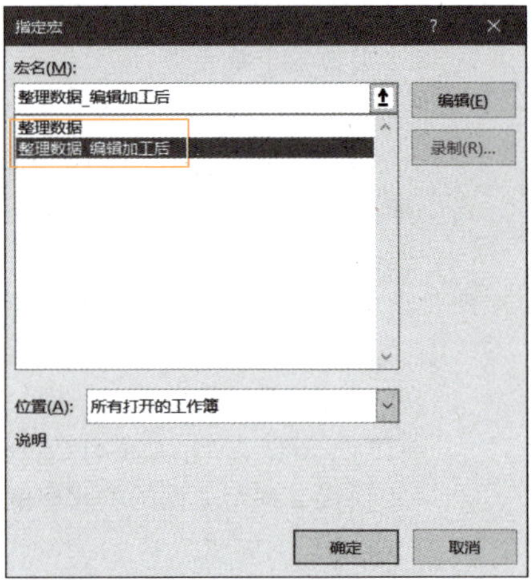

图 1–35　为命令按钮指定宏

步骤 2：单击“确定”按钮，就在工作表中插入了一个命令按钮，并同时指定了宏。

步骤 3：插入的命令按钮的默认标题是“按钮 1”“按钮 2”等，如图 1–36 所示，可以对它进行修改，如修改为“开始整理”，如图 1–37 所示。

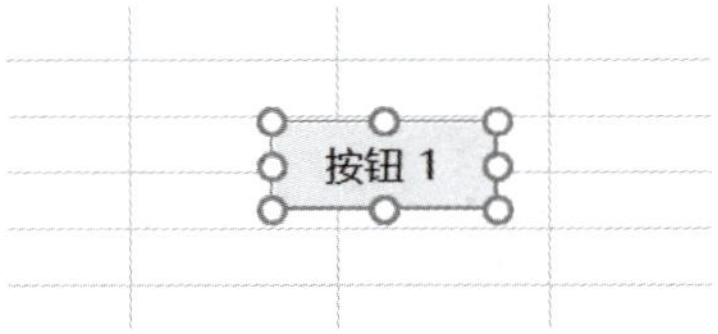

图 1–36　命令按钮的默认标题

图 1–37　修改命令按钮的标题

步骤 4：单击工作表中任一单元格，使命令按钮变为使用状态（按钮上的八个小圆圈消失）。

问答 1-018 如何在其他程序中运行录制的宏

录制的宏可以单独运行，也可以被其他过程调用。由于录制的宏一般是无参数的过程，因此在其他过程中运行录制的宏时，只需使用下面的 Call 语句：

```
Call 宏名
```

或者直接编写宏名：

```
宏名
```

建议使用“Call 宏名”这个语句，这样看起来更加直观。

第2章

Excel VBA 编程基本知识

Excel VBA 的核心是面向 Excel 对象的 Visual Basic 语言，其编程的语法规则与 Visual Basic 基本相同。本章将介绍 VBA 编程的基本语法知识和应用技能技巧。

2.1 声明和使用变量

在程序运行过程中，经常需要临时存储数据，这时可以将这些临时数据保存到变量中。编写代码的第一步是声明变量，也就是定义保存数据或对象的变量，并为变量指定数据类型。每个变量都必须拥有一个唯一的变量名称和相应的数据类型。

而在整个程序运行的过程中，值保持不变的量被称为常量。对于某些在程序中频繁使用的常量，也可以进行声明，这样在编写程序时，只需要使用定义的常量名称，即可简化代码。

问答 2-001 如何强制声明变量

VBA 是一种很宽容的编程语言，它允许变量未被定义而直接使用。这种方法虽然简单，但容易产生错误。

一般情况下，最好先对变量进行声明，再使用变量，此时可以使用 Option Explicit 语句对变量进行强制声明，并且运行代码出现错误时会被检测到，从而提醒我们更正错误。

强制声明变量的方法是在模块的顶部添加如下的语句，如图 2–1 所示。

```
Option Explicit
```

最简单的方法是在 VBA 编辑器中执行“工具”→“选项”命令，打开“选项”对话框，在“编辑器”选项卡中勾选“要求变量声明”复选框，如图 2–2 所示，这样在插入新模块时，就可以自动在模块顶部添加 Option Explicit 语句。

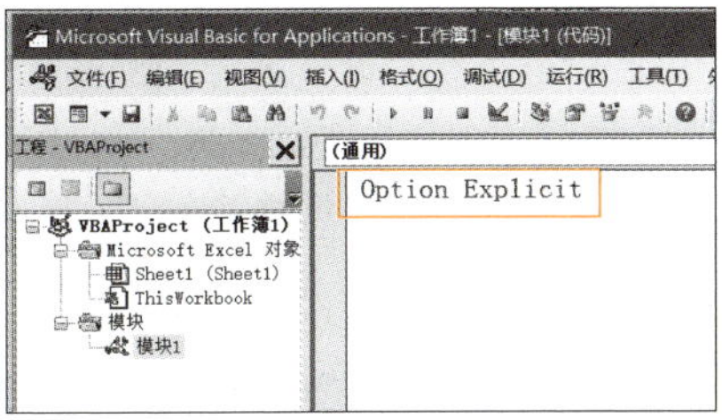

图 2–1 在模块顶部添加 Option Explicit 语句

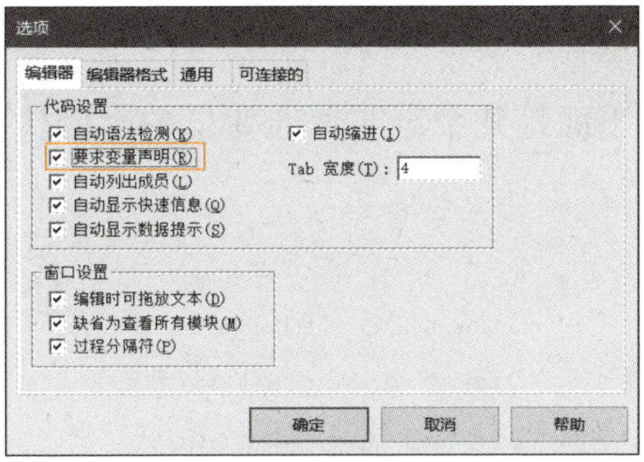

图 2–2 勾选“要求变量声明”复选框

如果没有在“选项”对话框中勾选“要求变量声明”复选框，那么插入模块后，模块顶部就不会有 Option Explicit 语句；如果要求强制声明变量，那么就需要手动在模块顶部添加这个语句。

例如，在图 2–3 所示的程序中，对 n 进行了声明，但没有对 p 进行声明。由于该程序使用了 Option Explicit 语句，因此在运行程序时就会报错，提示“变量未定义”。

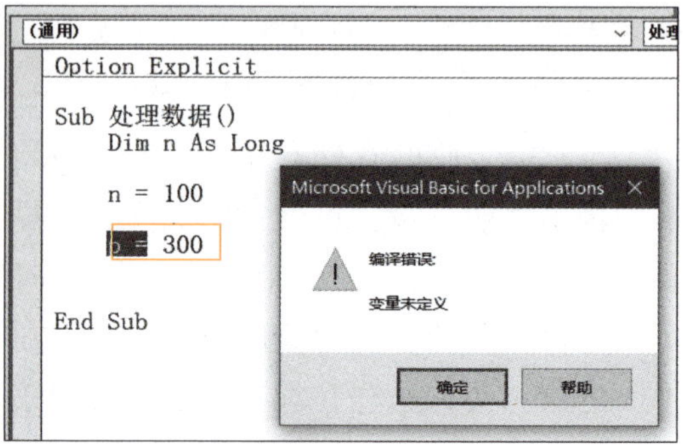

图 2-3　变量未被声明，运行程序时会报错

问答 2-002　如何声明普通变量

所谓普通变量，就是保存普通数据（如文本、数值、日期、时间等）的变量；对变量进行声明，就是指定变量名称及其数据类型。

声明变量的常规方法是使用 Dim、ReDim、Public、Private、Static 等关键字，代码结构如下：

```
Dim 变量名 [As 数据类型 ]
ReDim 变量名 [As 数据类型 ]
Public 变量名 [As 数据类型 ]
Private 变量名 [As 数据类型 ]
Static 变量名 [As 数据类型 ]
```

在声明变量时，数据类型是可选参数，如果没有指定，那么就默认是 Variant 型数据。

案例 2-1

下面是几个声明普通变量的示例代码。

```
Sub 定义变量 ()
    Dim n As Long                 '定义变量 n，长整型数字
    Dim m As Integer              '定义变量 m，短整型数字
    Dim p As LongLong             '定义变量 p，长长整型数字
    Dim x1 As Currency            '定义变量 x1，货币型数字
    Dim x2 As Single              '定义变量 x2，单精度型数字
    Dim x3 As Double              '定义变量 x3，双精度型数字
    Dim sr As String              '定义变量 sr，文本型字符串
    Dim d As Date                 '定义变量 d，日期型数据
    Dim b As Boolean              '定义变量 b，布尔型数据
    Dim y As Variant              '定义变量 y，可变数据
End Sub
```

变量的数据类型是至关重要的。

例如，如果将变量 n 定义为 Integer 型数据，那么当 n 的计算结果为 3.56 时，这个数值会被自动取整为 4（对小数会四舍五入取整）。

如果定义了一个变量 d 为日期型数据，但是在程序中却把文本“北京”赋值给了该变量，那么此时程序就会报错，提示“类型不匹配”，如图 2–4 所示。

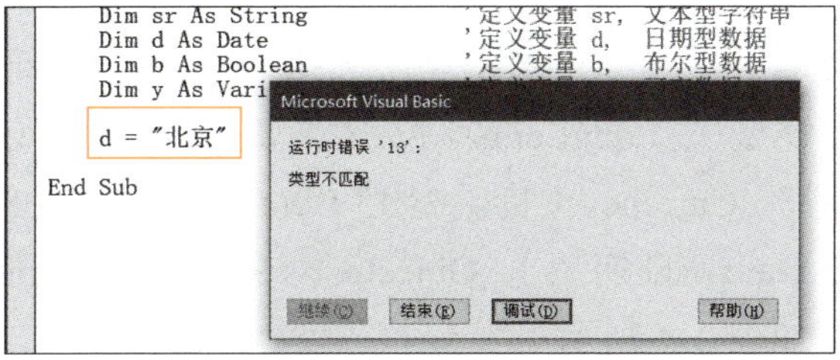

图 2–4　变量的数据类型不匹配，运行程序报错

很多情况下，为了减少代码的行数，可以使用 Dim 语句同时对几个变量进行声明，各个变量之间用逗号隔开，如下所示。

```
Sub 定义变量 ()
    Dim n As Long, m As Integer, p As LongLong
    Dim x1 As Currency, x2 As Single, x3 As Double
    Dim sr As String, d As Date, b As Boolean
    Dim y As Variant
    End Sub
```

但要注意，如果某个变量的数据类型被省略了，那么它的数据类型就是 Variant，而不是一个具体的数据类型。

例如，下面的语句仅仅定义了变量 C 为 Integer 型数据，而变量 A 和 B 的数据类型则被省略了，因此，它们的数据类型是 Variant，切忌认为这三个变量都是 Integer 型数据。

```
Dim A, B, C As Integer
```

如果要将三个变量 A、B 和 C 都定义为 Integer 型数据，就必须编写为如下形式。

```
Dim A As Integer, B As Integer, C As Integer
```

问答 2–003　声明普通变量后的初值是什么

在使用 Dim 语句声明一个变量后，VBA 会根据变量的数据类型自动为该变量赋予初值。不同的数据类型会有不同的初值。

- 若变量为数值型，则初值为零。

- 若变量为字符串型，则初值为空字符串。
- 若变量为日期型，则初值为 0：00：00。
- 若变量为布尔型，则初值为 False。
- 若变量未定义数据类型，则初值为空。

问答 2-004 普通变量的数据类型有哪些

在 VBA 中，变量的数据类型多达 10 余种，包括 Integer（短整型）、Long（长整型）、LongLong（长长整型）、Single（单精度型）、Double（双精度型）、Currency（货币型）、Byte（字节型）、String（字符串型）、Boolean（布尔型）、Date（日期型）、Object（对象型）、Variant（可变数据）等。数据类型的有关说明如表 2-1 所示。

表 2-1 数据类型的说明

数据类型	存储数据类型	数据范围
Integer	整数	-32 768 ~ 32 767
Long	整数	-2 147 483 648 ~ 2 147 483 647
LongLong（64 位环境）	整数	-9 223 372 036 854 775 808 ~ 9 223 372 036 854 775 807
Single	包含小数数据	-3.402823E38 ~ 3.402823E38
Double	包含小数数据	-1.79769313486231E308 ~ 1.79769313486232E308
Currency	包含小数数据	-922 337 203 685 477.5808 ~ 922 337 203 685 477.5807
Decimal	包含小数数据	-79 228 162 514 264 337 593 543 950 335 ~ 79 228 162 514 264 337 593 543 950 335
Byte	储存二进制数据	0 ~ 255
String	字符串	变长字符串 0 到大约 20 亿个，定长字符串 0 到大约 64K
Boolean	布尔型	True 和 False
Date	日期	1000 年 1 月 1 日—9999 年 12 月 31 日
Variant	可变数据	数字型：任何数值，最大可达 Double 范围 字符串型：与变长 String 相同

问答 2-005 如何声明对象变量

由于 VBA 是面向对象的 Visual Basic，因此在 Excel 中，会频繁地操作 Excel 对象，如引用工作表、单元格、图表甚至对象库里的对象。此时，就需要声明对象变量了。

对象变量的声明和普通变量的声明类似，唯一的不同是，在关键字 As 后面必须输入词语关键字 Object 或者具体对象的名称作为数据类型。

例如，下面的语句就是声明一个叫作 ws 的工作表 (Worksheet) 的对象变量。

```
Dim ws As Worksheet
```

但是，只声明对象变量是不够的，在将对象变量应用于程序之前，用户还必须给这个对象变量赋予确定的对象。可以使用关键字 Set 来给对象变量赋值，关键字 Set 后面紧跟对象变量、等号，等号后面则是该变量指向的具体对象，语句如下：

```
Set ws = ThisWorkbook.Worksheets(" 统计分析报告 ")
```

这个语句就是使用关键字 Set 将对象变量 ws 指定为具体的工作表“统计分析报告”。因此，当在程序中使用变量 ws 时，它就表示工作表“统计分析报告”。

使用对象变量的好处在于它可以代替真实对象使用，比真实对象更短、更容易被记住，并且在对象变量名称后输入句点时，会自动列出该对象的所有成员，从而快速输入该对象的方法或属性，如图 2–5 所示。

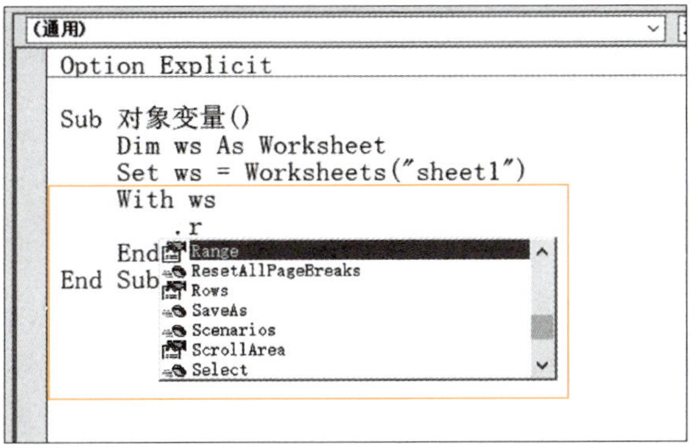

图 2–5　列出该对象的所有成员

问答 2–006　如何声明 Excel 对象变量

Excel 对象包括工作簿 (Workbook)、工作表 (Worksheet 或 Sheet)、单元格 (Range)，以及这些对象的下一级对象，如单元格字体 (Font) 对象、单元格边框 (Borders) 对象等。

案例 2–2

图 2–6 是声明 Excel 对象变量，并使用这些变量的 VBA 代码。在这里，定义了工作簿对象变量 wb（引用当前工作簿）、工作表对象变量 ws（引用当前工作簿的第 1 个工作表）、单元格对象变量 rng（引用第 1 个工作表的单元格区域 A1：D10）、单元格字体对象变量 ft。通过使用这些对象，分别对指定的工作簿、工作表、

单元格区域和单元格区域的字体进行操作。

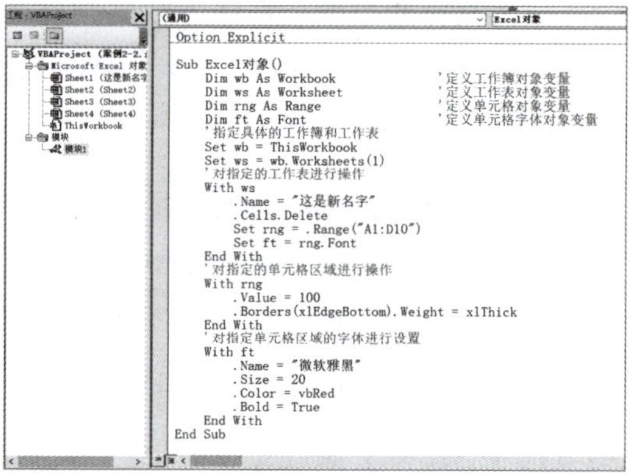

```
Option Explicit

Sub Excel对象()
    Dim wb As Workbook                  '定义工作簿对象变量
    Dim ws As Worksheet                 '定义工作表对象变量
    Dim rng As Range                    '定义单元格对象变量
    Dim ft As Font                      '定义单元格字体对象变量
    '指定具体的工作簿和工作表
    Set wb = ThisWorkbook
    Set ws = wb.Worksheets(1)
    '对指定的工作表进行操作
    With ws
        .Name = "这是新名字"
        .Cells.Delete
        Set rng = .Range("A1:D10")
        Set ft = rng.Font
    End With
    '对指定的单元格区域进行操作
    With rng
        .Value = 100
        .Borders(xlEdgeBottom).Weight = xlThick
    End With
    '对指定单元格区域的字体进行设置
    With ft
        .Name = "微软雅黑"
        .Size = 20
        .Color = vbRed
        .Bold = True
    End With
End Sub
```

图 2–6　定义并使用 Excel 对象变量

问答 2–007　如何简化 Excel 对象操作代码

需要使用对象的诸多属性和方法时，最好使用 With ... End With 语句，因为它可以快速输入对象的属性和方法，使程序更加整洁和易读，同时也能提高程序的运行效率。

例如，在图 2–6 所示的 VBA 代码中，ws 对象、rng 对象和 ft 对象都使用了 With ... End With 语句。

案例 2–3

图 2–7 是一个定义对象变量，并使用 With ... End With 语句操作对象的 VBA 代码结构。这种代码结构阅读性是很好的。

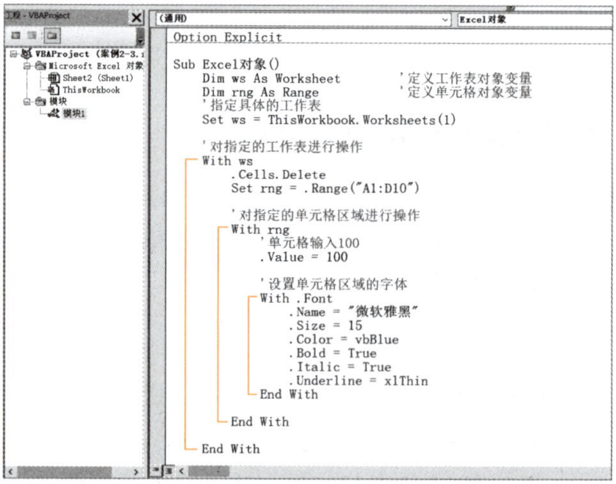

```
Option Explicit

Sub Excel对象()
    Dim ws As Worksheet             '定义工作表对象变量
    Dim rng As Range                '定义单元格对象变量
    '指定具体的工作表
    Set ws = ThisWorkbook.Worksheets(1)

    '对指定的工作表进行操作
    With ws
        .Cells.Delete
        Set rng = .Range("A1:D10")

        '对指定的单元格区域进行操作
        With rng
            '单元格输入100
            .Value = 100

            '设置单元格区域的字体
            With .Font
                .Name = "微软雅黑"
                .Size = 15
                .Color = vbBlue
                .Bold = True
                .Italic = True
                .Underline = xlThin
            End With

        End With

    End With
```

图 2–7　定义对象变量，使用 With ... End With 语句操作对象

问答 2-008 变量的应用范围有哪些

使用不同关键字（如 Dim、Public、Private 等）、在不同位置的变量声明代码，所定义的变量，其应用范围不同，因此也就有了公共变量、模块级变量和过程级变量之分。

- 公共变量：对应用程序中所有模块的子程序和自定义函数都有效的变量。
- 模块级变量：对该模块中所有的子程序和自定义函数都有效的变量。
- 过程级变量：只对该过程有效的变量。

问答 2-009 如何定义公共变量

公共变量的声明应在某标准模块的顶部使用关键字 Public。最好的方法是创建一个专门保存公共变量的标准模块，以便查看这些变量。

案例 2-4

图 2-8 所示的 VBA 语句就是在一个标准模块中定义的公共变量，并且这些变量都使用了关键字 Public 来定义。因此，它们对任何模块中的任何一个过程或自定义函数都是有效的。

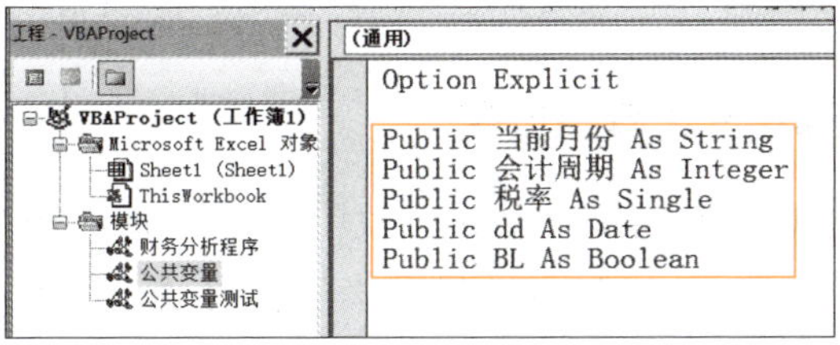

图 2-8 使用关键字 Public 定义公共变量

在某个程序中计算出公共变量的值后，所有模块的所有程序都可以使用这个公共变量的值，如图 2-9 所示，在模块“公共变量测试”中有两个程序，即“主程序”和“公共变量计算程序”，其中“主程序”调用了“公共变量计算程序”，“主程序”尽管没有对变量赋值，但仍得到了变量的值。

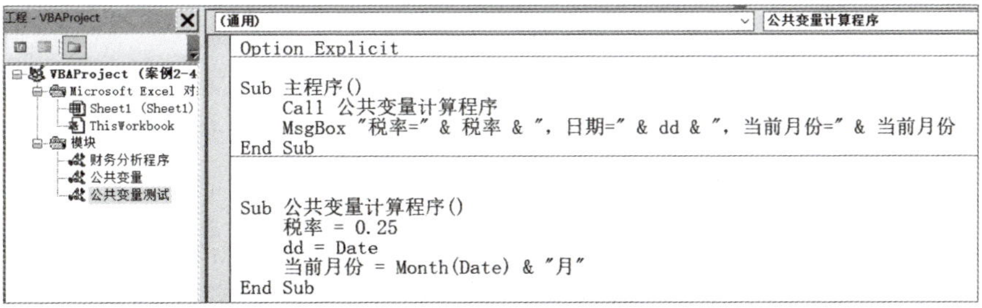

图 2-9 公共变量测试

问答 2-010 如何定义模块级变量

在某个模块的顶部，使用关键字 Dim 或 Private 定义的变量，就是模块级变量，模块级变量对该模块中所有的子程序和自定义函数都有效，在该模块中的任何子程序和自定义函数都可以访问它，但在其他模块的子程序和自定义函数不能访问。

案例 2-5

图 2-10 所示的是在模块“财务分析程序”中定义的模块级变量 n、s、srr 和 ws，这几个变量的结果在本模块的所有程序中都可以使用。

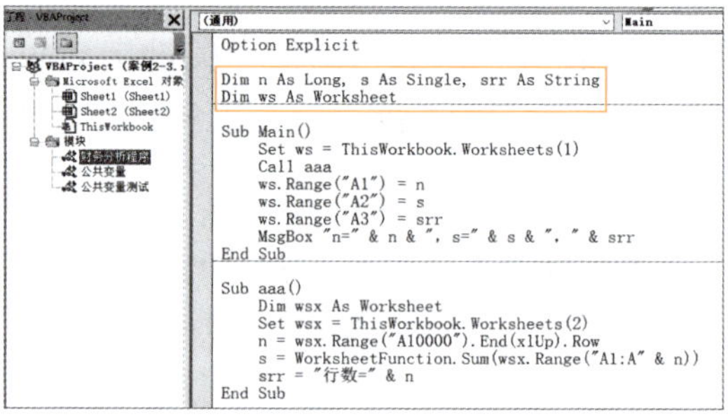

图 2-10 使用关键字 Dim 定义模块级变量

问答 2-011 如何定义过程级变量

在某过程或自定义函数中，使用关键字 Dim 或 Private 定义的变量就是过程级变量，过程级变量只对该过程有效。因此，不同的过程可以使用相同名称的过程级变量，彼此互不干扰。

案例 2-6

图 2-11 所示的是模块“过程级变量”中的两个程序，即“程序 A”和“程序 B”，它们都在自己过程内定义相同名称的变量，但每个过程是彼此独立的，因此这几个变量的结果互不相干。

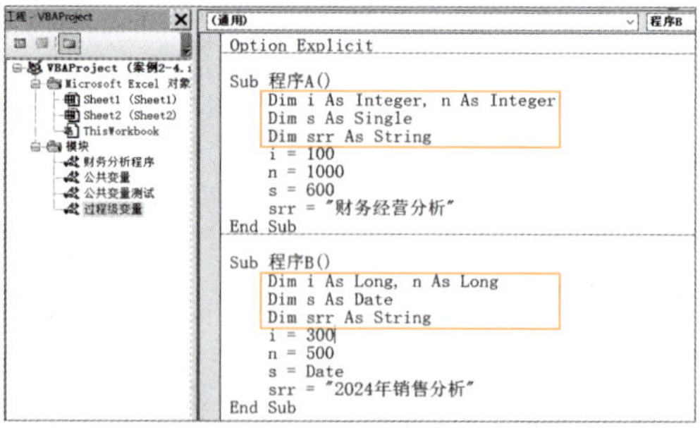

图 2-11 使用关键字 Dim 定义过程级变量

问答 2-012 如何使用类型标识符声明变量

如果不使用代表数据类型的关键字来声明变量，也可以使用类型标识符来声明变量。常用的类型标识符及相关说明如表 2-2 所示。

表 2-2 常用的类型标识符及相关说明

标识符类型	数据类型	声明变量示例
%	Integer	Dim A%
&	Long	Dim B&
^	LongLong	Dim C^
@	Currency	Dim D@
!	Single	Dim E！
#	Double	Dim F#
$	String	Dim G$

当没有强制声明变量时（也就是在模块顶部没有使用 Option Explicit 语句），在程序中也可以不显性定义变量类型，而直接使用类型标识符声明变量并赋值。

案例 2-7

图 2-12 是使用类型标识符声明变量的示例代码。相较于使用类型标识符来声明变量，使用“Dim 变量名 As 数据类型”的声明方法更为直观清晰。

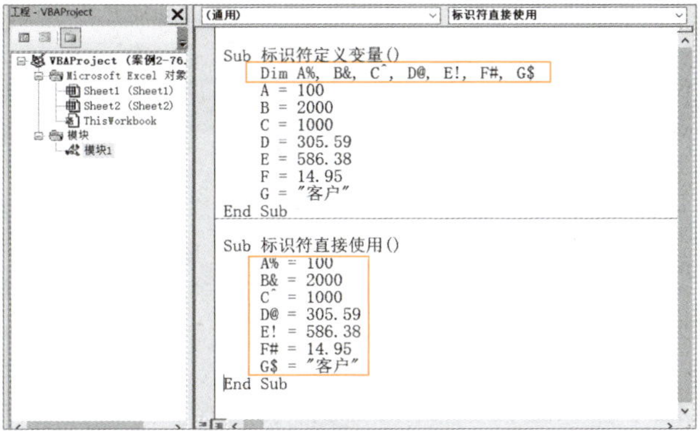

图 2-12 使用类型标识符声明变量

2.2 声明和使用常量

常量是指在整个程序运行过程中，值保持不变的参数。常量可以是字符串、数值、日期时间、逻辑值，以及 VBA 的一些内置常量等。

在 Excel VBA 中，常量有数值常量、字符串常量、日期时间常量、逻辑值常量、内置常量、符号常量等。在代码中输入这些常量时，需要了解一些基本规则和注意事项。

问答 2-013 如何在程序中输入常规常量

（1）若需要在代码中输入数值常量，则直接输入，例如：

```
Dim X As Single
X = 2958.96
```

（2）若要在代码中输入字符串常量，则需要使用双引号引起来，例如：

```
Dim X As String
X = "彩电"
```

（3）若需要在代码中输入一个日期常量，则可以在日期前后加上 # 号或者用双引号引起来，例如：

```
Dim X As Date, Y As Date
X = #7/23/2024#
Y = "7/23/2024"
```

（4）若要在代码中输入一个时间常量，则在时间前后加上 # 号或者用双引号引起来，例如：

```
Dim X As Date,Y As Date
X = #8:16:47 AM#
Y = "8:16:47"
```

（5）若要在代码中输入一个日期 + 时间的常量，则同样是在日期 + 时间前后加上 # 号或者用双引号引起来，例如：

```
Dim X As Date,Y As Date
X = #7/23/2024 8:16:47 AM#
Y = "2024-7-23 8:16:47"
```

（6）若要在代码中输入逻辑值常量，则直接输入 True 或 False，例如：

```
Dim X As Boolean,Y As Boolean
X = True
Y = False
```

问答 2-014 如何在程序中输入 VBA 内置常量

VBA 有很多内置常量，一般是以“vb”或“xl”为前缀。其中，VBA 对象库的常量以“vb”开头；而 Microsoft Excel 对象库的常量以“xl”开头。

例如，vbRed 表示红色，vbMonday 表示星期一，vbShortDate 表示短日期格式，vbCrLf 表示回车和换行，xlNone 表示单元格无填充，xlThick 表示边框粗线等。

案例 2-8

图 2-13 是在代码中输入数值常量、字符串常量、日期常量、颜色常量、逻辑值常量、格式常量等的示例。

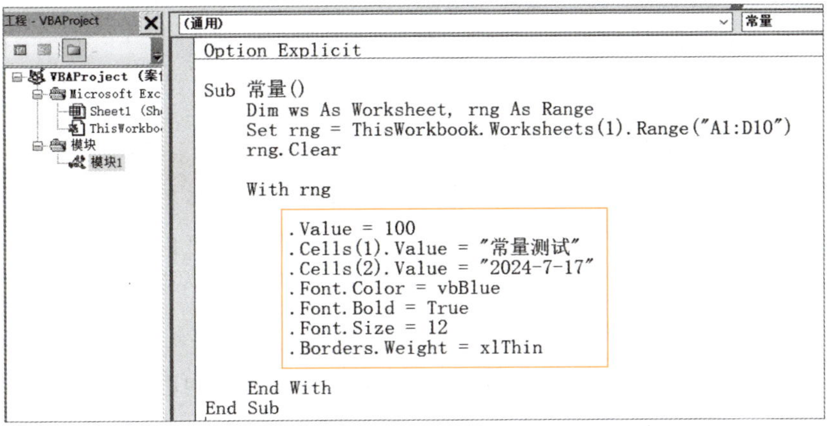

图 2-13　在代码中输入常量

问答 2-015 如何在程序中声明符号常量

当在程序中多次使用一些常量数值时，可以声明符号常量，用一个字符来表示这些常量。声明符号常量的语法如下：

```
Const 常量名 = 常量值
```

例如，下面的语句就是定义了一个符号常量 CD，表示“彩电”。

```
Const CD = "彩电"
```

可将符号常量与数据类型同时进行声明。例如，下面的语句就是将 XS 声明为整数型的符号常量，其值为 5000。

```
Const XS As Integer=5000
```

案例 2-9

图 2-14 是声明符号常量的示例，先声明一个单精度型的符号常量 TAX，其值为 0.13，在程序中，使用这个符号常量 TAX 参与运算。

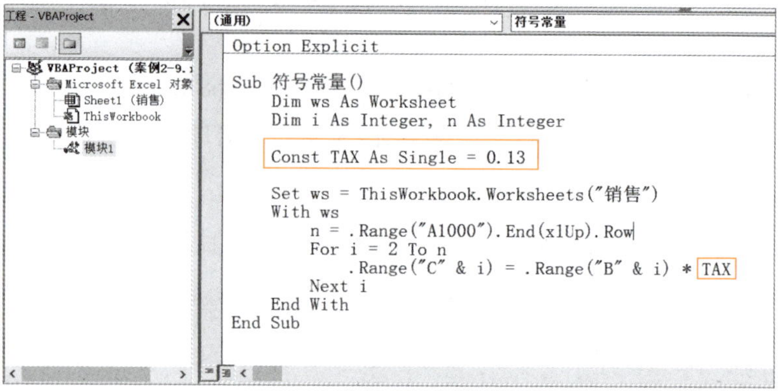

图 2-14　声明符号常量

2.3　声明和使用数组

在数据处理中，常常需要将一组相同数据类型的值进行批量处理，这种存储一组数据的变量就称为数组。要使用数组，就必须先声明数组，包括声明数组维数和数据类型。

从数组维数来说，有一维数组和多维数组之分；从数组大小来说，有静态数组（指定了数组大小）和动态数组（程序运行中数组大小可以更改）之分。

数组中的每个数据又称为数组元素。如果对数组定义了具体的数据类型，那么每个数组元素必须是指定的数据类型；如果将数组定义为 Variant 数据类型，那么数组元素可以是不同的数据类型。

问答 2-016　如何定义静态数组

所谓静态数组，是指维数和大小固定不变的数组。

声明静态数组的方法与声明变量的方法相同，即使用 Dim、Private 或 Public 语句声明，语法如下：

```
Dim 数组名(数组元素上下界,...)      As 数据类型
Private 数组名(数组元素上下界,...)  As 数据类型
Public 数组名(数组元素上下界,...)   As 数据类型
```

数组元素的下界被省略时为 0，上界不得超过 Long 数据类型的范围。

1. 一维数组

数组元素上下界的个数表示维数。当数组元素上下界的个数为 1 个时，则该数

组为一维数组。

例如，下面的语句就是定义一维数组 X，其数据类型是 Integer，数组元素的个数是 11 个（因为省略了下界，所以就默认从 0 开始）。

```
Dim X(10) As Integer
```

下面的数组 Y 的元素个数是 10 个（因为指定了具体的下界 1）。

```
Dim Y(1 To 10) As Integer
```

当同时指定数组元素的上下界时，下界和上界之间需要使用关键字 To。

2. 多维数组

当数组元素上下界的个数超过 1 个时，则该数组就是多维数组。

例如，下面定义了二维数组 X，其中第 1 个数组元素的个数为 6 个（0 ~ 5），第 2 个数组元素的个数为 11 个（0 ~ 10），数组大小为 6×11=66，数据类型为 Integer，即数组 X 有 6 行 11 列数据。

```
Dim X(5, 10) As Integer
```

下面定义了一个指定具体下界定义的二维数组 Y，数组大小为 5×10=50，即该数组 Y 有 5 行 10 列数据。

```
Dim Y(1 To 5, 1 To 10) As Integer
```

案例 2-10

图 2-15 所示的代码是将工作表“年初库存”的 C 列物料名称和 F 列数量分别保存到数组“物料”和“数量”中，工作表“年初库存”中共有 50 个物料，从第 2 行开始是物料数据。

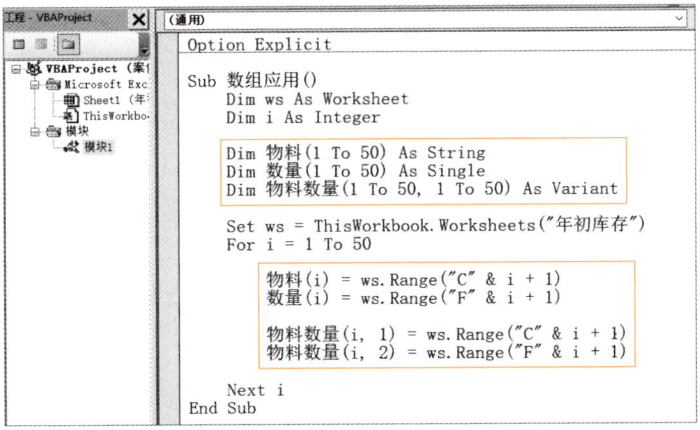

图 2-15　一维数组应用

问答 2-017 如何定义动态数组

在实际数据处理中，数据区域的大小是不固定的，此时需要根据数据区域大小定义动态数组。

定义动态数组有两种方法：一种是将数组的括号留空（不指定具体的上下界），另一种是使用 ReDim 语句，如下所示。

```
Dim X() As Single
ReDim Y(1 To n) As Single
```

要注意，在使用 ReDim 语句时，需要计算出数组大小（这个例子中就是变量 n 的值）。

案例 2-11

以案例 2-10 为例，假如工作表“年初库存”中的物料行数不确定，则可以定义动态数组来处理，参考代码如图 2-16 所示。

程序中，先统计工作表“年初库存”的数据区域行数（也就是物料个数，第 1 行的标题不算），再使用 ReDim 语句定义两个动态数组“物料”和“数量”，将工作表“年初库存”中的 C 列物料名称和 F 列数量保存到这两个数组中。

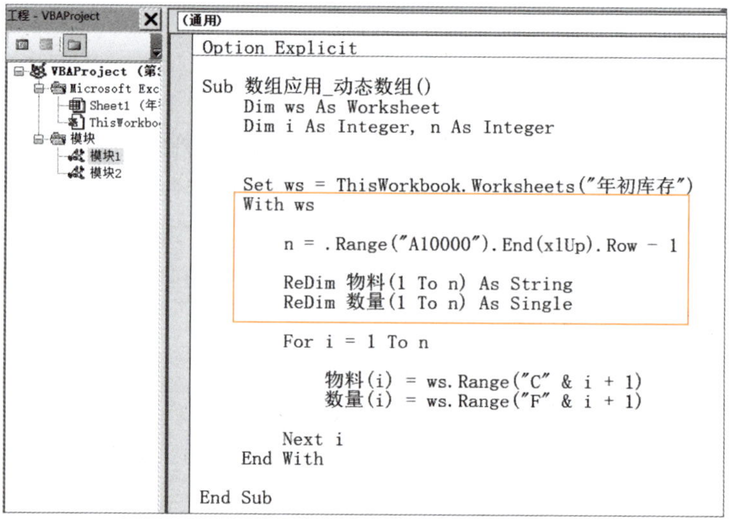

图 2-16 使用 ReDim 语句定义动态数组

问答 2-018 如何将数组的缺省下界设置为 1

在默认情况下，数组下界的缺省值为 0。但在实际数据处理中，经常需要将数组的下界设置为 1。此时可以采取以下两种方法进行处理。

（1）在定义数组时直接进行设置，例如：

```
Dim X(1 To 10) As String
ReDim Y(1 To n) As Single
```

（2）使用 Option Base 语句，也就是在模块的顶部输入下面的语句。

```
Option Base 1
Dim X(10) As String
ReDim Y(n) As Single
```

要特别注意，若使用 Option Base 语句，则必须置于模块的所有过程之前，并且一个模块中只能出现一次 Option Base 语句。

案例 2-12

图 2-17 所示的代码使用 Option Base 语句将数组下界设置为 1，同时，还使用了 ReDim 语句来定义动态数组。

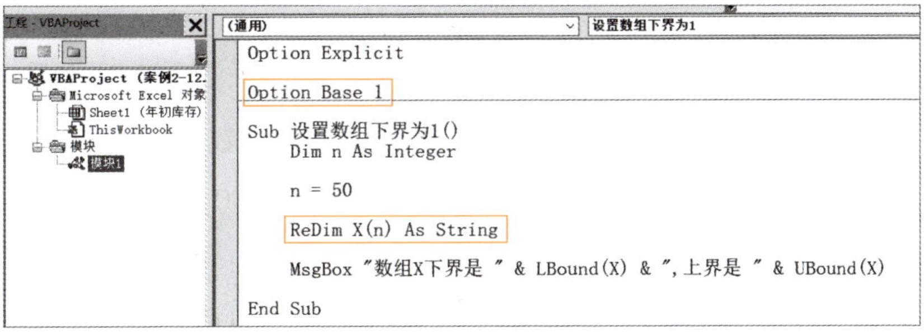

图 2-17　使用 Option Base 语句和 ReDim 语句

问答 2-019　如何扩充数组大小，且不丢失原来已保存的数据

当需要在保留数组现有值的情况下扩展数组上界时，可以使用 ReDim Preserve 语句。

例如，下面的语句就是将数组 X 增加了 10 个元素，且未丢失原始元素的当前值。

```
ReDim Preserve X(UBound(X) + 10)
```

案例 2-13

图 2-18 是一个示例，要求把 B 列的物料保存到一个数组“物料”中。

程序的基本逻辑是：先统计每个物料类别下的物料个数，定义第 1 个物料类别下的物料个数的动态数组并保存物料名称，然后根据第 2 个物料类别下的物料个数扩充数组，继续保存第 2 个物料类别下的物料名称。

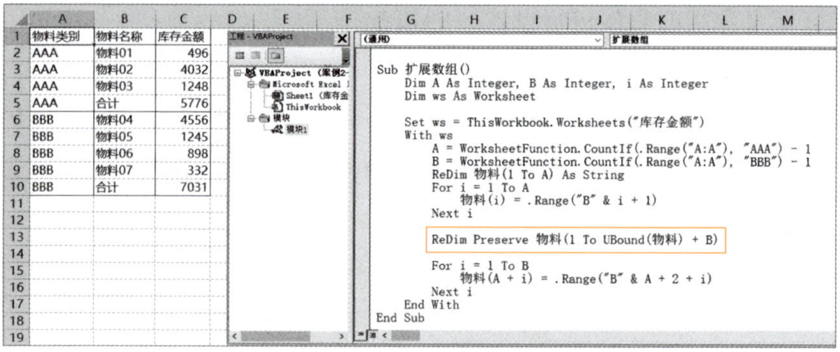

图 2-18　使用 ReDim Preserve 语句扩充数组大小

问答 2-020　如何获取数组的大小（下界和上界）

为了对数组的元素进行循环，我们需要知道数组的下界值和上界值，此时可分别使用 LBound 函数和 UBound 函数。

- LBound 函数：获取数组的下界值。
- UBound 函数：获取数组的上界值。

1. 一维数组的上下界

例如，定义了下面的一维数组 X 和 Y，则计算这两个数组的上下界如下：

```
Dim X(20), Y(1 To 10) As Integer
```

数组 X，下界：LBound (X)，结果为 0；上界：UBound (X)，结果为 20。

数组 Y，下界：LBound (Y)，结果为 1；上界：UBound (Y)，结果为 10。

2. 多维数组的上下界

例如，定义了如下的二维数组 Z。

```
Dim Z(1 To 20, 0 To 8)
```

第一维的下界：LBound (Z，1)，结果是 1；第一维的上界：UBound (Z，1)，结果是 20。

第二维的最小下标：LBound (Z，2)=0；第二维的最大下标：UBound (Z，2)=8。

图 2-19 是计算这三个数组的上下界的程序代码。

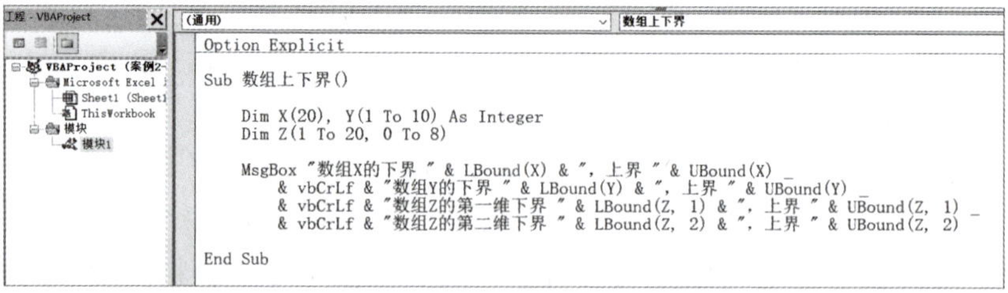

图 2-19　计算数组的上下界

如果在 LBound 函数和 UBound 函数中省略了维数参数，就默认为第一维。例如，对于数组 Z：LBound (Z)=1 ；UBound (Z)=20。

案例 2-14

当前工作簿中有近几年的工作表，分别以年份命名，现在要循环这几个工作表并处理数据（作为示例，这里向每个工作表的单元格 A1 输入 100），可以编写图 2-20 所示的程序代码。

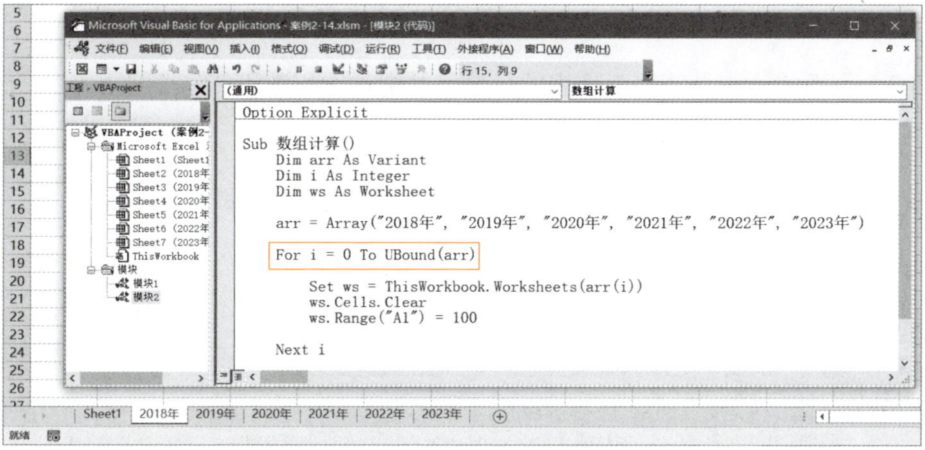

图 2-20　使用 UBound 函数获取数组的上界

2.4　VBA 的基本运算规则

Visual Basic 中的语句是一个完整的命令，它可以包含关键字、运算符、变量、常数及表达式。本节将主要介绍 VBA 运算规则（运算符）及其基本的实际应用。

VBA 的主要运算包括赋值运算、算术运算、比较运算、逻辑运算、字符连接运算等，可以通过相应的运算符实现指定的运算。

问答 2-021　如何进行赋值运算

赋值运算是指对变量或对象的属性进行赋值，其运算符是等号（=），也就是把赋值运算符右边的内容赋值给其左边的变量或属性。

普通变量的赋值运算格式如下：

```
普通变量 = 值
```

对象变量的赋值运算格式如下：

```
Set 对象变量 = 对象
对象 . 属性 = 值
```

案例 2–15

图 2–21 是赋值语句的应用示例，各个赋值语句解释如下。

（1）下面的语句是将当前工作簿的第一个工作表赋值给对象变量 ws。

```
Set ws = ThisWorkbook.Worksheets(1)
```

（2）下面的语句是将工作表 ws 的标签颜色设置为红色，也就是 Color 属性的值是 vbRed。

```
ws.Tab.Color = vbRed
```

（3）下面的语句是获取工作表的行数，并把这个行数赋值给变量 n。

```
n = ws.Range("A1000").End(xlUp).Row
```

（4）下面的语句是把工作表单元格区域 A1:A19 的数据赋值给变量 x。

```
x = ws.Range("A1:A19").Value
```

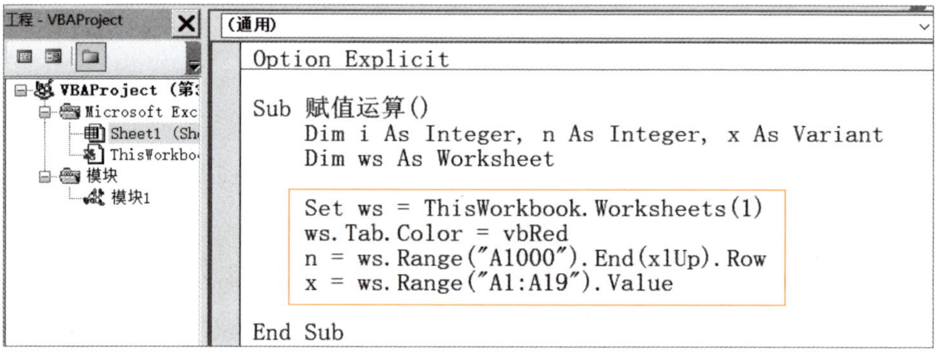

图 2–21　赋值语句

问答 2–022　如何进行算术运算

算术运算是指对数值进行加减乘除等运算，常用的数学运算符有：+（加）、-（减）、*（乘）、/（除）、\（整除）、-（负号）、^（乘幂）。

案例 2–16

图 2–22 所示的 VBA 代码是根据表格 B 列的销售量和 C 列的单价计算销售额本币和销售额外币，并分别保存在 D 列和 E 列中。

这里使用乘法运算和除法运算。

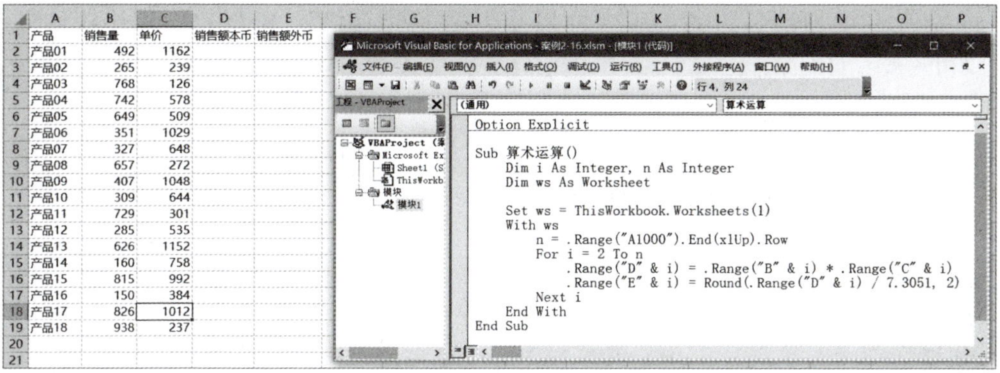

图 2-22　算术运算

问答 2-023　如何进行比较运算

比较运算用于判断两个表达式之间的大小、等于或不等于、是否包含等关系。比较运算的结果一个是布尔值 (True 或 False)。

比较运算要使用比较运算符，常用的比较运算符有 = (等于)、<> (不等于)、> (大于)、< (小于)、>= (大于或等于)、<= (小于或等于)、Like (字符串模糊匹配)、Is (逻辑) 等。

案例 2-17

图 2-23 所示的是从“工地签收记录”工作表中筛选出工程名称中含有“工地 K”的材料签收明细，并将其保存到“筛选结果”工作表中。

在程序中，使用比较运算符“=”来判断是否为指定的“工地 K”，语句如下：

```
If .Range("C" & i) = "工地K" Then
```

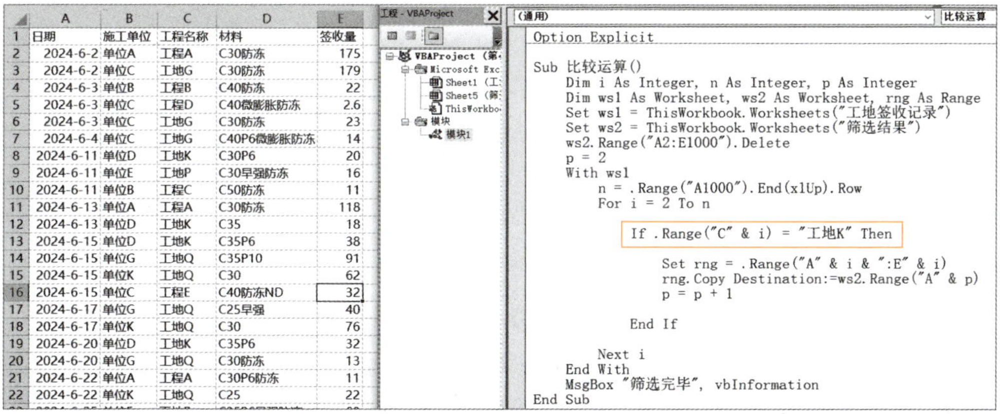

图 2-23　比较运算

若要从 D 列的材料名称中查询出开头是字符“C35”的材料，则比较运算语句如下：

```
If .Range("D" & i) Like "C35*" Then
```

问答 2-024　如何进行逻辑运算

逻辑运算是指对指定的条件进行处理，并判断这些条件之间的逻辑关系。逻辑运算所使用的逻辑运算符包括 Not（非）、And（与）、Or（或）、Xor（异或）、Eqv（相等）、Imp（逻辑蕴含）。

案例 2-18

图 2-24 所示的是从“工地签收记录”工作表中筛选出 2024 年 6 月 11 日至 2024 年 6 月 20 日之间且材料名称中含有“C30”的工地签收明细，并将其保存到“筛选结果”工作表中。

在程序中，使用比较运算符“>=”和比较运算符“<=”判断区间日期，使用“Like”来判断是否含有指定关键字，然后使用逻辑运算符“And”将三个条件组合起来，语句如下：

```
If  .Range("A" & i) >= #6/11/2024# _
And .Range("A" & i) <= #6/20/2024# _
And .Range("D" & i) Like "*C30*"  Then
```

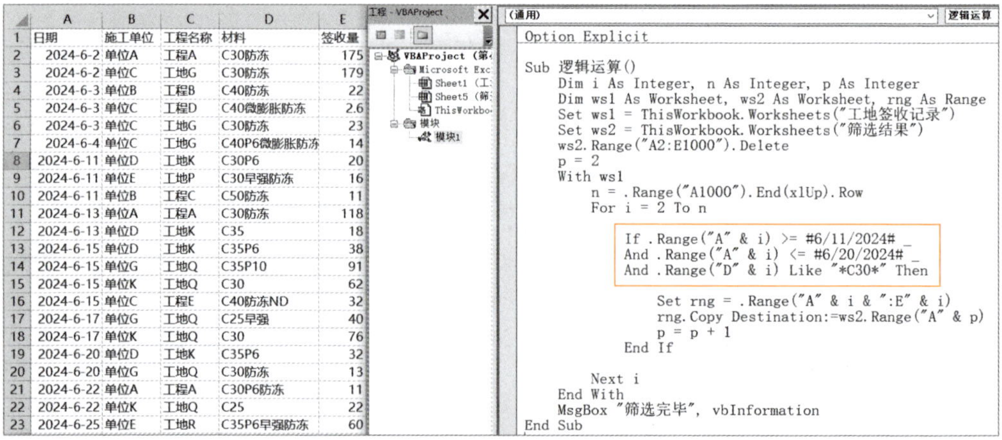

	A	B	C	D	E
1	日期	施工单位	工程名称	材料	签收量
2	2024-6-2	单位A	工程A	C30防冻	175
3	2024-6-2	单位C	工地G	C30防冻	179
4	2024-6-3	单位B	工程B	C40防冻	22
5	2024-6-3	单位C	工程D	C40微膨胀防冻	2.6
6	2024-6-3	单位C	工地G	C30防冻	23
7	2024-6-4	单位C	工地G	C40P6微膨胀防冻	14
8	2024-6-11	单位D	工地K	C30P6	20
9	2024-6-11	单位E	工地P	C30早强防冻	16
10	2024-6-11	单位B	工程C	C50防冻	11
11	2024-6-13	单位A	工程A	C30防冻	118
12	2024-6-13	单位D	工地K	C35	18
13	2024-6-15	单位D	工地K	C35P6	38
14	2024-6-15	单位G	工地Q	C35P10	91
15	2024-6-15	单位K	工地Q	C30	62
16	2024-6-15	单位C	工程E	C40防冻ND	32
17	2024-6-17	单位G	工地Q	C25早强	40
18	2024-6-17	单位K	工地Q	C30	76
19	2024-6-20	单位D	工地K	C35P6	32
20	2024-6-20	单位G	工地Q	C30防冻	13
21	2024-6-22	单位A	工程A	C30P6防冻	11
22	2024-6-22	单位K	工地Q	C25	22
23	2024-6-25	单位E	工地R	C35P6早强防冻	60

```
Option Explicit

Sub 逻辑运算()
    Dim i As Integer, n As Integer, p As Integer
    Dim ws1 As Worksheet, ws2 As Worksheet, rng As Range
    Set ws1 = ThisWorkbook.Worksheets("工地签收记录")
    Set ws2 = ThisWorkbook.Worksheets("筛选结果")
    ws2.Range("A2:E1000").Delete
    p = 2
    With ws1
        n = .Range("A1000").End(xlUp).Row
        For i = 2 To n
            If .Range("A" & i) >= #6/11/2024# _
            And .Range("A" & i) <= #6/20/2024# _
            And .Range("D" & i) Like "*C30*" Then
                Set rng = .Range("A" & i & ":E" & i)
                rng.Copy Destination:=ws2.Range("A" & p)
                p = p + 1
            End If

        Next i
    End With
    MsgBox "筛选完毕", vbInformation
End Sub
```

图 2-24　比较运算和逻辑运算联合使用

在这个例子中，如果要筛选出 2024 年 6 月 11 日至 2024 年 6 月 20 日之间且材料名称中含有“C30”或者“C25”的工地签收明细，此时逻辑判断如下：

```
If (.Range("A" & i) >= #6/11/2024# And .Range("A" & i) <=
#6/20/2024#) _
And (.Range("D" & i) Like "*C30*" Or .Range("D" & i) Like
"*C25*") Then
```

问答 2-025 如何进行字符连接运算

将几个字符连接为一个新字符，这就是字符连接运算。

字符连接运算可以使用字符连接运算符“&”或者“+”，前者可以连接任意的数据，后者只能连接文本字符串。

例如，下面两个字符连接语句的结果是一样的。

```
Dim X As String, Y As String
X = "2024 年 " & Range("A1") & " 分析报告 "
Y = "2024 年 " + Range("A1") + " 分析报告 "
```

下面两个语句的结果也是相同的。

```
Z = "10" + "10"
Z = 10 & 10
```

但是，下面两个语句的结果就截然不同了，第 1 个语句的结果是字符串 1010，第 2 个语句的结果是数值 20。

```
Z = "10" + "10"
Z = 10 + 10
```

案例 2-19

图 2-25 所示的是根据检验日期构建检验编号的 VBA 示例代码。

检验编号的编码规则是：

```
JY-4 位年数字 2 位月数字 - 该月从 1 开始的 3 位顺序号
```

例如，第 1 行的检验编号是“JY-202306-001”，第 2 行的检验编号是“JY-202306-002”等。

在程序中，使用了字符连接运算符“&”将三个字符连接成一个新字符串，并输入 E 列单元格中。

```
ws.Range("E" & i) = "JY-" _
                & Format(ws.Range("A" & i), "yyyymm-") _
                & Format(i - 1, "000")
```

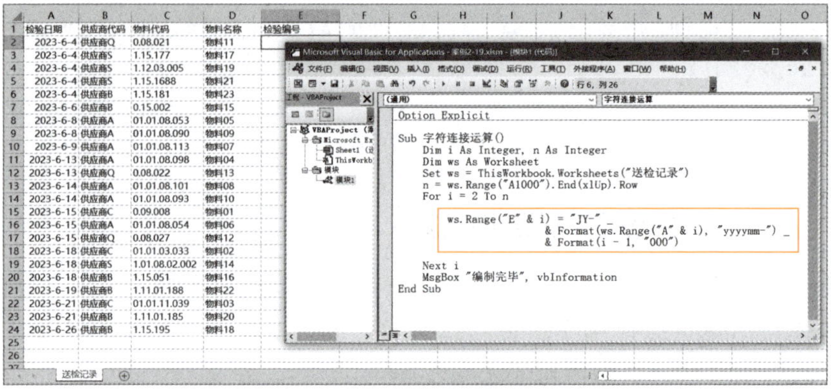

图 2-25　字符连接运算

2.5　VBA 的基本语句

Excel VBA 由多个语句组成，包括声明语句、赋值语句、注释语句、可执行语句等，本节将介绍 Excel VBA 的常见语句及其应用技能和技巧。

问答 2-026　如何编写声明语句

声明语句包括过程声明语句、自定义函数声明语句、变量声明语句等。

案例 2-20

1. 过程声明语句

过程声明语句是以 Sub、Public Sub 或 Private Sub 开头，以 End Sub 结尾，Sub 和 End Sub 之间的各种 VBA 语句。

（1）公共过程声明语句

下面的语句就是声明一个公共过程。该过程的名称是“统计分析”，当该过程被调用或运行时，所有包含于 Public Sub 与 End Sub 中的语句都被执行。

```
Public Sub 统计分析 ()
    ...语句块
End Sub
```

公共过程可以被任何模块的任何其他过程调用。

对于公共过程（公共子程序），Sub 前面的 Public 可以被省略。

（2）私有过程声明语句

私有过程声明语句是在 Sub 前面添加 Private。下面的语句就是声明一个私有过程，该过程的名称是“费用计算”，该过程只能用于定义该过程的模块之中，而其他模块的过程无法使用这个私有过程。

```
Private Sub 费用计算 ()
   ...语句块
End Sub
```

2. 自定义函数声明语句

自定义函数声明语句是以 Function、Public Function 或 Private Function 开头，以 End Function 结尾，Function 和 End Function 之间的各种 VBA 语句，最后以自定义函数的名称返回结果。

下面就是声明自定义函数的语法结构，自定义函数的名称是“季度”，该函数有一个日期类型的参数“日期”，该函数的返回值是字符串。

```
Public Function 季度 ( 日期 As Date) As String
        ...语句块
   季度 = 计算结果
End Function
```

由于该函数是以 Public 开头，是一个公共自定义函数，因此，它可以被其他任何一个过程或自定义函数调用。

对于公共自定义函数，Function 前面的 Public 也可以被省略。

如果某个自定义函数只能在本模块中使用，那么就使用 Private Function 来声明，如下所示。

```
Private Function 状态 ( 任务 As String) As String
        ...语句块
   状态 = 判断结果
End Function
```

3. 变量声明语句

前面已经介绍过变量的声明方法，即变量的声明语句以 Dim、ReDim、Public、Private 等开头。

```
Dim i As Integer, n As Integer d As Date, s As Single
Dim srr As String, bl As Boolean
Dim cus(1 To 50) As String
ReDim CL(1 To n) as Date
Public TA As Long
```

问答 2-027 如何编写赋值语句

赋值语句是以等号（=）连接变量和值的表达式。对于常规变量和对象变量，赋值语句的写法是不同的。

```
常规变量 = 值
Set 对象变量 = 具体的对象
```

案例 2-21

图 2-26 是普通变量和对象变量赋值语句的示例。

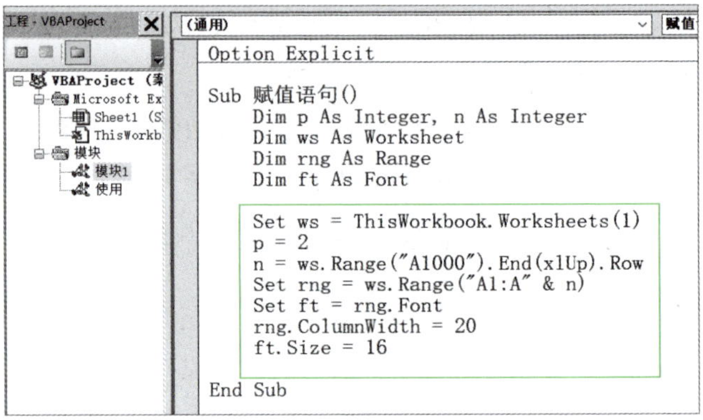

```
Option Explicit

Sub 赋值语句()
    Dim p As Integer, n As Integer
    Dim ws As Worksheet
    Dim rng As Range
    Dim ft As Font

    Set ws = ThisWorkbook.Worksheets(1)
    p = 2
    n = ws.Range("A1000").End(xlUp).Row
    Set rng = ws.Range("A1:A" & n)
    Set ft = rng.Font
    rng.ColumnWidth = 20
    ft.Size = 16
End Sub
```

图 2-26　编写赋值语句

问答 2-028　如何编写注释语句

注释语句是以单引号（'）开头的说明文字。它对某行语句或者某个语句块的功能进行说明，以增强语句的阅读性。注释语句以绿色字体显示，程序并不执行注释语句。

注释语句可以单独一行编写，也可以在语句的后面编写，不过要以空格隔开。

案例 2-22

图 2-27 是注释语句的示例。

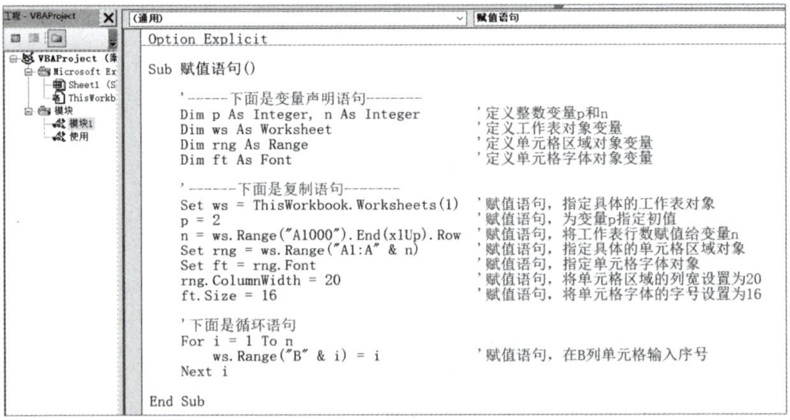

```
Option Explicit

Sub 赋值语句()

    '------下面是变量声明语句---------
    Dim p As Integer, n As Integer          '定义整数变量p和n
    Dim ws As Worksheet                     '定义工作表对象变量
    Dim rng As Range                        '定义单元格区域对象变量
    Dim ft As Font                          '定义单元格字体对象变量

    '-------下面是复制语句--------
    Set ws = ThisWorkbook.Worksheets(1)     '赋值语句，指定具体的工作表对象
    p = 2                                   '赋值语句，为变量p指定初值
    n = ws.Range("A1000").End(xlUp).Row     '赋值语句，将工作表行数赋值给变量n
    Set rng = ws.Range("A1:A" & n)          '赋值语句，指定具体的单元格区域对象
    Set ft = rng.Font                       '赋值语句，指定单元格字体对象
    rng.ColumnWidth = 20                    '赋值语句，将单元格区域的列宽设置为20
    ft.Size = 16                            '赋值语句，将单元格字体的字号设置为16

    '下面是循环语句
    For i = 1 To n
        ws.Range("B" & i) = i               '赋值语句，在B列单元格输入序号
    Next i

End Sub
```

图 2-27　注释语句的示例

问答 2-029 如何编写可执行语句

可执行语句是指在程序中用于执行赋值、计算、循环、判断等操作的指令，它可以是表达式，也可以是执行一个方法或是函数。在各种可执行语句中，最常用的是循环语句、条件控制语句、错误处理语句等。下面将分节介绍这些可执行语句。

2.6 循环语句

循环语句是最常用的可执行语句之一，它表示在执行语句时，需要对其中的某个或某些语句重复执行多次。常见的循环语句有以下几种形式。

- For ... Next 循环语句。
- For Each ... Next 循环语句。
- Do ... Loop 循环语句。
- While ... Wend 循环语句。

问答 2-030 如何使用 For ... Next 语句进行单层循环

在常用的几种循环语句中，For ... Next 循环语句是最常用的，其基本语法结构如下：

```
For 计数器 = 初始值 To 终止值 [Step 步长]
    [循环体]
    [Exit For]
    [循环体]
Next 计数器
```

这里，步长可以为正数、负数或没有步长。若步长为正，则初始值必须小于终止值；若步长为负，则初始值必须大于终止值；若没有设置步长，则步长默认为 1。

执行 For ... Next 循环语句的步骤如下。

步骤 1：设置计数器等于初始值。

步骤 2：如果步长为正，那么测试计数器是否大于终止值，若计数器大于终止值，则停止循环而执行 Next 后面的语句；如果步长为负，那么测试计数器是否小于终止值，若计数器小于终止值，则停止循环而执行 Next 后面的语句。

步骤 3：执行循环体。

步骤 4：如果在循环体之间存在 Exit For 语句，那么就退出 For ... Next 循环而执行 Next 后面的语句。

步骤 5：计数器 = 计数器 + 步长。

步骤 6：转到步骤 2。

下面介绍几个 For ... Next 循环语句的应用案例，加深大家对它的理解，也提高大家的应用能力。

案例 2-23

图 2-28 所示的 VBA 代码是使用 For ... Next 循环语句的简单情况，任务是在工作表的 A 列，从第 2 行开始输入从 1 开始到 50 结束的连续序号，默认步长为 1，因此语句中省略了 Step 参数。

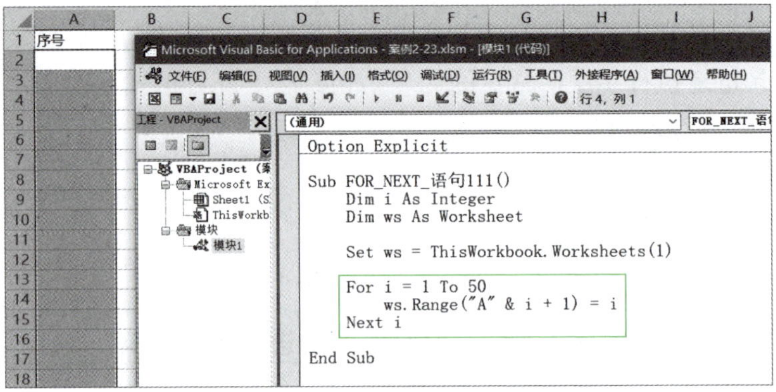

图 2-28　For ... Next 循环语句：输入连续序号

案例 2-24

图 2-29 所示是删除数据区域的空行，此时，不能从第 2 行往下循环处理，而是要从最后一行往上循环判断处理，因此 For ... Next 循环语句的开始值是最后一行 (n)，终止值是 2，步长是 -1。

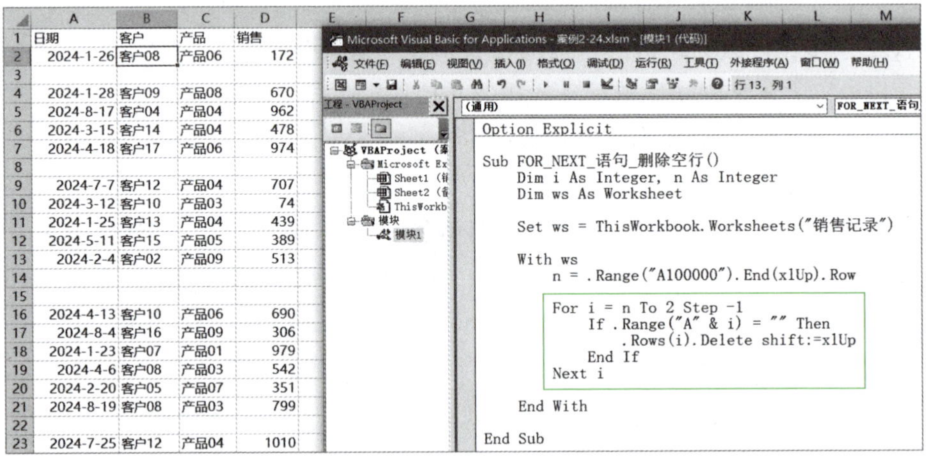

图 2-29　For ... Next 循环语句：删除数据区域的空行

案例 2-25

图 2-30 所示的是从第 2 行开始到第 50 行结束，每隔一行就将 A 列至 E 列的单元格填充为浅黄色，即填充的行是第 2 行、第 4 行、第 6 行……。由于每隔一行就填充单元格颜色，因此循环的步长就是 2。

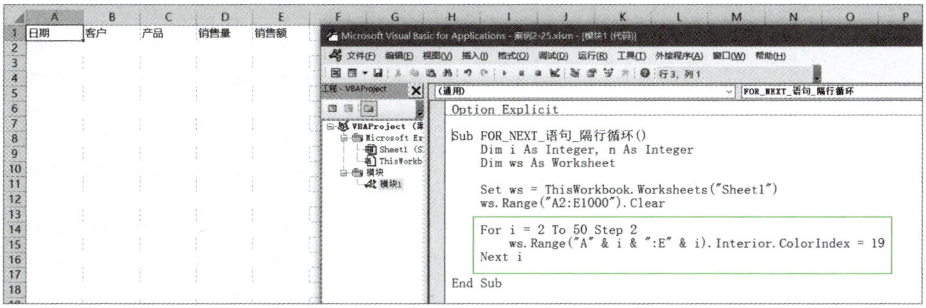

图 2-30　For ... Next 循环语句：每隔一行填充颜色

案例 2-26

图 2-31 所示的是计算每个客户下的产品合计数，这里采用一个最基本的循环方法来计算。但循环计数器的初始值需要设置为变量，即当计算了某个合计数后，下一次循环的计数器初始值是该合计数的下一行，而累计数变量清零，重新开始新一轮累加。

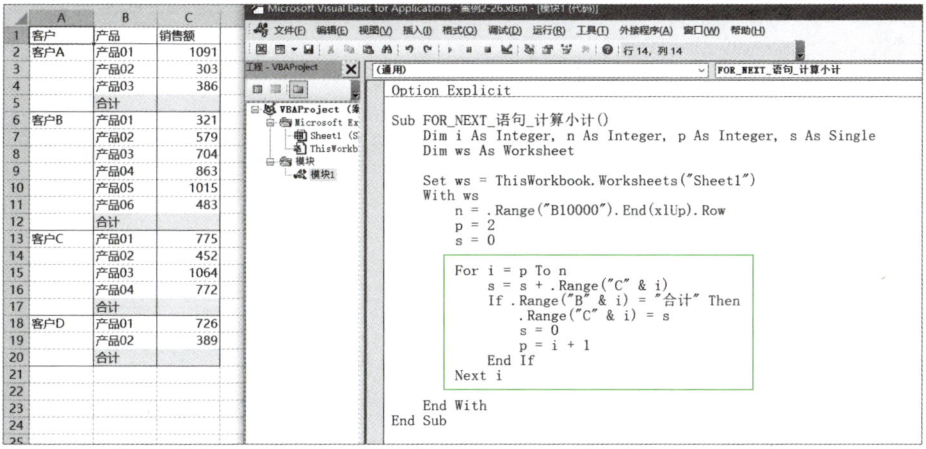

图 2-31　For ... Next 循环语句：循环计数器的初始值设置为变量

问答 2-031　如何使用 For ... Next 语句进行多层嵌套循环

有些情况下，一层循环不能解决问题，需要使用嵌套循环，也就是在一个循环结构内嵌套另一个循环。

案例 2-27

图 2-32 所示的是以“费用记录”工作表中的数据制作各部门、各项费用的统计报表，并保存在“统计表”中。

日期	部门	项目	费用
2024-1-1	采购部	办公费	1296
2024-1-1	财务部	差旅费	645
2024-1-1	人力资源部	网络费	454
2024-1-1	生产部	业务招待费	1099
2024-1-2	生产部	网络费	231
2024-1-2	采购部	网络费	124
2024-1-2	技术研发部	业务招待费	1883
2024-1-3	生产部	网络费	673
2024-1-5	人力资源部	办公费	2920
2024-1-7	人力资源部	通讯费	122
2024-1-7	采购部	差旅费	1612
2024-1-7	人力资源部	差旅费	1512
2024-1-8	人力资源部	业务招待费	897
2024-1-9	财务部	业务招待费	2398
2024-1-10	技术研发部	水电费	2387
2024-1-10	人力资源部	网络费	231
2024-1-10	技术研发部	通讯费	763
2024-1-11	采购部	水电费	2249
2024-1-11	采购部	办公费	1284

统计报表

部门	办公费	差旅费	网络费	业务招待费	通讯费	水电费	合计
采购部							-
财务部							-
人力资源部							-
生产部							-
技术研发部							-
销售部							-
合计	-	-	-	-	-	-	-

图 2-32　制作各部门、各项费用的统计报表

在 Excel 工作表中，这个统计表可以使用 SUMIFS 函数来计算。在 VBA 中，也可以调用 Excel 中的 SUMIFS 函数来实现自动计算。VBA 中调用工作表函数是使用 WorksheetFunction。

图 2-33 所示的 VBA 代码使用了两层循环，即在行方向循环部门和在列方向循环项目。

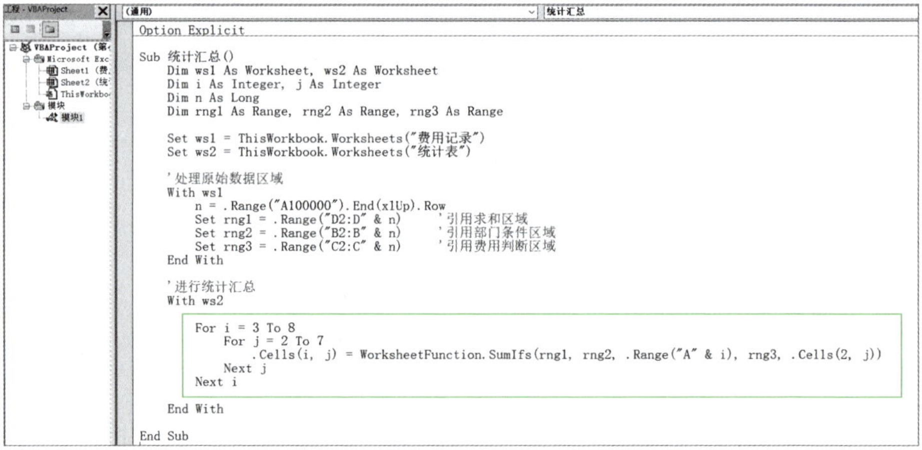

```
Option Explicit

Sub 统计汇总()
    Dim ws1 As Worksheet, ws2 As Worksheet
    Dim i As Integer, j As Integer
    Dim n As Long
    Dim rng1 As Range, rng2 As Range, rng3 As Range

    Set ws1 = ThisWorkbook.Worksheets("费用记录")
    Set ws2 = ThisWorkbook.Worksheets("统计表")

    '处理原始数据区域
    With ws1
        n = .Range("A100000").End(xlUp).Row
        Set rng1 = .Range("D2:D" & n)        '引用求和区域
        Set rng2 = .Range("B2:B" & n)        '引用部门条件区域
        Set rng3 = .Range("C2:C" & n)        '引用费用判断区域
    End With

    '进行统计汇总
    With ws2
        For i = 3 To 8
            For j = 2 To 7
                .Cells(i, j) = WorksheetFunction.SumIfs(rng1, rng2, .Range("A" & i), rng3, .Cells(2, j))
            Next j
        Next i

    End With
End Sub
```

图 2-33　使用 For ... Next 语句进行两层嵌套循环

问答 2-032　如何跳出 For ... Next 循环

在某些情况下，如果要跳出 For ... Next 循环，就需要使用 Exit For 语句。一般要设置一个条件判断语句，满足条件时就退出循环。

案例 2-28

图 2-34 所示的 VBA 代码是计算客户销售额的累计占比，如果累计占比已经超过了 80%，那么就跳出循环计算。

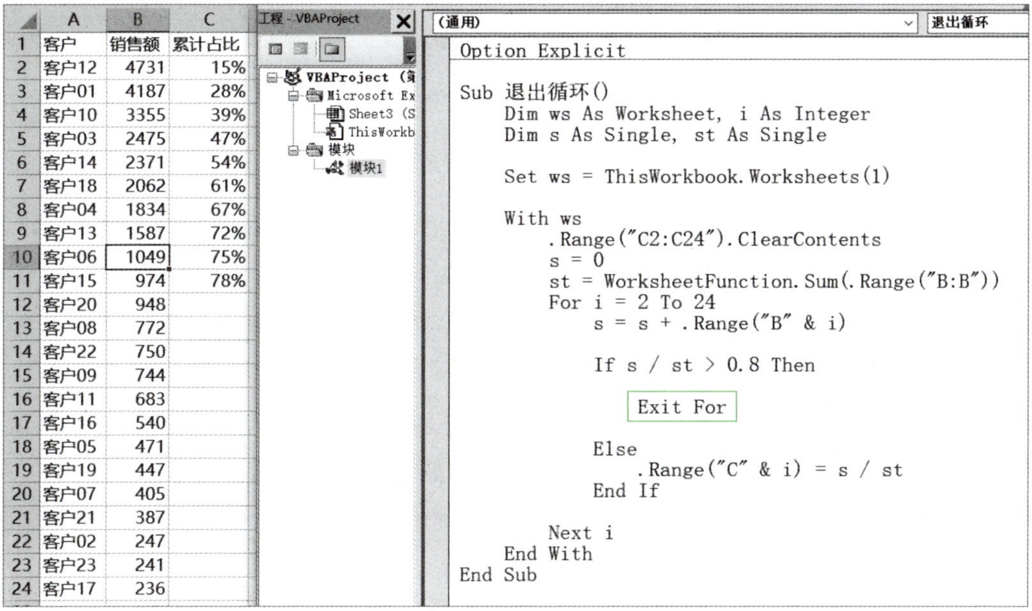

图 2-34　使用 Exit For 语句跳出 For ... Next 循环

问答 2-033 如何使用 For Each ... Next 循环语句

对于普通变量的循环，使用 For ... Next 循环语句即可，若要循环对象变量，则需要使用 For Each ... Next 循环语句。

For Each ... Next 循环语句也属于计数循环语句，它是对对象集合中的所有元素进行循环，使用语法如下：

```
For Each 集合中元素 In 集合
    [ 循环体 ]
Next [ 集合中元素 ]
```

在循环对象集合时，最好定义对象变量，这样方便使用对象的一些属性和方法，以便快速准确地输入代码。

案例 2-29

图 2-35 所示的 VBA 代码是使用 For Each ... Next 循环语句获取当前工作簿的所有工作表名称，并保存在工作表“目录”的 A 列中。

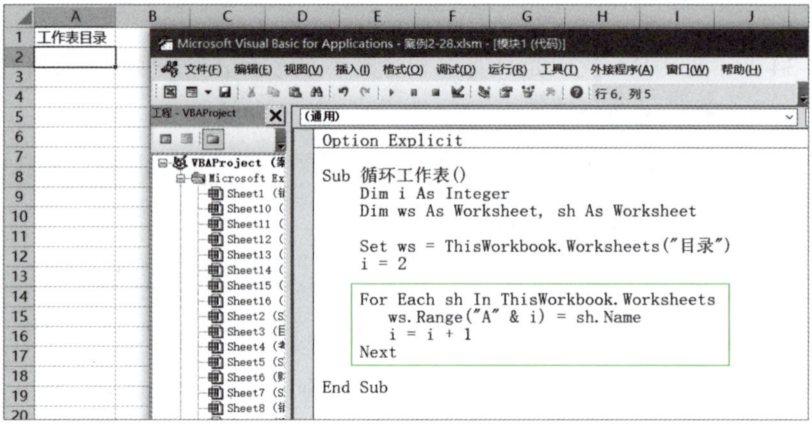

图 2-35 For Each ... Next 循环语句：循环工作表对象集合

案例 2-30

图 2-36 所示的 VBA 代码是循环数据区域内的所有单元格，如果单元格的颜色为空，那么就将单元格的颜色设置为黄色，并输入数字 0。

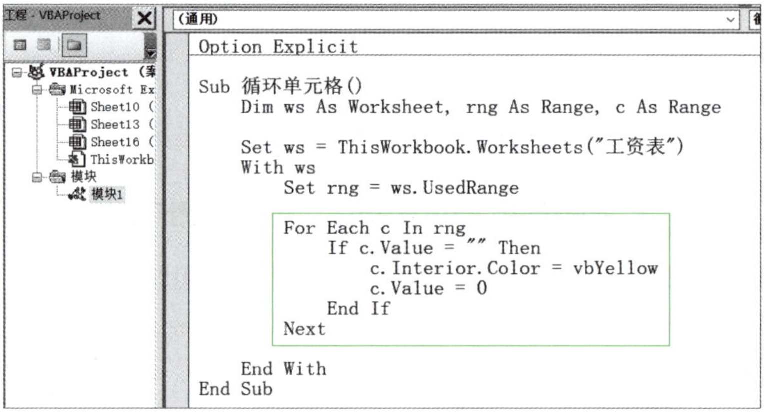

图 2-36 For Each ... Next 循环语句：循环单元格对象集合

在实际数据处理中，很少使用这种循环单元格的方法来处理空单元格，而是使用定位方法来快速处理。这个例子仅仅用于练习 For Each ... Next 循环语句。

案例 2-31

如果满足某个指定条件，就要停止并跳出循环，这时也可以使用 Exit For 语句。

图 2-37 所示的 VBA 代码是设计一个判断指定的工作表是否存在的自定义函数，并在主程序中使用这个自定义函数。

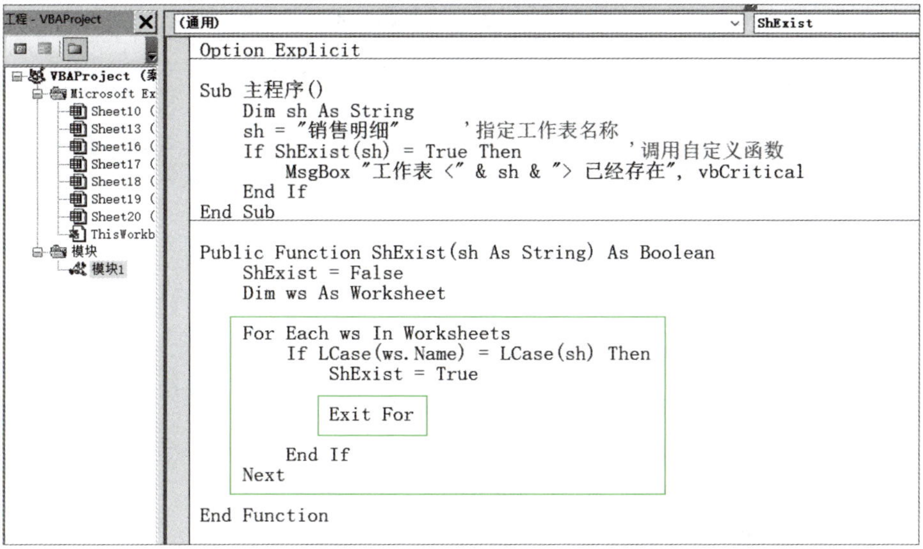

图 2-37　使用 Exit For 语句跳出 For Each…Next 循环

问答 2-034　如何使用 Do ... Loop 循环语句

前面介绍的 For ... Next 循环语句用于已知需要执行多少次循环的情况。但当不知道需要执行多少次循环时，可以使用 Do ... Loop 循环语句。

Do ... Loop 循环语句实际上就是根据某个条件是否成立来决定是否执行相应的循环体，它有以下四种不同的结构语法形式。

1. Do While ... Loop 结构

Do While ... Loop 结构是先测试判定条件，当判定条件为 True 时，就执行循环体；否则，就跳到循环体外。

```
Do While 判定条件
   循环体
Loop
```

案例 2-32

下面的例子是客户排名分析，已经将客户按照销售额从大到小排序，现在要求将销售额累计达 80% 的客户计算出累计销售额占比，并保存到 C 列单元格。

由于不知道到哪行的累计销售额占比达到了 80%，因此使用 Do While ... Loop 循环，每循环一次就计算一次累计销售额占比，只要这个累计占比数字小于 0.8，就继续循环；否则就停止循环，参考 VBA 代码如图 2-38 所示。

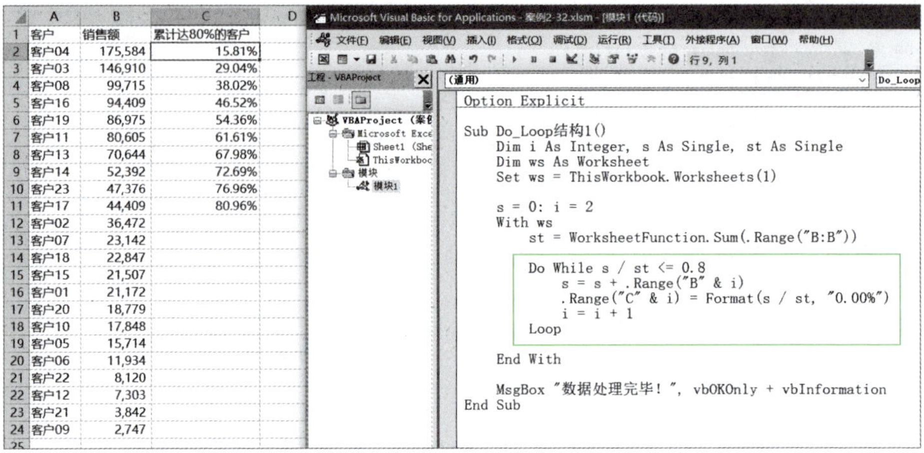

	A	B	C
1	客户	销售额	累计达80%的客户
2	客户04	175,584	15.81%
3	客户03	146,910	29.04%
4	客户08	99,715	38.02%
5	客户16	94,409	46.52%
6	客户19	86,975	54.36%
7	客户11	80,605	61.61%
8	客户13	70,644	67.98%
9	客户14	52,392	72.69%
10	客户23	47,376	76.96%
11	客户17	44,409	80.96%
12	客户02	36,472	
13	客户07	23,142	
14	客户18	22,847	
15	客户15	21,507	
16	客户01	21,172	
17	客户20	18,779	
18	客户10	17,848	
19	客户05	15,714	
20	客户06	11,934	
21	客户22	8,120	
22	客户12	7,303	
23	客户21	3,842	
24	客户09	2,747	

```
Option Explicit

Sub Do_Loop结构1()
    Dim i As Integer, s As Single, st As Single
    Dim ws As Worksheet
    Set ws = ThisWorkbook.Worksheets(1)

    s = 0: i = 2
    With ws
        st = WorksheetFunction.Sum(.Range("B:B"))

        Do While s / st <= 0.8
            s = s + .Range("B" & i)
            .Range("C" & i) = Format(s / st, "0.00%")
            i = i + 1
        Loop

    End With

    MsgBox "数据处理完毕！", vbOKOnly + vbInformation
End Sub
```

图 2-38　Do While ... Loop 结构

2. Do ... Loop While 结构

Do ... Loop While 结构是先执行循环体，再测试判定条件。当判定条件为 True 时，就执行循环体；否则，就跳到循环体外。

```
Do
   循环体
Loop While 判定条件
```

案例 2-33

以案例 2-32 的数据为例，使用 Do ... Loop While 结构循环的代码如图 2-39 所示。

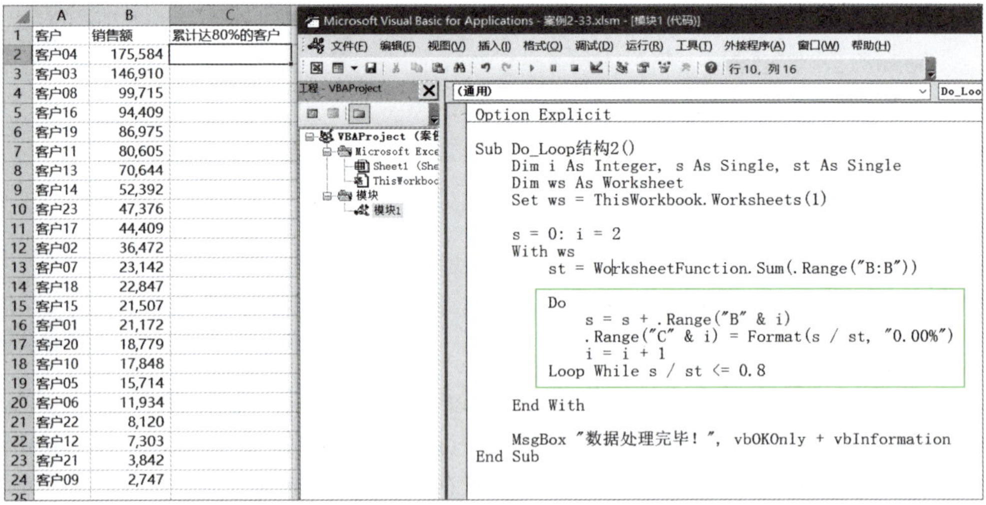

	A	B	C
1	客户	销售额	累计达80%的客户
2	客户04	175,584	
3	客户03	146,910	
4	客户08	99,715	
5	客户16	94,409	
6	客户19	86,975	
7	客户11	80,605	
8	客户13	70,644	
9	客户14	52,392	
10	客户23	47,376	
11	客户17	44,409	
12	客户02	36,472	
13	客户07	23,142	
14	客户18	22,847	
15	客户15	21,507	
16	客户01	21,172	
17	客户20	18,779	
18	客户10	17,848	
19	客户05	15,714	
20	客户06	11,934	
21	客户22	8,120	
22	客户12	7,303	
23	客户21	3,842	
24	客户09	2,747	

```
Option Explicit

Sub Do_Loop结构2()
    Dim i As Integer, s As Single, st As Single
    Dim ws As Worksheet
    Set ws = ThisWorkbook.Worksheets(1)

    s = 0: i = 2
    With ws
        st = WorksheetFunction.Sum(.Range("B:B"))

        Do
            s = s + .Range("B" & i)
            .Range("C" & i) = Format(s / st, "0.00%")
            i = i + 1
        Loop While s / st <= 0.8

    End With

    MsgBox "数据处理完毕！", vbOKOnly + vbInformation
End Sub
```

图 2-39　Do ... Loop While 结构

3. Do Until ... Loop 结构

Do Until ... Loop 结构是先测试判定条件，当判定条件为 False 时，就执行循环体；否则，就跳到循环体外。

```
Do Until 判定条件
   循环体
Loop
```

案例 2-34

以案例 2-32 的数据为例，使用 Do Until ... Loop 结构循环的代码如图 2-40 所示。

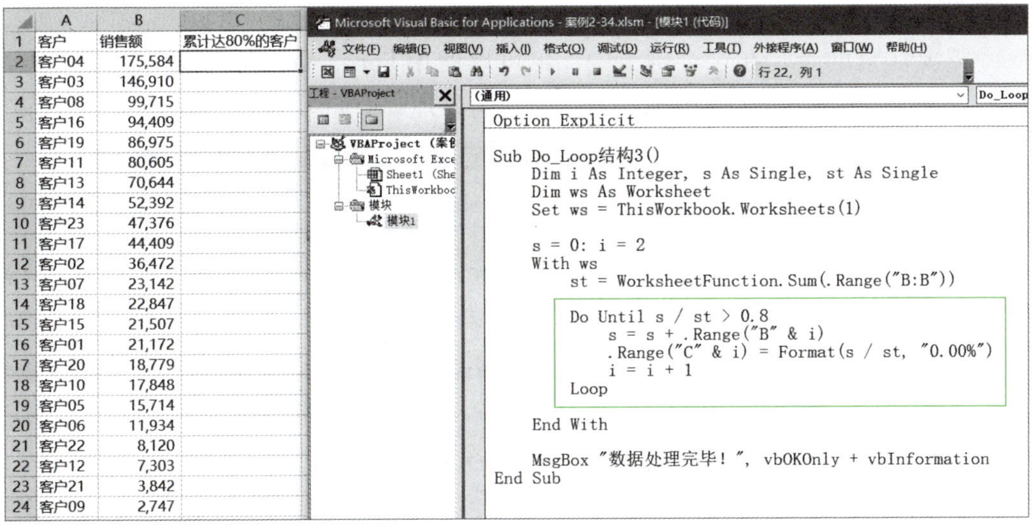

图 2-40 Do Until ... Loop 结构

4. Do ... Loop Until 结构

Do ... Loop Until 结构是先执行循环体，再测试判定条件。当判定条件为 False 时，就执行循环体；否则，就跳到循环体外。

```
Do
   循环体
Loop Until 判定条件
```

案例 2-35

以案例 2-32 的数据为例，使用 Do ... Loop Until 结构循环的代码如图 2-41 所示。

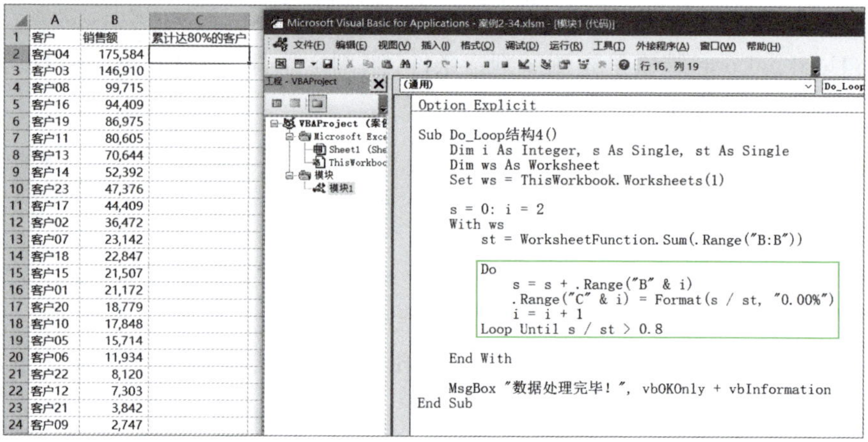

图 2–41　Do ... Loop Until 结构

需要注意的是，在这个例子中，也可以使用 For ... Next 循环语句进行处理，For ... Next 循环语句的代码更加精练，也更容易理解，如图 2–42 所示。

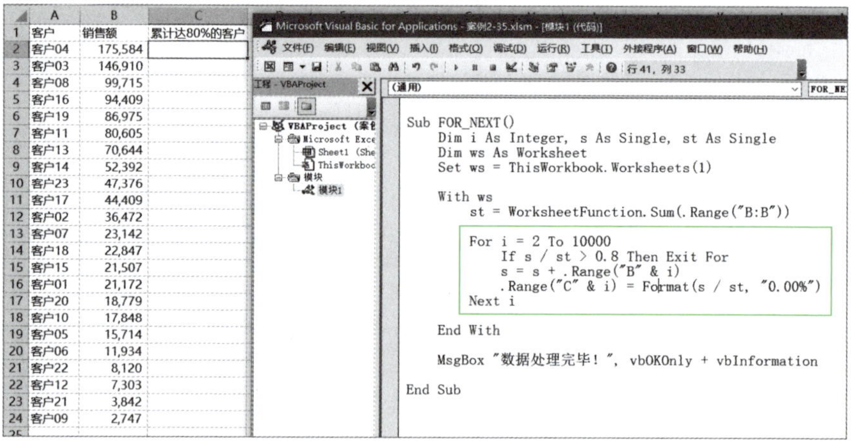

图 2–42　使用 For ... Next 循环的代码

但是，在某些情况下，使用 Do ... Loop 循环语句会比 For ... Next 循环语句更佳。

例如，如何将指定文件夹中所有的文件名都取出来？显然，文件夹中有多少个文件是不知道的，但总不会超过上千个甚至上万个，此时，使用 Do ... Loop 循环语句就简单多了。

问答 2–035　如何跳出 Do ... Loop 循环

在数据处理中，可以使用 Do ... Loop 循环语句做一个充分大的循环，当满足指定的某个条件时，就使用 Exit Do 语句跳出循环。

案例 2–36

以案例 2–32 中的数据为例，使用 Exit Do 语句跳出循环的代码如图 2–43 所示。

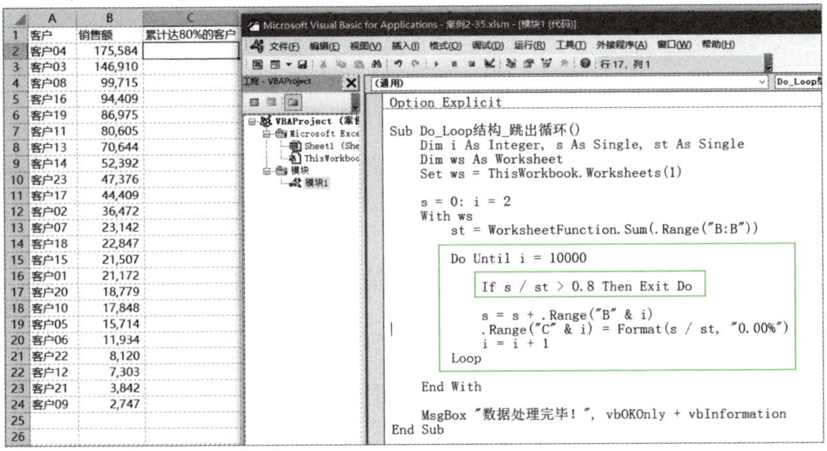

图 2–43　使用 Exit Do 语句跳出 Do ... Loop 循环

问答 2-036　如何使用 While ... Wend 循环语句

While ... Wend 循环语句用于对条件进行判断，若条件成立，则执行循环体，直到条件不成立为止。

While ... Wend 循环语句的语法结构如下：

```
While 判定条件
    循环体
Wend
```

案例 2-37

以案例 2-32 中的数据为例，使用 While ... Wend 循环语句处理数据的代码如图 2-44 所示。

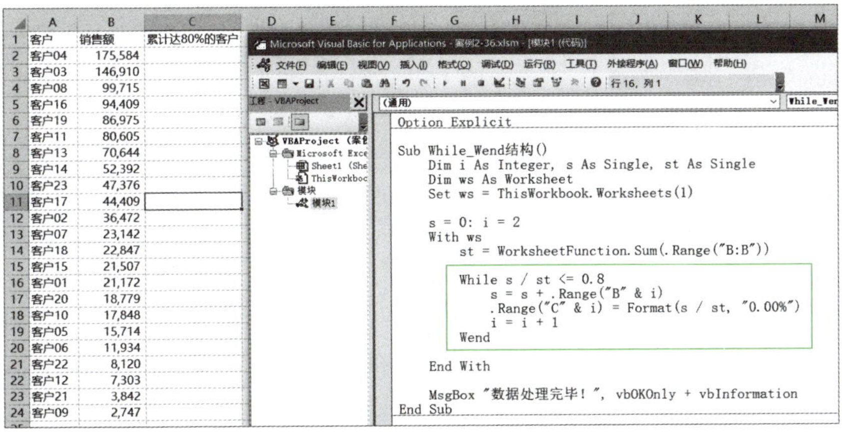

图 2–44　While ... Wend 循环语句

2.7 条件控制语句

在很多情况下，需要程序按照一定的条件执行语句，也就是说，当满足某些条件时，就执行一些语句；而不满足条件时，则转去执行另一些语句，这就是条件控制语句。

常用的条件控制语句有 IF 条件语句和 Select Case 语句。

问答 2-037 如何使用单行格式的 IF 条件语句（两个判断结果）

单行格式的 IF 条件语句的语法结构如下：

```
If 条件 Then 语句1 [Else 语句2]
```

在这个 IF 条件语句中，当条件满足时，就执行语句 1；否则，就执行语句 2。

这里的“Else 语句 2”不是必需的，它是一个可选的语句。

此外，这里的条件可以是一个条件，也可以是多个条件的组合（例如使用 AND 或 OR 组合）。

案例 2-38

图 2-45 所示的 VBA 代码是根据预算和实际判断预算是否达成，如果实际数大于或者等于预算数，那么就在 D 列输入“Y”；否则就是输入“N”，这个语句就是：

```
If 实际 >= 预算 Then 结果 = "Y" Else 结果 = "N"
```

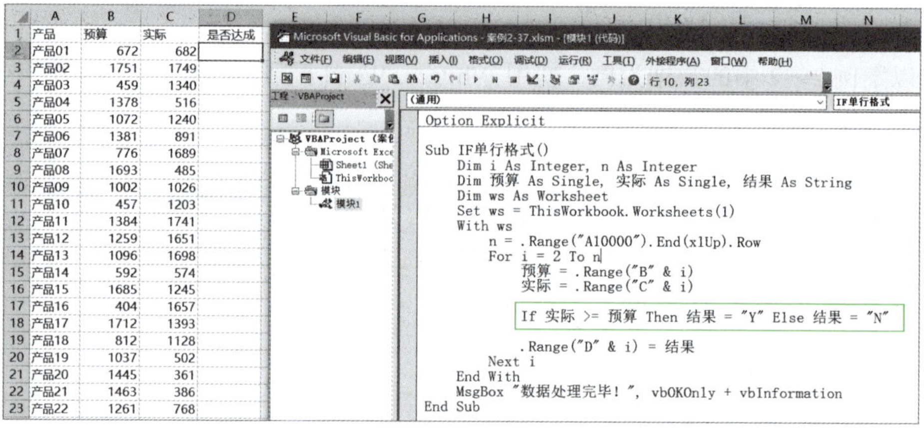

图 2-45 单行格式的 IF 条件语句：返回 2 个结果

若仅仅将预算达成的在 D 列输入“Y”，而没有达成的就空单元格，则 VBA 代码如图 2-46 所示。

```
If 实际 >= 预算 Then .Range("D" & i) = "Y"
```

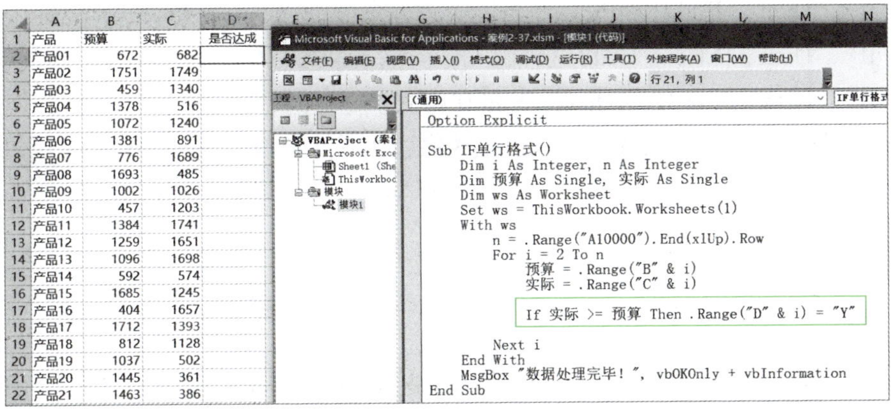

图 2-46　单行格式的 IF 条件语句：返回 1 个结果

问答 2-038　如何使用单行格式的 IF 条件语句（一个判断结果）

单行格式的 IF 条件语句的判断结果也可以是一个，也就是说，条件满足就是结果；否则，就继续往下执行其他语句。

案例 2-39

以案例 2-38 中的各个产品数据为例，要将达成率在 50% 以下的产品行区域设置为黄色，参考代码如图 2-47 所示。

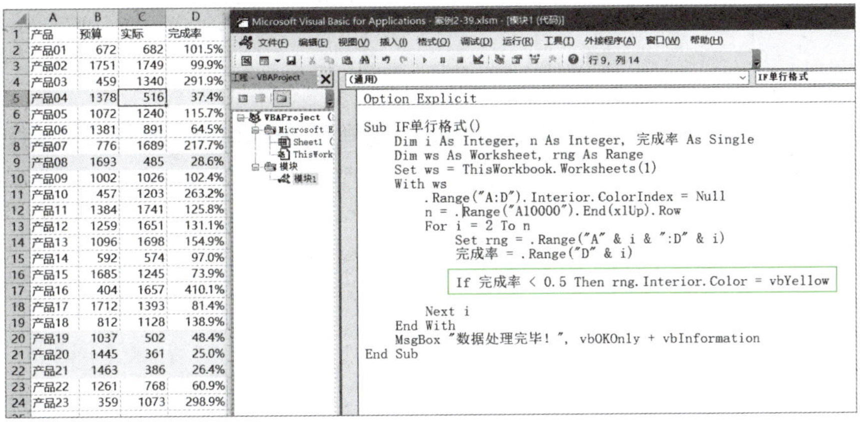

图 2-47　单行格式的 IF 条件语句：返回 1 个结果

问答 2-039　如何使用多行格式的 IF ... Then ... End If 条件语句

多行格式的 IF 条件语句就是分几行编写的条件语句。它主要分为以下三种格式，在实际数据处理中，可以根据实际情况选择一种最简单的格式。但无论哪种格式，都必须以 End If 结束条件语句。

- IF ... Then ... End If 格式。
- IF ... Then ... Else ... End If 格式。
- IF ... Then ... ElseIf ... Then ... End If 格式。

下面先介绍 IF ... Then ... End If 格式的条件语句。这种格式的语法结构如下：

```
If 条件 Then
  语句块
End If
```

IF ... Then ... End If 格式的语句逻辑就是当条件满足时，就执行 Then 后面的语句块；否则，就跳出条件语句而执行 End If 后面的语句。

案例 2-40

下面的例子是根据指定的“销售部”部门和“本科”学历，从“员工信息”工作表中查找数据，并保存到“查询表”中，参考代码如图 2-48 所示。

在程序中，使用了 For ... Next 循环语句逐行判断，若是指定的部门和学历，则执行复制数据的操作，并计算下一个数据的保存行号。

```
If .Range("B" & i) = 部门 And .Range("F" & i) = 学历 Then
    Set rng = .Range("A" & i & ":F" & i)
    rng.Copy Destination:=ws2.Range("A" & p)
    p = p + 1
End If
```

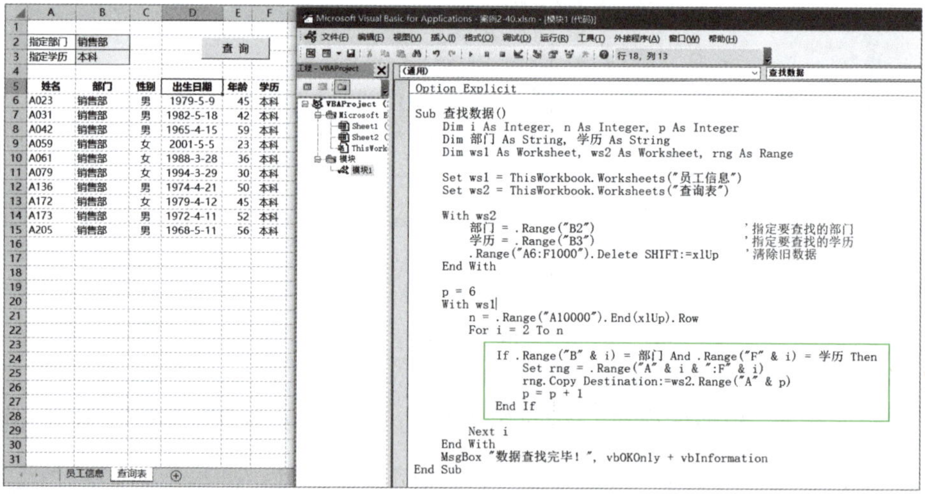

图 2-48　IF ... Then ... Else ... End If 格式的条件语句

问答 2-040 如何使用多行格式的 IF ... Then ... Else ... End If 条件语句

IF ... Then ... Else ... End If 格式的条件语句的语法结构如下：

```
If 条件 Then
    语句块 1
Else
    语句块 2
End If
```

这种格式的逻辑就是当条件满足时，就执行 Then 后面的语句块 1；否则，就执行 Else 后面的语句块 2。

案例 2-41

图 2-49 是“打卡记录”工作表中的数据，要求计算每位员工每天的工作时长。

	A	B	C	D	E	F	G
1	工号	姓名	部门	上班时间	下班时间	班次	工作时长
2	10385	张三	财务部	2023-12-1 上午 07:34:52	2023-12-1 下午 04:34:03	日班	
3	10385	张三	财务部	2023-12-2 上午 07:06:02	2023-12-2 下午 04:34:38	早班	
4	10385	张三	财务部	2023-12-5 上午 07:13:30	2023-12-5 下午 04:34:02	早班	
5	10385	张三	财务部	2023-12-6 上午 07:28:27	2023-12-6 下午 04:42:27	日班	
6	10385	张三	财务部	2023-12-7 上午 06:39:52	2023-12-7 下午 04:28:12	早班	
7	10385	张三	财务部	2023-12-8 上午 07:03:00	2023-12-8 下午 04:31:44	早班	
8	10385	张三	财务部	2023-12-9 上午 07:04:17	2023-12-9 下午 04:29:04	早班	
9	10385	张三	财务部	2023-12-10 下午 05:22:25	2023-12-11 上午 08:09:46	夜班	
10	10385	张三	财务部	2023-12-12 上午 07:13:01	2023-12-12 下午 08:06:01	早班	
11	10385	张三	财务部	2023-12-13 上午 07:14:48	2023-12-13 下午 04:38:13	早班	
12	10385	张三	财务部	2023-12-14 上午 07:15:04	2023-12-14 下午 04:43:03	早班	
13	29999	李四	销售部	2023-12-1 下午 07:11:14	2023-12-2 上午 08:11:32	夜班	
14	29999	李四	销售部	2023-12-2 下午 07:13:50	2023-12-3 上午 08:08:16	夜班	
15	29999	李四	销售部	2023-12-3 下午 07:14:05	2023-12-4 上午 08:19:42	夜班	

打卡记录

图 2-49 “打卡记录”工作表中的数据

在“打卡记录”工作表中，我们可以通过 F 列的班次和上下班时间中的“上午”和“下午”字样进行判断。

（1）上班时间

无论是什么班次，上班时间都是该日的时间，但需要根据班次来处理上班时间。若 F 列的班次是“早班”和“日班”，则上班时间是该日的上午时间，因此将上班时间中的“上午”字样删除即可；但若 F 列的班次是“夜班”，则在删除“下午”字样后需要加 12 小时（半天，即 0.5），转换为 24 小时制。

（2）下班时间

若 F 列的班次是“早班”和“日班”，则下班时间都是当日的下午时间，因此将“下午”两字删除后，加 0.5，得到早班和日班的下班时间。

若 F 列的班次是“夜班”，则下班时间都是第 2 天的上午时间，因此直接将“上午”两字删除，就得到夜班的下班时间。

这样，编写的 VBA 代码就如图 2–50 所示，一键完成上班时间、下班时间和工作时长的快速计算。在这个程序中，将原始“打卡记录”复制一份，将原始的上班时间和下班时间整理为标准日期时间，再计算工作时长。

VBA 代码中，使用了 IF ... Then ... Else ... End If 格式，核心语句如下：

```
If 班次 <> "夜班" Then
    .Range("D" & i) = CDate(Replace(上班时间, "上午", ""))
    .Range("E" & i) = CDate(Replace(下班时间, "下午", "")) + 0.5
Else
    .Range("D" & i) = CDate(Replace(上班时间, "下午", "")) + 0.5
    .Range("E" & i) = CDate(Replace(下班时间, "上午", ""))
End If
```

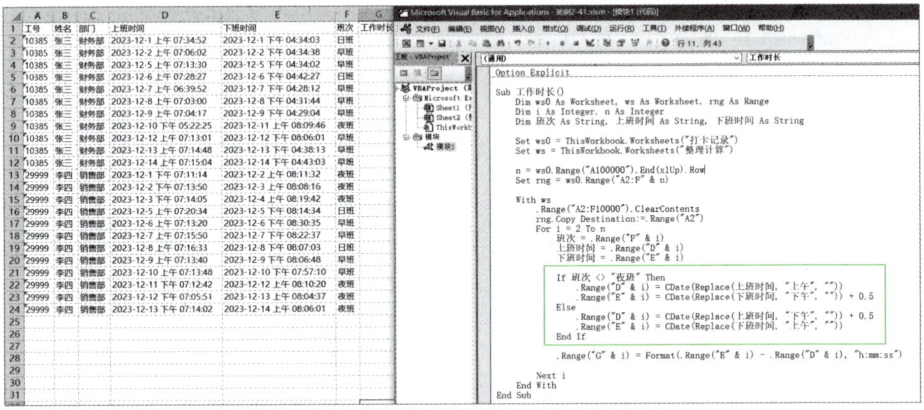

图 2–50　IF ... Then ... Else ... End If 格式的条件语句

问答 2–041　如何使用多行格式的 IF ... Then ... ElseIf ... Then ... End If 条件语句

IF ... Then ... ElseIf ... Then ... End If 格式的条件语句的语法结构如下：

```
    If 条件 1 Then
        语句块 1
ElseIf 条件 2 Then
    语句块 2
[ElseIf 条件 3 Then
    语句块 3
…
[Else
```

```
    语句块 n]
End If
```

这种格式的逻辑就是当条件不满足时，就继续执行新的条件，而且 ElseIf 部分可以嵌套多层，相当于 Excel 中的嵌套 IF 函数公式。

案例 2-42

图 2-51 是业务员业绩统计汇总，提成标准已经给定，现在要求根据每位业务员的业绩计算提成比例和提成额。

	A	B	C	D	E	F	G	H	I
1	业务员	业绩	提成比例	提成额				提成标准表	提成比例
2	A001	4,495						500以下	1%
3	A002	18,954						500（含）~2000	2%
4	A003	230,697						2000（含）~5000	4%
5	A004	500						5000（含）~10000	8%
6	A005	1,221						10000（含）~20000	12%
7	A006	11,976						20000（含）~50000	20%
8	A007	484						50000（含）~100000	30%
9	A008	6,859						100000（含）~500000	38%
10	A009	26,464						500000（含）以上	50%
11	A010	58,377							
12	A011	3,567							
13	A012	1,257,893							
14	A013	7,998							
15	A014	2,368							
16	A015	98,654							

图 2-51　业务员业绩提成计算

在 Excel 中，可以嵌套 IF 函数公式解决此问题，而在 Excel VBA 中，需要使用 IF ... Then ... ElseIf ... Then ... End If 格式的条件语句，VBA 代码如图 2-52 所示。

```
Option Explicit

Sub 计算提成()
    Dim ws As Worksheet
    Dim i As Integer, n As Single, y As Single, b As Single

    Set ws = ThisWorkbook.Worksheets("业绩统计")
    With ws
        n = ws.Range("A100000").End(xlUp).Row
        For i = 2 To n
            y = .Range("B" & i)

            If y < 500 Then
                b = 0.01
            ElseIf y < 2000 Then
                b = 0.02
            ElseIf y < 5000 Then
                b = 0.04
            ElseIf y < 10000 Then
                b = 0.08
            ElseIf y < 20000 Then
                b = 0.12
            ElseIf y < 50000 Then
                b = 0.2
            ElseIf y < 100000 Then
                b = 0.3
            ElseIf y < 500000 Then
                b = 0.38
            Else
                b = 0.5
            End If

            .Range("C" & i) = b
            .Range("D" & i) = b * .Range("B" & i)
        Next i
    End With
End Sub
```

图 2-52　IF ... Then ... ElseIf ... Then ... End If 格式的条件语句

问答 2-042 如何使用多层复杂的 IF 条件语句

在某些情况下进行数据判断处理，需要使用各种格式的 IF 条件语句进行嵌套，此时，最好绘制逻辑流程图，然后编写 IF 条件语句的代码，这样可以提升代码的编写效率和准确性。

案例 2-43

图 2-53 是一个比较复杂的例子，要求根据岗位级次、工龄和学历确定补贴金额。

	A	B	C	D	E	F
1	姓名	性别	学历	工龄	岗位级次	补贴金额
2	高红莉	女	中专	19	9级	
3	韩东	女	大专	16	9级	
4	谢俊	女	本科	5	12级	
5	周先梅	女	大专	28	10级	
6	张芸	女	本科	23	9级	
7	周静	女	本科	16	11级	
8	罗代科	男	硕士	14	9级	
9	聂爱华	女	本科	25	11级	
10	李雪琴	女	大专	0	9级	
11	严红桃	女	硕士	23	10级	
12	汤秀芳	女	本科	8	12级	
13	简敏	女	本科	10	12级	
14	彭杨	女	本科	6	10级	
15	周晶	女	本科	5	12级	
16	蒋丽萍	女	大专	18	9级	
17	魏玲	女	大专	15	10级	
18	程永红	女	本科	21	8级	
19	李莎	女	大专	5	12级	
20	张守占	男	中专	32	8级	

补贴标准

岗位级次	工龄	学历	补贴标准
8级、9级、10级	10年以下	本科（含）以上	1100
		本科以下	700
	10年（含）以上	本科（含）以上	1800
		本科以下	1500
11级、12级、13级	10年以下	本科（含）以上	800
		本科以下	400
	10年（含）以上	本科（含）以上	1000
		本科以下	500

图 2-53　根据岗位级次、工龄和学历确定补贴标准

首先梳理此问题的逻辑流程，并绘制逻辑流程图，如图 2-54 所示。

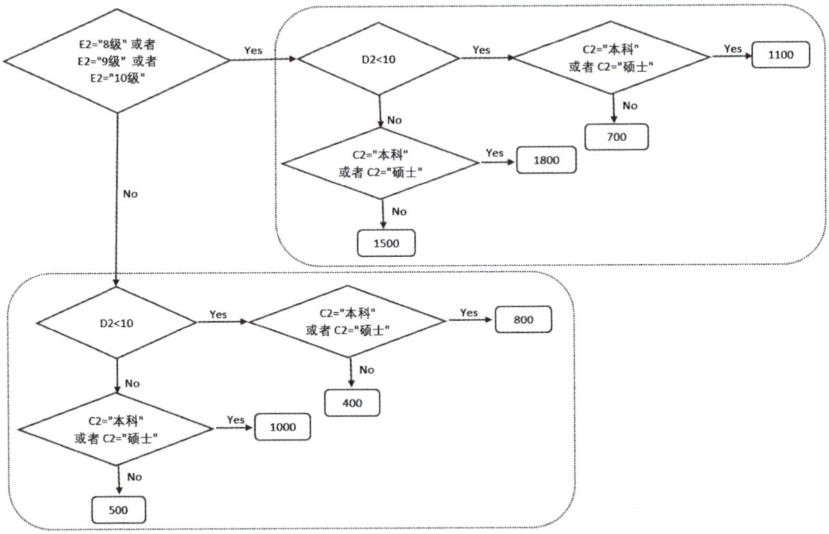

图 2-54　补贴标准的逻辑流程图

图 2-55 是根据这个逻辑流程图编写的 VBA 代码，此代码联合使用了多种格式的 IF 条件语句。

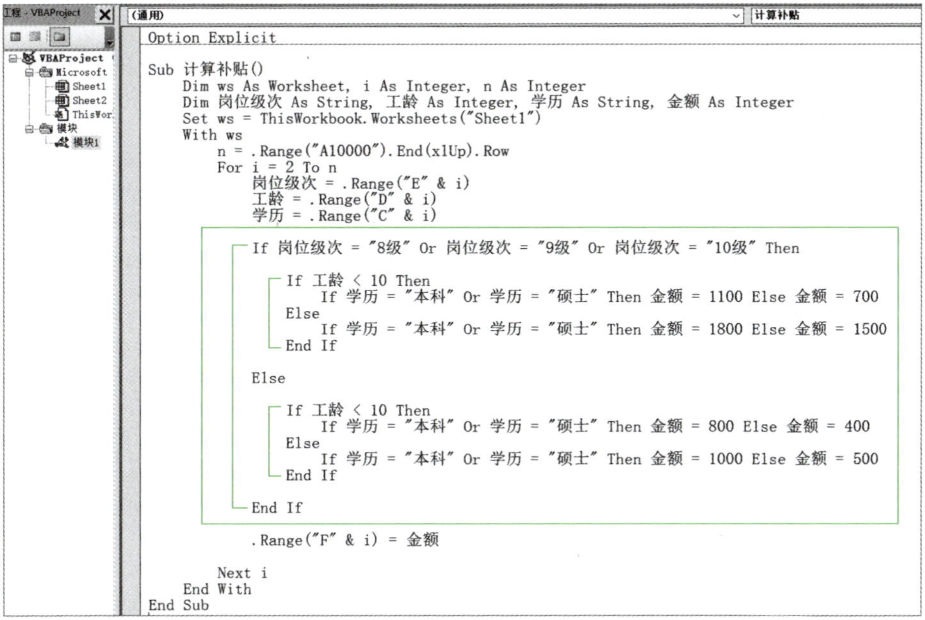

```
Option Explicit

Sub 计算补贴()
    Dim ws As Worksheet, i As Integer, n As Integer
    Dim 岗位级次 As String, 工龄 As Integer, 学历 As String, 金额 As Integer
    Set ws = ThisWorkbook.Worksheets("Sheet1")
    With ws
        n = .Range("A10000").End(xlUp).Row
        For i = 2 To n
            岗位级次 = .Range("E" & i)
            工龄 = .Range("D" & i)
            学历 = .Range("C" & i)

            If 岗位级次 = "8级" Or 岗位级次 = "9级" Or 岗位级次 = "10级" Then

                If 工龄 < 10 Then
                    If 学历 = "本科" Or 学历 = "硕士" Then 金额 = 1100 Else 金额 = 700
                Else
                    If 学历 = "本科" Or 学历 = "硕士" Then 金额 = 1800 Else 金额 = 1500
                End If

            Else

                If 工龄 < 10 Then
                    If 学历 = "本科" Or 学历 = "硕士" Then 金额 = 800 Else 金额 = 400
                Else
                    If 学历 = "本科" Or 学历 = "硕士" Then 金额 = 1000 Else 金额 = 500
                End If

            End If

            .Range("F" & i) = 金额

        Next i
    End With
End Sub
```

图 2-55　使用多种格式的 IF 条件语句计算补贴标准的 VBA 代码

问答 2-043　如何使用 Select Case 语句

当一个表达式与多个不同的值进行比较时，使用多分支的 IF 条件语句比较复杂，这时可分情况使用 Select Case 语句，其语法结构如下：

```
Select Case 变量或表达式
Case 值 1
        语句块 1
[Case 值 2
        语句块 2]
…
[Case 值 n
        语句块 n]
End Select
```

其中，值 1、值 2 等可以取以下几种形式。

- 具体常数，如 1、2、“A”“单价”等。
- 连续的数据范围，如 1 To 100、A To C 等。
- 满足某个条件的表达式，如 Is 关系表达式，可以是 <、<=、>、>=、<>、= 等。

此外，在实际使用中，上述几种格式可以混合使用，代码如下：

```
Case Is < 5, 10, 30, 40, Is > 100
```

案例 2-44

图 2-56 所示的 VBA 代码是使用 Select Case 语句设计的自定义函数，用于判断指定日期属于哪个季度。

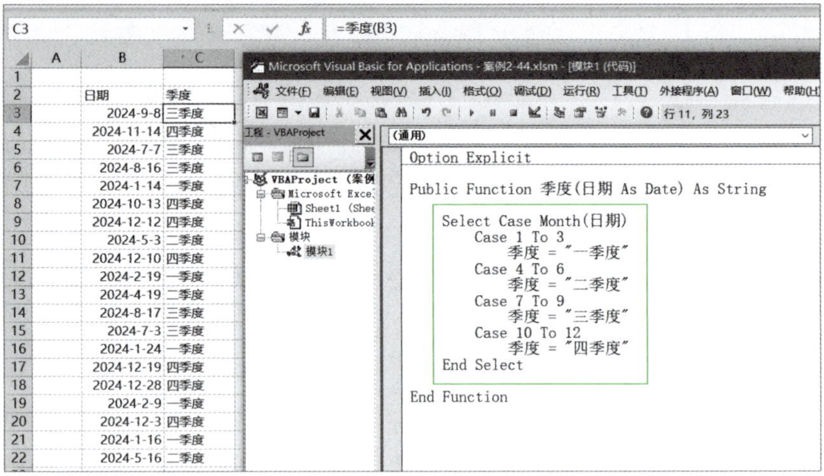

图 2-56　使用 Select Case 语句判断指定日期属于哪个季度

案例 2-45

以案例 2-42 中的数据为例，使用 Select Case 语句编写的 VBA 代码，如图 2-57 所示。

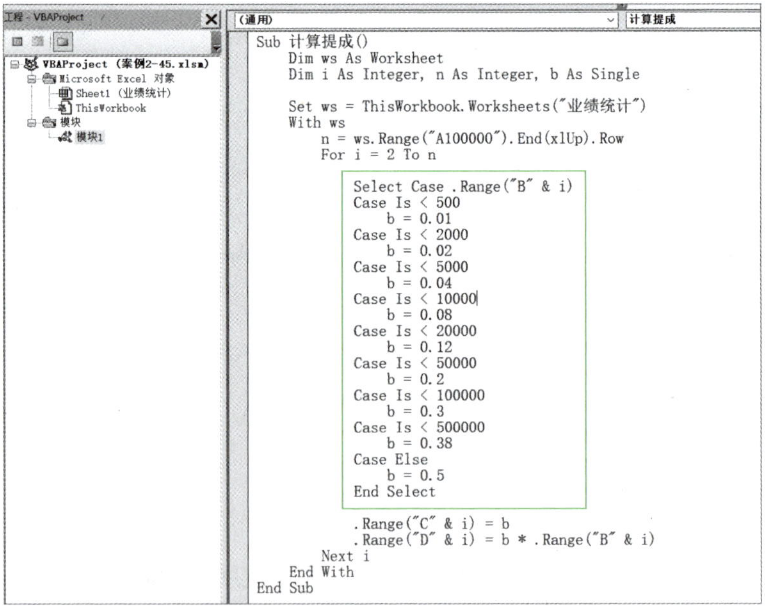

图 2-57　使用 Select Case 语句计算提成

2.8 错误处理语句

在运行中，编写的 VBA 代码可能会出现错误，出现错误时我们可以在程序中使用有关的错误处理语句进行相应的处理。

问答 2-044 如何忽略错误继续执行后面语句

对于某些不影响程序运行结果的错误，可以将其忽略，继续执行后面的语句，此时可以使用下面的语句。

```
On Error Resume Next
```

案例 2-46

例如，要删除一个工作表，如果要删除的工作表不存在，那么执行删除命令语句就会出现错误，这时使用 On Error Resume Next 语句就可以避免出现错误，如图 2-58 所示。

需要注意的是，当某个语句的错误被忽略后，不要忘记重新启动侦错，此时需要使用下面的语句。

```
On Error GoTo 0
```

图 2-58 忽略错误继续执行

要特别注意的是，使用 On Error Resume Next 语句是忽略所有的错误，使程序继续执行。但是，要注意不要忽略不能忽略的错误，除非已经知道这些错误是不影响程序运行结果的，因此在使用 On Error Resume Next 语句时必须小心谨慎。

问答 2-045 如何设置错误转向处理语句

在程序中可以设置错误陷阱，即在程序运行过程中，如果出现错误，就自动转到指定的错误处理语句中。此时，可以使用下面的语句。

```
On Error GoTo 语句标号
```

要跳转的语句标号，可以是数字、字母、汉字等，但后面必须有冒号。

案例 2-47

图 2-59 所示的 VBA 代码就是设置错误转向语句。出现错误时，转到标号为“AAA”的语句，并弹出错误信息框，然后退出程序（退出程序使用 Exit Sub 语句）；如果不出现错误，就继续往下执行。

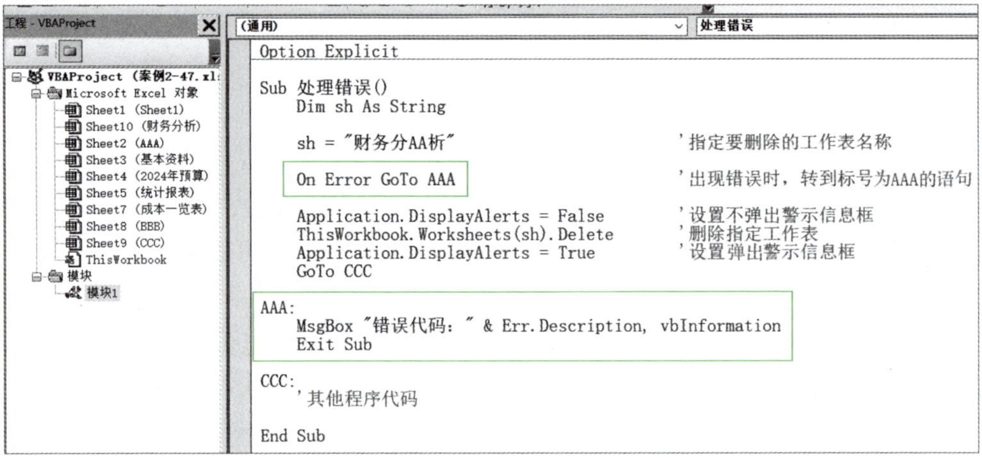

图 2-59　设置错误转向语句

在程序中，使用了函数 Err，此函数返回对应已知错误编号的错误信息。Err.Number 表示返回错误的编号；Err.Description 表示返回对该错误的描述。

2.9　跳出过程或自定义函数

当数据处理已经满足要求时，即可结束程序，跳出过程或自定义函数。

问答 2-046　如何使用 Exit Sub 语句跳出过程

跳出过程要使用 Exit Sub 语句，也就是根据某个条件语句进行判断，决定是否跳出程序。

案例 2-48

图 2-60 所示的 VBA 代码在两处使用了 Exit Sub 语句，一处是询问是否删除工作表，如果在询问对话框中单击“否”按钮，那么直接退出程序；另一处是程序出现错误时退出程序。

```
Option Explicit

Sub 跳出程序()
    Dim sh As String

    sh = "财务分AA析"          '指定要删除的工作表名称

    If MsgBox("是否要删除工作表？", vbQuestion + vbYesNo) = vbNo Then Exit Sub

    On Error GoTo AAA:
    Application.DisplayAlerts = False
    ThisWorkbook.Worksheets(sh).Delete
    Application.DisplayAlerts = True
    GoTo CCC

AAA:
    MsgBox "错误代码：" & Err.Description, vbInformation

    Exit Sub

CCC:
    '其他程序代码

End Sub
```

图 2-60　使用 Exit Sub 语句跳出过程

问答 2-047　如何使用 Exit Function 语句跳出自定义函数

使用 Exit Function 语句可以跳出自定义函数，也就是根据某个条件语句进行判断，决定是否跳出程序，不再执行后面的语句。

案例 2-49

图 2-61 所示的 VBA 代码是设计一个判断指定名称工作表（可以是关键字）是否存在的自定义函数 shExist。这个 VBA 代码的逻辑是循环工作簿中的每个工作表，如果某个工作表名称是指定的名称或者含有指定的关键字，那么返回 True，并跳出程序，不再查找。

另外，如果没有指定名称字符串，那么直接跳出程序，停止查找。

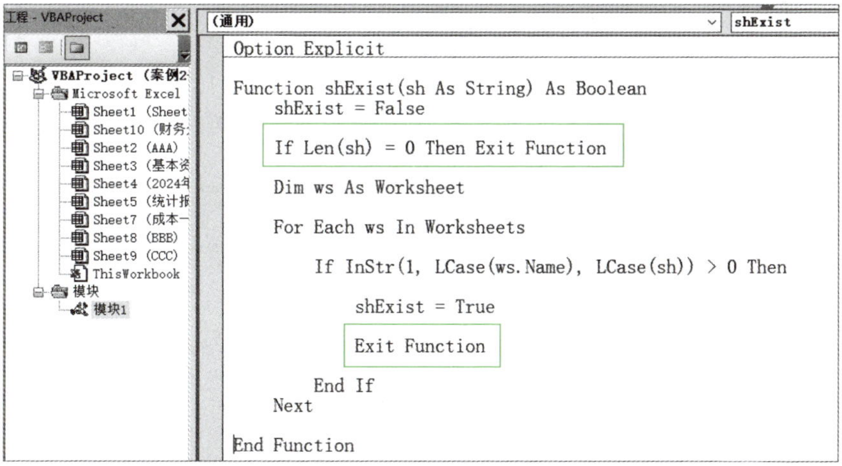

```
Option Explicit

Function shExist(sh As String) As Boolean
    shExist = False
    If Len(sh) = 0 Then Exit Function

    Dim ws As Worksheet

    For Each ws In Worksheets

        If InStr(1, LCase(ws.Name), LCase(sh)) > 0 Then

            shExist = True

            Exit Function

        End If
    Next

End Function
```

图 2-61　使用 Exit Function 语句跳出自定义函数

2.10 跳转语句 GoTo

在程序运行过程中，如果要跳转到指定的语句，需要使用 GoTo 语句。GoTo 语句可以无条件使用，也可以与 IF 条件语句联合使用，或者与错误处理语句一起使用。

GoTo 语句的基本格式如下：

```
GOTO 标号
```

问答 2-048 如何将 GoTo 语句与 IF 条件语句联合使用

在某些情况下，联合使用 GoTo 语句和 IF 条件语句进行数据处理，可以提高计算速度。

案例 2-50

在图 2-62 中，A 列是全部姓名，C 列是已发奖金姓名，现在的任务是从 A 列中把那些未发奖金姓名找出来，并保存到 E 列中。

在程序中，使用了 Range 对象的 Find 方法来查找引用数据单元格。

基本原理是循环 A 列的每个单元格数据，如果在 C 列中查找不到某个姓名，那么其结果是 Nothing，就把 A 列的姓名保存到 E 列中；如果查找到了某个姓名，那么其结果就不是 Nothing，就继续循环下一个姓名。

根据 Find 方法查找出的结果进行判断，使用了两个 GoTo 语句。

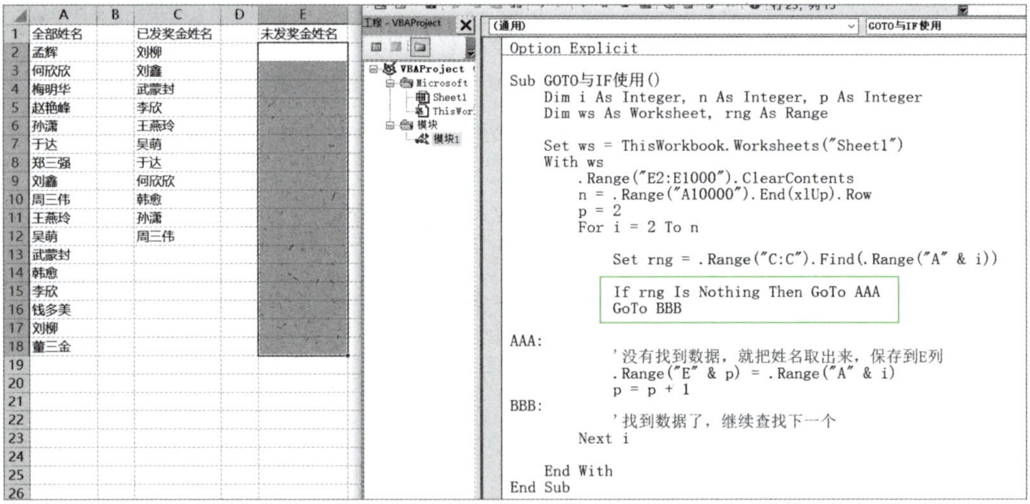

图 2-62 GoTo 语句与 IF 条件语句联合使用

问答 2-049 如何将 GoTo 语句与错误处理语句联合使用

在有些情况下，指定数据出现问题会导致程序运行出现错误，此时可以转到处理错误的语句，对错误进行处理，也就是将 GoTo 语句与错误处理语句联合使用。

案例 2-51

图 2-63 是一个简单例子，要求查找指定员工的数据。在程序中，调用工作表函数 Match 在 A 列来查找指定员工“于达”，如果找到了，那么就提取该员工的数据；如果找不到，Match 函数语句就会出现错误，那么就转到错误处理语句块，先弹出信息框，再退出程序。

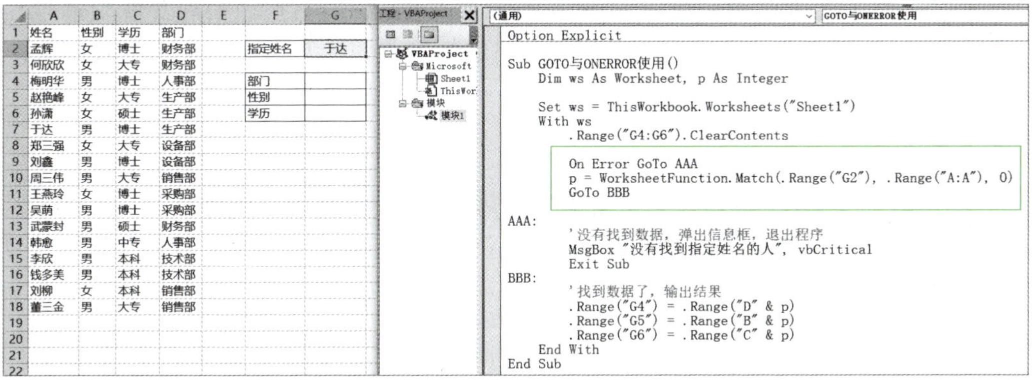

图 2-63　GoTo 语句与错误处理语句联合使用

2.11　编写 VBA 语句的实用技巧

前面介绍了 VBA 的基础知识及一些常用的语句，下面将介绍几个编写 VBA 语句的实用技能和技巧。

问答 2-050 如何将几个变量声明语句编写在一行中

无论是声明普通变量还是声明对象变量，既可以将这些声明语句分行编写，也可以编写在一行中，不过这些声明语句需要使用逗号隔开。

案例 2-52

图 2-64 所示的 VBA 代码就是将声明语句编写在一行中。这种编写方式既可以减少语句行数，又方便阅读。

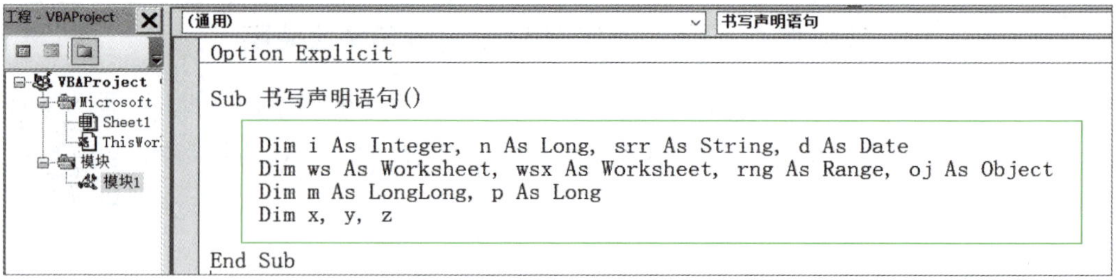

图 2-64　声明语句编写在一行中

问答 2-051　如何将赋值语句编写在一行中

可以将几个赋值语句编写在一行中，既节省 VBA 代码的行数，又便于阅读。在一行中编写几个赋值语句，赋值语句之间需要使用冒号隔开。不过，不建议将几个对象变量赋值语句编写在一行中，因为不方便阅读。

案例 2-53

图 2-65 是将几个普通变量赋值语句编写在一行中的 VBA 代码。

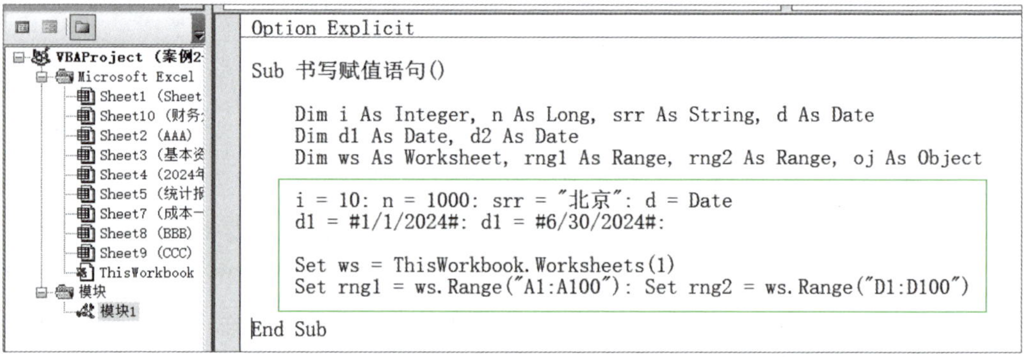

图 2-65　将几个普通变量赋值语句编写在一行中

问答 2-052　如何将长语句断行编写

当一行代码很长时，最好将一行语句断成多行编写，方便阅读。断行编写代码的方法是在要断行的位置加上断行符“ _”（由一个空格和一个下划线组成）。

案例 2-54

图 2-66 是断行编写代码的示例。

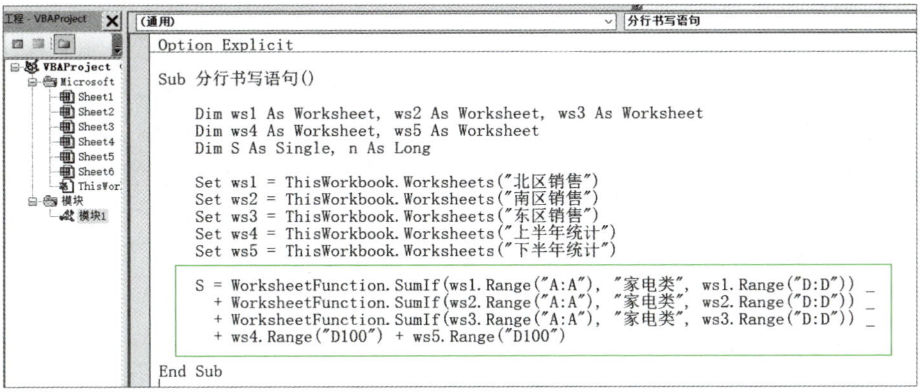

图 2-66 断行编写代码

问答 2-053 如何编写对象变量结构层次分明的代码

当定义了诸多对象，而要使用这些对象的属性和方法时，最好使用 With ... End With 语句，这样既可以提高程序的运行效率，也使程序更加整洁和易读。

案例 2-55

图 2-67 就是编写对象变量代码的层次结构示例，各个对象的代码结构非常清晰。

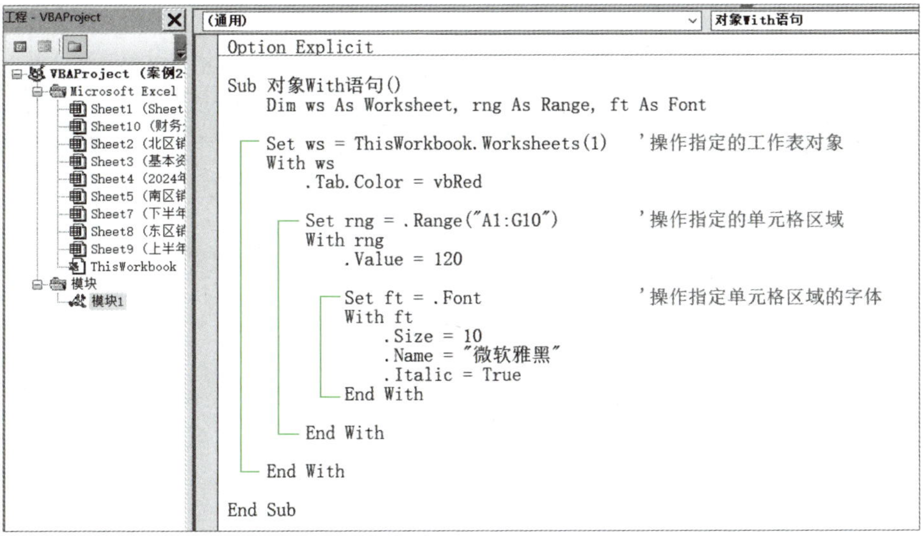

图 2-67 使用 With ... End With 语句编写对象变量代码

第3章

使用 VBA 函数

Excel VBA 提供了大量的 VBA 函数可供选择使用，大部分 VBA 函数在名称和语法上都与 Excel 工作表函数相同。本章将介绍在实际数据处理中常用的几种 VBA 函数及其实际应用案例和技能技巧。

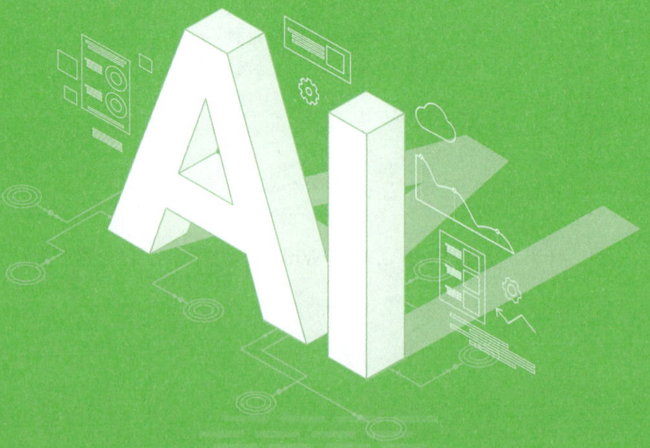

3.1 字符串函数

如果要对字符串进行处理，就需要使用字符串函数。例如截取字符、替换字符、查找字符位置是否存在、分列数据、转换字符、格式设置等。

问答 3-001 如何从字符串中截取字符

在 VBA 中，有三个与 Excel 工作表函数一样的字符截取函数，分别是 Left 函数、Right 函数和 Mid 函数，其用法也很简单。

```
Left(字符串，字符个数)
Right(字符串，字符个数)
Mid(字符串，开始位置，字符个数)
```

案例 3-1

图 3-1 是使用 Left 函数、Mid 函数和 Right 函数从 A 列提取物料编码和物料名称的 VBA 代码。

物料编码是 11 个字符，可以使用 Left 函数提取左侧的 11 个字符。

物料名称是从第 12 个字符开始的所有字符，可以使用 Mid 函数，也可以使用 Right 函数。如果要使用 Right 函数，就必须计算出右侧的名称字符个数（使用 Len 函数计算原始字符数，再减去 11，就得到了名称字符个数）。

说明：Len 函数是计算字符串的字符个数，用法也很简单。其用法如下：

```
Len(字符串)
```

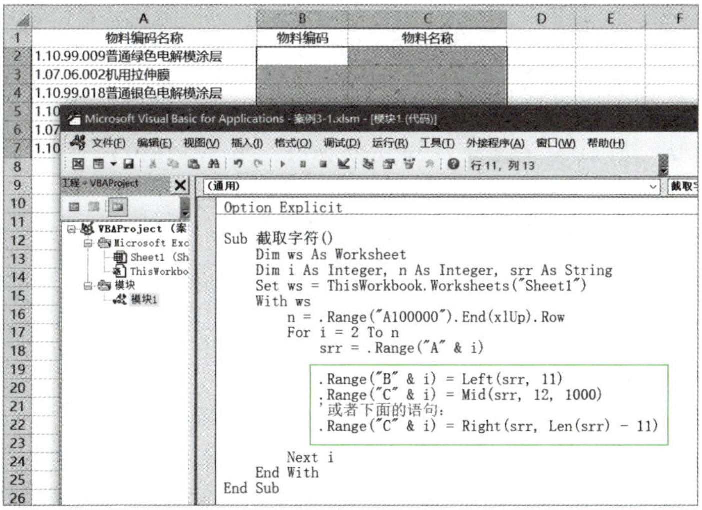

图 3-1 使用 Left 函数、Right 函数和 Mid 函数截取字符

问答 3-002 如何替换字符

使用 Replace 函数可以将字符串中指定的字符替换为新字符，其语法如下：

```
Replace（字符串，要替换的旧字符，新字符，从第几个字符开始搜索，替换第几个出现的）
```

Replace 函数与 Excel 工作表函数 SUBSTITUTE 的用法完全相同。

案例 3-2

图 3-2 中的 A 列是以句点表示的非标准日期，如何将其替换为标准日期？一个简单的方法是使用 Replace 函数将句点替换为横杠。由于 Replace 函数得到的结果是文本字符串，所以还要使用 CDate 函数将文本型日期转换为标准数值日期。

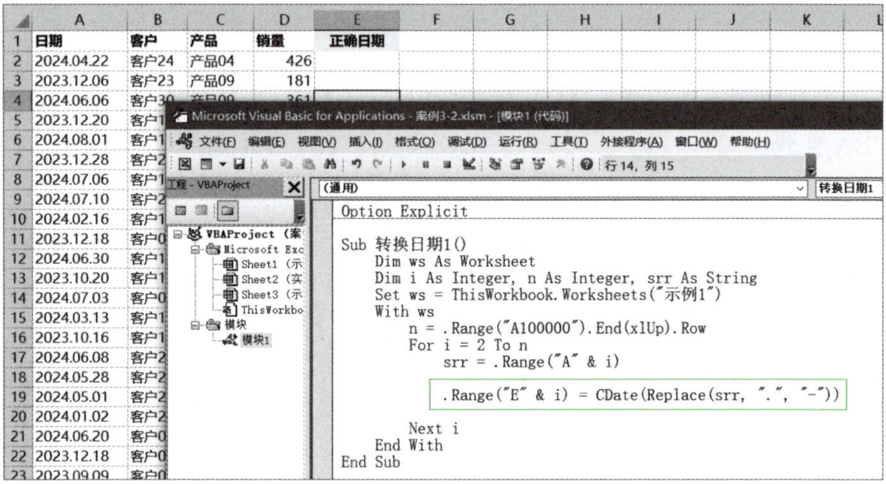

图 3-2　使用 Replace 函数替换为标准日期

如果要在 A 列原位置保存处理后的标准日期，那么处理语句可以修改如下：

```
.Range("A" & i) = CDate(Replace(srr, ".", "-"))
```

问答 3-003 如何查找字符位置（是否存在）

在 Excel 工作表中有两个查找字符出现位置的函数，即 FIND 函数和 SEARCH 函数，而在 VBA 中，若要查找指定字符在字符串中的出现位置，则需要使用 InStr 函数，其语法如下：

```
InStr（查找起始位置，字符串，要查找的字符）
```

使用 InStr 函数的结果是表示指定字符的位置数字，如果找不到，那么函数的结果为 0。

案例 3-3

图 3-3 所示的例子是要从“出库记录”工作表中筛选出含有指定商品“红酒”的出库明细。

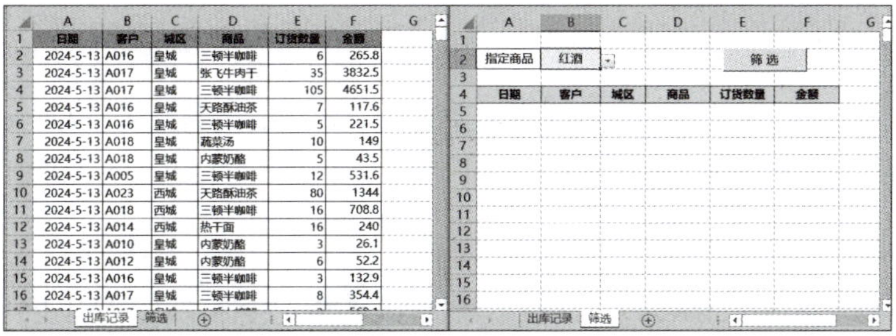

日期	客户	城区	商品	订货数量	金额
2024-5-13	A016	皇城	三顿半咖啡	6	265.8
2024-5-13	A017	皇城	张飞牛肉干	35	3832.5
2024-5-13	A017	皇城	三顿半咖啡	105	4651.5
2024-5-13	A016	皇城	天路酥油茶	7	117.6
2024-5-13	A016	皇城	三顿半咖啡	5	221.5
2024-5-13	A018	皇城	蔬菜汤	10	149
2024-5-13	A018	皇城	内蒙奶酪	5	43.5
2024-5-13	A005	皇城	三顿半咖啡	12	531.6
2024-5-13	A023	西城	天路酥油茶	80	1344
2024-5-13	A018	西城	三顿半咖啡	16	708.8
2024-5-13	A014	西城	热干面	16	240
2024-5-13	A010	皇城	内蒙奶酪	3	26.1
2024-5-13	A012	皇城	内蒙奶酪	6	52.2
2024-5-13	A016	皇城	三顿半咖啡	3	132.9
2024-5-13	A017	皇城	三顿半咖啡	8	354.4

图 3-3　示例数据

由于指定的商品“红酒”是“出库记录”工作表中 D 列商品含有的关键词，因此可以使用 InStr 函数进行匹配查找，如果 InStr 函数的结果是大于 0 的数字，那么表明“出库记录”工作表中含有指定的商品“红酒”，参考代码如图 3-4 所示。

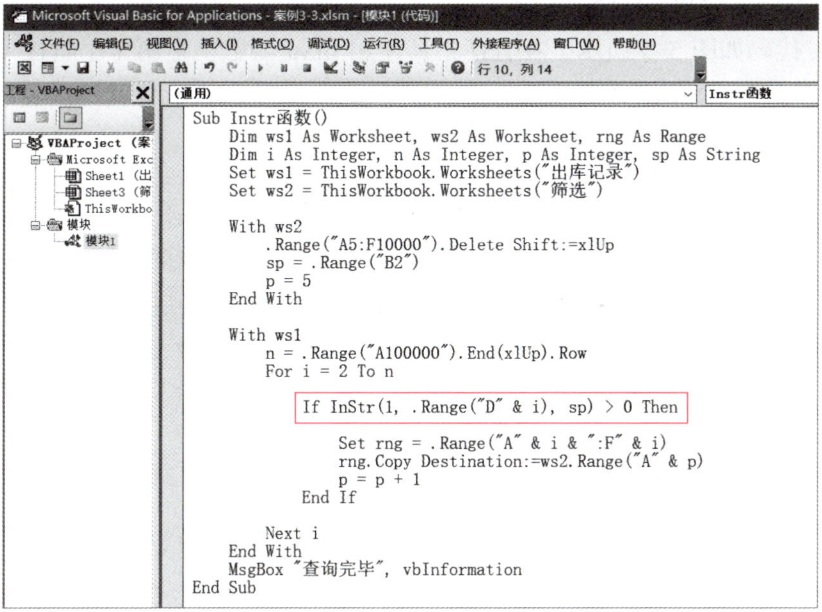

```
Sub Instr函数()
    Dim ws1 As Worksheet, ws2 As Worksheet, rng As Range
    Dim i As Integer, n As Integer, p As Integer, sp As String
    Set ws1 = ThisWorkbook.Worksheets("出库记录")
    Set ws2 = ThisWorkbook.Worksheets("筛选")

    With ws2
        .Range("A5:F10000").Delete Shift:=xlUp
        sp = .Range("B2")
        p = 5
    End With

    With ws1
        n = .Range("A100000").End(xlUp).Row
        For i = 2 To n

            If InStr(1, .Range("D" & i), sp) > 0 Then

                Set rng = .Range("A" & i & ":F" & i)
                rng.Copy Destination:=ws2.Range("A" & p)
                p = p + 1
            End If

        Next i
    End With
    MsgBox "查询完毕", vbInformation
End Sub
```


图 3-4　使用 InStr 函数查找字符位置

问答 3-004　如何倒序查找字符位置

InStr 函数用于从左往右搜索指定字符的首次出现位置，若要从右往左搜索指定字符的首次出现位置，则需要使用 InStrRev 函数，其语法如下：

```
InStrRev(字符串，要查找的字符)
```

例如，下面函数的运行结果是 11，因为从右往左查找字符“年”，其位置是第 11 个（实际上是查找“年”第 2 次出现的位置）。

```
InStrRev("2023年-2024年数据分析报告","年")
```

下面函数的运行结果是 5，因为从左往右查找字符“年”，其位置是第 5 个（也就是查找“年”第 1 次出现的位置）。

```
InStr("2023年-2024年数据分析报告","年")
```

需要注意的是，InStrRev 函数的结果仍然是指定字符在字符串中出现的位置，即从左往右的顺序位置，并不是从右往左的倒序位置。

案例 3-4

下面的示例是要将 A 列的数据分成物料代码、物料名称和规格型号三列保存。

在 Excel 工作表中，这个问题使用分列工具最简单。这里使用 VBA 来解决，并且指定了分类后数据的保存位置。

VBA 代码如图 3-5 所示，在程序中，使用 InStr 函数确定第 1 个斜杠（/）的位置 p1，使用 InStrRev 函数确定第 2 个斜杠（/）的位置 p2，这样就可以使用 Left 函数和 Mid 函数分别提取出物料代码、物料名称和规格型号了。

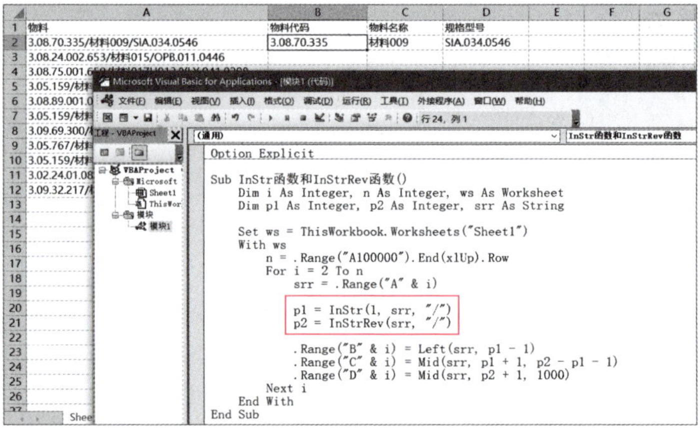

图 3-5　使用 InStr 函数和 InStrRev 函数查找字符位置

问答 3-005　如何分列数据

在案例 3-4 中，介绍了使用 InStr 函数和 InStrRev 函数确定分隔符位置，进而使用 Left 函数和 Mid 函数提取字符的方法。当分隔符统一时，如果要以分隔符将数据分成几列保存，则可以使用更简单的 Split 函数。

Split 函数根据指定的分隔符，将字符串分成几列，函数的运行结果是包含这几列的数组，其用法很简单，代码如下：

```
Split(字符串，分隔符)
```

由于 Split 函数的运行结果是由这几列数据组成的数组，因此，若要得到每列数据，则可以根据实际情况使用不同的方法。下面将结合实际案例介绍几种不同的使用方法。

案例 3-5

以案例 3-4 中的数据为例，要将物料代码、物料名称和规格型号分成三列保存，使用 Split 函数的 VBA 代码如图 3-6 所示，这里有几个要点说明（变量 srr 是 A 列字符串）。

根据斜杠（/）对 A 列字符串 srr 分列的语句如下：

```
Split(srr, "/")
```

Split 函数的运行结果是 3 列数据，第 1 列的序号是 0，第 2 列的序号是 1，第 3 列的序号是 2，以此类推。因此，提取各列数据的语句分别如下：

```
第 1 列：Split(srr, "/")(0)
第 2 列：Split(srr, "/")(1)
第 3 列：Split(srr, "/")(2)
```

也就是用括号将数字 0、1、2 等括起来，并写在 Split 函数的后面，即提取各列数据。

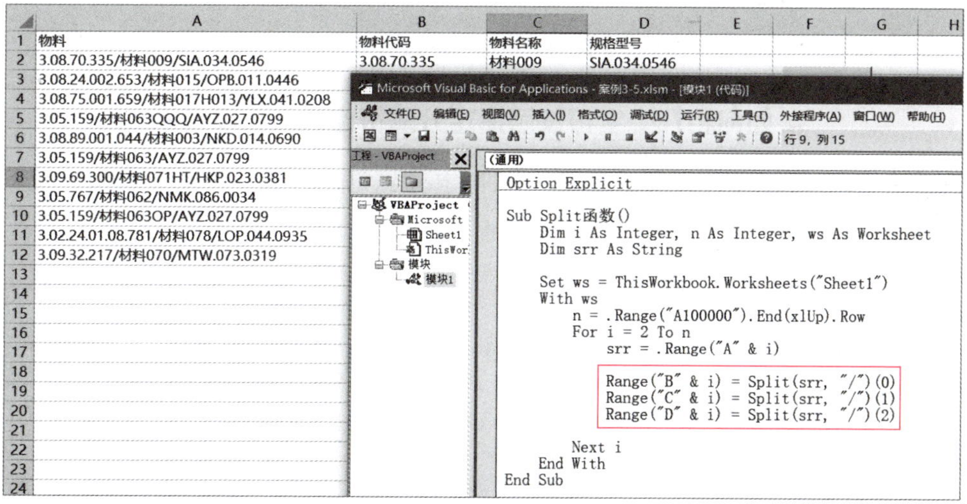

图 3-6　使用 Split 函数分列数据

案例 3-6

如果字符串有很多相同的分隔符，也就是拆分后有很多列，使用序号 Split ( ) (x) 的方法比较烦琐，此时可以使用数组循环的方法来提取各列数据。

图 3–7 是一个示例，斜杠（/）分隔了员工各项信息数据，现在要将它们分别提取出来并保存到不同列的单元格中，这里的基本要点是定义一个数组变体变量 arr，将拆分列后的数据保存到这个变量 arr 中，然后循环这个变量的各个元素（使用 UBound 函数计算该数组的上界），分别提取分列后的各列数据，参考 VBA 代码如图 3–7 所示。

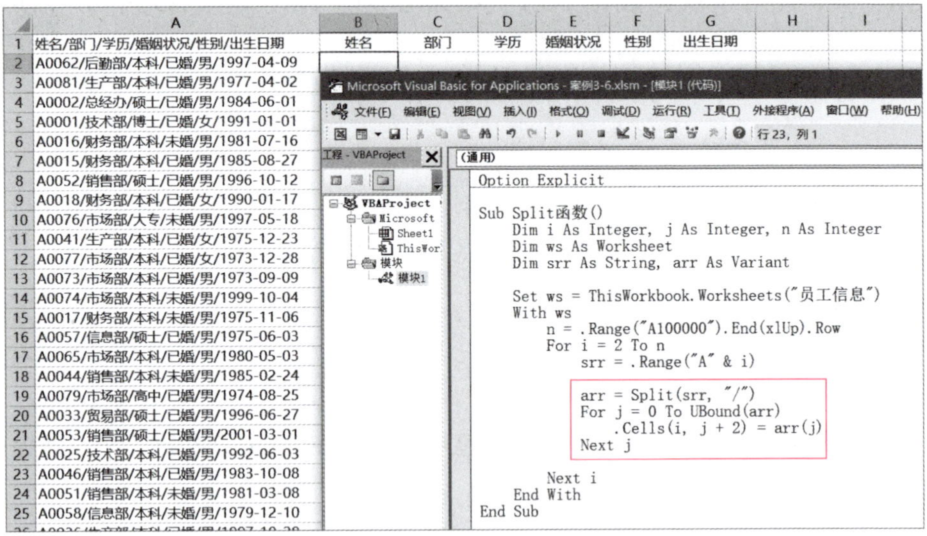

图 3–7　使用数组循环的方法分列数据

问答 3–006　如何将几个字符按照指定分隔符连接为新字符串

当需要将几个字符串按照指定分隔符连接为一个新字符串时，可以使用 Join 函数，用法如下：

```
Join（字符串数组，分隔符）
```

若忽略了分隔符，则默认以空格分隔。

下面是一个简单示例。

```
X = Array("2024-4-3", "客户A", "上海", "38570")
Y1 = Join(X)                                   '用空格分隔
Y2 = Join(X, "/")                              '用斜杠分隔
```

案例 3-7

图 3-8 是一个示例，要求把每个客户的产品名称连接成一个以逗号分隔的字符串，并保存在每个客户的第 1 行。

	A	B	C
1	客户	产品	连接字符串
2	客户A	产品01	产品01，产品03，产品08，产品04
3	客户A	产品03	
4	客户A	产品08	
5	客户A	产品04	
6	客户B	产品02	产品02，产品04，产品01，产品06，产品05，产品09
7	客户B	产品04	
8	客户B	产品01	
9	客户B	产品06	
10	客户B	产品05	
11	客户B	产品09	
12	客户C	产品03	产品03，产品02，产品06
13	客户C	产品02	
14	客户C	产品06	

图 3-8　示例数据

图 3-9 是参考 VBA 代码，其基本逻辑是判断 A 列的某行单元格的客户名称是不是不等于上一行单元格的客户名称，若是新的客户名称，则在 C 列输入产品名称字符串。

某个客户下的产品名称保存在动态数组 arr 中，先调用工作表函数 COUNTIF 统计该客户下的产品个数，再在 B 列取出各个产品名称保存到动态数组 arr 中，最后使用 Join 函数将数组 arr 的各个产品名称用逗号连接成一个字符串。

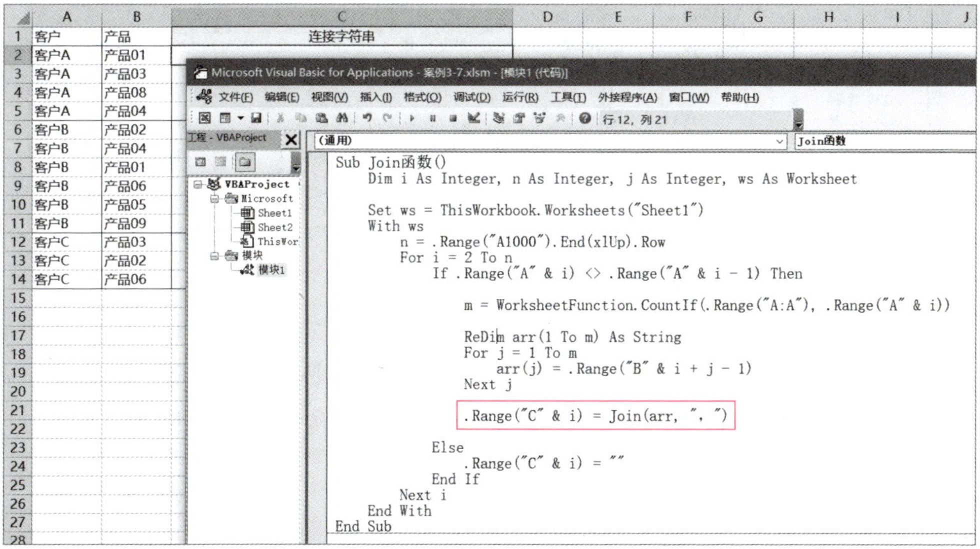

图 3-9　使用 Join 函数构建新的产品名称字符串

问答 3-007 如何将数字或日期按照指定格式进行转换

在 Excel 工作表中，要将数字或日期按照指定格式进行转换，需要使用 TEXT 函数。在 VBA 中，要完成这样的任务，则需要使用 Format 函数，其语法如下：

```
Format(数值或日期，格式代码，对于日期每周第一天数字，对于日期每年第一周数字)
```

这个函数的第 2 个参数是核心所在，使用不同的格式代码，函数就会得到不同的结果。最后两个针对日期的参数一般可以被忽略。

下面函数运行的结果是“星期一”。

```
Format("2024-6-24","aaaa")
```

下面函数运行的结果是“Jun”。

```
Format("2024-6-24","mmm")
```

下面函数运行的结果是“27.60%”。

```
Format(0.2759508,"0.00%")
```

案例 3-8

在 VBA 中使用赋值语句引用其他单元格日期数据时，引用过来的日期并不是日期格式，而是一个数值，如图 3-10 所示。

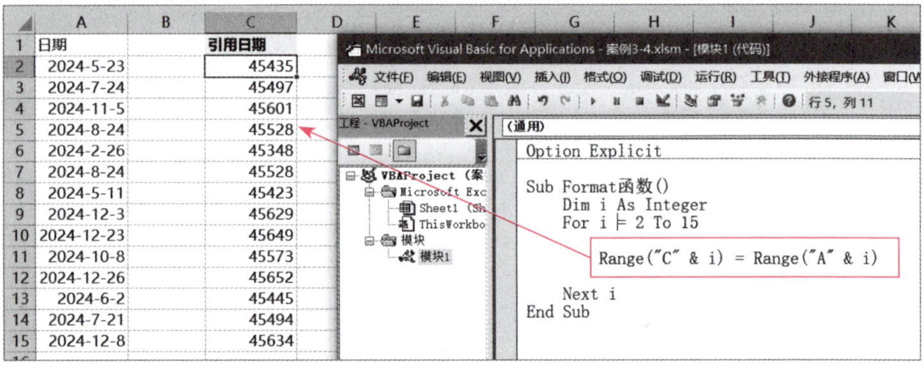

图 3-10 使用赋值语句引用单元格日期数据，得到的不是日期格式

这样，就需要在 VBA 中使用 Format 函数将数值转换为日期格式，如图 3-11 所示，此时 Format 函数的用法如下：

```
Format(数值，"yyyy-m-d")
```

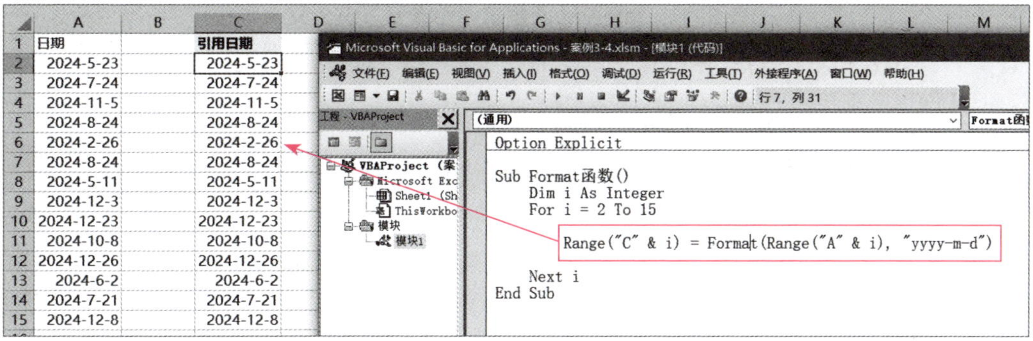

图 3-11　使用 Format 函数转换日期格式

3.2　日期时间函数

在 VBA 中，有大量的日期时间函数用于日期时间的计算，很多函数的名称和用法都跟 Excel 工作表日期时间函数是一样的。因此，如果对 Excel 工作表中的日期时间函数很熟悉，那么学习 VBA 的日期时间函数也不难。

问答 3-008　如何获取当天日期和当前时间

要在 VBA 代码中获取当天日期，需要使用 Date 函数。Date 函数的用法与 Excel 工作表的 TODAY 函数是一样的。

例如，单元格 B2 保存了合同到期日期，要在单元格 C2 计算合同到期天数，则语句如下：

```
Range("C2")=Range("B2")-Date
```

如果需要获取当天日期和当前时间，那么 Excel 工作表是使用 NOW 函数，而 VBA 中也是使用 Now 函数，其用法也很简单，输入 Now 即可。

而要仅仅获取当前时间（没有日期），则需要使用 Time 函数。

问答 3-009　如何计算一段时间之后 / 之前的日期

在 VBA 中，要计算一段时间之后 / 之前的日期，可以使用 DateAdd 函数，其用法如下：

```
DateAdd(时间段的单位参数，时间段值，基准日期)
```

函数的第 1 个参数用于指定计算的时间单位，如以年、月、日、季度、周等为时间单位，不同的参数含义如表 3-1 所示。

表 3-1　DateAdd 函数第 1 个参数及其含义

DateAdd 函数第一个参数	含　义
yyyy	年
q	季度
m	月
y	每年的某一日
d	天
w	星期
ww	周
h	小时
n	分钟
s	秒

下面是几个函数计算说明示例。

（1）如果基准日期是 2024-6-25，那么 8 个月之前和 8 个月之后的日期计算语句如下。

8 个月之前的日期：

```
DateAdd("m",-8,#2024-6-25#)                    结果：2023-10-25
```

8 个月之后的日期：

```
DateAdd("m",8,#2024-6-25#)                     结果：2025-2-25
```

（2）如果基准日期是 2024-6-25，那么 3 个季度之前和 3 个季度之后的日期计算语句如下。

3 个季度之前的日期：

```
DateAdd("q",-3,#2024-6-25#)                    结果：2023-9-25
```

3 个季度之后的日期：

```
DateAdd("q",3,#2024-6-25#)                     结果：2025-3-25
```

案例 3-9

图 3-12 是利用 DateAdd 函数计算合同到期日的 VBA 代码，核心语句如下：

```
.Range("D" & i) = DateAdd("yyyy", .Range("C" & i), .Range("B" & i))
```

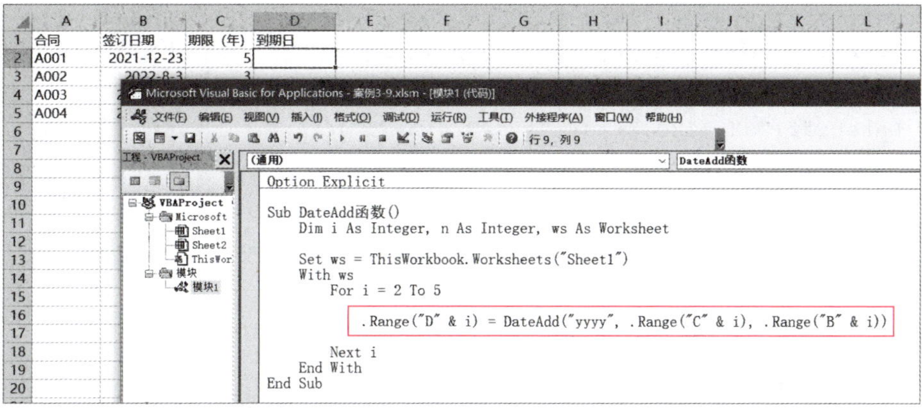

图 3-12　使用 DateAdd 函数计算合同到期日

问答 3-010　如何计算两个日期之间的期限

在 Excel 工作表中，要计算两个日期之间的期限，可以使用 DATEDIF 函数。而在 VBA 中，计算两个日期之间的期限，则要使用 DateDiff 函数，它的功能更加强大，其用法如下：

DateDiff（计算结果类型参数，开始日期，截止日期，一周第一天的常量，一年第一周的常量）

一般最后两个参数可以被忽略，重点是第 1 个参数，设置不同的类型，会有不同的计算结果，如表 3-2 所示。

表 3-2　DateDiff 函数第 1 个参数及函数计算结果

DateDiff 函数第 1 个参数	函数计算结果
yyyy	年数
q	季度数
m	月数
d	天数
w	星期数
ww	周数
h	小时数
n	分钟数
s	秒数

例如，开始日期都是 2022-10-8，截止日期都是 2024-5-21，但下面的几个语句的计算结果却不同。

```
DateDiff("yyyy", "2022-10-8", "2024-5-21")        计算结果 :2(年)
DateDiff("q", "2022-10-8", "2024-5-21")           计算结果 :6(季度)
DateDiff("m", "2022-10-8", "2024-5-21")           计算结果 :19(月)
DateDiff("d", "2022-10-8", "2024-5-21")           计算结果 :591(天)
```

案例 3-10

图 3-13 是一个计算年龄的 VBA 代码，方法很简单，直接使用 DateDiff 函数计算即可。

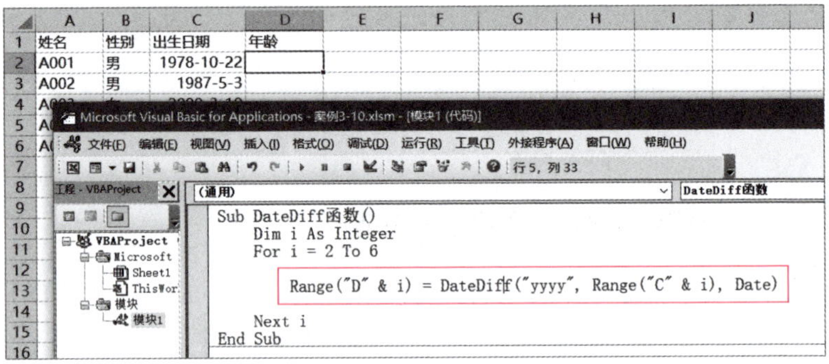

图 3-13　使用 DateDiff 函数计算年龄

请在 Excel 工作表中使用工作表函数 DATEDIF 计算年龄，并比较两个结果有什么不同。

问答 3-011　如何计算指定日期所属的时间段

如果指定了一个日期，要计算这个日期属于哪年、哪个季度、哪个月、哪周等，那么可以使用 DatePart 函数，其用法如下，函数运行结果是代表时间段的数字。

```
DatePart(计算结果类型参数，指定日期，一周第一天的常量，一年第一周的常量)
```

一般最后两个参数可以被忽略，第 1 个参数的含义及设置与 DateDiff 函数相同。

指定日期为 2024-6-25，设置 DatePart 函数的第 1 个参数，将得到不同结果，如下所示。

```
DatePart("yyyy", "2024-6-25")        结果 :2024
DatePart("q", "2024-6-25")           结果 :2(二季度)
DatePart("m", "2024-6-25")           结果 :6(六月份)
DatePart("ww", "2024-6-25")          结果 :26(第 26 周)
```

案例 3-11

图 3-14 所示的 VBA 代码是使用 DatePart 函数计算 A 列日期对应的季度、月份和周次。

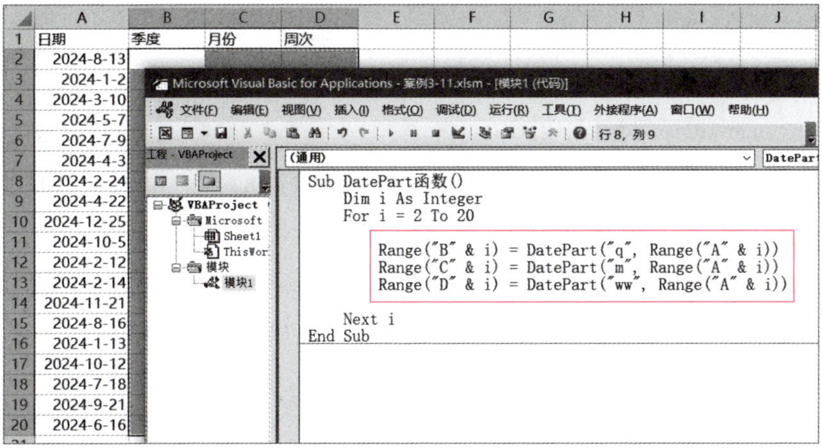

图 3-14　使用 DatePart 函数计算 A 列日期对应的季度、月份和周次

问答 3-012　如何计算指定日期是星期几

与 Excel 工作表函数一样，当需要计算指定日期是星期几时，在 VBA 中也是使用一个同名同姓的函数，即 Weekday 函数，其用法如下：

```
Weekday(日期，每周第一天的参数)
```

函数的第 2 个参数用于指定每周第一天，如果被忽略，就默认每周第一天是周日。

第二个参数可以以 VB 常量输入，或者以数字输入，如表 3-3 所示。

表 3-3　Weekday 第 2 个参数及其含义

Weekday 第 2 个参数		含　义
VB 常量	数　值	
vbSunday	1	周日（默认）
vbMonday	2	星期一
vbTuesday	3	星期二
vbWednesday	4	星期三
vbThursday	5	星期四
vbFriday	6	星期五
vbSaturday	7	星期六

例如，指定日期为 2024-6-25，如果函数的第 2 个参数设置不同数值，那么得到的结果是不一样的，另外，第 2 个参数使用 VB 常量比较直观易懂。

```
Weekday("2024-6-25")                    结果：3，表示星期二
```

```
Weekday("2024-6-25",1)              结果：3，表示星期二
Weekday("2024-6-25",vbSunday)       结果：3，表示星期二
Weekday("2024-6-25",2)              结果：2，表示星期二
Weekday("2024-6-25",vbMonday)       结果：2，表示星期二
```

那么，如何获取星期几的名称呢？例如得到星期一、星期二、星期日等名称，而不是 Weekday 函数得到的数字？此时，可以使用 WeekdayName 函数，WeekdayName 函数的第 2 个参数与 Weekday 函数的第 2 个参数一样，其用法如下：

```
Weekday(代表星期的数字，星期名称是否缩写，每周第一天的参数)
```

例如，指定日期为 2024–6–25，星期几名称可以使用下面的语句。

```
WeekdayName(Weekday("2024-6-25",vbMonday),False,vbMonday)
结果：星期二
WeekdayName(Weekday("2024-6-25",vbMonday),True,vbMonday)
结果：周二
```

不过，要获取星期几的名称，使用 Format 函数是最简单的。

```
Format("2024-6-25","aaaa")          结果：星期二
Format("2024-6-25","aaa")           结果：周二
Format("2024-6-25","dddd")          结果：Tuesday
Format("2024-6-25","ddd")           结果：Tue
```

案例 3–12

图 3–15 所示的 VBA 代码是使用 Weekday 函数计算星期几并判断它是工作日还是双休日。另外，图 3–15 中也使用了 Format 函数和 WeekdayName 函数来获取星期的中文名称。

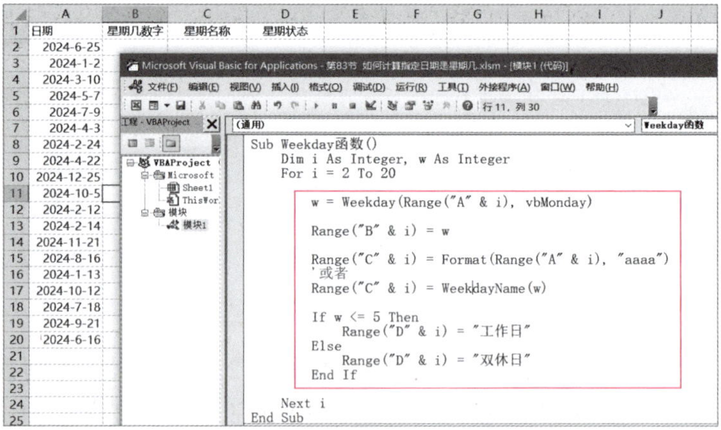

图 3–15　使用 Weekday 函数计算星期几并判断是工作日还是双休日

问答 3-013 如何获取指定日期的年、月、日数字

要获取指定日期的年、月、日数字，分别使用 Year 函数、Month 函数、Day 函数即可，用法如下：

```
Year(指定日期)
Month(指定日期)
Day(指定日期)
```

例如，指定日期为 2024-6-25，下面的语句就可获取年、月、日数字。

```
Year("2024-6-25")                结果:2024
Month("2024-6-25")               结果:6
Day("2024-6-25")                 结果:25
```

问答 3-014 如何获取指定日期的月份名称

要获取指定日期的月份名称，最简单的方法是使用 Format 函数，下面是示例语句。

```
Format("2024-8-25","m月")        结果:8月
Format("2024-8-25","mmm")        结果:Aug
Format("2024-8-25","mmmm")       结果:August
```

若要获取诸如“一月”“二月”这样的月份名称，则需要使用 MonthName 函数，其用法如下：

```
MonthName(月份数字，是否缩写)
```

下面是计算指定日期月份名称的示例语句。

```
MonthName(Month("2024-8-25"),False)     结果：八月
MonthName(Month("2024-8-25"))           结果：八月
MonthName(Month("2024-8-25"),True)      结果:8月
```

问答 3-015 如何将年、月、日三个数字组合成标准日期

在 Excel 工作表中，将年、月、日三个数字组合成标准日期需要使用 DATE 函数。

但在 VBA 中，Date 函数是返回当天日期的函数（也就是 Excel 工作表的 TODAY 函数），若要将年、月、日三个数字组合成标准日期，则需要使用 DateSerial 函数，其用法也很简单，用法如下：

```
DateSerial(年数字，月数字，日数字)
```

下面是一个示例语句。

```
DateSerial(2024,7,23)                    结果：2024-7-23
```

3.3 检查函数

检查函数是指判断某个表达式是否为某一种类型的数据。检查函数以 Is 开头，例如，IsDate 函数用于判断数据是否为日期，IsNumeric 函数用于判断数据是否为数字，IsNull 函数用于判断是否不包含任何有效数据等。检查函数的返回值是布尔值 True 或 False。

在日常数据处理中，常用的检查函数包括 IsDate 函数和 IsNumeric 函数。

问答 3-016 如何判断一个日期是否为标准日期

判断一个日期是否为标准日期，可以使用 IsDate 函数，其用法很简单，用法如下。

```
IsDate(值或表达式)
```

例如，下面语句的结果是 False。

```
IsDate("2024.6.27")
```

下面语句的结果是 True。

```
IsDate("27-6-2024")
```

案例 3-13

图 3-16 是一个代码示例，使用 IsDate 函数判断 A 列的日期是否为标准日期，并将判断结果保存到 B 列。

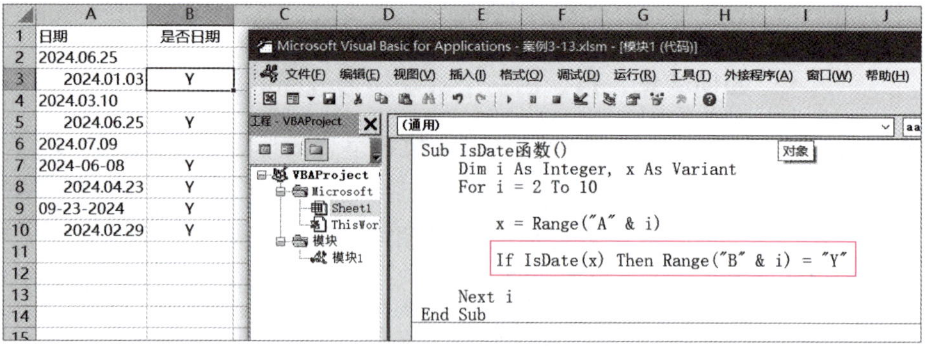

图 3-16 使用 IsDate 函数判断日期是否为标准日期

问答 3-017 如何判断一个数据是否为数字

判断一个数据是否为数字，可以使用 IsNumeric 函数，其用法很简单，用法如下：

```
IsNumeric(值或表达式)
```

例如，下面语句的运行结果都是 True（尽管第一个语句和第二个语句是以文本输入的数字，但它能够被转换为数字）。

```
IsNumeric("1049.46")
IsNumeric("1,049.46")
IsNumeric(1049.46)
```

案例 3-14

图 3-17 是一个简单代码示例，使用 IsNumeric 函数判断 B 列的数据是否为数字（或者能够转换为数字的文本型数据），将判断结果保存到 C 列中。

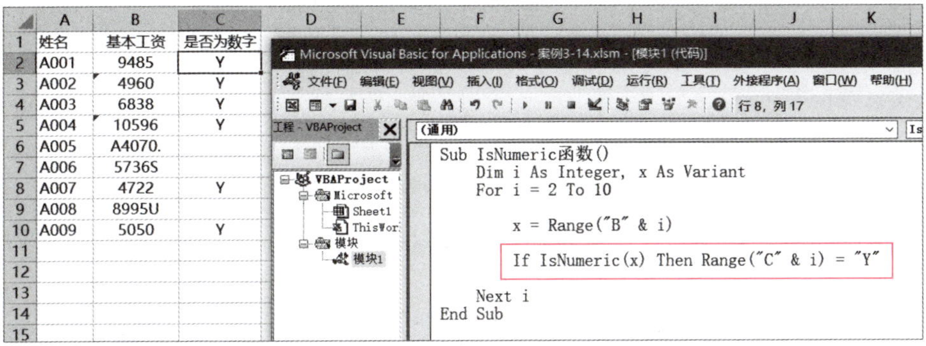

图 3-17 使用 IsNumeric 函数判断数据是否为数字

3.4 转换函数

转换函数是指强制将一个表达式转换为某种特定数据类型的函数。例如，将文本型日期转换为数值型日期，将数字转换为文本字符串等。

问答 3-018 如何将文本型日期转换为数值型日期

Excel 处理的日期是序列号数字，因此日期可以做各种计算。在有些情况下，工作表单元格里的日期是非标准日期，又或者是文本型日期，这时需要转换为数值型日期，此时可以使用 CDate 函数进行转换，其用法如下：

```
CDate(数据或表达式)
```

下面是几个转换示例语句。

```
CDate("Jun 25 2024")          结果:2024-6-25
CDate("Jun 25,2024")          结果:2024-6-25
CDate("Jun-25-2024")          结果:2024-6-25
CDate("25.06.2024")           结果:出现错误
CDate("2024.06.25")           结果:出现错误
```

案例 3-15

图 3-18 是一个代码，使用 CDate 函数从 A 列的合同编号中提取合同日期，并转换为标准日期。

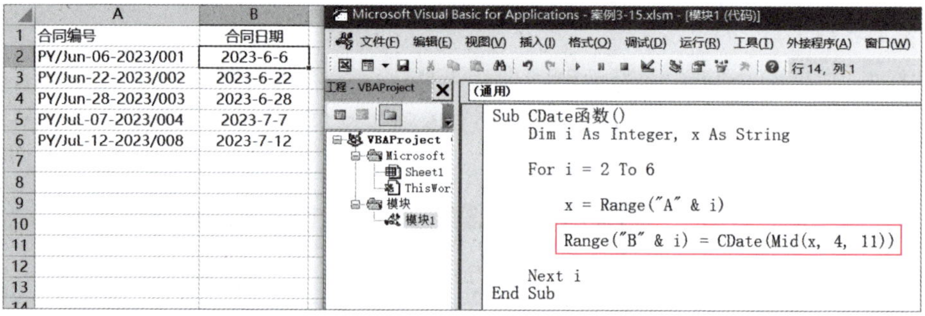

图 3-18 使用 CDate 函数转换标准日期

将文本型日期转换为数值型日期，还可以使用 DateValue 函数，其用法如下：

```
DateValue(数据)
```

在这个例子中，转换日期的语句也可以编写如下：

```
Range("B" & i) = DateValue(Mid(x, 4, 11))
```

问答 3-019 如何将数值转换为文本

当需要将数值转换为本身位数的文本时，可以使用 CStr 函数，其用法如下：

```
CStr(数值或表达式)
```

例如，将数字 123 转换为文本 “100”。

```
CStr(100)
```

若要将数值转换为指定位数的文本，则需要使用 Format 函数。例如，将数字 123 转换为 6 位的文本 “000123”，即位数不够需要在左侧补足 0。

```
Format(100,"000000")
```

案例 3-16

图 3-19 是一个 VBA 代码，要求根据指定的产品编码，从“销售记录”工作表中把指定产品编码“4567”的所有记录查找出来，保存到“查询表”工作表中。

考虑到“销售记录”中的产品编码格式不一定统一（有的是文本型数字，有的是数字），而“查询表”中指定的产品编码“4567”就是一个纯数字。因此，在程序中，需要将两者格式统一起来，才能进行正确的判断处理。

这里使用 CStr 函数统一将数值转换为文本，这样才能够进行比较。

```
If CStr(.Range("C" & i)) = CStr(ws2.Range("B2")) Then
```

若不进行格式统一处理，则有些数据可能匹配不出来。

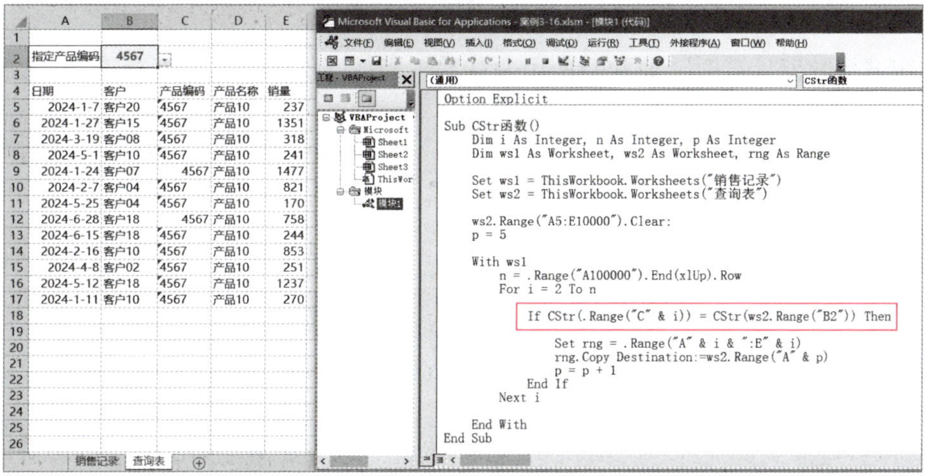

图 3-19　使用 CStr 函数将数值转换为文本

问答 3-020　如何将文本或数值转换为指定类型的数值

如果要将文本型数字或者不规范的数字转换为数值，那么可以使用 VAL 函数。

如果要将一个任意数值转换为指定类型的数值，那么可以使用 CCur 函数、CSng 函数、CDbl 函数、CDec 函数、CLng 函数、CInt 函数等。表 3-4 是这几个函数的用法及示例。

表 3-4　转换函数及其示例

函数名称	返回类型	例　子	返回值
VAL（X）	数值	VAL（"20　4.34"）	204.34

续表

函数名称	返回类型	例　子	返回值
CCur（x）	Currency	CCur（968.5757935）	968.5758
CSng（x）	Single	CSng（968.5757935）	968.5758
CDbl（x）	Double	CDbl（968.5757935）	968.5757935
CDec（x）	Decimal	CDec（968.5757935）	968.5757935
CLng（x）	Long	CLng（968.5757935）	969
CInt（x）	Integer	CInt（968.5757935）	969

3.5 数学函数

在进行数值计算时，通常会使用一些数学函数，例如取整、四舍五入、取绝对值等。

问答 3-021 如何对数字取整

使用 Int 函数可以对数字取整，其用法很简单，用法如下：

```
Int(数值或表达式)
```

例如，下面是 Int 函数的应用示例。

```
Int(2043.5992)                    结果：2243
Int(-2043.5992)                   结果：-2244
Int(1.49*3059/3)                  结果：1519
```

对于负数，如果要舍掉小数部分，仅仅保留负数的整数部分，则需要使用 Fix 函数，下面是 Fix 函数与 Int 函数的对比。

```
Int(-2043.5992)                   结果：-2244
Fix(-2043.5992)                   结果：-2243
```

Int 函数是取小于或等于该数的第 1 个负整数，Fix 函数是取大于或等于该数的第 1 个负整数。

对于正数，Fix 函数与 Int 函数的计算结果是一样的。

```
Int(2043.5992)                    结果：2243
Fix(2043.5992)                    结果：2243
```

问答 3-022 如何对数字舍入计算

如果要对数值进行四舍五入计算，使用 Round 函数即可，其语法如下：

```
Round（数值或表达式，小数位数）
```

下面是 Round 函数的几个应用示例。

```
Round(105.57582,2)                结果： 105.58
Round(-105.57582,2)               结果： -105.58
Round(5.3859*47-17/2,2)           结果： 244.64
```

在 VBA 中，对于销售量、单价、销售额这样的数字，最好使用 Round 函数进行四舍五入，否则有时一个简单的计算，就会出现很多小数。

例如，下面的程序，变量 x 的计算结果并不是 0.9，而是 0.8999999999999999。

```
Sub hhh()
    Dim x
    x = 6.1 - 6.2 + 1
    MsgBox x
End Sub
```

但是，如果使用 Round 函数四舍五入，保留 1 位小数，那么正确结果为 0.9。

```
x = Round(6.1 - 6.2 + 1, 1)
```

问答 3-023 如何计算绝对值

要计算数值的绝对值使用 Abs 函数即可，其用法如下：

```
Abs（数值或表达式）
```

例如：

```
Abs(-295.39)                      结果是 295.39
```

案例 3-17

图 3-20 的左侧是各个项目的标准值和实际值数据，要求将变动率（变动率 = 实际值 / 标准值 -1）超过 ±50% 的项目数据筛选出来，保存在当前工作表的 F 列至 I 列，并同时计算出变动率。

在代码中，计算变动率 bd 后，对这个值取绝对值后再判断是否大于 0.5。

```
If Abs(bd) > 0.5 Then
```

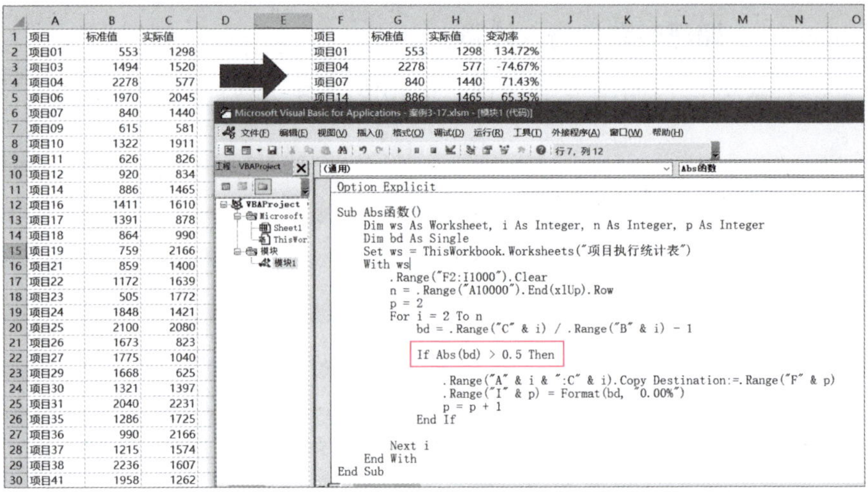

图 3–20　使用 Abs 函数筛选变动率超过 ± 50% 的项目

3.6　数组处理函数

在数据处理中，经常需要声明和使用数组，以便处理大量数据。在使用数组时，有几个非常有用的数组函数需要了解和掌握。

问答 3–024　如何判断一个变量是否为数组

如果某个变量没有被声明为数组，那么当该变量被当作数组使用时就会出现错误。我们可以先使用 IsArray 函数来判断该变量是否为数组，以便决定下一步操作。

IsArray 函数的语法如下：

```
IsArray(变量)
```

案例 3–18

图 3–21 所示的代码就是判断定义的三个变量是不是数组变量，并弹出信息框。

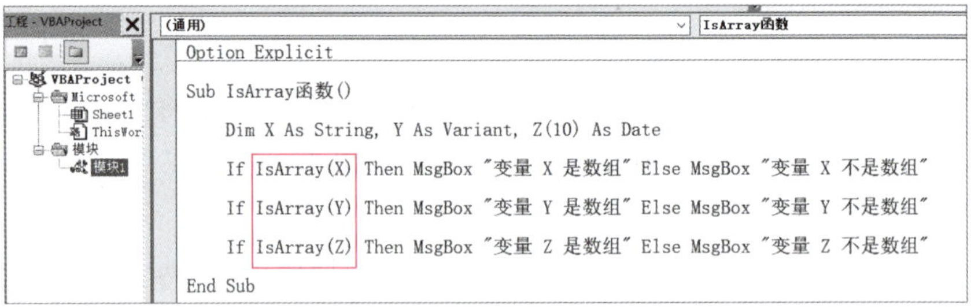

图 3–21　使用 IsArray 函数判断变量是否为数组

问答 3-025 如何构建一个常量数组

在数据处理中，常常需要对几个数据进行批量操作，此时可以使用 Array 函数构建一个常量数组，然后对这个数组元素进行循环，从而执行不同的任务。

Array 函数的语法如下：

```
Array(元素列表)
```

Array 函数的各个元素之间要用逗号隔开。如果是文本，使用双引号引起来；如果是数字，直接输入；如果是日期，使用双引号引起来或者在日期前后加上 # 号。

例如，下面的语句就是构建一个数组 arr。

```
Dim arr As Variant
arr = Array("孟晶晶", "女", 9386, "1982-4-17", "'210938")
```

案例 3-19

图 3-22 所示的 VBA 代码就是定义了两个可变变量 arr1 和 arr2，分别保存两个数组。其中，arr1 保存的是指定的几个工作表名称，arr2 保存的是要输入的表格标题，两者都使用 Array 函数来构建常量数组。

然后对数组 arr1 的元素（也就是各个工作表）进行循环，分别在每个工作表的第 1 行输入指定的标题。

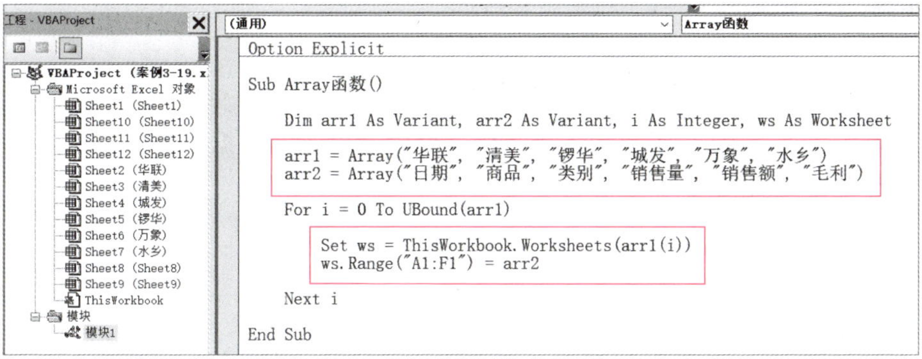

图 3-22　使用 Array 函数构建常量数组

问答 3-026 如何获取数组的上下界

为了对数组的元素进行循环，我们需要知道数组的下界值和上界值，此时可分别使用 LBound 函数和 UBound 函数。

例如，在案例 3-19 中，就使用了 UBound 函数获取数组 arr1 的上界值。

```
For i = 0 To UBound(arr1)
```

关于这两个函数的详细用法，在第 2 章已有过介绍，此处不再赘述。

下面的语句是对一维数组的循环示例代码。

```
Dim X(10) As String, i As Integer
For i = LBound(X) To UBound(X)
        '语句块
Next i
```

下面的语句是对二维数组的循环示例代码。

```
Dim Z(1 To 25, 0 To 55) As String
Dim i As Integer, j As Integer
For i = LBound(Z, 1) To UBound(Z, 1)
    For j = LBound(Z, 2) To UBound(Z, 2)
        '语句块
    Next j
Next i
```

3.7 输入和输出函数

在 Excel VBA 中，输入函数 InputBox 和输出函数 MsgBox 非常重要，前者用于实现人机对话，通过对话框输入数据，后者用于显示信息提示框，提醒用户做进一步操作。

问答 3-027 如何使用输入函数 InputBox

InputBox 函数用于接收用户由键盘输入的数据，也称输入框，其语法格式如下：

```
InputBox(prompt [,title] [,defult] [,ypos] [,xpos]
[helpfile,context])
```

InputBox 函数中各个参数的说明如下。

- prompt：是一个字符串，是必需参数，显示在对话框中的说明文字，其最大长度是 1024 个字符。若 prompt 的内容超过一行，则可以在每一行之间使用 vbCrLf 将各行分隔开来。
- title：是输入框标题栏的字符串，如果省略，则标题栏中为 Excel 应用程序名。
- defult：是一个文本框显示的字符串，如果省略，则文本框为空。
- ypos 和 xpos：是对话框在屏幕上的起始位置坐标。

- helpfile 和 context：是对话框的帮助信息。

在使用 InputBox 函数时，会出现一个对话框，在对话框中有一个文本框以及“确定”和“取消”按钮。

对话框用于等待用户在文本框中输入内容。如果用户单击“确定”按钮或按 Enter 键，InputBox 函数的返回值则是文本框中输入的内容；如果单击“取消”按钮或者按 Esc 键，则返回一个零长度字符串。

案例 3-20

图 3-23 是使用 InputBox 函数使用的简单示例。运行程序，就会弹出对话框，如图 3-24 所示，“输入数据”对话框上的说明文字是“请输入工作表个数：”，标题是“输入数据”，默认值是 12。

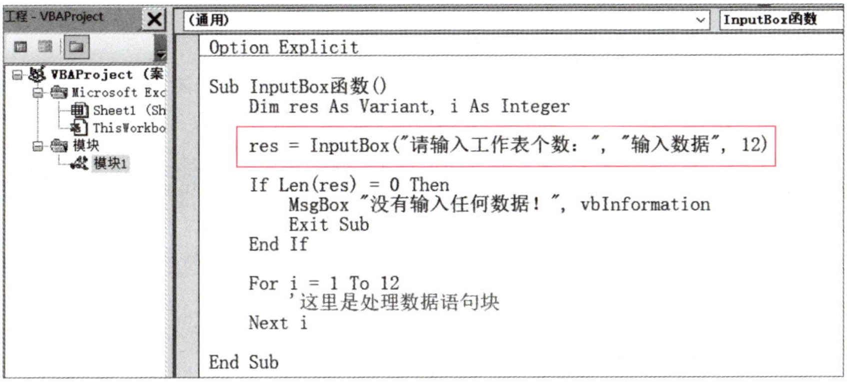

图 3-23　InputBox 函数

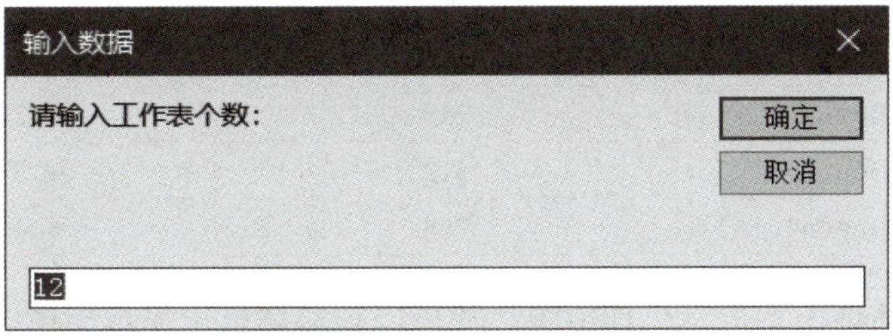

图 3-24　InputBox 对话框

问答 3-028　如何使用输出函数 MsgBox

MsgBox 函数是一个信息对话框函数，也称消息框，它可以显示一些有用信息，以便用户根据这些信息决定下一步的操作。其语法格式如下：

```
MsgBox(prompt [,buttons] [,title] [,helpfile,context])
```

MsgBox 函数中的参数说明如下。

- prompt：是一个字符串，它是必需的，是显示在对话框中的消息，可以使用 vbCrLf 将字符分行显示。
- buttons：是可选的，是几个内置常量的总和，用来指定显示按钮的数目、形式及使用的图标样式。
- title：是在对话框标题栏中显示的标题字符串，默认时为空白。
- helpfile 和 context：是对话框的帮助信息。

MsgBox 函数可以提供单个或多个按钮，以完成不同的任务。对话框显示的按钮类型及数目设置情况，如表 3–5 所示。

表 3–5　按钮类型及数目设置情况

内置常量名	常量取值	含　义
VbOkOnly	0	显示 OK（确定）按钮
VbOkCancel	1	显示 OK（确定）及 Cancel（取消）按钮
VbAbortRetryIgnore	2	显示 Abort（终止）、Retry（重试）及 Ignore（忽略）按钮
VbYesNoCancel	3	显示 Yes（是）、No（否）及 Cancel（取消）按钮
VbYesNo	4	显示 Yes（是）及 No（否）按钮
VbRetryCancel	5	显示 Retry（重试）及 Cancel（取消）按钮

MsgBox 函数也可以设置默认按钮，也就是说，当按 Enter 键时，就表示单击了对话框上的默认按钮，默认按钮的设置如表 3–6 所示。

表 3–6　默认按钮的设置

内置常量名	常量取值	含　义
VbDefaultButton1	0	第 1 个按钮
VbDefaultButton2	256	第 2 个按钮
VbDefaultButton3	512	第 3 个按钮
VbDefaultButton4	768	第 4 个按钮

为了使对话框中的信息更加清晰，还可以在对话框中显示图标，图标样式的设置如表 3–7 所示。

表 3–7　图标样式的设置

内置常量名	常量取值	含　义
VbCritical	16	显示停止图标
VbQuestion	32	显示询问图标
VbExclamation	48	显示警告图标
VbInformation	64	显示信息图标

MsgBox 函数用于等待用户单击对话框中的按钮，并返回一个 Integer 型值，显示用户单击了哪一个按钮，返回值如表 3-8 所示。如果按 Esc 键，则与单击“取消”按钮的作用是相同的。

表 3-8　MsgBox 函数返回值

按钮名	内置常量	返回值
Ok（是）	VbOK	1
Cancel（取消）	VbCancel	2
Abort（终止）	VbAbort	3
Retry（重试）	VbRetry	4
Ingore（忽略）	VbIngore	5
Yes（是）	VbYes	6
No（否）	VbNo	7

案例 3-21

图 3-25 是 MsgBox 函数的几个应用示例。运行程序，会分别弹出相应的对话框，分别如图 3-26 ～图 3-29 所示。

请仔细观察 MsgBox 函数的设置与对话框的显示内容。

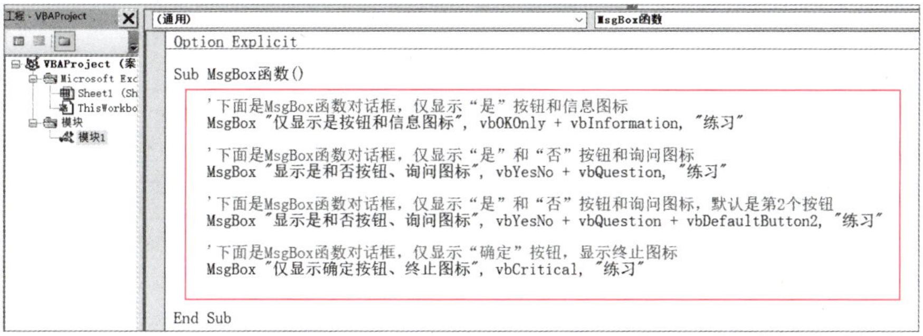

```
Option Explicit

Sub MsgBox函数()

    '下面是MsgBox函数对话框，仅显示“是”按钮和信息图标
    MsgBox "仅显示是按钮和信息图标", vbOKOnly + vbInformation, "练习"

    '下面是MsgBox函数对话框，仅显示“是”和“否”按钮和询问图标
    MsgBox "显示是和否按钮、询问图标", vbYesNo + vbQuestion, "练习"

    '下面是MsgBox函数对话框，仅显示“是”和“否”按钮和询问图标，默认是第2个按钮
    MsgBox "显示是和否按钮、询问图标", vbYesNo + vbQuestion + vbDefaultButton2, "练习"

    '下面是MsgBox函数对话框，仅显示“确定”按钮，显示终止图标
    MsgBox "仅显示确定按钮、终止图标", vbCritical, "练习"

End Sub
```

图 3-25　MsgBox 函数应用示例

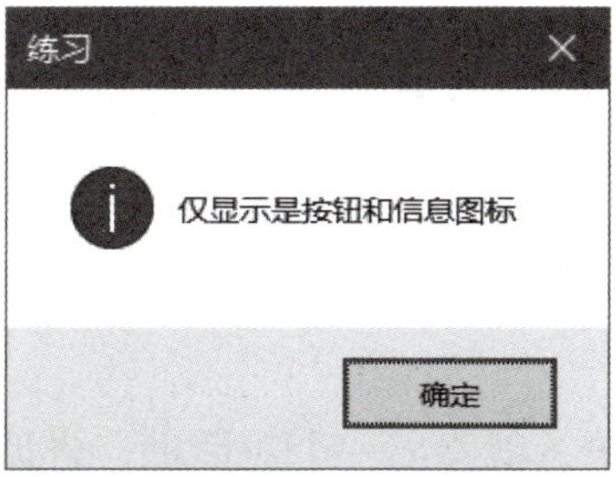

图 3-26　第 1 个 MsgBox 函数的对话框

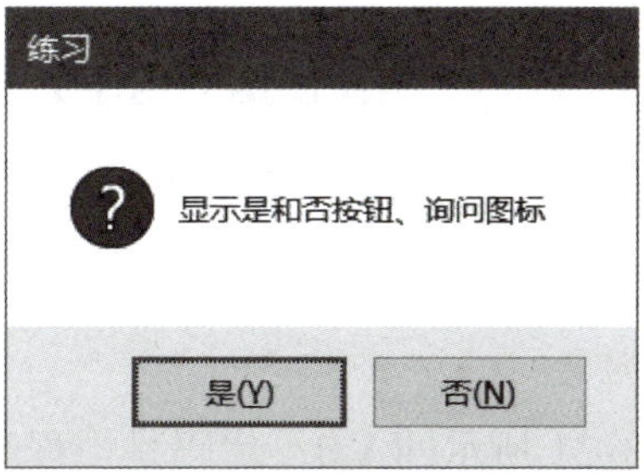

图 3-27　第 2 个 MsgBox 函数的对话框

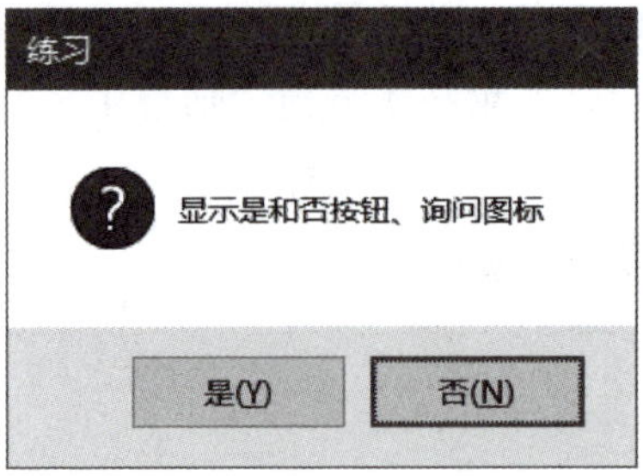

图 3-28　第 3 个 MsgBox 函数的对话框

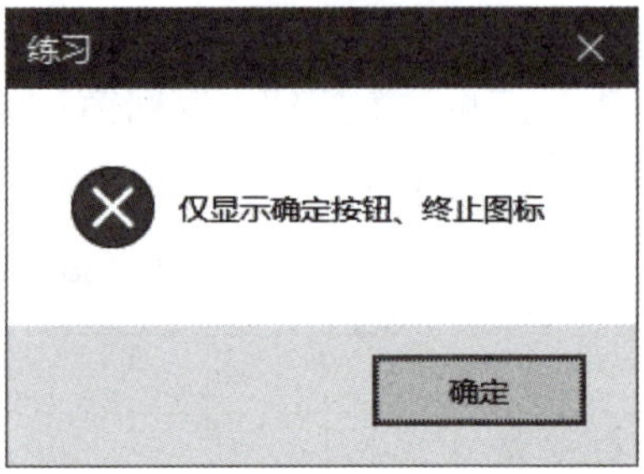

图 3-29　第 4 个 MsgBox 函数的对话框

问答 3-029　如何使用 MsgBox 函数控制程序运行

在处理某些数据时，如果要删除数据、添加数据等，最好要有一个缓冲。例如，打开一个询问框，提醒用户是否要这样操作，如果单击“是”按钮，就继续往下执行语句；如果单击“否”按钮，就跳出程序。这时就可以使用 MsgBox 函数的返回值设置一个这样的判断语句来控制程序运行。

案例 3-22

图 3-30 所示的 VBA 代码就是根据 MsgBox 函数的返回值确定是否继续执行程序。如果单击了“是”按钮，就继续执行；如果单击了“否”按钮，就直接退出程序。

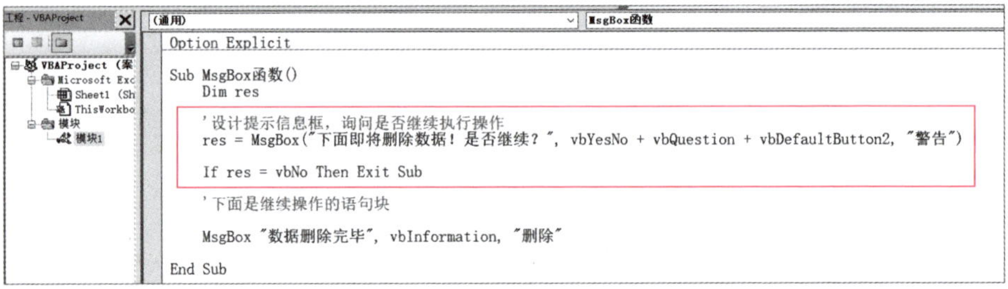

```
Option Explicit

Sub MsgBox函数()
    Dim res
    '设计提示信息框，询问是否继续执行操作
    res = MsgBox("下面即将删除数据！是否继续？", vbYesNo + vbQuestion + vbDefaultButton2, "警告")
    If res = vbNo Then Exit Sub
    '下面是继续操作的语句块
    MsgBox "数据删除完毕", vbInformation, "删除"
End Sub
```

图 3-30　使用 MsgBox 函数控制程序执行

问答 3-030　如何使用 MsgBox 函数弹出提示信息

MsgBox 函数可以不返回函数值，对话框仅仅只是起到提示信息的作用，这样就知道程序已经结束。

案例 3-23

图 3-31 所示的 VBA 代码是当程序运行完毕，就弹出一个对话框，告诉用户程序运行完毕。

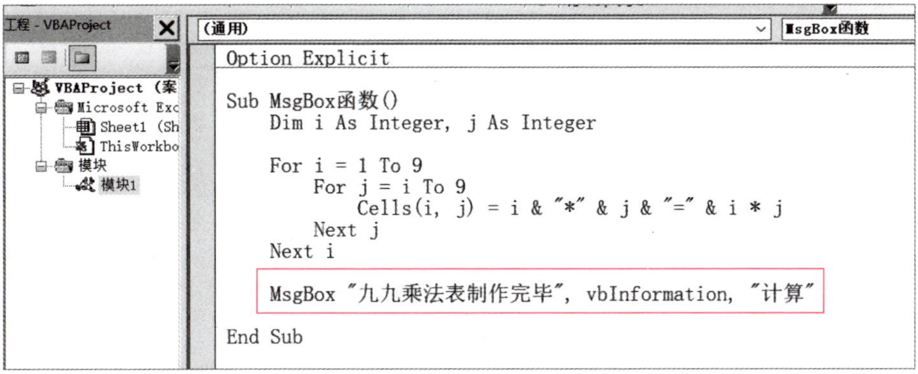

图 3-31　MsgBox 函数不返回函数值

运行程序，最后会弹出图 3-32 所示的对话框。

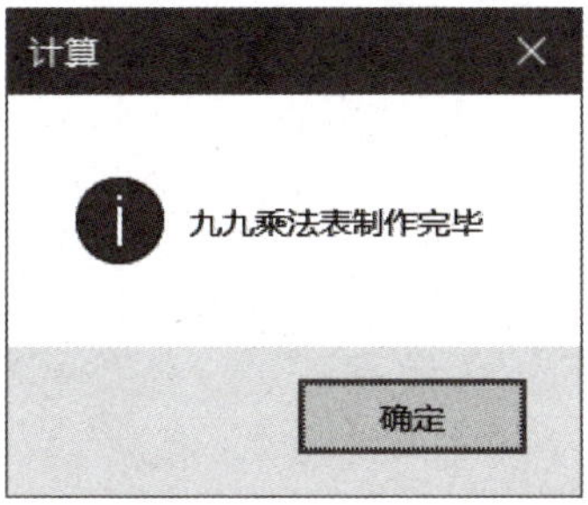

图 3-32　MsgBox 函数应用

在案例 3-21 中，就是使用了 MsgBox 函数不返回函数值的用法。

第4章

使用 Excel 工作表函数

如果要查找指定数据出现在表格的第几行，在 VBA 中一般是逐行循环判断。但是，如果数据出现在数千行的位置，甚至出现在数万行的位置，这种循环的效率就非常低了。

大部分的数据处理和统计分析可以在 VBA 中调用 Excel 工作表函数，如使用 Match 函数定位，使用 Sumifs 函数条件求和，使用 Vlookup 函数查找数据等。这样，可以大大提高数据处理和分析效率。

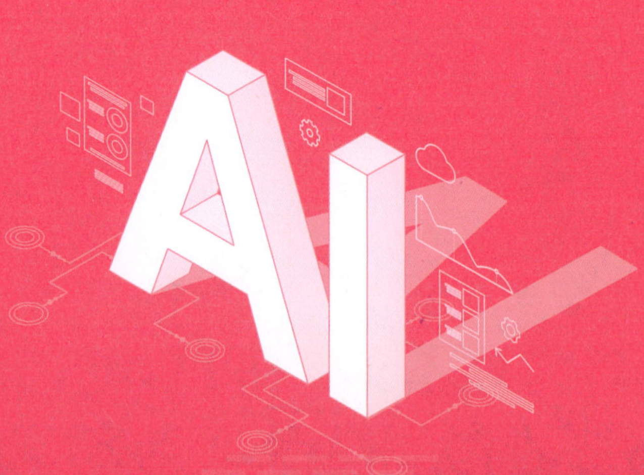

4.1 在 VBA 中使用工作表函数的方法

在 VBA 中直接使用工作表函数，必须使用 Application 对象的 WorksheetFunction 属性。但需要注意的是，并不是所有的工作表函数都可以使用 WorksheetFunction 属性来调用。

问答 4-001 如何调用工作表函数

调用工作表函数的基本方法是使用 WorksheetFunction 属性，如下所示。

方法 1：

```
Application.WorksheetFunction.工作表函数
```

方法 2：省略 Application。

```
WorksheetFunction.工作表函数
```

当然了，要想在 VBA 中灵活使用工作表函数，必须对 Excel 中的工作表函数非常熟悉。

案例 4-1

图 4-1 所示的 VBA 代码是计算各个产品的合计数，保存在第 11 行单元格，核心语句如下：

```
.Cells(11, i) = WorksheetFunction.Sum(rng)
```

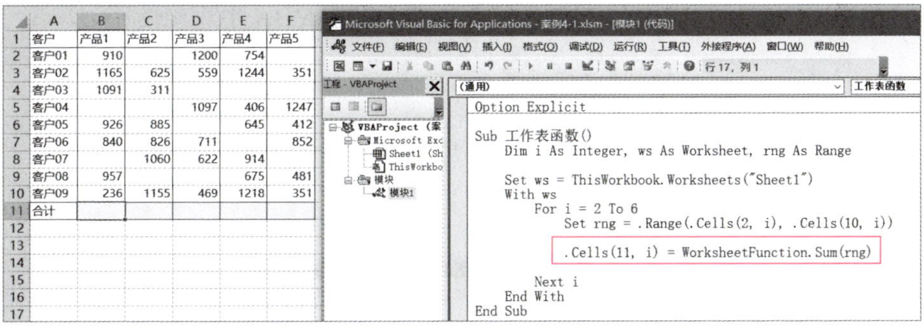

图 4-1 在 VBA 中使用工作表函数

问答 4-002 如何以字符串方式输入工作表函数

如果要在单元格中输入计算公式，而不是输入 VBA 的计算结果，以案例 4-1 为例，在单元格 B11 中希望通过 VBA 输入求和公式“=SUM(B2:B10)”，此时可以使用输入公式字符串的方法，在单元格中输入计算公式字符串。

案例 4-2

图 4-2 所示的 VBA 代码就是使用输入公式字符串的方法，在工作表单元格中输入求和公式，核心语句如下：

```
srr = .Range(.Cells(2, i), .Cells(10, i)).Address(0, 0)
.Cells(11, i) = "=SUM(" & srr & ")"
```

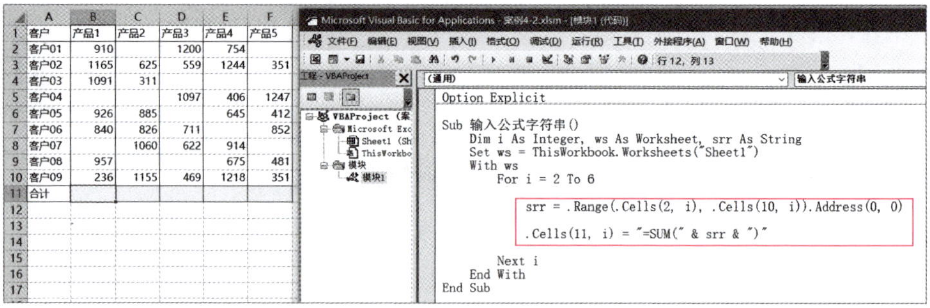

图 4-2　在单元格中输入公式字符串，得到计算公式

问答 4-003　调用工作表函数要注意哪些事项

在 VBA 中输入工作表函数是很方便的。先输入 WorksheetFunction，后跟一个句点，就会列示出所有可以调用的工作表函数名称，再输入某个字母，就会列示出以该字母开头的所有工作表函数，如图 4-3 所示。

只要是出现在这列表中的工作表函数，都可以在 VBA 中直接使用。

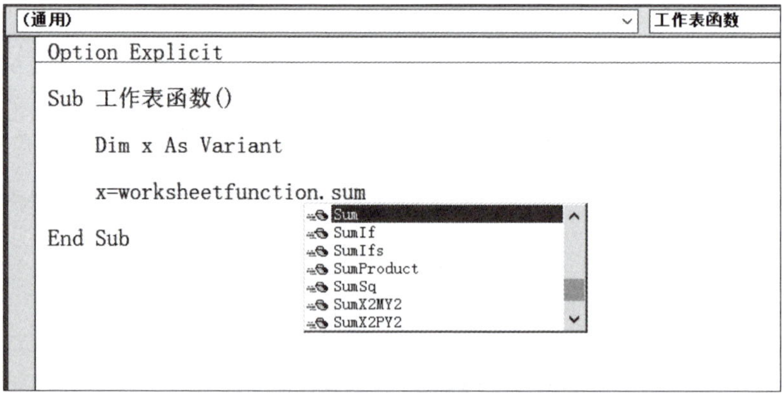

图 4-3　列示出以某字母开头的工作表函数

选择某个函数，再输入括号，就会出现该函数的参数说明，如图 4-4 所示，然

后输入该函数的各个参数。当输入某个参数时，该参数会以粗体字体显示，这样也知道输入的是该函数的哪个参数。

```
(通用)                                                    工作表函数
Option Explicit

Sub 工作表函数()

    Dim x As Variant

    x = WorksheetFunction.Sumif(
                             SumIf(Arg1 As Range, Arg2, [Arg3]) As Double
End Sub
```

图 4–4　输入工作表函数的参数

4.2　条件计数与条件求和

很多的数据处理和统计分析需要计算满足条件的单元格个数和单元格合计数，这就是条件计数与条件求和。在 Excel 工作表中，常用的函数是 Countif 函数、Countifs 函数、Sumif 函数和 Sumifs 函数。

问答 4–004　如何使用 Countif 函数单条件计数

工作表 Countif 函数用于单条件计数，其语法如下：

```
Countif(条件判断区域，条件值)
```

案例 4–3

图 4–5 是员工基本信息，要求按部门统计人数，制作部门人数统计报表。

	A	B	C	D	E	F	G
1	姓名	部门	性别	出生日期	年龄	学历	
2	A001	采购部	男	1996-6-22	28	硕士	
3	A002	财务部	女	1976-5-26	48	专科	
4	A003	人力资源部	女	1972-4-12	52	专科	
5	A004	生产部	男	1977-5-30	47	博士	
6	A005	品管部	男	1972-5-25	52	高中	
7	A006	采购部	女	2001-4-23	23	专科	
8	A007	技术研发部	男	1994-4-9	30	高中	
9	A008	生产部	男	1995-5-4	29	初中	
10	A009	生产部	男	2001-6-11	23	硕士	
11	A010	品管部	女	1976-4-5	48	专科	
12	A011	生产部	男	1972-3-29	52	专科	
13	A012	人力资源部	女	1964-6-16	60	初中	
14	A013	品管部	女	1970-4-5	54	初中	
15	A014	财务部	男	1985-4-17	39	高中	
16	A015	品管部	男	1985-5-27	39	本科	
17	A016	生产部	女	1981-5-23	43	初中	
18	A017	技术研发部	男	1985-6-12	39	高中	

员工信息　统计分析

	A	B	C	D
1	部门	人数		
2	采购部			
3	财务部			
4	人力资源部			
5	生产部			
6	品管部			
7	技术研发部			
8	销售部			
9	设备部			
10	市场部			
11	合计			
12				
13				
14				
15				
16				
17				

员工信息　统计分析

图 4–5　员工基本信息

图 4-6 是参考 VBA 代码，其核心代码如下：

```
.Range("B" & i) = WorksheetFunction.CountIf(rng, .Range("A" & i))
```

而合计数则调用了 Sum 函数。

```
.Range("B11") = WorksheetFunction.Sum(.Range("B2:B10"))
```

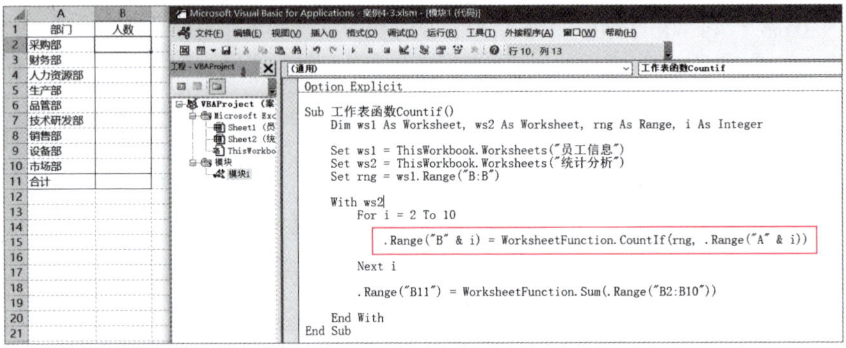

图 4-6　使用 Countif 函数统计部门人数

问答 4-005　如何使用 Countifs 函数多条件计数

工作表 Countifs 函数用于单条件计数、多条件计数，其语法如下：

```
Countifs(条件判断区域 1，条件值 1，条件判断区域 2，条件值 2，条件判断区域 3，条件值 3，…)
```

案例 4-4

以案例 4-3 中的员工基本信息为例，要求计算每个部门、每种性别、每种学历、每个年龄段的人数，统计报告格式如图 4-7 所示。

部门	总人数	性别		学历						年龄			
		男	女	博士	硕士	本科	专科	高中	初中	30岁以下	31~40岁	41~50岁	50岁以上
采购部													
财务部													
人力资源部													
生产部													
品管部													
技术研发部													
销售部													
设备部													
市场部													
合计													

图 4-7　统计员工人数分布

图 4-8 是参考 VBA 代码。其计算逻辑并不复杂，先定义条件判断区域（部门、性别、学历和年龄）对象变量，并引用具体单元格区域，然后使用 Countifs 函数进行条件计数。

其中，性别就两种，使用两个单独语句进行计算。

学历则使用循环的方法进行计算，这样可以简化代码。

每个年龄分组的条件比较特殊，因此使用几个语句分别计算各个年龄段的人数即可。

```
Sub 工作表函数Countifs()
    Dim ws1 As Worksheet, ws2 As Worksheet
    Dim Dep As Range, Sex As Range, Edu As Range, Age As Range
    Dim i As Integer, j As Integer, bm As String

    Set ws1 = ThisWorkbook.Worksheets("员工信息")
    Set ws2 = ThisWorkbook.Worksheets("统计分析")

    With ws1        '引用原始表格的各列区域
        Set Dep = .Range("B:B")
        Set Sex = .Range("C:C")
        Set Edu = .Range("F:F")
        Set Age = .Range("E:E")
    End With

    With ws2        '开始汇总计算
        .Range("B3:N12").ClearContents
        For i = 3 To 11
            bm = .Range("A" & i)
          '----------计算各部门总人数-----------
            .Range("B" & i) = WorksheetFunction.CountIf(Dep, bm)
          '----------计算各部门、各性别人数----------
            .Range("C" & i) = WorksheetFunction.CountIfs(Dep, bm, Sex, "男")
            .Range("D" & i) = WorksheetFunction.CountIfs(Dep, bm, Sex, "女")
          '----------计算各部门、各学历人数---------
            For j = 5 To 10
                .Cells(i, j) = WorksheetFunction.CountIfs(Dep, bm, Edu, .Cells(2, j))
            Next j
          '----------计算各部门、各年龄段人数---------
            .Range("K" & i) = WorksheetFunction.CountIfs(Dep, bm, Age, "<=30")
            .Range("L" & i) = WorksheetFunction.CountIfs(Dep, bm, Age, ">=31", Age, "<=40")
            .Range("M" & i) = WorksheetFunction.CountIfs(Dep, bm, Age, ">=41", Age, "<=50")
            .Range("N" & i) = WorksheetFunction.CountIfs(Dep, bm, Age, ">=51")
        Next i

        '计算合计数
        For j = 2 To 14
            .Cells(12, j) = WorksheetFunction.Sum(.Range(.Cells(3, j), .Cells(11, j)))
        Next j
    End With

    MsgBox "各部门员工分布统计报表制作完毕", vbOKOnly + vbInformation
End Sub
```

图 4-8　使用 Countifs 函数多条件计数

问答 4-006　如何使用 Sumif 函数单条件求和

单条件求和的工作表函数是 Sumif，其用法如下：

```
Sumif(条件判断区域，条件值，实际求和区域)
```

案例 4-5

图 4-9 是工作表函数 Sumif 的应用示例，要求计算每个项目的总金额。

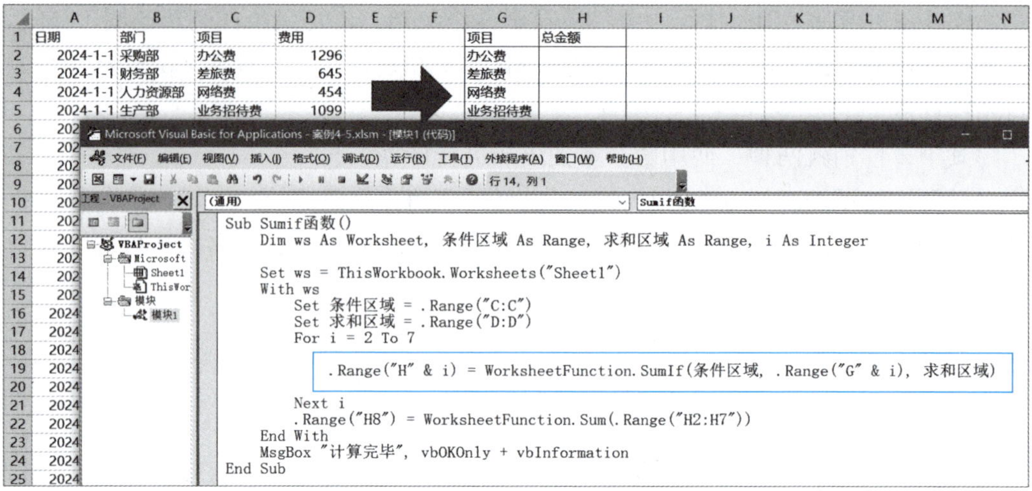

图 4–9　使用 Sumif 函数单条件求和

问答 4–007　如何使用 Sumifs 函数多条件求和

多条件求和的工作表函数是 Sumifs，其用法如下：

Sumifs（实际求和区域，条件区域 1，条件值 1，条件区域 2，条件值 2，条件区域 3，条件值 3，…）

案例 4–6

以案例 4–5 中的数据为例，要求计算各个部门、各个项目费用的总金额，报表结构如图 4–10 所示。

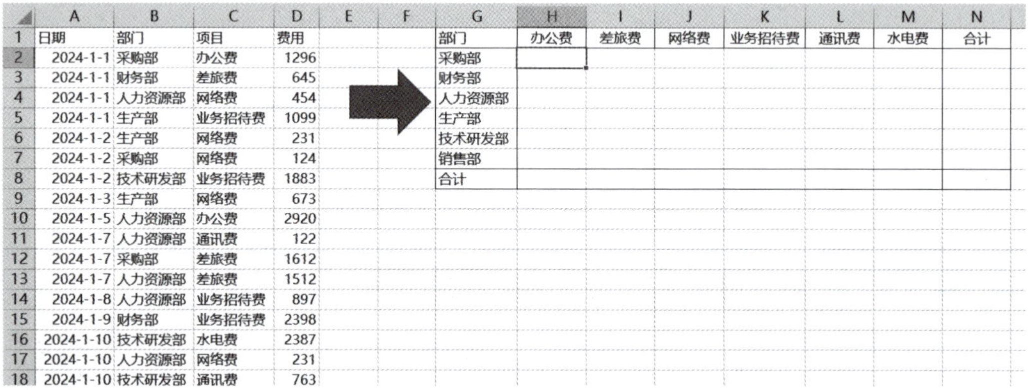

	A	B	C	D	E	F	G	H	I	J	K	L	M	N
1	日期	部门	项目	费用			部门	办公费	差旅费	网络费	业务招待费	通讯费	水电费	合计
2	2024-1-1	采购部	办公费	1296			采购部							
3	2024-1-1	财务部	差旅费	645			财务部							
4	2024-1-1	人力资源部	网络费	454			人力资源部							
5	2024-1-1	生产部	业务招待费	1099			生产部							
6	2024-1-2	生产部	网络费	231			技术研发部							
7	2024-1-2	采购部	网络费	124			销售部							
8	2024-1-2	技术研发部	业务招待费	1883			合计							
9	2024-1-3	生产部	网络费	673										
10	2024-1-5	人力资源部	办公费	2920										
11	2024-1-7	人力资源部	通讯费	122										
12	2024-1-7	采购部	差旅费	1612										
13	2024-1-7	人力资源部	差旅费	1512										
14	2024-1-8	人力资源部	业务招待费	897										
15	2024-1-9	财务部	业务招待费	2398										
16	2024-1-10	技术研发部	水电费	2387										
17	2024-1-10	人力资源部	网络费	231										
18	2024-1-10	技术研发部	通讯费	763										

图 4–10　两个条件求和

这个两个条件求和可以使用工作表函数 Sumifs 计算，图 4–11 是参考 VBA 代码。

```
Sub Sumifs函数()
    Dim ws As Worksheet, i As Integer, j As Integer

    Set ws = ThisWorkbook.Worksheets("Sheet1")
    With ws
        For i = 2 To 7
            For j = 8 To 13

            .Cells(i, j) = WorksheetFunction.SumIfs(.Range("D:D"), _
                                                    .Range("B:B"), .Cells(i, 7), _
                                                    .Range("C:C"), .Cells(1, j))

            Next j
            .Cells(i, 14) = WorksheetFunction.Sum(.Range("H" & i & ":M" & i))
        Next i
            .Cells(i, 14) = WorksheetFunction.Sum(.Range("H" & i & ":M" & i))
        For j = 8 To 14
            .Cells(8, j) = WorksheetFunction.Sum(.Range(.Cells(2, j), .Cells(7, j)))
        Next j

    End With

    MsgBox "计算完毕", vbOKOnly + vbInformation
End Sub
```

图 4–11　使用 Sumifs 函数多条件求和

4.3 查找数据

在 VBA 中查找数据，如果不使用工作表查找函数，如 Vlookup、Match、Index、Xlookup 等，那么，就要使用循环方法，或者使用 Find 方法，又或者使用 SQL 方法。但对于一般的数据查找而言，在 VBA 里直接调用工作表查找函数即可，既简单又高效。

问答 4-008　如何使用 Vlookup 函数查找数据

在工作表中，查找数据最常用的方法是使用 Vlookup 函数，其用法如下：

```
Vlookup(匹配条件，数据区域或数据表，取数的列号，精确或模糊查找)
```

案例 4-7

图 4–12 是一个简单例子，要求把指定几个人的个人所得税从“工资表”工作表中查询出来，并保存到“查询表”中。

	A	B	C	D	E	F	G	S	T	U	V	W
1	工号	姓名	性别	部门	级别	基本工资	岗位工资	医疗保险	失业保险	个人所得税	应扣合计	实发合计
2	0001	刘晓晨	男	办公室	1级	1581	1000	67.2	33.6	211.38	1169.88	4031.12
3	0004	祁正人	男	办公室	5级	3037	800	48.2	24.1	326.42	1026.92	4683.08
4	0005	张丽莉	女	办公室	3级	4376	800	45	22.5	469.68	1104.18	5494.82
5	0006	孟欣然	女	行政部	1级	6247	800	56	28	821.78	1585.88	7162.12
6	0007	毛利民	男	行政部	4级	4823	600	40.4	20.2	570.8	1162.1	6067.9
7	0008	马一晨	男	行政部	1级	3021	1000	52.6	26.3	439.18	1237.98	5322.02
8	0009	王浩忌	男	行政部	1级	6859	1000	58.6	29.3	1107.66	1952.36	8305.64
9	0013	王玉成	男	财务部	6级	4842	600	45.8	22.9	666.16	1386.36	6539.64
10	0014	蔡齐豫	女	财务部	5级	7947	1000	67.2	33.6	1354.1	2312.6	9291.4
11	0015	秦玉邦	男	财务部	6级	6287	800	51.4	25.7	910.74	1653.04	7517.96
12	0016	马梓	女	财务部	1级	6442	800	44.2	22.1	929.26	1596.96	7592.04
13	0017	张慈淼	女	财务部	3级	3418	800	48.2	24.1	390.48	1090.98	5046.02
14	0018	李萌	女	财务部	4级	4187	800	45	22.5	434.42	1068.92	5295.08
15	0019	何欣	女	技术部	3级	1926	800	56	28	146.09	910.19	3564.81
16	0020	李然	男	技术部	4级	1043	600	40.4	20.2	65.37	656.67	2838.33
17	0021	黄兆炜	男	技术部	4级	3585	1000	52.6	26.3	516.58	1315.38	5760.62

工资表　查询表

	A	B	C	D
1	姓名	部门	个人所得税	
2	张丽莉			
3	蔡齐豫			
4	舒思雨			
5	韩晓波			
6	吴雨平			
7	李辉			
8	纪天雨			
9	杨若梦			
10	陈琦安			
11	刘心宇			
12				
13				
14				
15				
16				

工资表　查询表

图 4–12　查询指定几个人的个人所得税

图 4–13 是在 VBA 中使用 Vlookup 函数查找数据的参考代码。

注意： 指定员工的所属部门在数据区域（B 列至 W 列）的第 3 列，个人所得税在数据区域的第 20 列。

```
Option Explicit

Sub Vlookup函数()
    Dim ws1 As Worksheet, ws2 As Worksheet, i As Integer, n As Integer
    Set ws1 = ThisWorkbook.Worksheets("工资表")
    Set ws2 = ThisWorkbook.Worksheets("查询表")

    With ws2
        n = .Range("A10000").End(xlUp).Row
        .Range("B2:C" & n).ClearContents
        For i = 2 To n

            .Range("B" & i) = WorksheetFunction.VLookup(.Range("A" & i), _
                                    ws1.Range("B:W"), 3, 0)

            .Range("C" & i) = WorksheetFunction.VLookup(.Range("A" & i), _
                                    ws1.Range("B:W"), 20, 0)

        Next i
    End With
    MsgBox "查询结束", vbOKOnly + vbInformation, "Vlookup函数"
End Sub
```

图 4–13　使用 Vlookup 函数查找数据

在某些情况下，可能不存在指定的项目，此时使用 Vlookup 函数查找数据可能会出现错误。在 Excel 工作表中，一般是使用 IFERROR 函数进行处理，那么在 VBA 中该如何处理 Vlookup 函数出错的情况呢？

处理这样错误的方法比较多，图 4–14 是使用 Countif 函数先统计指定姓名是否存在（如果不存在，Countif 函数的结果就是 0），从而决定是否使用 Vlookup 函数进行查找。

```
Sub Vlookup函数_处理错误()
    Dim ws1 As Worksheet, ws2 As Worksheet, i As Integer, n As Integer
    Set ws1 = ThisWorkbook.Worksheets("工资表")
    Set ws2 = ThisWorkbook.Worksheets("查询表")

    With ws2

        n = .Range("A10000").End(xlUp).Row
        .Range("B2:C" & n).ClearContents

        For i = 2 To n

            If WorksheetFunction.CountIf(ws1.Range("B:B"), .Range("A" & i)) > 0 Then

                .Range("B" & i) = WorksheetFunction.VLookup(.Range("A" & i), _
                                        ws1.Range("B:W"), 3, 0)

                .Range("C" & i) = WorksheetFunction.VLookup(.Range("A" & i), _
                                        ws1.Range("B:W"), 20, 0)

            Else
                .Range("B" & i) = ""
                .Range("C" & i) = ""
            End If

        Next i

    End With

    MsgBox "查询结束", vbOKOnly + vbInformation, "Vlookup函数"
End Sub
```

图 4–14　使用 Countif 函数判断指定项目是否存在，避免使用 Vlookup 函数出现错误

问答 4-009 如何使用 Match 函数查找指定数据位置

需要确定某个数据在某列或者某行的位置时（假设这个数据是唯一的），使用 Match 函数是最简单的，其用法如下：

```
Match(指定数据，一列或一行区域或一维数组，0)
```

案例 4-8

以案例 4-7 中的工资表数据为例，要查找指定几个人的部门、基本工资、应发合计、实发合计、个人所得税等数据，查询表结构如图 4-15 所示。

	A	B	C	D	E	F
1	姓名	部门	基本工资	应发合计	实发合计	个人所得税
2	张丽莉					
3	蔡齐豫					
4	舒思雨					
5	韩晓波					
6	吴雨平					
7	李辉					
8	纪天雨					
9	杨若梦					
10	陈琦安					
11	刘心宇					

图 4-15　查询表

由于要查找的项目在不同的列，因此，需要使用 Match 函数确定这些项目的列位置，再使用 Vlookup 函数提取各列的数据。

图 4-16 是参考 VBA 代码，变量 p 保存 Match 函数查找的结果，将 p 作为 Vlookup 函数的第 2 个参数。

```
Option Explicit

Sub Match函数_Vlookup函数()
    Dim ws1 As Worksheet, ws2 As Worksheet
    Dim i As Integer, n As Integer, j As Integer, p As Integer
    Set ws1 = ThisWorkbook.Worksheets("工资表")
    Set ws2 = ThisWorkbook.Worksheets("查询表")

    With ws2
        n = .Range("A10000").End(xlUp).Row
        .Range("B2:C" & n).ClearContents

        For i = 2 To n
            For j = 2 To 6

                p = WorksheetFunction.Match(.Cells(1, j), ws1.Range("B1:W1"), 0)
                .Cells(i, j) = WorksheetFunction.VLookup(.Range("A" & i), ws1.Range("B:W"), p, 0)

            Next j
        Next i
    End With

    MsgBox "查询结束", vbOKOnly + vbInformation, "Vlookup函数"
End Sub
```

图 4-16　联合使用 Match 函数 Vlookup 函数和查找数据

问答 4-010　如何使用 Index 函数查找数据

对于某些表格，联合使用工作表函数 Index 和 Match 可能是最简单高效的。Index 函数是从一个数组中把指定位置的数据取出来，其用法如下：

```
Index(单元格区域或数组，行位置号，列位置号)
```

案例 4-9

图 4-17 是从 K3 导出的各个产品的成本报表，现在要将产品的单位成本取出，制作一个产品成本汇总分析表，如图 4-18 所示。

	A	B	C	D	E	F	G	H
1	产品代码	产品名称	规格型号	实际产量	成本项目代码	成本项目名称	实际成本	单位实际成本
2	H204.12	产品A	AR252	230	4001	直接材料	70,631.07	321.05
3				0	4002	直接人工	4,041.45	18.37
4				0	4003	制造费用	18,533.02	84.24
5				0	4004	模具费用	4,972.00	22.60
6	小计			230			98,177.54	446.26
7	H204.14	产品B	YHRP1	210	4001	直接材料	14,120.88	70.60
8				0	4002	直接人工	2,174.45	10.87
9				0	4003	制造费用	9,971.41	49.86
10				0	4004	模具费用	802.00	4.01
11	小计			210			27,068.74	135.34
12	H204.16	产品D	AR257	500	4001	直接材料	156,715.53	313.43
13				0	4002	直接人工	8,997.71	18.00
14				0	4003	制造费用	41,260.96	82.52
15				0	4004	模具费用	12,845.00	25.69
16	小计			500			219,819.20	439.64
17	H204.17	产品E	UOPW25	950	4001	直接材料	286,952.75	302.06
18				0	4002	直接人工	18,520.29	19.50
19				0	4003	制造费用	84,928.89	89.40
20				0	4004	模具费用	33,772.50	35.55
21	小计			950			424,174.43	446.50
22	H204.19	产品F	TWP-332	500	4001	直接材料	158,989.55	317.98

产品成本表　成本分析

图 4-17　产品成本报表

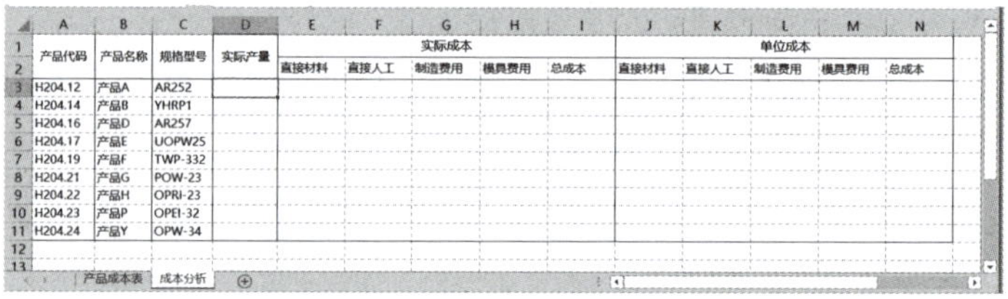

	A	B	C	D	E	F	G	H	I	J	K	L	M	N
1	产品代码	产品名称	规格型号	实际产量	实际成本					单位成本				
2					直接材料	直接人工	制造费用	模具费用	总成本	直接材料	直接人工	制造费用	模具费用	总成本
3	H204.12	产品A	AR252											
4	H204.14	产品B	YHRP1											
5	H204.16	产品D	AR257											
6	H204.17	产品E	UOPW25											
7	H204.19	产品F	TWP-332											
8	H204.21	产品G	POW-23											
9	H204.22	产品H	OPRI-23											
10	H204.23	产品P	OPEI-32											
11	H204.24	产品Y	OPW-34											
12														
13														

产品成本表　成本分析

图 4-18　产品成本汇总分析表

由于每个产品的成本项目是 4 个，且位置固定，只要确定某个产品的位置，就可以将该产品的各个成本项目取出。

图 4-19 是一个参考 VBA 代码，根据产品编码定位每个产品的位置 p，然后循环取出每个成本项目数据。

不过，由于是从指定列的指定位置取数，使用 Range 函数来引用单元格更加方便，因此各个成本项目数据查找语句也可以使用下面的简洁形式。

```
.Cells(i, 4 + j) = ws1.Range("G" & p + j - 1)
.Cells(i, 9 + j) = ws1.Range("H" & p + j - 1)
```

```
Option Explicit

Sub Index_Match函数()
    Dim ws1 As Worksheet, ws2 As Worksheet
    Dim i As Integer, n As Integer, j As Integer, p As Integer

    Set ws1 = ThisWorkbook.Worksheets("产品成本表")
    Set ws2 = ThisWorkbook.Worksheets("成本分析")

    With ws2
        n = .Range("A10000").End(xlUp).Row
        .Range("D3:N" & n).ClearContents

        For i = 3 To n

            p = WorksheetFunction.Match(.Range("A" & i), ws1.Range("A:A"), 0)

            .Range("D" & i) = ws1.Range("D" & p)

            For j = 1 To 5

                .Cells(i, 4 + j) = WorksheetFunction.Index(ws1.Range("G:G"), p + j - 1)
                .Cells(i, 9 + j) = WorksheetFunction.Index(ws1.Range("H:H"), p + j - 1)

            Next j
        Next i
    End With
    MsgBox "产品成本汇总分析表制作完毕", vbInformation
End Sub
```

图 4-19　Index 函数和 Match 函数联合使用

这个问题还有一个更为简单的方法，因为每个产品的成本项目个数及位置是固定的，所以可以先定位出每个产品的位置，再引用该产品的成本项目数据区域，然后调用工作表函数 Transpose 将该区域数据转置并复制到“成本分析”工作表中。图 4-20 是参考代码，核心代码如下：

```
Set rng = ws1.Range("G" & p & ":G" & p + 4)
.Range("E" & i & ":I" & i) = WorksheetFunction.Transpose(rng)

Set rng = ws1.Range("H" & p & ":H" & p + 4)
.Range("J" & i & ":N" & i) = WorksheetFunction.Transpose(rng)
```

```
Sub Index_Match函数111()
    Dim ws1 As Worksheet, ws2 As Worksheet, rng As Range
    Dim i As Integer, n As Integer, p As Integer

    Set ws1 = ThisWorkbook.Worksheets("产品成本表")
    Set ws2 = ThisWorkbook.Worksheets("成本分析")

    With ws2
        n = .Range("A10000").End(xlUp).Row
        .Range("D3:N" & n).ClearContents

        For i = 3 To n

            p = WorksheetFunction.Match(.Range("A" & i), ws1.Range("A:A"), 0)

            .Range("D" & i) = ws1.Range("D" & p)

            Set rng = ws1.Range("G" & p & ":G" & p + 4)
            .Range("E" & i & ":I" & i) = WorksheetFunction.Transpose(rng)

            Set rng = ws1.Range("H" & p & ":H" & p + 4)
            .Range("J" & i & ":N" & i) = WorksheetFunction.Transpose(rng)

        Next i
    End With
    MsgBox "产品成本汇总分析表制作完毕", vbInformation
End Sub
```

图 4-20　使用 Transpose 函数转置数据

问答 4-011 如何使用 Transpose 函数转置表格

在案例 4-9 中已经介绍了 Transpose 函数。如果要使用 Transpose 函数转置表格，其用法也很简单，语法如下：

```
Transpose（单元格区域）
```

下面再介绍一个简单例子，目的是说明 Transpose 函数在 VBA 中的应用方法。

案例 4-10

图 4-21 是一个利用 Transpose 函数转置表格的简单示例。需要注意新区域存放数据的方式，新区域的行数是原区域的列数，新区域的列数是原区域的行数。

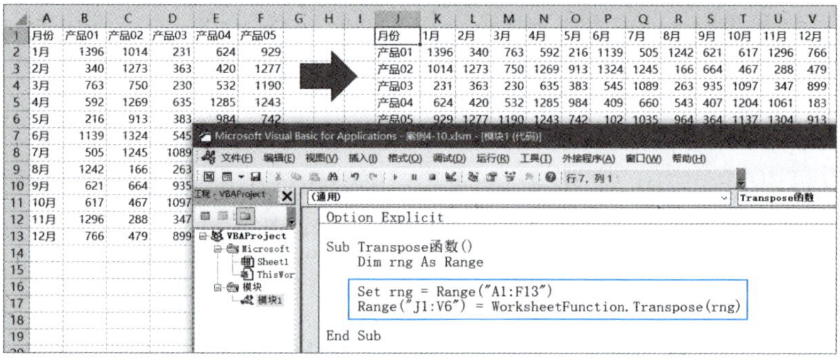

图 4-21 使用 Transpose 函数转置表格

如果大家认为手动设置新单元格区域大小（行数和列数）很烦琐，可以使用单元格的 Rows 属性和 Columns 属性统计原始区域的行数和列数，再根据统计出来的行数和列数选择新区域。

图 4-22 是一个参考代码，请注意选择新区域范围的方式。

```
Sub Transpose函数111()
    Dim rngOld As Range, rngNew As Range
    Dim n As Integer, m As Integer, r As Integer, c As Integer

    r = 1            '新区域的起始行
    c = 10           '新区域的起始列

    Set rngOld = Range("A1:F13")        '指定要转置的单元格区域
    With rngOld
        n = .Rows.Count              '获取原始区域的行数
        m = .Columns.Count           '获取原始区域的列数
    End With

    '引用新单元格区域（行数是原区域列数，列数是原区域行数）
    Set rngNew = Range(Cells(r, c), Cells(r + m - 1, c + n - 1))

    '转置保存数据
    rngNew = WorksheetFunction.Transpose(rngOld)
End Sub
```

图 4-22 转置任意指定单元格区域到任意指定位置

问答 4-012 如何使用 Unique 函数获取不重复数据

从数据区域中获取不重复数据的方法有很多，可以执行“删除重复值”命令，也可以使用 Unique 函数，其用法如下：

```
Unique(列或行区域或数组，按列或按行，是否只取唯一出现的值)
```

案例 4-11

图 4-23 是参考 VBA 代码，要求从“库存表”工作表的 A 列提取不重复的供应商名称，并保存到“供应商”工作表的 A 列。

注意：Unique 函数的结果是一个由不重复数据组成的数组，因此，如果要将全部数据保存到新位置，就需要先统计出不重复数据的个数，然后再选择不重复数据个数大小的单元格区域进行保存。

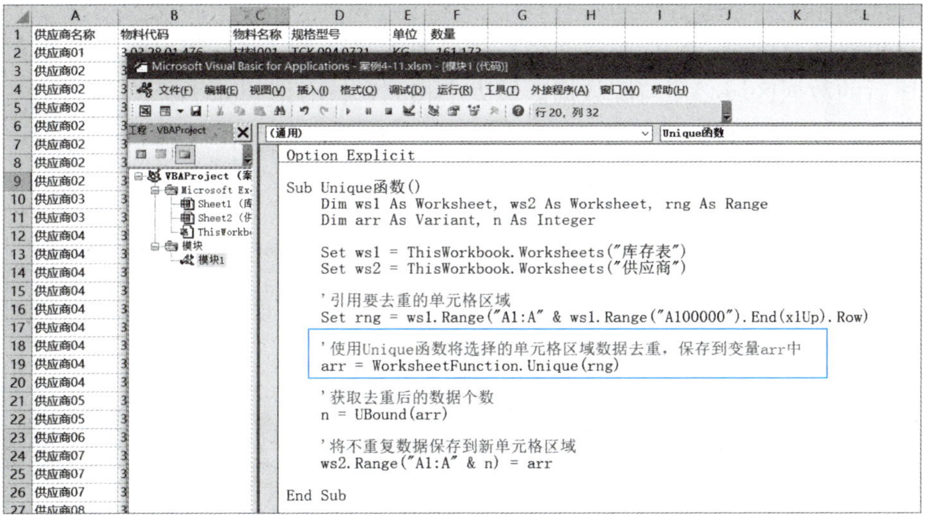

图 4-23 使用 Unique 函数获取不重复数据

4.4 数据排序

在 VBA 中，可以通过录制宏来获得数据排序的宏代码，从而对数据进行排序操作。此外，也可以直接调用工作表中的排序函数 Sort。

问答 4-013 如何使用 Sort 函数对数据进行排序

Sort 函数用于对某个区域或数组的内容进行排序，其用法如下：

```
Sort(要排序的数组或区域，排序依据，排序方式，排序方向)
```

案例 4-12

图 4-24 是一个简单示例，要求对 F 列的合计数进行降序排序，并将排序结果保存到另一个工作表。

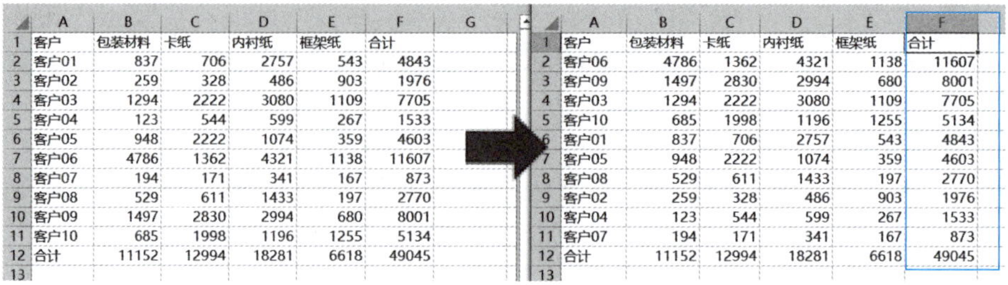

	A	B	C	D	E	F	G
1	客户	包装材料	卡纸	内衬纸	框架纸	合计	
2	客户01	837	706	2757	543	4843	
3	客户02	259	328	486	903	1976	
4	客户03	1294	2222	3080	1109	7705	
5	客户04	123	544	599	267	1533	
6	客户05	948	2222	1074	359	4603	
7	客户06	4786	1362	4321	1138	11607	
8	客户07	194	171	341	167	873	
9	客户08	529	611	1433	197	2770	
10	客户09	1497	2830	2994	680	8001	
11	客户10	685	1998	1196	1255	5134	
12	合计	11152	12994	18281	6618	49045	
13							

	A	B	C	D	E	F
1	客户	包装材料	卡纸	内衬纸	框架纸	合计
2	客户06	4786	1362	4321	1138	11607
3	客户09	1497	2830	2994	680	8001
4	客户03	1294	2222	3080	1109	7705
5	客户10	685	1998	1196	1255	5134
6	客户01	837	706	2757	543	4843
7	客户05	948	2222	1074	359	4603
8	客户08	529	611	1433	197	2770
9	客户02	259	328	486	903	1976
10	客户04	123	544	599	267	1533
11	客户07	194	171	341	167	873
12	合计	11152	12994	18281	6618	49045
13						

图 4-24　数据排序示例

假设这个数据区域的大小是固定的，排序的范围是不包括底部合计行在内的各个客户。那么使用 Sort 函数进行排序的参考 VBA 代码如图 4-25 所示。

这里要注意的是，Sort 函数的结果是对原始数据表排序后得出的新数据表，因此排序后的数据区域必须与源数据区域大小相同，核心语句如下：

```
ws2.Range("A1:F11") = WorksheetFunction.Sort(ws1.
Range("A1:F11"), 6, -1)
```

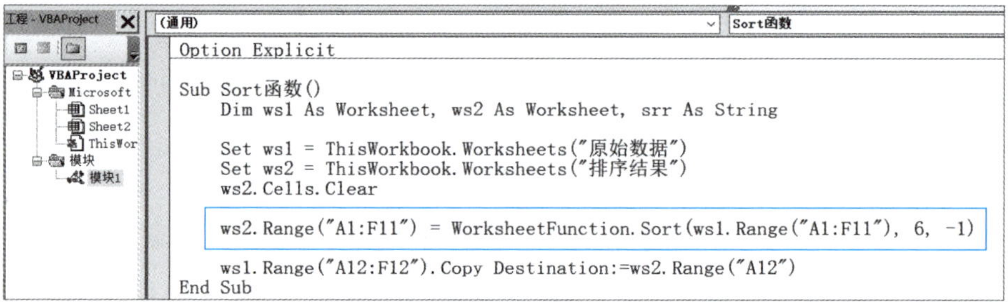


```
Option Explicit

Sub Sort函数()
    Dim ws1 As Worksheet, ws2 As Worksheet, srr As String

    Set ws1 = ThisWorkbook.Worksheets("原始数据")
    Set ws2 = ThisWorkbook.Worksheets("排序结果")
    ws2.Cells.Clear

    ws2.Range("A1:F11") = WorksheetFunction.Sort(ws1.Range("A1:F11"), 6, -1)

    ws1.Range("A12:F12").Copy Destination:=ws2.Range("A12")
End Sub
```

图 4-25　使用 Sort 函数进行排序

问答 4-014　如何使用 Sort 函数建立动态排序模型

Sort 函数的关键点是指定对哪列进行排序，并且排序的列号可以使用 Match 函数定位出来，这样就可以制作一个任选排序字段的动态排序表。

案例 4-13

例如，以案例 4-12 中的数据为例，选择要排序的产品名称“内衬纸”，自动获取该产品排序后的数据及对应的客户名称，模型效果如图 4-26 所示。

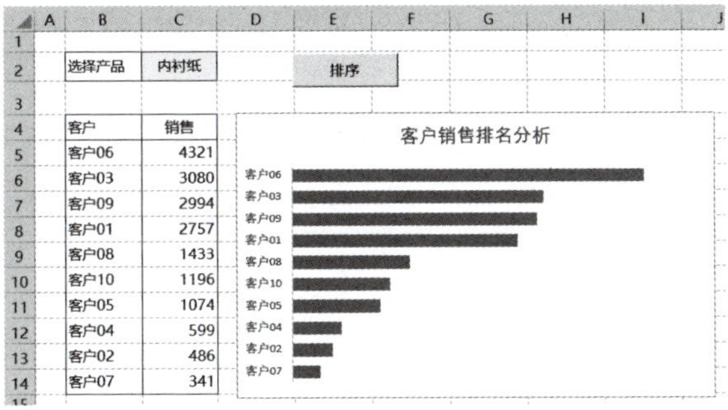

图 4–26　客户销售排名分析模型

图 4–27 是参考 VBA 代码。排序的基本逻辑如下。

使用 Match 函数确定排序字段的列位置。

```
p = WorksheetFunction.Match(ws2.Range("C2"), ws1.Range("A1:F1"), 0)
```

使用 Sort 函数进行降序排序，将排序结果保存到变量 arr。

```
arr = WorksheetFunction.Sort(rng, p, -1)
```

变量 arr 保存的是一个排序后的数组，其大小与选择的单元格区域 rng 相同，因此需要使用 Index 函数分别取出第 1 列的客户名称和第 p 列的产品数据。

```
For i = 1 To 10
    .Range("B" & 4 + i) = WorksheetFunction.Index(arr, i, 1)
    .Range("C" & 4 + i) = WorksheetFunction.Index(arr, i, p)
Next i
```

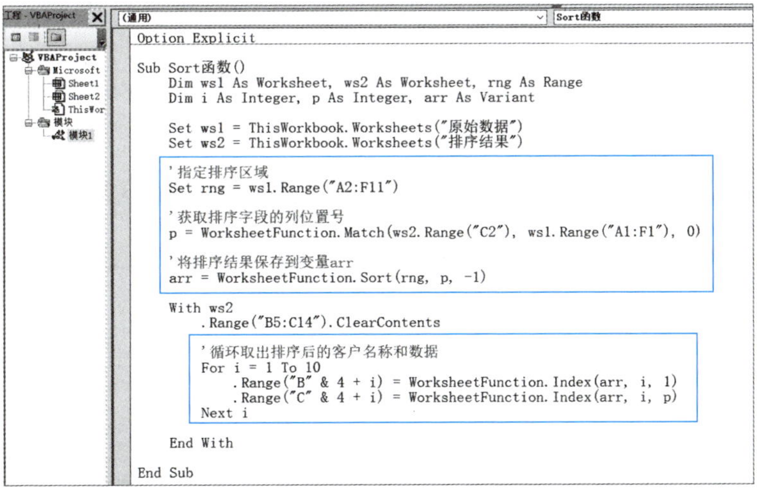
```
Option Explicit

Sub Sort函数()
    Dim ws1 As Worksheet, ws2 As Worksheet, rng As Range
    Dim i As Integer, p As Integer, arr As Variant

    Set ws1 = ThisWorkbook.Worksheets("原始数据")
    Set ws2 = ThisWorkbook.Worksheets("排序结果")

    '指定排序区域
    Set rng = ws1.Range("A2:F11")

    '获取排序字段的列位置号
    p = WorksheetFunction.Match(ws2.Range("C2"), ws1.Range("A1:F1"), 0)

    '将排序结果保存到变量arr
    arr = WorksheetFunction.Sort(rng, p, -1)

    With ws2
        .Range("B5:C14").ClearContents

        '循环取出排序后的客户名称和数据
        For i = 1 To 10
            .Range("B" & 4 + i) = WorksheetFunction.Index(arr, i, 1)
            .Range("C" & 4 + i) = WorksheetFunction.Index(arr, i, p)
        Next i

    End With

End Sub
```


图 4–27　从排序后的数组提取结果

只是这个模型操作起来不是很方便，需要先在单元格 C2 选择产品名称，再单击“运行”按钮才能得到结果。因此，我们可以设置工作表的 Change 事件程序，当单元格数据发生变化后，就自动运行程序，如图 4–28 所示。

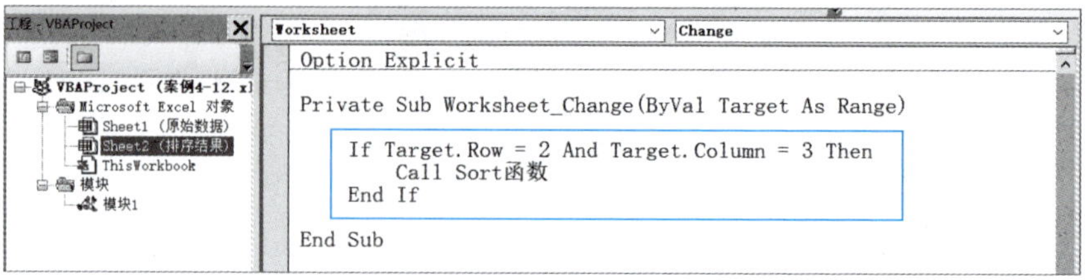

图 4–28　设置工作表 Change 事件，改变指定单元格 C2 数据就运行程序

4.5 数 学 计 算

需要对数值计算最大值、最小值、平均值等时，在 VBA 中可以直接调用 Excel 工作表关于相关计算的函数，如 Max 函数、Maxifs 函数、Min 函数、Minifs 函数、Average 函数、Averageifs 函数、RoundUp 函数和 RoundDown 函数等，这样可以大幅提升数值计算效率。

问答 4–015　如何使用 Max 函数计算最大值

在 Excel 工作表中，计算一组数字的最大值是使用 Max 函数，而在 VBA 中，也可以调用 Max 函数快速计算最大值。

案例 4–14

图 4–29 所示的代码是在 VBA 中使用 Max 函数计算员工的最晚出生日期和最大年龄。

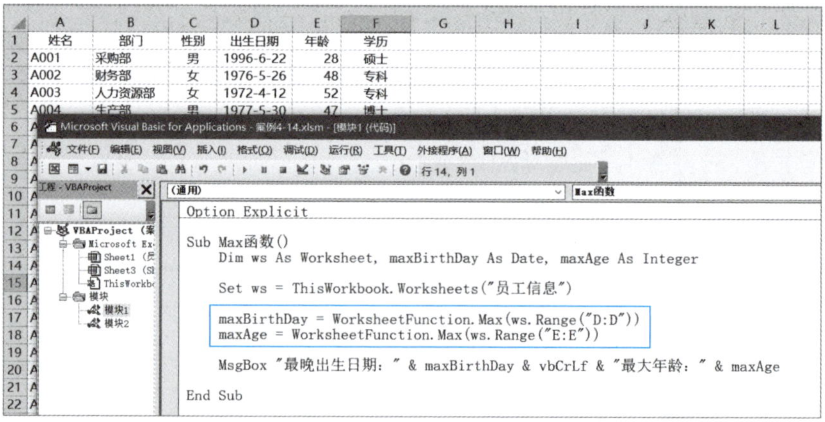

图 4–29　使用 Max 函数计算员工的最晚出生日期和最大年龄

问答 4-016 如何使用 Maxifs 函数计算条件最大值

如果要计算满足条件下的最大值，可以在 VBA 中调用 Maxifs 函数，这个函数与条件求和函数 Sumifs 的用法一样。

```
Maxifs(计算最大值区域，条件区域 1，条件值 1，条件区域 2，条件值 2，条件区域 3，条件值 3，…)
```

案例 4-15

以案例 4-14 中的员工信息为例，要求计算每个部门的最大年龄以及各种性别的最大年龄，报表格式如图 4-30 所示。

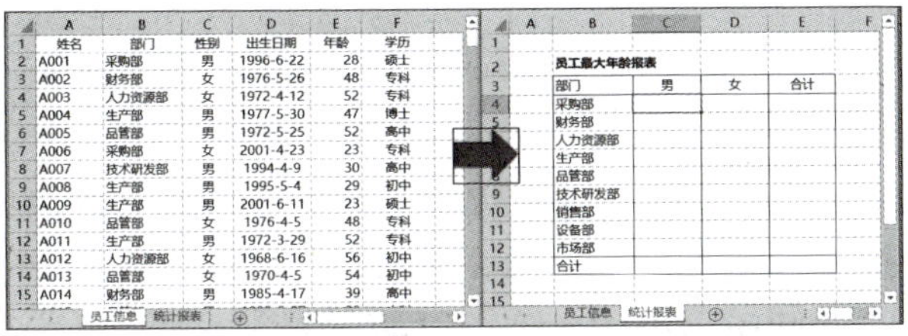

姓名	部门	性别	出生日期	年龄	学历
A001	采购部	男	1996-6-22	28	硕士
A002	财务部	女	1976-5-26	48	专科
A003	人力资源部	女	1972-4-12	52	专科
A004	生产部	男	1977-5-30	47	博士
A005	品管部	男	1972-5-25	52	高中
A006	采购部	女	2001-4-23	23	专科
A007	技术研发部	男	1994-4-9	30	高中
A008	生产部	男	1995-5-4	29	初中
A009	生产部	男	2001-6-11	23	硕士
A010	品管部	女	1976-4-5	48	专科
A011	生产部	男	1972-3-29	52	专科
A012	人力资源部	女	1968-6-16	56	初中
A013	品管部	女	1970-4-5	54	初中
A014	财务部	男	1985-4-17	39	高中

员工最大年龄报表

部门	男	女	合计
采购部			
财务部			
人力资源部			
生产部			
品管部			
技术研发部			
销售部			
设备部			
市场部			
合计			

图 4-30　每个部门的最大年龄以及各种性别的最大年龄

图 4-31 是 VBA 代码，计算每个部门、每种性别的最大年龄，是两个条件的最大值，计算底部所有部门的最大年龄及最右所有性别的最大年龄，则是单条件最大值。

```
Option Explicit

Sub Maxifs函数()
    Dim ws1 As Worksheet, ws2 As Worksheet, i As Integer
    Dim rngDept As Range, rngSex As Range, rngAge As Range
    Dim dept As String

    Set ws1 = ThisWorkbook.Worksheets("员工信息")
    Set ws2 = ThisWorkbook.Worksheets("统计报表")

    Set rngDept = ws1.Range("B:B")
    Set rngSex = ws1.Range("C:C")
    Set rngAge = ws1.Range("E:E")

    With ws2
        .Range("C4:E13").ClearContents
        For i = 4 To 12

            dept = .Range("B" & i)

            .Range("C" & i) = WorksheetFunction.MaxIfs(rngAge, rngDept, dept, rngSex, "男")
            .Range("D" & i) = WorksheetFunction.MaxIfs(rngAge, rngDept, dept, rngSex, "女")
            .Range("E" & i) = WorksheetFunction.MaxIfs(rngAge, rngDept, dept)

        Next i

        .Range("C13") = WorksheetFunction.MaxIfs(rngAge, rngSex, "男")
        .Range("D13") = WorksheetFunction.MaxIfs(rngAge, rngSex, "女")
        .Range("E13") = WorksheetFunction.Max(rngAge)

    End With
End Sub
```

图 4-31　使用 Maxifs 函数计算最大值

问答 4-017 如何使用 Min 函数计算最小值

在 Excel 工作表中，计算一组数字的最小值是使用 Min 函数，而在 VBA 中，也可以调用 Min 函数快速计算最小值。

案例 4-16

以案例 4-14 中的员工信息为例，图 4-32 所示的代码是在 VBA 中使用工作表函数 Min 计算员工的最早出生日期和最小年龄。

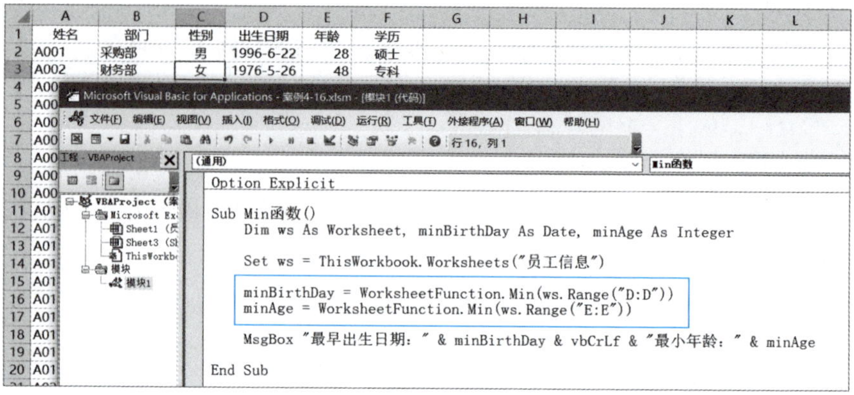

图 4-32　使用 Min 函数计算员工的最早出生日期和最小年龄

问答 4-018　如何使用 Minifs 函数计算条件最小值

如果要计算满足条件下的最小值，可以在 VBA 中调用 Minifs 函数，这个函数与条件最大值函数 Maxifs 的用法一样。

Minifs（计算最小值区域，条件区域 1，条件值 1，条件区域 2，条件值 2，条件区域 3，条件值 3，…）

案例 4-17

以案例 4-14 中的员工信息为例，要求计算每个部门的最小年龄及各种性别的最小年龄，参考 VBA 代码如图 4-33 所示。

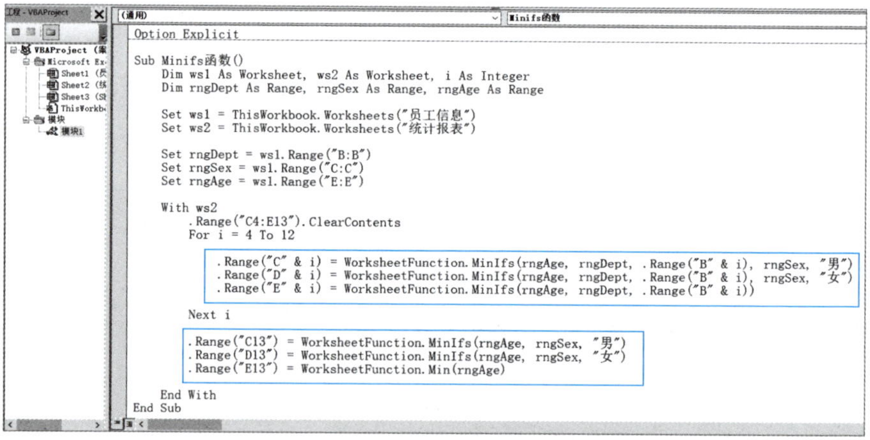

图 4-33　使用 Minifs 函数计算条件最小值

问答 4-019 如何使用 Average 函数计算平均值

在 Excel 工作表中，计算一组数字的平均值是使用 Average 函数，而在 VBA 中，也可以调用 Average 函数快速计算平均值。

案例 4-18

图 4-34 所示的代码是在 VBA 中使用 Average 函数计算全部员工的平均年龄。

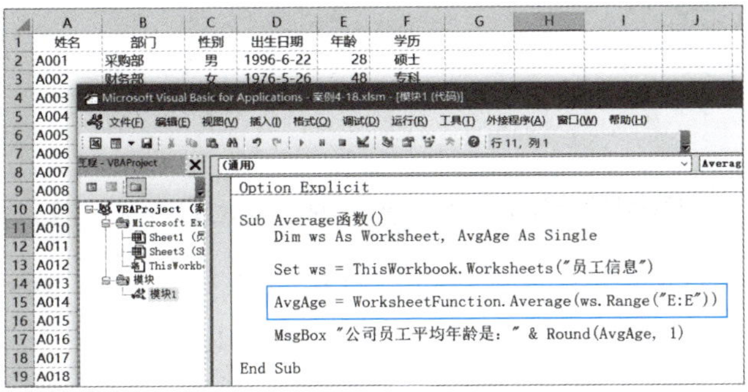

图 4-34　使用 Average 函数计算平均值

问答 4-020 如何使用 Averageifs 函数计算条件平均值

如果要计算满足条件的平均值，可以在 VBA 中调用 Averageifs 函数，这个函数与条件最大值函数 Maxifs 及条件最小值函数 Minifs 的用法一样。

> Averageifs(计算平均值区域，条件区域 1，条件值 1，条件区域 2，条件值 2，条件区域 3，条件值 3，...)

案例 4-19

以案例 4-14 中的员工信息为例，要求计算每个部门的平均年龄及各种性别的平均年龄，参考 VBA 代码如图 4-35 所示。

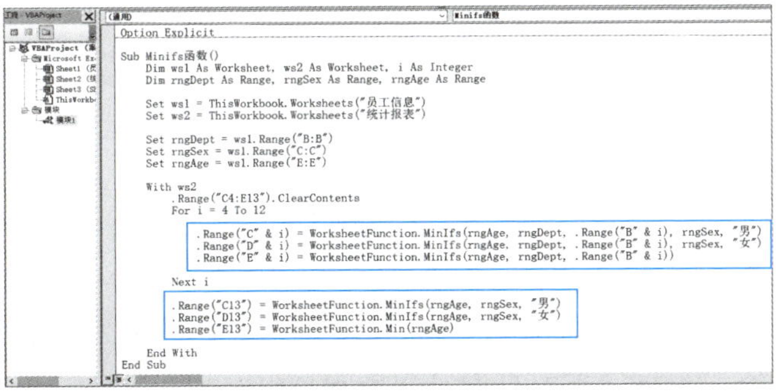

图 4-35　使用 Averageifs 函数计算条件平均值

前面介绍了计算最小值、最大值和平均值的方法，下面将综合应用，以案例 4–14 中的员工信息为例，制作图 4–36 所示的报表。请读者自行完成此练习。

部门	男			女			总公司		
	最小年龄	最大年龄	平均年龄	最小年龄	最大年龄	平均年龄	最小年龄	最大年龄	平均年龄
采购部									
财务部									
人力资源部									
生产部									
品管部									
技术研发部									
销售部									
设备部									
市场部									
总公司									

图 4–36　年龄综合分析报表

问答 4–021　如何使用 RoundUp 和 RoundDown 舍入计算

一般的四舍五入计算可以直接使用 VBA 函数 Round，但是如果要向上或向下按照指定的位数舍入，就可以调用工作表函数 RoundUp 和 RoundDown。

RoundUp 函数是考虑四舍五入，对数值向上舍入，其用法如下：

```
RoundUp(数值或表达式，位数)
```

RoundDown 函数是不考虑四舍五入，对数值向下舍入，其用法如下：

```
RoundDown(数值或表达式，位数)
```

案例 4–20

图 4–37 是停车场车辆停车时间记录，现在要求计算出每辆车的停留小时数和收费金额。停车场规定，1 小时收费 6 元，不超过半小时按半小时计算，超过半小时按 1 小时计算。

车牌号	进场时间	出场时间	停留小时	收费
JA-3992	2024-05-29 12:29:28	2024-05-29 14:06:25		
JA-3993	2024-05-29 22:50:55	2024-05-30 04:06:22		
JA-3994	2024-05-29 15:06:55	2024-05-29 18:40:38		
JA-3995	2024-05-29 17:17:20	2024-05-29 23:37:10		
JA-3996	2024-06-04 11:09:04	2024-06-05 21:25:10		
JA-3997	2024-06-02 08:25:07	2024-06-03 13:15:12		
JA-3998	2024-05-30 00:41:00	2024-05-31 11:24:53		
JA-3999	2024-06-03 01:09:51	2024-06-04 09:41:15		
JA-4000	2024-05-30 04:09:37	2024-05-30 08:49:27		
JA-4001	2024-06-05 16:58:12	2024-06-06 21:31:59		
JA-4002	2024-05-29 15:21:27	2024-05-30 15:13:58		
JA-4003	2024-06-05 21:10:23	2024-06-06 12:57:20		
JA-4004	2024-06-02 22:10:05	2024-06-03 14:56:20		

图 4–37　车辆停车时间记录

图 4–38 所示的参考代码使用了 RoundUp 函数对停留时间（出场时间减去进场时间）进行向上舍入处理。由于日期时间规则是以天为单位，因此停留时间要乘以 24（1 天是 24 小时）才能得到小时数。

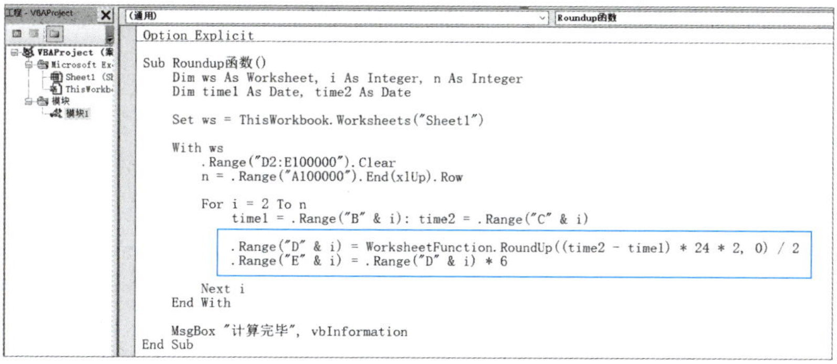

```
Option Explicit

Sub Roundup函数()
    Dim ws As Worksheet, i As Integer, n As Integer
    Dim time1 As Date, time2 As Date

    Set ws = ThisWorkbook.Worksheets("Sheet1")

    With ws
        .Range("D2:E100000").Clear
        n = .Range("A100000").End(xlUp).Row

        For i = 2 To n
            time1 = .Range("B" & i): time2 = .Range("C" & i)

            .Range("D" & i) = WorksheetFunction.RoundUp((time2 - time1) * 24 * 2, 0) / 2
            .Range("E" & i) = .Range("D" & i) * 6

        Next i
    End With

    MsgBox "计算完毕", vbInformation
End Sub
```

图 4–38　使用 RoundUp 函数计算停车时间和停车费

4.6 日期计算

在 VBA 中有很多日期时间函数可以直接使用，但有些情况下，还是需要调用工作表中的日期时间函数进行计算，如计算月底日期、小数年份等。

问答 4–022　如何使用 EoMonth 函数计算月底日期

要计算指定日期几个月后或几个月前的月底日期，可以使用 EoMonth 函数，其用法如下：

```
EoMonth(基准日期，月数)
```

案例 4–21

某公司规定，合同到期日是合同签订之日起 3 个月后的下个月底日期。现在要求自动计算出合同到期日，并标识一周内要到期的合同。

图 4–39 是参考代码，核心是调用 EoMonth 函数计算月底日期。

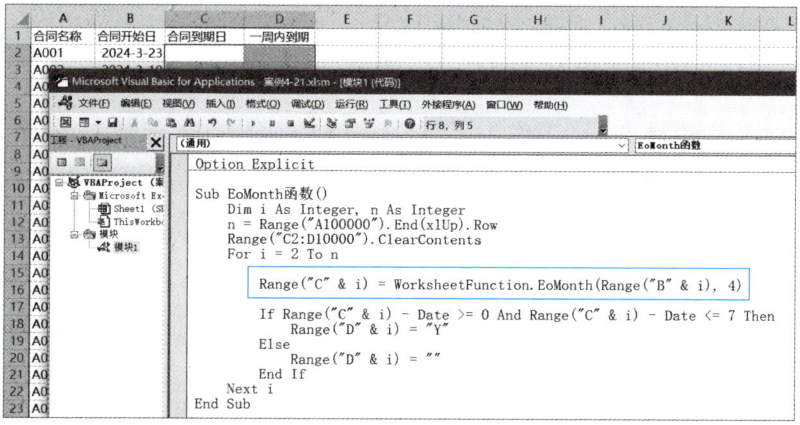

```
Option Explicit

Sub EoMonth函数()
    Dim i As Integer, n As Integer
    n = Range("A100000").End(xlUp).Row
    Range("C2:D10000").ClearContents
    For i = 2 To n

        Range("C" & i) = WorksheetFunction.EoMonth(Range("B" & i), 4)

        If Range("C" & i) - Date >= 0 And Range("C" & i) - Date <= 7 Then
            Range("D" & i) = "Y"
        Else
            Range("D" & i) = ""
        End If
    Next i
End Sub
```

图 4–39　使用 EoMonth 函数计算月底日期

如果要将计算公式通过 VBA 代码输入单元格，并且单元格公式会自动计算并标识，则参考代码如图 4–40 所示。

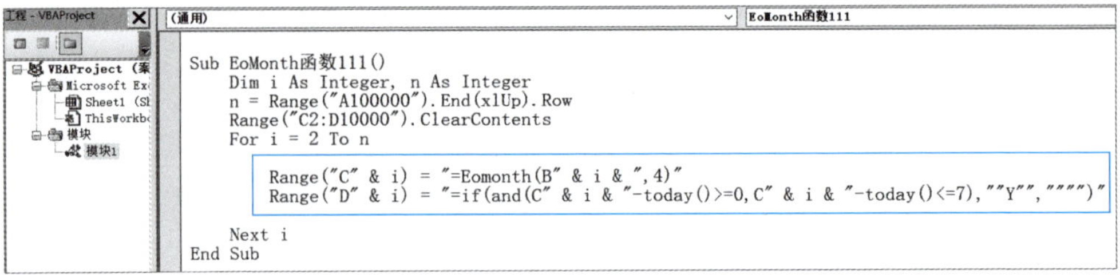

```
Sub EoMonth函数111()
    Dim i As Integer, n As Integer
    n = Range("A100000").End(xlUp).Row
    Range("C2:D10000").ClearContents
    For i = 2 To n

        Range("C" & i) = "=Eomonth(B" & i & ",4)"
        Range("D" & i) = "=if(and(C" & i & "-today()>=0,C" & i & "-today()<=7),""Y"",""""")"

    Next i
End Sub
```

图 4–40　通过 VBA 代码向单元格输入计算公式

这样，单元格 C2 和 D2 就分别得到了具体的计算公式，如图 4–41 和图 4–42 所示。

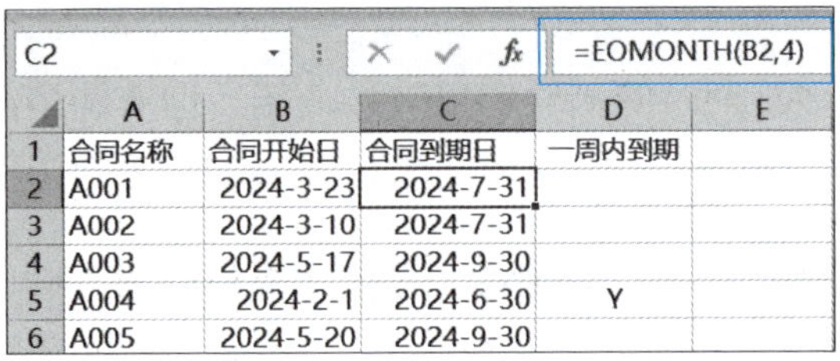

C2　=EOMONTH(B2,4)

	A	B	C	D	E
1	合同名称	合同开始日	合同到期日	一周内到期	
2	A001	2024-3-23	2024-7-31		
3	A002	2024-3-10	2024-7-31		
4	A003	2024-5-17	2024-9-30		
5	A004	2024-2-1	2024-6-30	Y	
6	A005	2024-5-20	2024-9-30		

图 4–41　合同到期日计算公式

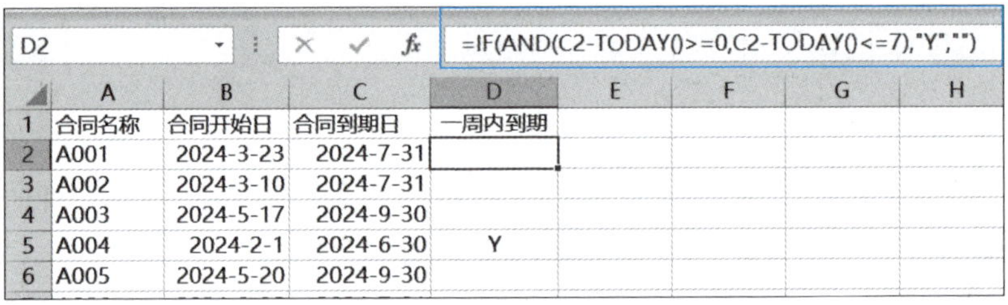

D2　=IF(AND(C2-TODAY()>=0,C2-TODAY()<=7),"Y","")

	A	B	C	D	E	F	G	H
1	合同名称	合同开始日	合同到期日	一周内到期				
2	A001	2024-3-23	2024-7-31					
3	A002	2024-3-10	2024-7-31					
4	A003	2024-5-17	2024-9-30					
5	A004	2024-2-1	2024-6-30	Y				
6	A005	2024-5-20	2024-9-30					

图 4–42　一周内到期计算公式

问答 4–023　如何使用 YearFrac 函数计算小数年

无论是 Excel 工作表函数 Datedif，还是 VBA 函数 DateDiff，它们在计算两个日期之间的年数时，都是整数年数字。如果要计算两个日期之间的小数年，如 1.4 年、8.6 年等，可以使用工作表函数 YearFrac，其用法如下：

```
YearFrac(开始日期，截止日期，1)
```

案例 4–22

图 4–43 是利用工作表函数 YearFrac 计算年龄的参考 VBA 代码。

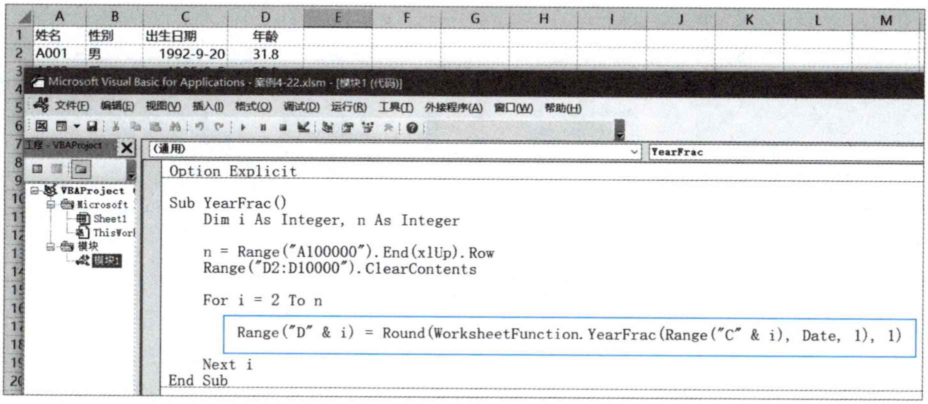

图 4-43 利用 YearFrac 函数计算年龄

当然，也可以以输入公式字符串方式向单元格输入计算公式，参考代码如图4-44所示。需要注意的是，单元格得到的不是计算结果，而是计算公式：

```
=ROUND(YEARFRAC(C2, TODAY(),1),1)
```

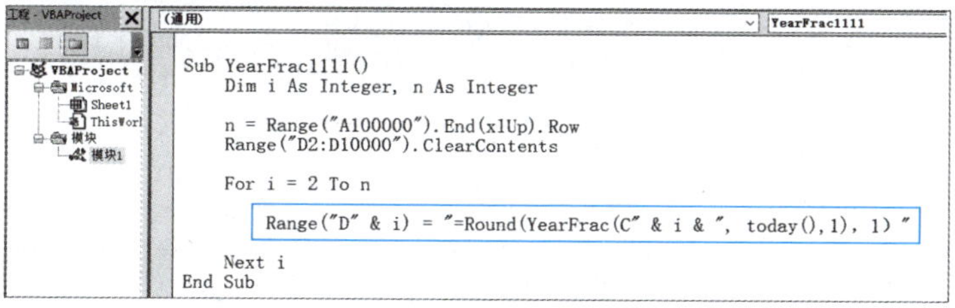

图 4-44 向单元格输入公式字符串

第5章

设计并使用自定义函数

尽管 Excel 提供了大量的工作表函数和 VBA 函数，但在有些情况下，可能要做复杂计算才能得到结果，此时就需要设计自定义函数，并在 VBA 或者工作表的单元格中使用自定义函数。

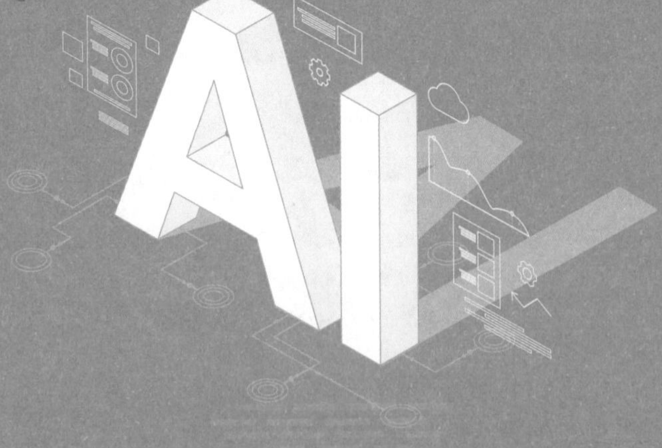

5.1 设计自定义函数的技能和技巧

设计自定义函数其实并不复杂，它主要就是使用 VBA 基本语句和 VBA 函数进行运算，返回一个或多个结果的程序代码。

问答 5-001 如何设计带参数的自定义函数

自定义函数可以有参数，也可以没有参数。带参数的自定义函数的程序结构如下：

```
Public Function 函数名（参数 1，参数 2，...）[As Type]
    ...（程序代码）
    函数名 = 表达式
End Function
```

案例 5-1

图 5-1 所示的是设计一个自定义函数“季度”，该函数有一个参数“日期”，数据类型是日期时间类型，函数的返回值是字符串类型数据。

因为是公共子程序，所以也可以省略声明语句前面的 Public。

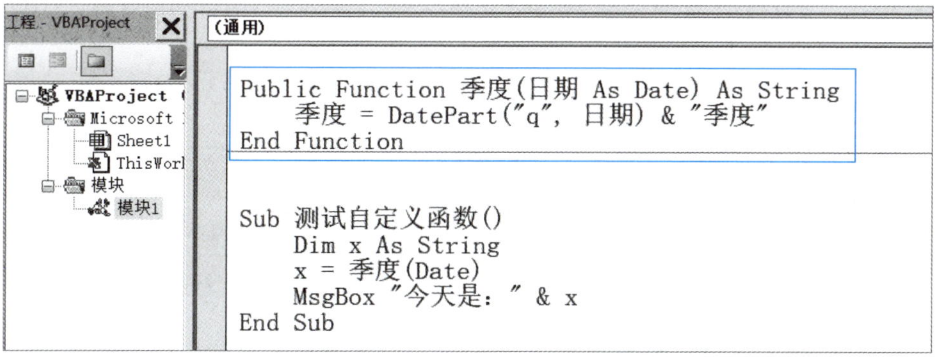

图 5-1　设计自定义函数“季度”

问答 5-002 如何设计不带参数的自定义函数

不带参数的自定义函数的程序结构如下：

```
Public Function 函数名（）[As Type]
    ...（程序代码）
    函数名 = 表达式
End Function
```

案例 5-2

图 5-2 所示的是设计一个自定义函数“本月底日期”，该函数没有参数，函数结果是日期类型数据。

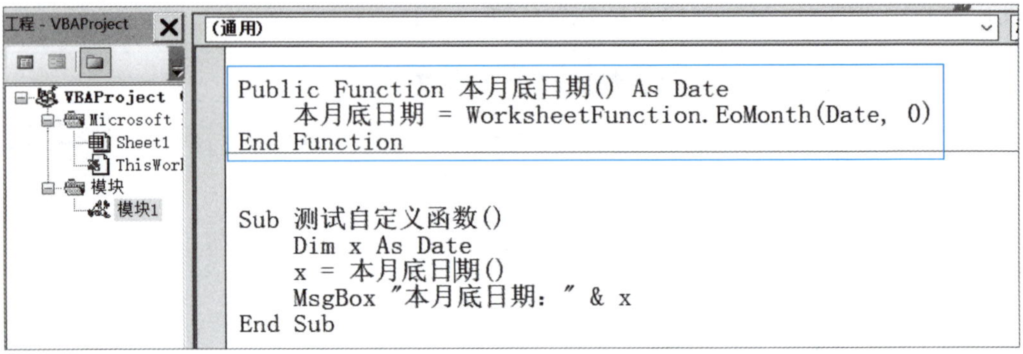

图 5-2　设计不带参数的自定义函数

问答 5-003　如何设计有可选参数的自定义函数

可以根据实际情况设计有可选参数的自定义函数，但需要在参数名称前面加上关键字 Optional，用于说明该参数不是必需的。

可选参数列在必需参数之后，并且要列在参数清单的最后。此外，可选参数也可以指定一个默认的值。

案例 5-3

图 5-3 所示的代码是计算个人所得税的自定义函数“个税”，该自定义函数有两个必须参数（“薪金所得”“其他扣除”）和一个可选参数（“起征点”，如果起征点被忽略，就默认它是 5000）。

在程序中，使用 IsMissing 函数判断可选参数“起征点”是否被赋值，如果没有被赋值，就将该可选参数赋值为 5000。

```
If IsMissing(起征点) Then 起征点 = 5000
```

可选参数的赋值也可以直接写在函数声明语句中，这样就可以省略程序块中的 IsMissing 函数语句了：

```
Function 个税(薪金所得 As Single, 其他扣除 As Single, Optional 起征点 = 5000)
As Single
```

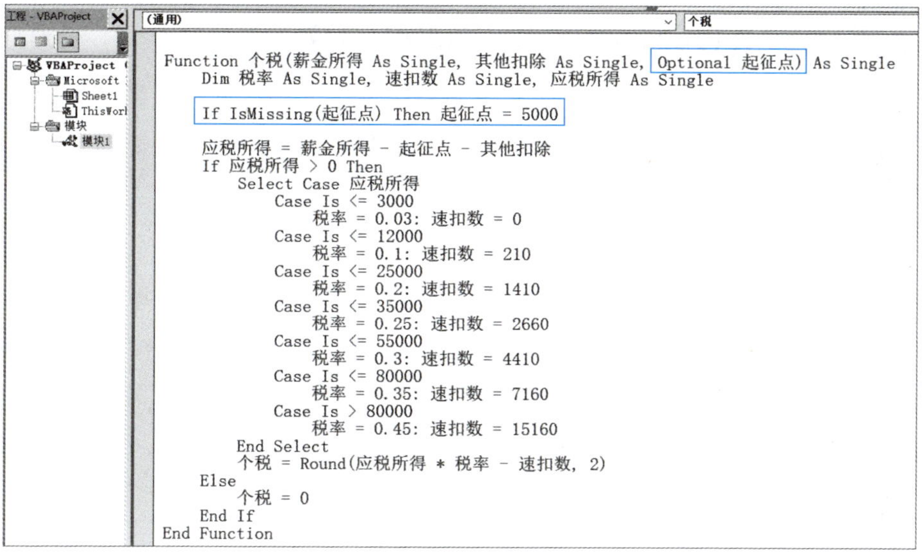

```
Function 个税(薪金所得 As Single, 其他扣除 As Single, Optional 起征点) As Single
    Dim 税率 As Single, 速扣数 As Single, 应税所得 As Single

    If IsMissing(起征点) Then 起征点 = 5000

    应税所得 = 薪金所得 - 起征点 - 其他扣除
    If 应税所得 > 0 Then
        Select Case 应税所得
            Case Is <= 3000
                税率 = 0.03: 速扣数 = 0
            Case Is <= 12000
                税率 = 0.1: 速扣数 = 210
            Case Is <= 25000
                税率 = 0.2: 速扣数 = 1410
            Case Is <= 35000
                税率 = 0.25: 速扣数 = 2660
            Case Is <= 55000
                税率 = 0.3: 速扣数 = 4410
            Case Is <= 80000
                税率 = 0.35: 速扣数 = 7160
            Case Is > 80000
                税率 = 0.45: 速扣数 = 15160
        End Select
        个税 = Round(应税所得 * 税率 - 速扣数, 2)
    Else
        个税 = 0
    End If
End Function
```

图 5-3　设计有可选参数的自定义函数

问答 5-004　如何设计返回数组的自定义函数

一般情况下，自定义函数的返回值只有一个。但是，我们也可以设计返回数组的自定义函数，这样，自定义函数的返回值就可以是多个。

此时，需要将自定义函数的数据类型设置为 Variant 类型，或者忽略对自定义函数进行数据类型声明（不声明就表示是 Variant 类型）。

案例 5-4

图 5-4 所示的是一个返回数组的自定义函数“返回数组”，其返回结果就是所选单元格区域的值，此函数包含一个必需参数，用于指定选择的单元格区域。

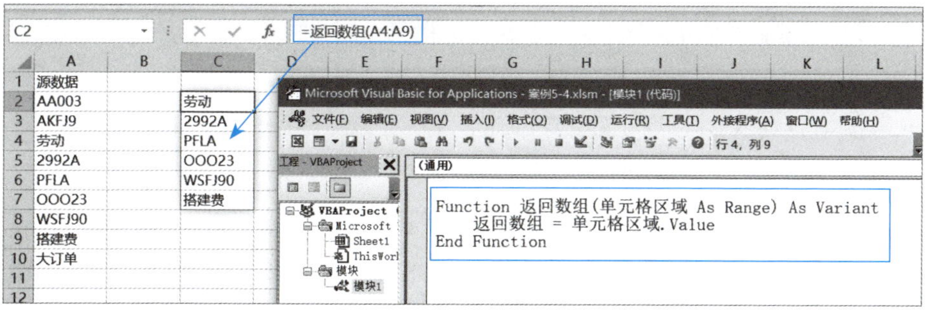

图 5-4　设计返回数组的自定义函数

问答 5-005 如何设计参数是数组的自定义函数

在某些情况下，为了对常量数组或单元格区域进行循环处理，我们需要设计一个参数是数组的自定义函数，并且将参数的数据类型设置为 Variant。

案例 5-5

图 5-5 所示的自定义函数“前 N 大和”就是对一维垂直数组或者工作表某列数据的前 N 大数字求和。

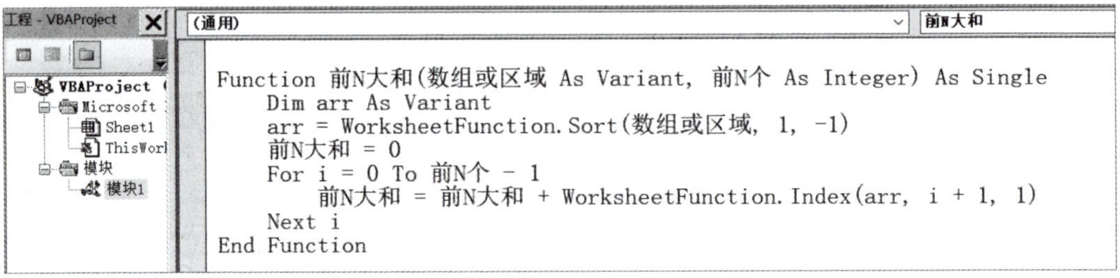

图 5-5 计算前 N 大数字之和

图 5-6 就是自定义函数“前 N 大和”的应用举例，可见计算前 N 大数字之和是比较方便的。

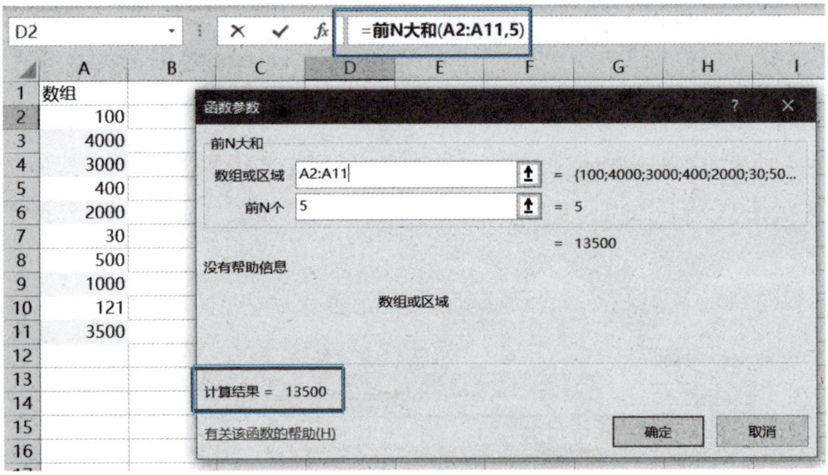

图 5-6 计算指定列区域的前 N 大数字之和

也可以手动输入一维垂直常量数组（数组各个元素之间用分号隔开），计算该数组前 N 大数字之和。

例如，图 5-7 所示的就是计算数组 {100；2000；20；40；300；500；900} 的前五大数字之和，其结果是 3800（=2000+900+500+300+100）。

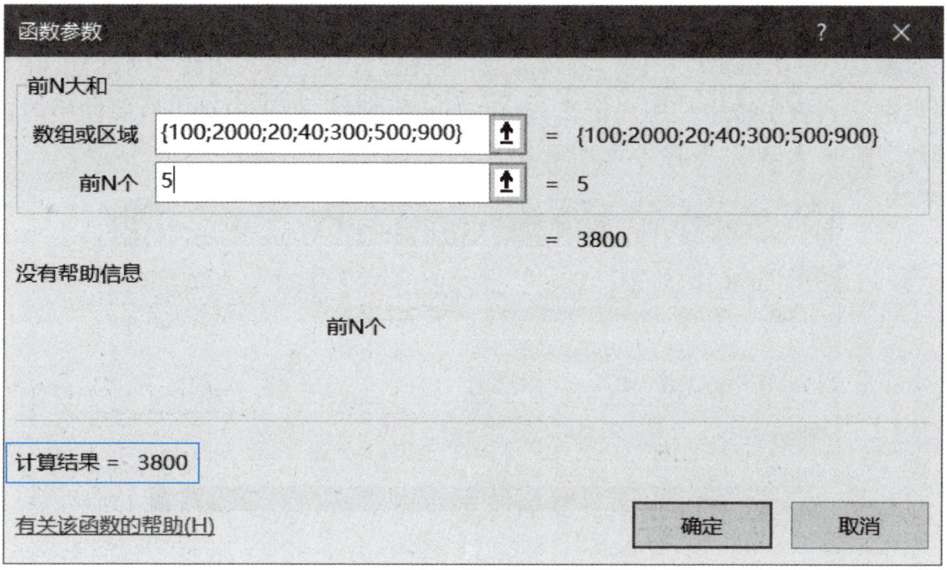

图 5-7　计算常量数组的前 N 大数字之和

问答 5-006　设计自定义函数需要注意哪些问题

自定义函数是用户自己设计的函数，旨在实现个性化的计算任务。在设计自定义函数时，要注意以下几个问题。

- 自定义函数必须有一个或者多个返回值。
- 自定义函数必须通过表达式来调用。
- 如果一个自定义函数没有参数，它的 Function 语句必须包含一对括号。
- 在自定义函数的 VBA 语句块中，自定义函数名至少被赋值一次。
- 声明自定义函数时，可以指定函数值的返回值类型，如果省略，则被视为 Variant 类型。

5.2　使用自定义函数

设计好自定义函数后，就可以使用自定义函数了，包括在 Excel 工作表、VBA 程序、工作表函数和其他自定义函数中使用。

问答 5-007　如何在 Excel 工作表中使用自定义函数

最常见的是在 Excel 工作表中设计公式时使用自定义函数。

以案例 5-5 介绍的计算前 N 大数字之和的自定义函数“前 N 大和”为例，在 Excel 工作表中调用自定义函数的方法和步骤如下。

步骤 1：单击工作表上要输入公式的单元格。

步骤 2：单击编辑栏中的“插入函数”按钮，打开“插入函数”对话框，在“或选择类别”列表中选中“用户定义”，在“选择函数”列表中选中所要使用的自定义函数“前 N 大和”，如图 5-8 所示。

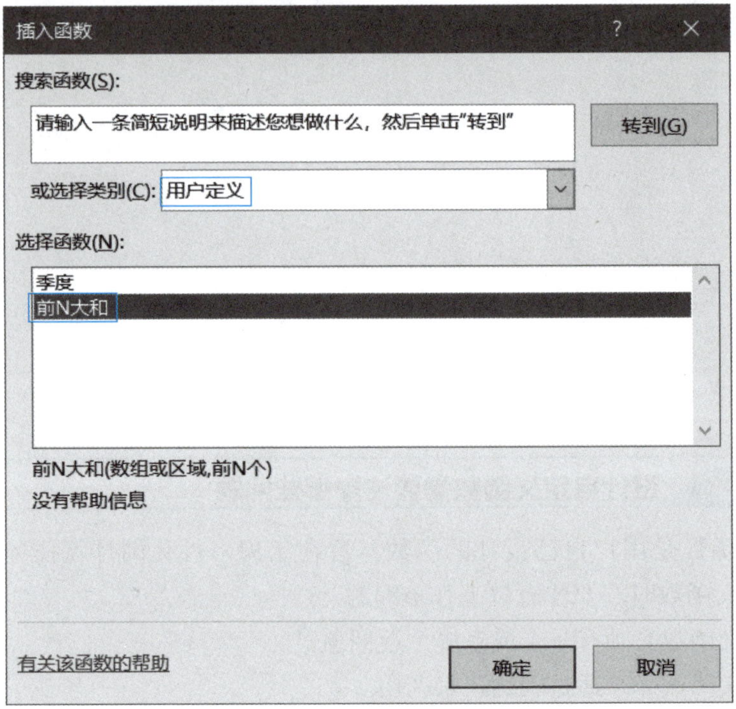

图 5-8　选择类别“用户定义”，并选择要使用的自定义函数“前 N 大和”

步骤 3：单击“确定”按钮，系统就会弹出该自定义函数的对话框，然后根据对话框的有关说明输入函数的参数，就像调用 Excel 工作簿函数一样，如前面的图 5-6 所示。

问答 5-008　如何在 VBA 程序中使用自定义函数

自定义函数可以在子程序或者其他函数中被调用，这样可以精简程序代码。无论是在子程序中使用，还是在其他函数中使用，都必须以表达式的形式来调用自定义函数。

案例 5-6

图 5-9 是一个在子程序中调用自定义函数的 VBA 代码。在程序中，要插入一个新工作表，并把新工作表重命名为一个指定的名称，但在新插入工作表之前，先检查这个名称的工作表是否存在，如果已经存在，就退出程序。

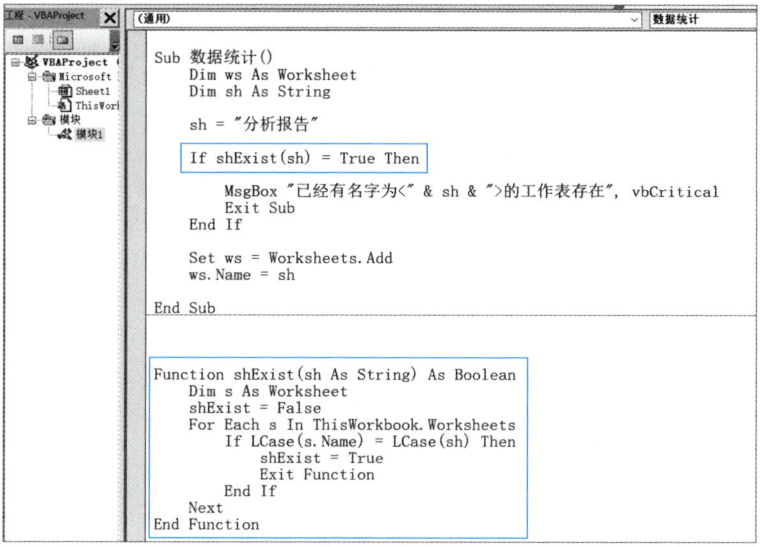

```
Sub 数据统计()
    Dim ws As Worksheet
    Dim sh As String

    sh = "分析报告"

    If shExist(sh) = True Then

        MsgBox "已经有名字为<" & sh & ">的工作表存在", vbCritical
        Exit Sub
    End If

    Set ws = Worksheets.Add
    ws.Name = sh

End Sub

Function shExist(sh As String) As Boolean
    Dim s As Worksheet
    shExist = False
    For Each s In ThisWorkbook.Worksheets
        If LCase(s.Name) = LCase(sh) Then
            shExist = True
            Exit Function
        End If
    Next
End Function
```

图 5-9　在 VBA 程序中调用自定义函数

问答 5-009　如何在工作表函数中使用自定义函数

自定义函数可以在其他函数中被使用（作为其他函数的参数），包括 Excel 工作表函数和 VBA 内置函数。下面将结合实际案例进行说明。

案例 5-7

现在需要根据销售记录表创建公式计算任意指定季度的销售合计。那么，首先需要确定指定季度的开始日期和结束日期，因此设计图 5-10 所示的自定义函数 QDate。

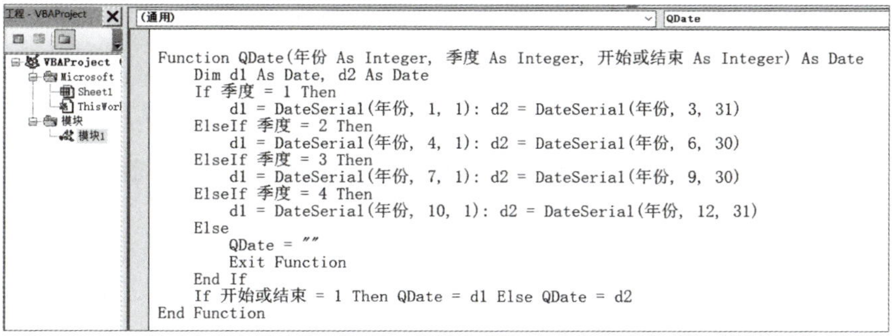

```
Function QDate(年份 As Integer, 季度 As Integer, 开始或结束 As Integer) As Date
    Dim d1 As Date, d2 As Date
    If 季度 = 1 Then
        d1 = DateSerial(年份, 1, 1): d2 = DateSerial(年份, 3, 31)
    ElseIf 季度 = 2 Then
        d1 = DateSerial(年份, 4, 1): d2 = DateSerial(年份, 6, 30)
    ElseIf 季度 = 3 Then
        d1 = DateSerial(年份, 7, 1): d2 = DateSerial(年份, 9, 30)
    ElseIf 季度 = 4 Then
        d1 = DateSerial(年份, 10, 1): d2 = DateSerial(年份, 12, 31)
    Else
        QDate = ""
        Exit Function
    End If
    If 开始或结束 = 1 Then QDate = d1 Else QDate = d2
End Function
```

图 5-10　设计自定义函数 QDate

以图 5-11 所示的销售记录数据为例，我们可以使用 SUMIFS 函数来计算各个产品在任意指定季度的合计数。指定季度的开始日期和截止日期使用自定义函数 QDate 来获取。

```
=SUMIFS(C:C,
B:B,F5,
A:A,">="&QDate(2024,$G$2,1),
A:A,"<="&QDate(2024,$G$2,2))
```

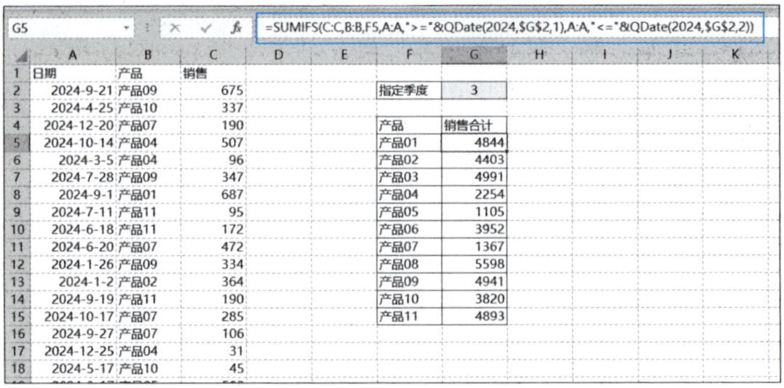

图 5–11　计算任意指定季度的合计数

问答 5–010　如何在其他自定义函数中使用自定义函数

一个自定义函数可以被另一个或者多个自定义函数调用，或者某个自定义函数可以调用另一个或多个自定义函数，这样每个自定义函数可以完成不同的任务。

案例 5–8

图 5–12 所示的 VBA 代码计算了指定颜色的单元格合计数。这里定义了两个自定义函数：RangeColor 和 SumColor，其中，自定义函数 RangeColor 是获取指定单元格的颜色编码数字，自定义函数 SumColor 是计算指定颜色单元格合计数，它调用了自定义函数 RangeColor。

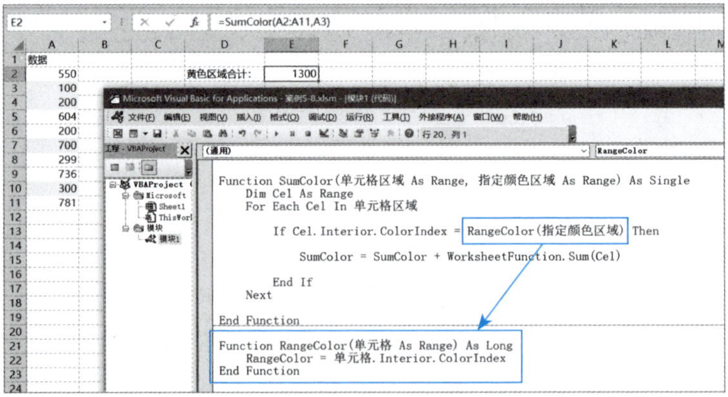

图 5–12　一个自定义函数调用另一个自定义函数

自定义函数 RangeColor 也可以用来获取单元格颜色编码数字，并按照这个数字从大到小对颜色排序，图 5-13 是一个示例。

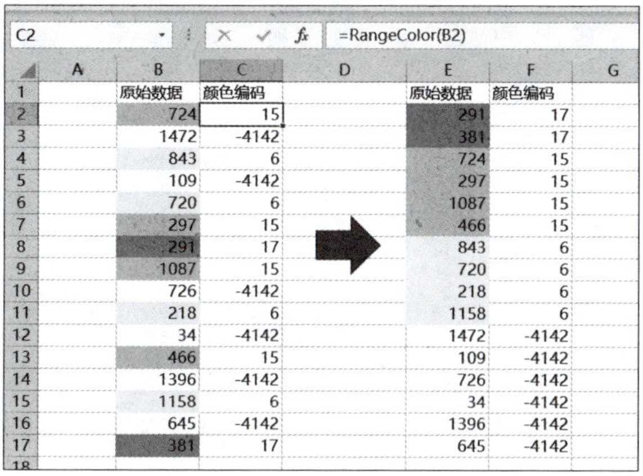

C2　=RangeColor(B2)

	A	B	C	D	E	F	G
1		原始数据	颜色编码		原始数据	颜色编码	
2		724	15		291	17	
3		1472	-4142		381	17	
4		843	6		724	15	
5		109	-4142		297	15	
6		720	6		1087	15	
7		297	15		466	15	
8		291	17		843	6	
9		1087	15		720	6	
10		726	-4142		218	6	
11		218	6		1158	6	
12		34	-4142		1472	-4142	
13		466	15		109	-4142	
14		1396	-4142		726	-4142	
15		1158	6		34	-4142	
16		645	-4142		1396	-4142	
17		381	17		645	-4142	

图 5-13　依据单元格颜色编码数字对单元格进行排序

第6章

设计并使用子程序

子程序是执行一些有用任务，但不返回任何值（尽管可以在各个子程序之间传递数据）的过程。它以关键字 Sub 开头，以关键字 End Sub 结束。子程序既可以通过宏录制器录制，又可以在 VBA 编辑器窗口中直接编写。

在 VBA 中，Sub 子程序分为通用子程序和事件子程序两种类型。

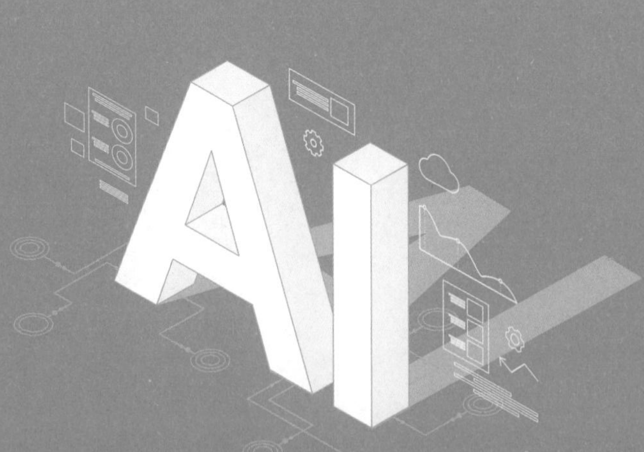

6.1 通用子程序

通用子程序一般保存在模块中，本模块、其他模块或者对象均可以根据子程序的声明情况来调用。

问答 6-001 通用子程序的语法结构是什么

通用子程序的语法结构如下：

```
[Private|Public|Static] Sub 过程名([参数列表])
    [局部变量和常数声明]
    语句块
   [Exit Sub]
 语句块
End Sub
```

在 Sub 和 End Sub 之间的语句块是要执行的计算。

在通用子程序的声明语句中，Public 表示全局过程（公用过程），所有模块中的其他过程都可以访问这个过程。在默认的情况下，所有模块中的子程序和自定义函数都被声明为 Public。全局过程前面的 Public 也可以省略。

Private 或 Static 表示局部过程（私有过程），只有本模块中的过程才能访问。工作簿对象、工作表对象、窗体控件等事件程序都属于局部过程。

本书前面各章节介绍的案例都是保存在模块的通用子程序中。

问答 6-002 如何设计不带参数的子程序

子程序可以带参数，也可以不带参数。以录制宏的方式录制的宏就是不带参数的子程序。

不带参数的子程序结构如下：

```
Sub 子程序名()
    …(程序代码)
End Sub
```

设计不带参数的子程序其实很简单，插入一个模块，在代码窗口中输入“Sub 程序名”“Public Sub 程序名”，或者输入“Private Sub 程序名”，VBA 就会自动在代码窗口中创建子程序，如图 6-1 所示。

此外，也可以在 VBA 编辑器中执行“插入”→“过程”命令，打开“添加过程”对话框，在“名称”文本框中输入子程序名，在“类型”选项中选择“子程序”单选项，在“范围”选项中选择“公共的”或“私有的”单选项，如图 6-2 所示，单击“确定”

按钮，系统就会在当前模块中创建一个公共子过程或者私有子过程，如图 6-3 所示。

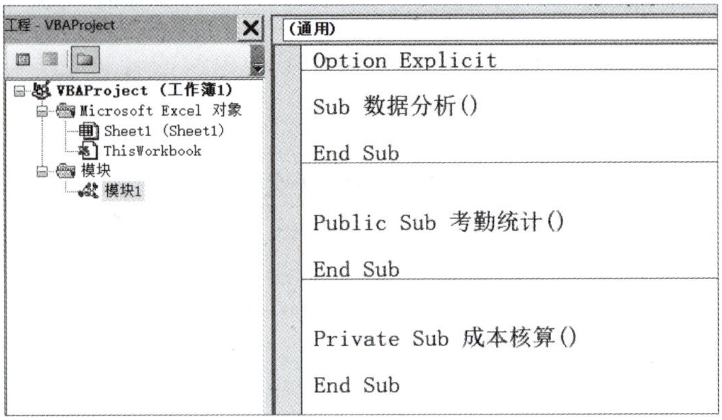

图 6-1　在模块的代码窗口中创建子程序

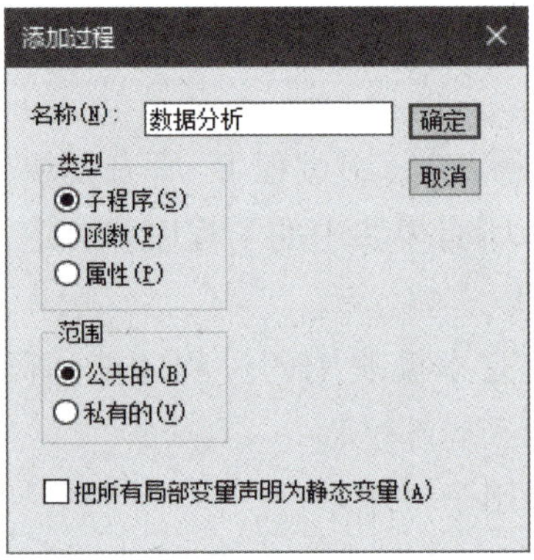

图 6-2　打开“添加过程”对话框

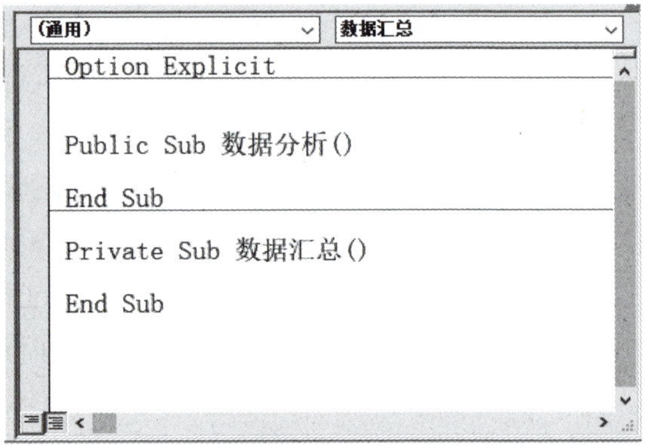

图 6-3　插入的公共子程序和私有子程序

问答 6-003　如何设计带参数的子程序

子程序可以带参数，也就是根据指定的参数来执行计算。带参数的子程序结构如下：

```
Sub 子程序名 ( 参数 1 [As 数据类型 ], 参数 2 [As 数据类型 ], …)
    … ( 程序代码 )
End Sub
```

带参数的子程序更多是用来被别的子程序调用，以完成某些计算任务并获取计算结果，这样可以精简主程序。

案例 6-1

图 6-4 所示的就是一个带参数 Rng 的子程序“设置边框”，该参数是 Range 对象类型数据，若要使用这个子程序，就必须设置该参数表示的具体单元格区域。

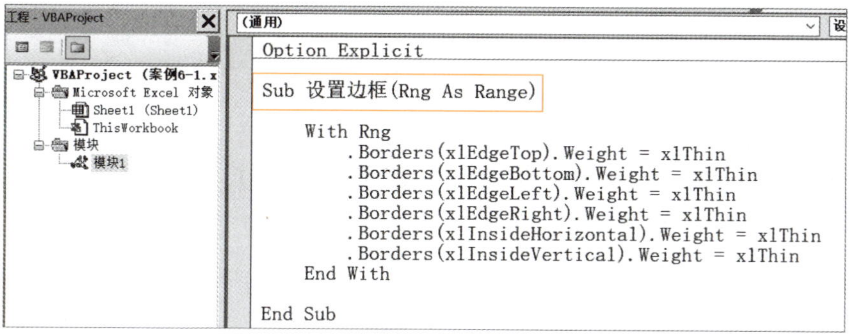

图 6-4　设计带参数的子程序

问答 6-004 如何设计带可选参数的子程序

如果在子程序的某个参数前面加入关键字 Optional，那么就将该参数设置为了可选参数。但是要注意，如果某个参数被指定为可选参数，那么此参数后面的所有参数也都必须是可选参数。

可选参数默认值可以使用 IsMissing 函数进行处理，也可以在参数声明中直接赋值默认值。

案例 6-2

图 6-5 所示的子程序“设置边框”有一个可选参数 Inner，用于确定是否对单元格区域内部设置垂直边框和水平边框。可选参数 Inner 是 Boolean 类型数据，默认值是 True。

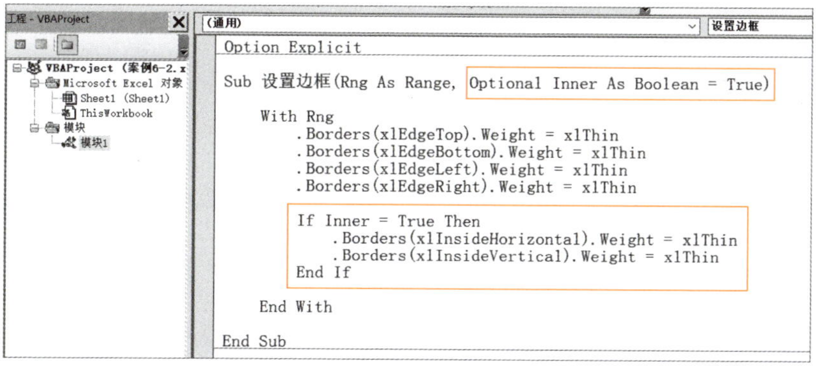

图 6-5　设计可选参数的子程序

问答 6-005 如何调用不带参数的子程序

子程序可以单独使用，也可以被其他子程序调用。

如果子程序不带有参数，那么既可以直接写子程序名，也可以使用关键字 Call 来调用子程序。

```
子程序名
Call 子程序名
```

案例 6-3

图 6-6 是在主程序“统计分析”中调用无参数子程序“初始化表格”的例子。

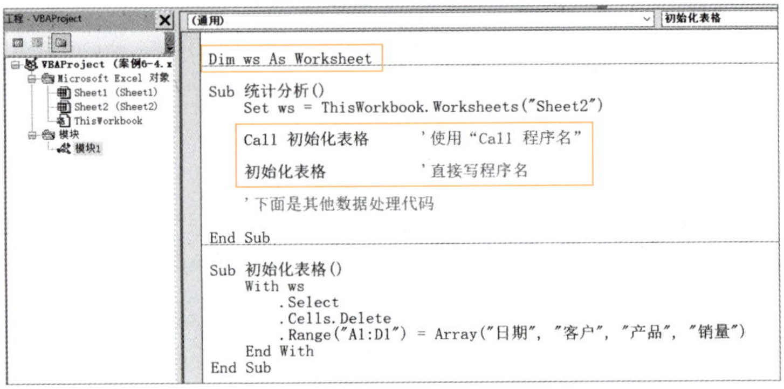

图 6-6 调用无参数子程序

问答 6-006 如何调用带参数的子程序

如果子程序带有参数，则在使用关键字 Call 调用子程序时，在子程序名后面必须把参数写在括号中；如果不使用关键字 Call，则直接写子程序名，空一格，再写上各个参数，参数之间用逗号隔开。

```
Call 子程序名（参数 1，参数 2，…，参数 n）
子程序名 参数 1，参数 2，…，参数 n
```

案例 6-4

图 6-7 是调用带参数的子程序的 VBA 代码。

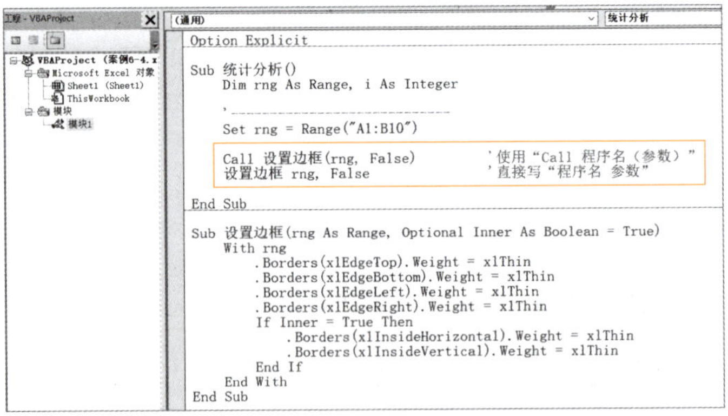

图 6-7 调用带参数的子程序

问答 6-007 如何设计有返回结果的子程序

前面介绍的几个例子中，我们设计的是没有返回结果的子程序，调用子程序的目的是执行一个特殊的任务。

但有些情况下，运行某个子程序时，某个变量的计算结果可以传递到调用它的另外一个子程序中使用。

案例 6-5

图 6-8 所示的代码中，子程序“ABC”有三个参数，第 1 个参数是另外两个参数的计算结果，在调用这个子程序时，这个计算结果就被传递到当前的主程序中，这样主程序中变量 z 的计算结果是 30+100=130，这里，子程序 ABC 的计算结果是 10+20=30。

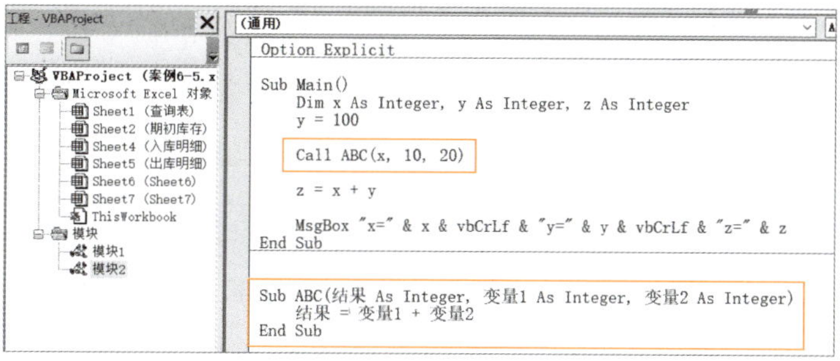

图 6-8 设计并调用有返回结果的子程序

图 6-9 是一个数据案例，要求计算指定供应商的期初库存数量和金额及本期入库数量和金额。这里，设计了两个带返回值的子程序“期初库存”和“入库”，分别计算期初库存数据和本期入库数据，并将计算结果传递到主程序“查询统计”中。

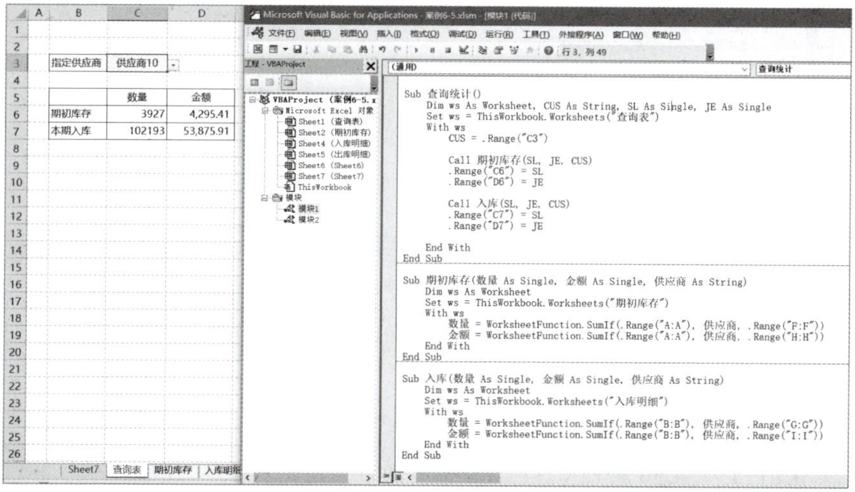

图 6-9 返回结果的子程序及其调用

6.2 事件子程序

所谓事件，就是能被对象（工作簿对象、工作表对象、窗体对象、控件对象、图表对象等）识别的动作。为一个对象的事件所编写的程序代码，就是事件子程序（事件过程）。Excel 有很多对象，但不同对象的事件子程序的定义语法是有所不同的。

问答 6-008 如何为工作簿对象设计事件子程序

```
Private Sub Workbook_事件名（[ 参数列表 ]）
    [ 局部变量和常数声明 ]
    语句块
    [Exit Sub]
  语句块
End Sub
```

案例 6-6

图 6-10 所示的 VBA 代码就是为当前工作簿创建 BeforeClose 事件，当关闭工作簿时，隐藏除工作表“目录”外的所有工作表，并保存所有修改。

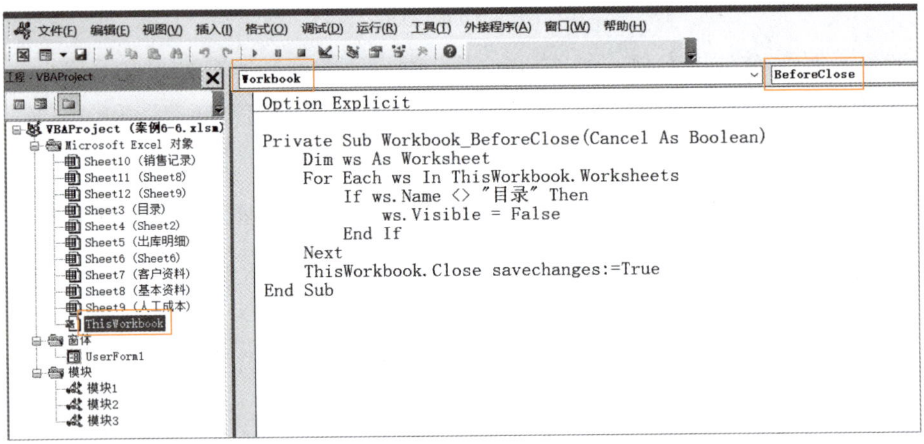

图 6-10　设计工作簿事件子程序

创建工作簿事件子程序，就是给 ThisWorkbook 对象指定事件过程，基本方法如下。

步骤 1： 在 VBAProject 窗口中，选择工作簿对象“ThisWorkbook”，按 F7 键或直接双击打开代码窗口，如图 6-11 所示。

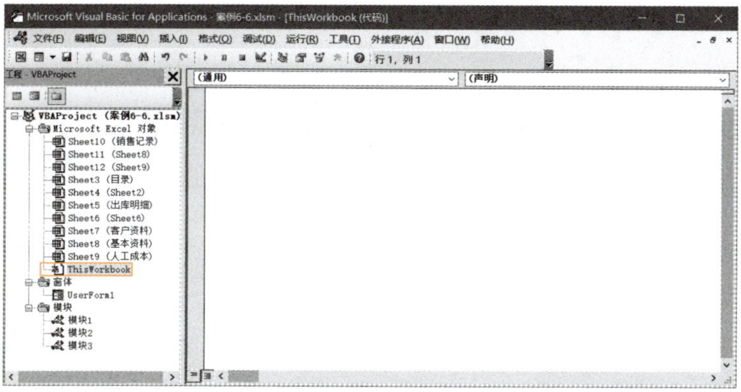

图 6-11 打开工作簿对象的代码窗口

步骤 2：在代码窗口对象框的下拉列表中选择“Workbook”，如图 6-12 所示。

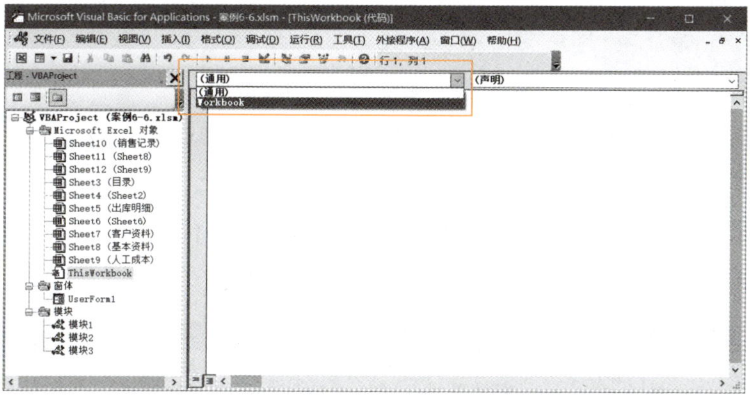

图 6-12 从对象框中选择对象“Workbook”

此时，代码窗口中就会自动出现工作簿对象的默认事件 Open，以 Private Sub 开头和 End Sub 结尾，如图 6-13 所示。

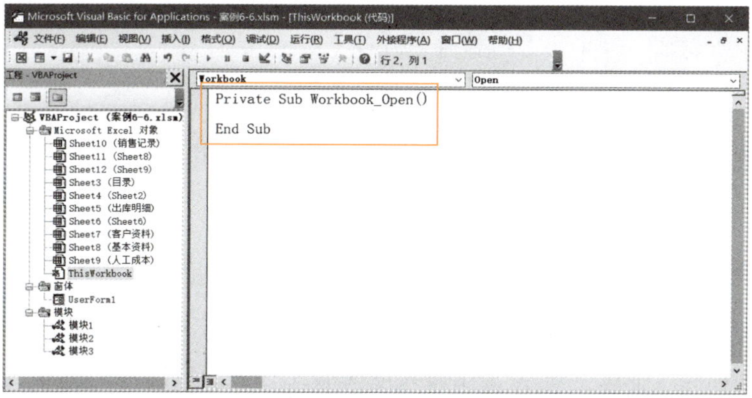

图 6-13 工作簿对象的默认事件 Open

步骤 3：从过程 / 事件列表中选择要对工作簿对象设置的事件，如图 6–14 所示。

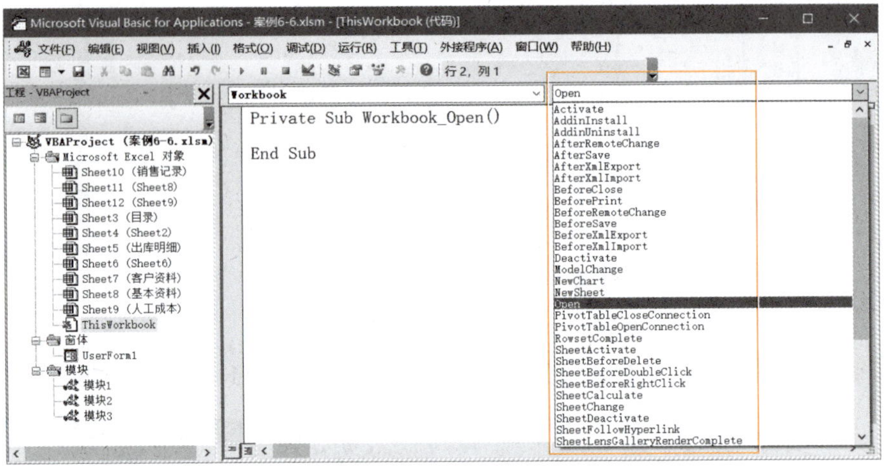

图 6–14 选择工作簿对象事件

比如要对工作簿对象指定 BeforeClose 事件，就选择 BeforeClose，系统会自动列出“Private Sub Workbook_BeforeClose (Cancel As Boolean) ”和“End Sub”，如图 6–15 所示，然后在这两个语句之间编写有关的程序代码，最后将不需要的事件程序代码删除。

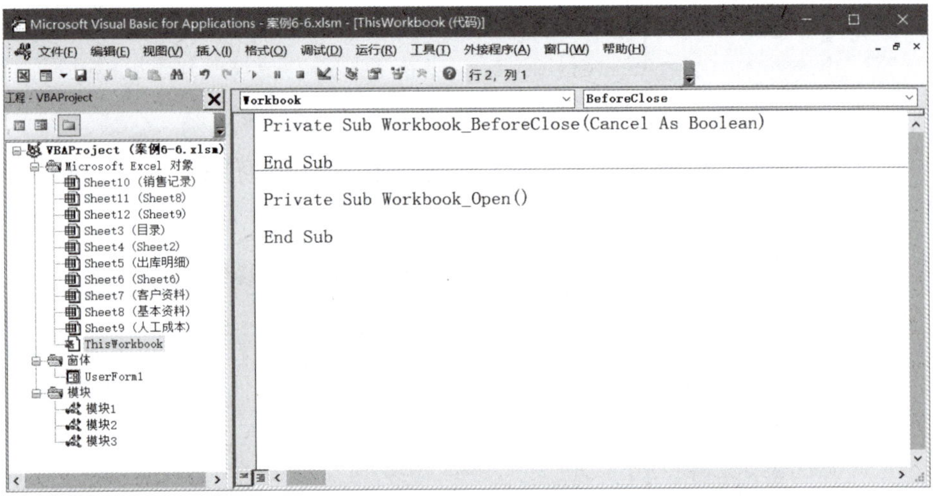

图 6–15 为工作簿对象指定 BeforeClose 事件

图 6–16 所示的 VBA 代码设计了工作簿的关闭和打开事件子程序，当关闭工作簿时，会隐藏除工作表“目录”外的其他所有工作表；当打开工作簿时，会显示出指定的几个工作表。

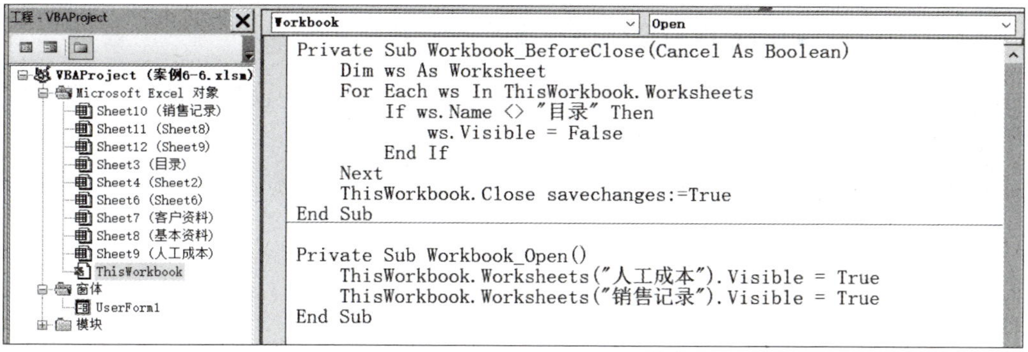

图 6–16　设置工作簿的 BeforeClose 事件和 Open 事件

问答 6–009　如何为工作表对象设计事件子程序

工作表对象事件子程序代码结构如下：

```
Private Sub Worksheet_事件名([参数列表])
    [局部变量和常数声明]
    语句块
    [Exit Sub]
    语句块
End Sub
```

为工作表对象设计事件子程序的方法与工作簿对象完全一样，详细操作请观看视频。

案例 6–7

图 6–17 所示的 VBA 代码就是为“人工成本”工作表创建 SelectionChange 事件，当选择某个单元格时，自动将该单元格的行和列设置颜色。

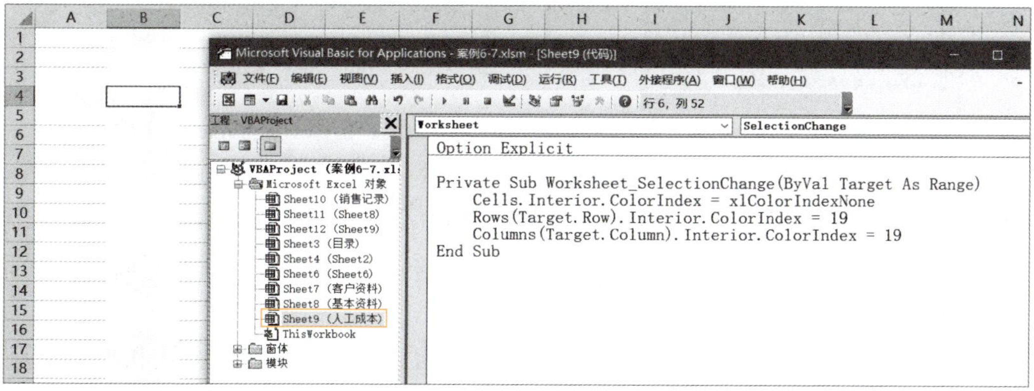

图 6–17　为“人工成本”工作表创建 SelectionChange 事件

问答 6-010 如何为用户窗体设计事件子程序

用户窗体是开发应用程序的界面，只有对用户窗体设计事件子程序，才能激活窗体，并实现窗体界面的有关功能。

用户窗体事件子程序的语法如下：

```
Private Sub UserForm_事件名([参数列表])
    [局部变量和常数声明]
    语句块
    [Exit Sub]
    语句块
End Sub
```

为用户窗体对象指定事件的基本步骤如下：在 VBAProject 窗口中，直接双击窗体，或者选择窗体后按 F7 键，打开窗体的代码窗口，VBA 会自动为窗体指定一个默认的 Click 事件。

假若需要为用户窗体指定其他的事件，可以单击“过程 / 事件框”的下拉箭头，从下拉列表中选取有关事件。

为用户窗体设计事件子程序的详细操作步骤，请观看视频。

案例 6-8

图 6-18 和图 6-19 是为用户窗体创建的初始化 Initialize 事件，启动窗体时，就会为窗体上的复合框设置项目。

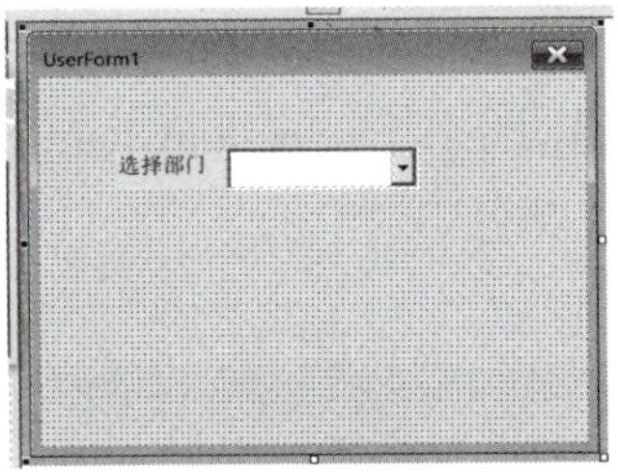

图 6-18 用户窗体

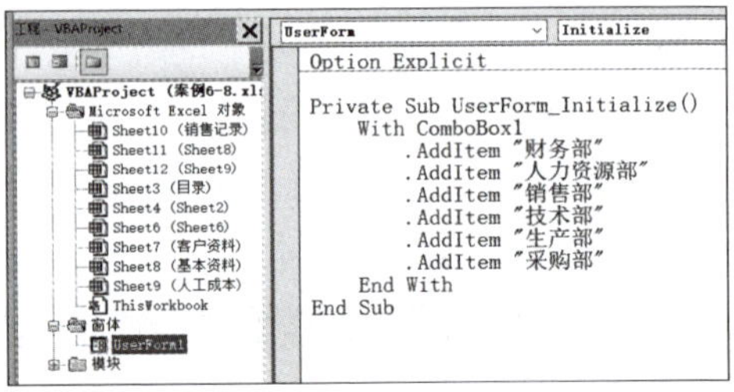

图 6-19 为用户窗体创建 Initialize 事件

问答 6-011 如何为窗体控件设计事件子程序

用户窗体上的控件用于完成窗体与工作表之间的数据交换，不同的控件完成不同的任务。

为控件指定事件的方法和步骤与为窗体指定事件的方法和步骤是一样的，即在 VBAProject 窗口中直接双击控件，或者选择控件后按 F7 键，打开控件的代码窗口，再根据需要完成的任务选择某个事件，并编写相应的 VBA 代码。

控件事件子程序的语法如下：

```
Private Sub 控件名 _ 事件名 ([ 参数列表 ])
    [ 局部变量和常数声明 ]
    语句块
    [Exit Sub]
    语句块
End Sub
```

案例 6-9

图 6-20 就是为用户窗体中的复合框 ComboBox1 创建 Change 事件，当在复合框中选择项目时，执行数据查询命令，并将选择的部门数据查询保存到指定工作表中。

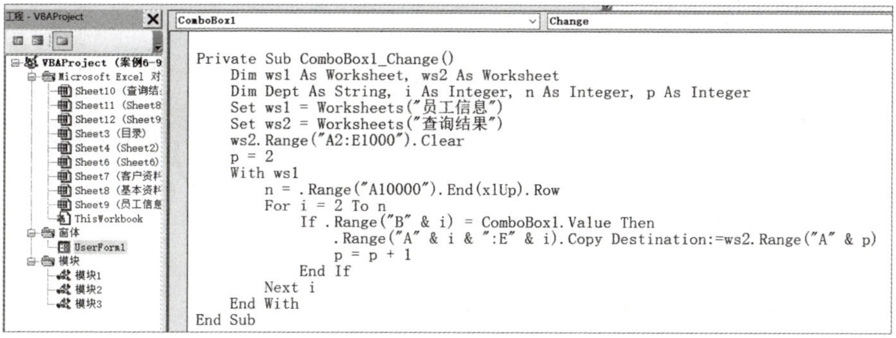

图 6-20 为复合框 ComboBox1 创建 Change 事件

第 7 章

Excel VBA 操作工作簿

前面各章节介绍 VBA 相关知识和应用时，很多案例使用了有关引用工作簿对象、工作表对象和单元格对象的基本语句。本章将详细介绍操作工作簿的一些实用技能和 VBA 语句。

7.1 引用工作簿

操作工作簿之前，要先引用指定的工作簿。根据不同情况，引用工作簿的方法也有所不同。

问答 7-001 如何引用宏代码工作簿

宏代码工作簿是指当前运行宏的工作簿，它可以使用 Application 对象的 ThisWorkbook 属性，其核心语句如下：

```
Dim wb As Workbook
Set wb = ThisWorkbook
```

或者：

```
Set wb = Application.ThisWorkbook
```

无论是引用当前宏工作簿，还是引用其他工作簿，都需要定义工作簿对象变量。

```
Dim wb1 As Workbook
Dim wb2 As Workbook
```

这样，在不同工作簿之间执行不同任务时，能够分清每个工作簿，从而避免数据存取错误。

案例 7-1

图 7-1 是引用当前宏工作簿的参考 VBA 代码。

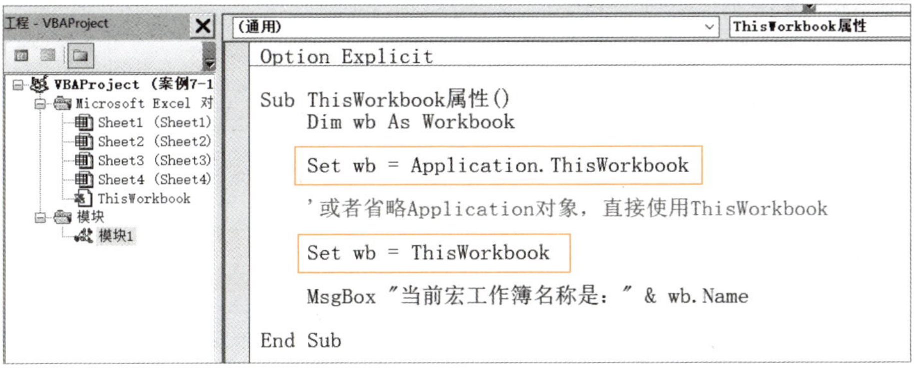

图 7-1　引用当前宏工作簿

如果要引用当前宏工作簿的某个指定工作表，可以参考使用图 7-2 所示的代码。

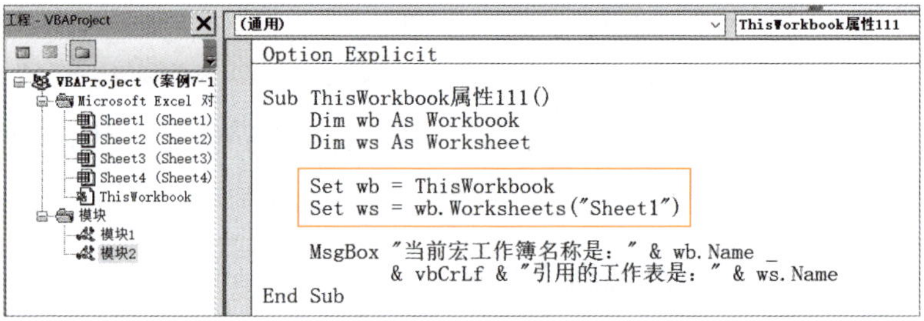

图 7–2　引用当前宏工作簿的某个指定工作表

问答 7–002　如何引用当前活动工作簿

如果打开了很多工作簿，要引用当前活动工作簿，需要使用 Application 对象的 ActiveWorkbook 属性，其核心语句如下：

```
Dim wb As Workbook
Set wb = ActiveWorkbook
```

或者：

```
Set wb = Application.ActiveWorkbook
```

案例 7–2

图 7–3 是引用当前活动工作簿的参考 VBA 代码。

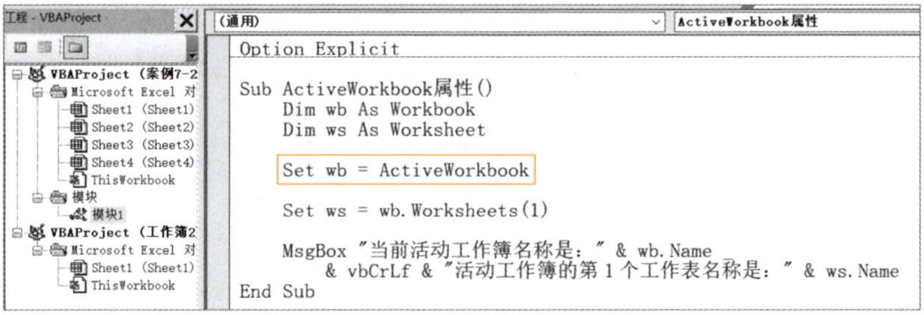

图 7–3　引用当前活动工作簿

7.2　打开、保存和关闭工作簿

对工作簿的常见操作就是打开工作簿、关闭工作簿、保存工作簿、另存工作簿等，下面将介绍这些操作的基本 VBA 语句。

问答 7–003　如何打开工作簿

可以使用 VBA 代码直接打开指定的工作簿，然后对打开的工作簿进行相关操作。此时，需要使用两个技能，分别是如何打开工作簿和如何引用打开的工作簿。

打开工作簿需要使用 Workbooks 集合的 Open 方法，Open 方法有很多参数，这些参数的具体含义可参阅帮助信息。一般情况下，主要是指定工作簿路径及名称、是否更新连接、是否以只读方式打开工作簿、是否设置打开密码等。

```
Workbooks.Open 工作簿路径及名称，是否更新连接，是否以只读方式，工作簿打开密码，…
```

由于是要对打开的工作簿进行一系列操作，因此最好定义工作簿对象变量，然后打开工作簿并引用，基本语句如下，注意 Open 方法的各个参数要用括号括起来。

```
Dim wb As Workbook
Set wb = Workbooks.Open(工作簿路径及名称，工作簿打开密码，…)
```

案例 7-3

图 7-4 是一个打开指定工作簿的 VBA 代码，指定工作簿保存在当前宏代码工作簿文件夹中的“2024 年经营分析 .xlsx”，打开密码是“12345”。

注意：为了便于理解 VBA 代码，在 Open 方法中最好使用参数名称，如 Filename、Password 等，而参数赋值时要在参数名称后面输入冒号(:)，再输入等号(=)。

```
Set wb = Workbooks.Open(Filename:=fName, Password:=ps)
```

也可以直接输入参数值，但要注意每个参数的次序，否则就会出现错误。

```
Set wb = Workbooks.Open(fName, , , "12345")
```

显然，使用参数名称并赋值的方法更加清晰明了，因为不需要考虑每个参数的次序。

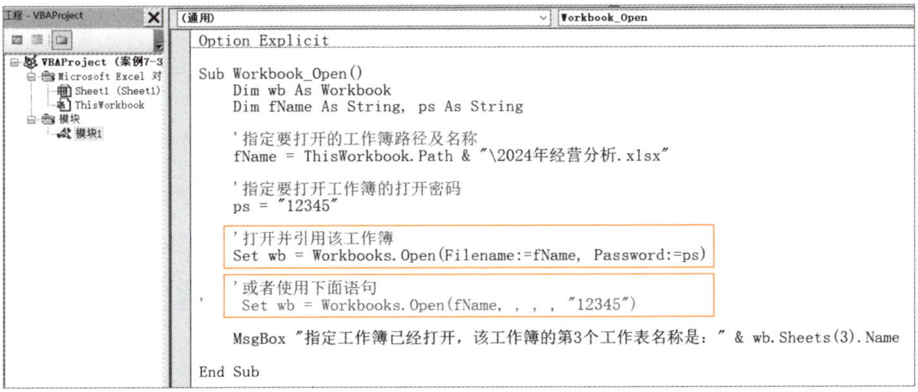

图 7-4 使用 Open 方法打开指定工作簿

问答 7-004 如何关闭工作簿

关闭工作簿要使用 Workbook 对象的 Close 方法，不过需要注意的是，如果工作簿做过修改，就需要考虑是否保存对工作簿的修改。

关闭工作簿的 VBA 代码如下（这里 wb 表示指定的工作簿对象）：

```
wb.Close                              '已经做过保存，直接关闭即可
wb.Close SaveChanges:=True            '关闭工作簿时，保存做过的修改
wb.Close SaveChanges:=False           '关闭工作簿时，不保存做过的修改
```

案例 7-4

图 7-5 是一个使用 Close 方法关闭工作簿的 VBA 代码。打开工作簿“2024 年经营分析 .xlsx”，在其“财务分析报告”工作表中进行编辑加工（这里是一个简单操作，即输入字符串），然后关闭该工作簿，并保存修改。

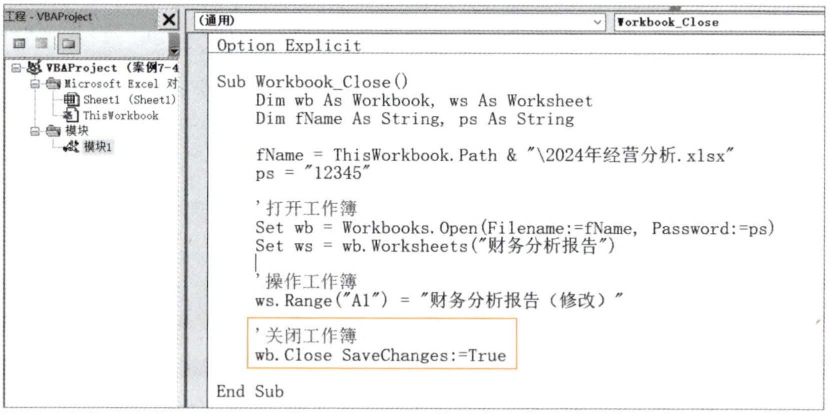

图 7-5　使用 Close 方法关闭工作簿

问答 7-005 如何保存工作簿

保存工作簿需要使用 Workbook 对象的 Save 方法。其基本语句如下（这里 wb 表示指定的工作簿对象）：

```
wb.Save
```

在保存前，可以使用 Workbook 对象的 Saved 属性来检查工作簿是否已经做过保存，如果结果是 False，则表示没有保存过；如果结果是 True，则表示已经做过保存。

案例 7-5

图 7-6 所示的 VBA 代码是对当前工作簿进行操作，然后判断是否有更改并询问是否保存。

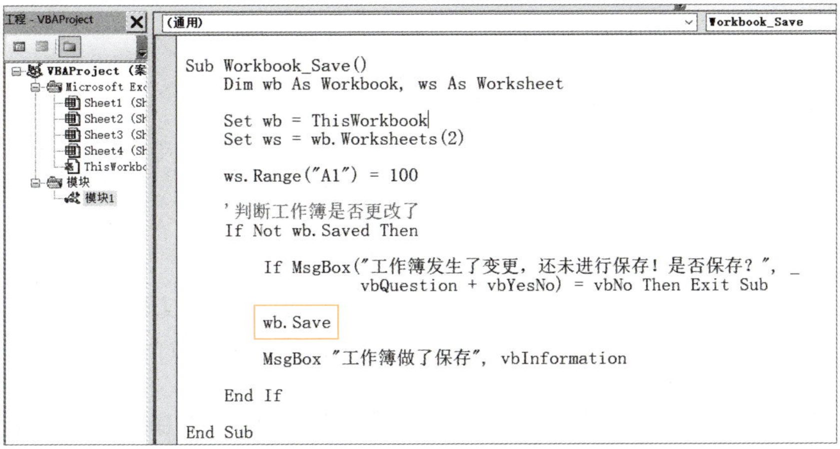

```
Sub Workbook_Save()
    Dim wb As Workbook, ws As Worksheet

    Set wb = ThisWorkbook
    Set ws = wb.Worksheets(2)

    ws.Range("A1") = 100

    '判断工作簿是否更改了
    If Not wb.Saved Then

        If MsgBox("工作簿发生了变更，还未进行保存！是否保存？", _
                  vbQuestion + vbYesNo) = vbNo Then Exit Sub

        wb.Save

        MsgBox "工作簿做了保存", vbInformation

    End If

End Sub
```

图 7-6　使用 Save 方法保存工作簿

问答 7-006　如何另存工作簿

如果要将工作簿另存，需要使用 Workbook 对象的 SaveAs 方法。SaveAs 方法有很多参数，重点是设置工作簿路径（文件夹位置）、工作簿名称、文件格式、打开密码等。

```
Workbooks.SaveAs 工作簿路径及名称, 文件格式, 工作簿打开密码, …
```

案例 7-6

图 7-7 所示的 VBA 代码是将打开的“2024 年经营分析 .xlsx”工作簿另存为“2024 年经营分析（备份）.xlsx”，并设置打开密码 “11111”，仍旧保存在当前文件夹中。

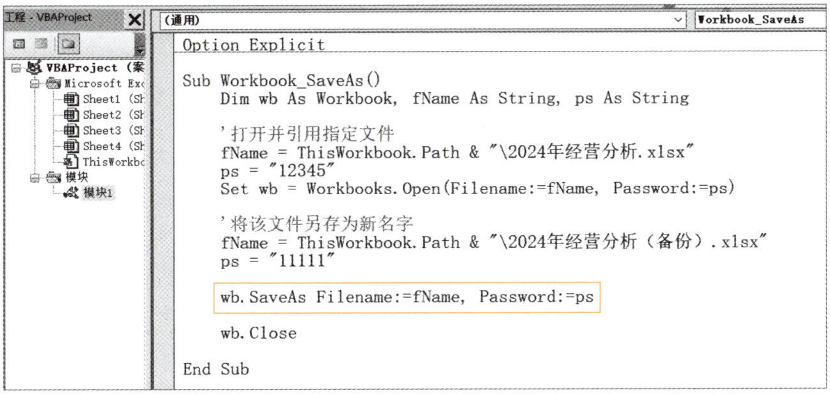

```
Option Explicit

Sub Workbook_SaveAs()
    Dim wb As Workbook, fName As String, ps As String

    '打开并引用指定文件
    fName = ThisWorkbook.Path & "\2024年经营分析.xlsx"
    ps = "12345"
    Set wb = Workbooks.Open(Filename:=fName, Password:=ps)

    '将该文件另存为新名字
    fName = ThisWorkbook.Path & "\2024年经营分析（备份）.xlsx"
    ps = "11111"

    wb.SaveAs Filename:=fName, Password:=ps

    wb.Close

End Sub
```

图 7-7　使用 SaveAs 方法另存工作簿

另存时，如果文件夹已经有相同名称的工作簿存在，就会弹出一个警告框，询问要不要覆盖文件，如果要覆盖文件，并且不希望弹出这样的警告框，则可以使用下面的语句组合。

```
Application.DisplayAlerts = False
wb.SaveAs Filename:=fName, Password:=ps
Application.DisplayAlerts = True
```

7.3 设置工作簿打开权限密码

根据需要，可以使用 VBA 为工作簿自动设置或取消打开权限密码，方法有两个：一是使用 Workbook 对象的 SaveAs 方法；二是使用 Workbook 对象的 Password 属性。

问答 7-007 如何取消工作簿的打开权限密码（使用 SaveAs 方法）

使用 SaveAs 方法可以取消工作簿的打开权限密码，这种方法就是在另存工作簿时，将 Password 参数设置为空字符串。由于另存工作簿时覆盖的是工作簿本身，因此需要设置不显示警告框。这里 wb 表示指定的工作簿对象。

```
Application.DisplayAlerts = False
wb.SaveAs Filename:=wb.FullName, Password:= ""
Application.DisplayAlerts = True
```

案例 7-7

图 7-8 所示的 VBA 代码就是将工作簿另存覆盖，但 Password 参数设置为空字符串，从而取消了工作簿的打开权限密码。

注意： 如果另存覆盖工作簿本身，则另存的工作簿名称是 wb.FullName。

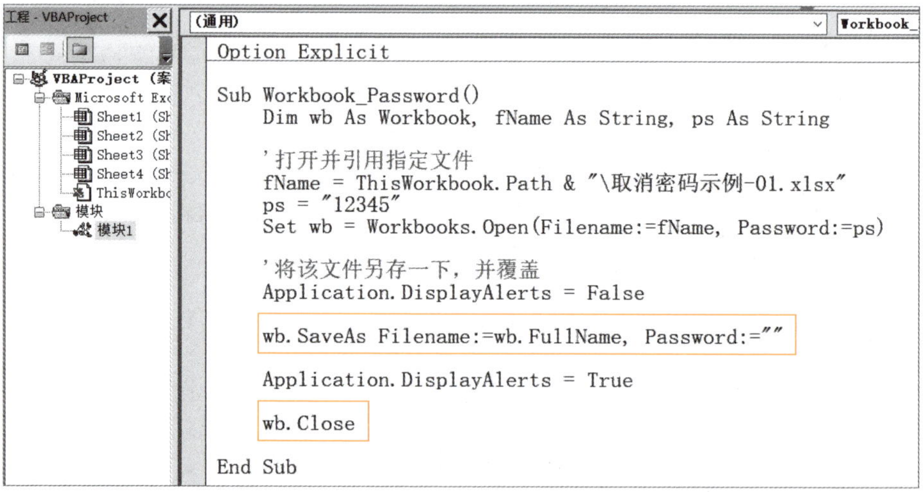

图 7-8 使用 SaveAs 方法取消工作簿的打开权限密码

问答 7-008 如何取消工作簿的打开权限密码（使用 Password 属性）

使用 Password 属性也可以取消工作簿的打开权限密码，这种方法就是将 Password 属性设置为空字符串，然后保存，最后关闭工作簿。这里 wb 表示指定的工作簿对象。

```
wb.Password=""
wb.Save
wb.Close
```

案例 7-8

图 7-9 所示的 VBA 代码就是使用 Password 属性取消工作簿的打开权限密码。

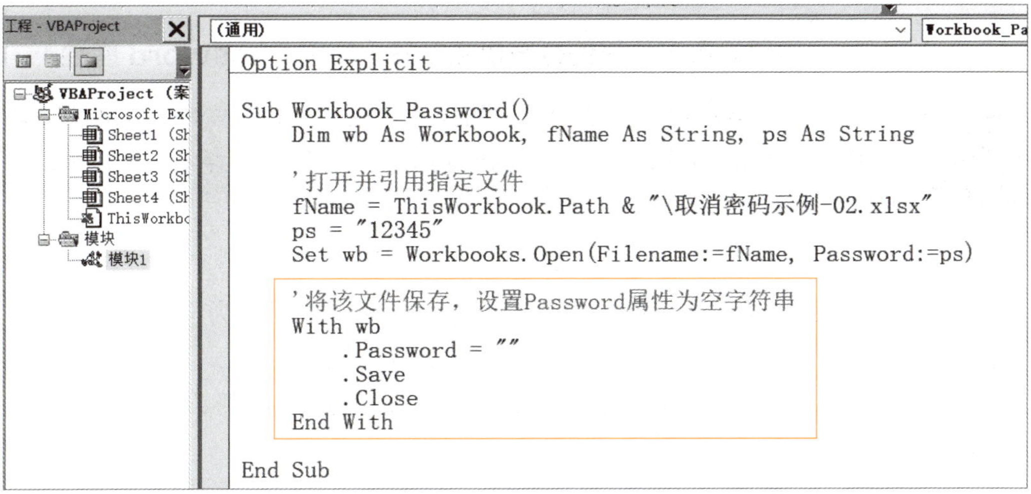

图 7-9　使用 Password 属性取消工作簿的打开权限密码

问答 7-009 如何设置工作簿的打开权限密码（使用 SaveAs 方法）

如果要为工作簿设置打开权限密码，可以使用 Workbook 对象的 SaveAs 方法另存覆盖工作簿。这种方法的核心是将工作簿另存一下，但是需要设置打开权限密码，并覆盖原工作簿。

案例 7-9

图 7-10 所示的 VBA 代码就是使用 SaveAs 方法为工作簿设置打开权限密码。

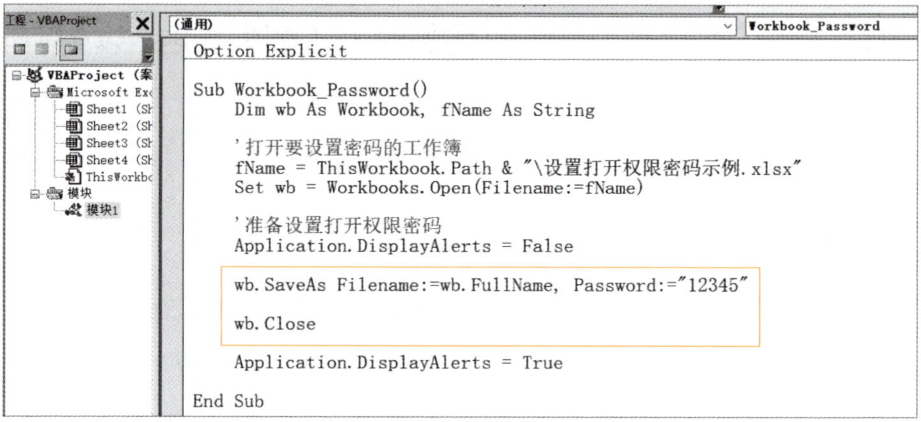

图 7-10　使用 SaveAs 方法设置工作簿的打开权限密码

问答 7-010　如何设置工作簿的打开权限密码（使用 Password 属性）

使用 Password 属性也可以设置工作簿的打开权限密码。这种方法就是将 Password 属性设置为指定的密码字符串，然后保存工作簿，最后关闭工作簿。

案例 7-10

图 7-11 所示的 VBA 代码就是使用工作簿的 Password 属性为工作簿设置打开权限密码，然后使用 Save 方法保存，最后使用 Close 方法关闭。

使用 Save 方法保存工作簿不会弹出警告框，因此不需要设置 Application.DisplayAlerts 属性。

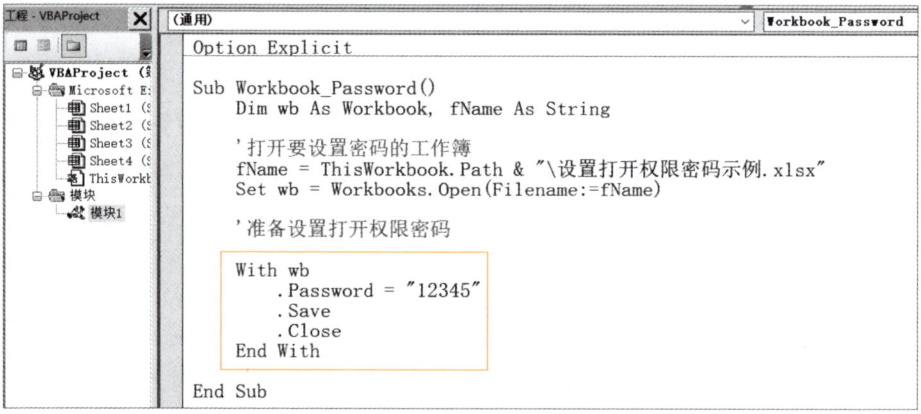

图 7-11　使用 Password 属性为工作簿设置打开权限密码

7.4 获取工作簿路径及名称

在很多情况下，需要了解工作簿的保存路径，以及当前工作簿的名称，此时可以使用 Workbook 对象的有关属性获得。

问答 7-011 如何获取指定工作簿的路径

想要获取工作簿的路径（保存的文件夹），可以使用 Workbook 对象的 Path 属性，即（这里 wb 表示指定的工作簿对象）：

```
wb.Path
```

案例 7-11

图 7-12 所示的 VBA 代码就是使用 Path 属性获取当前宏工作簿的路径。

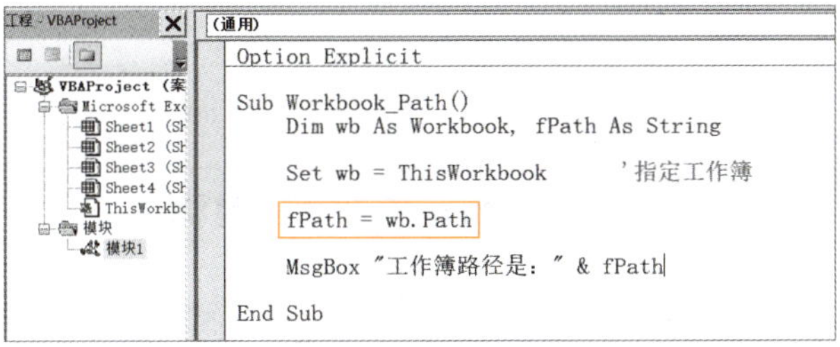

图 7-12 使用 Path 属性获取工作簿路径

问答 7-012 如何获取包括完整路径的工作簿名称

想要获取包括完整路径的工作簿名称，可以使用 Workbook 对象的 FullName 属性，即（这里 wb 表示指定的工作簿对象）：

```
wb.FullName
```

案例 7-12

图 7-13 所示的 VBA 代码就是使用 FullName 属性获取包括完整路径的工作簿名称。

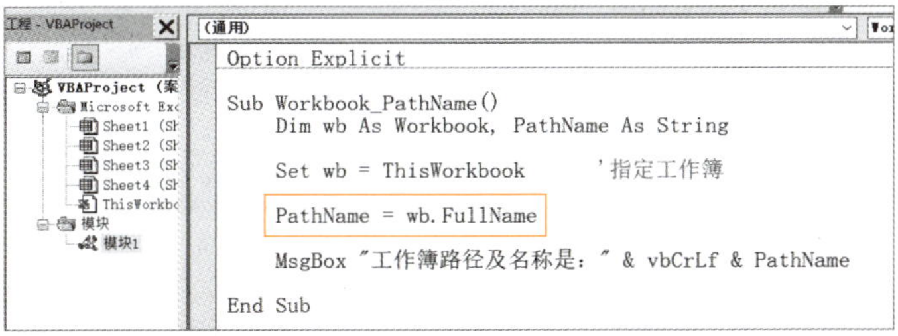

图 7-13 使用 FullName 属性获取包括完整路径的工作簿名称

问答 7-013 如何获取工作簿的名称

想要获取工作簿的名称，可以使用 Workbook 对象的 Name 属性，即（这里 wb 表示指定的工作簿对象）：

```
wb.Name
```

案例 7-13

图 7-14 所示的 VBA 代码就是使用 Name 属性获取指定工作簿的名称。

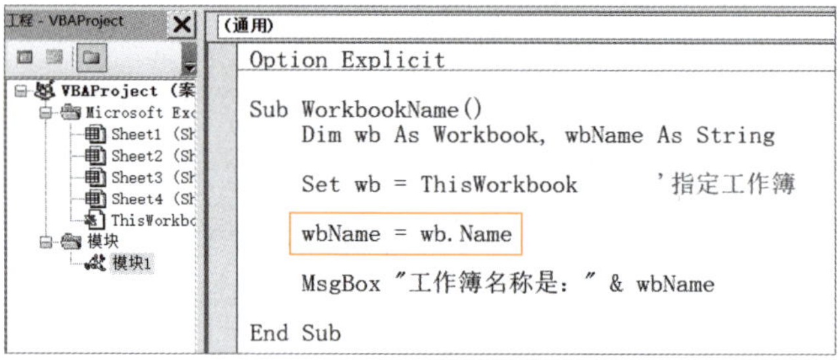

图 7-14 使用 Name 属性获取指定工作簿的名称

问答 7-014 如何获取文件夹中所有工作簿的名称

获取文件夹中所有工作簿的名称实际上属于文件及文件夹的操作技能和技巧，可以利用 Dir 函数来获取指定文件夹的所有文件。由于每执行一次 Dir 函数只能获得一个文件，因此需要使用循环语句来获取文件夹的全部文件。

案例 7-14

图 7-15 所示的 VBA 代码就是使用 Dir 函数从指定文件夹中搜索所有工作簿，并保存到当前工作表的 A 列。注意，这里是要获取 Excel 工作簿，因此还需要判断文件类型（通过扩展名判断即可）。

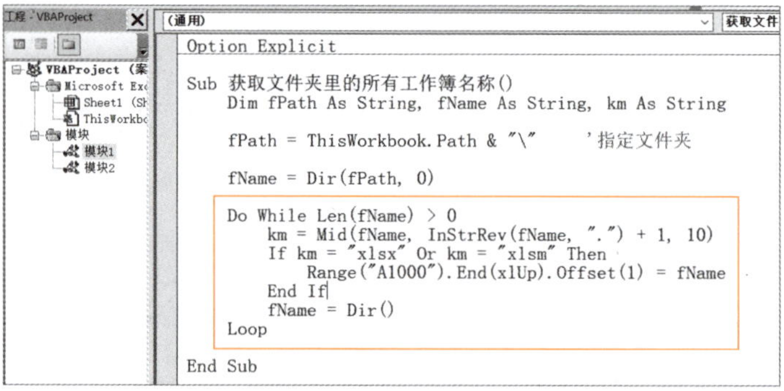

图 7-15 使用 Dir 函数获取文件夹中所有工作簿的名称

也可以使用 FSO 对象模型来获取文件夹中的所有工作簿名称，参考代码如图 7–16 所示。

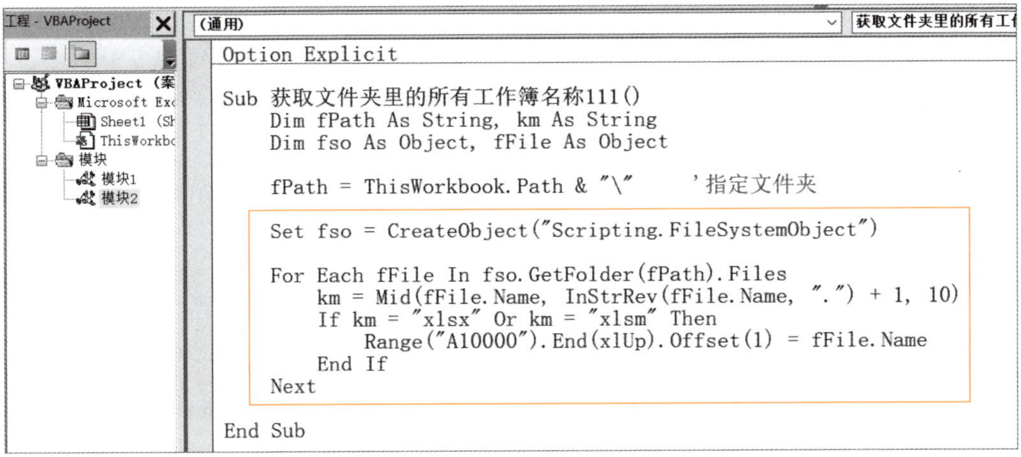

图 7–16　使用 FSO 对象模型获取文件夹中的所有工作簿名称

7.5　新建工作簿

使用 Workbooks 集合的 Add 方法可以新建工作簿。下面将介绍新建工作簿的基本方法和相关 VBA 语句。

问答 7–015　如何一次新建一个工作簿

执行下面的语句，可以新建一个工作簿。

```
Workbooks.Add
```

需要注意的是，新建工作簿后，新建的工作簿就成为活动工作簿。为了区别新建工作簿与数据处理工作簿，需要定义工作簿对象变量来引用新建的工作簿。

```
Set wb = Workbooks.Add
```

此外，新建工作簿内的工作表个数是默认的，如果需要在新建工作簿中指定工作表个数，则需要使用 Application 对象的 SheetsInNewWorkbook 属性，下面的语句就是设置新建工作簿的工作表个数为 5 个。

```
Application.SheetsInNewWorkbook = 5
```

这种设置实际上就是设置 Excel 选项，它将一直保留在 Excel 中，除非进行重新设置。

案例 7-15

图 7-17 所示的 VBA 代码是创建一个新工作簿，默认有 12 个工作表，然后将每个工作表分别重命名为 1 月、2 月、3 月……12 月，并对工作簿进行保存和关闭。完成任务后，再设置 Excel 选项，将新工作簿的默认工作表个数设置为 1 个。

```
Option Explicit

Sub 新建工作簿()
    Dim wb As Workbook, i As Integer

    '设置Excel选项，新工作簿默认工作表个数是 12
    Application.SheetsInNewWorkbook = 12

    '创建一个新工作簿
    Set wb = Workbooks.Add

    '将新工作簿的每个工作表重命名，然后保存工作簿，关闭工作簿
    With wb
        For i = 1 To 12
            .Worksheets(i).Name = i & "月"
        Next i
        .SaveAs Filename:=ThisWorkbook.Path & "\新建工作簿示例.xlsx"
        .Close
    End With

    '设置Excel选项，新工作簿默认工作表个数是 1
    Application.SheetsInNewWorkbook = 1
End Sub
```

图 7-17　创建一个新工作簿

问答 7-016　如何一次新建多个工作簿

如果要一次新建多个工作簿，最简单的方法是循环执行 Workbooks.Add 命令。

案例 7-16

图 7-18 所示的 VBA 代码是一次新建多个指定名称的工作簿，并保存到指定的文件夹“temp”，最后关闭它们。

```
Option Explicit

Sub 创建N个工作簿()
    Dim wb As Workbook, fPath As String, arr As Variant, i As Integer

    fPath = ThisWorkbook.Path & "\temp\"        '指定文件夹

    '指定要创建的工作簿名称
    arr = Array("东北", "华北", "华东", "华南", "西南", "西北")

    '循环创建新工作簿，并依次保存和关闭

    For i = 0 To UBound(arr)
        Set wb = Workbooks.Add
        With wb
            .SaveAs Filename:=fPath & arr(i) & ".xlsx"
            .Close
        End With
    Next i

    MsgBox "工作簿创建完毕，可以打开文件夹查看：" & vbctlf & fPath

End Sub
```

图 7-18　一次新建多个工作簿

7.6 在打开和关闭工作簿时执行任务

某些情况下，需要在打开工作簿或关闭工作簿时执行程序来自动完成一些初始化工作或收尾工作，此时可以为工作簿设置 Open 事件或 BeforeClose 事件。

问答 7-017 如何在打开工作簿时自动执行程序

要想在打开工作簿时自动执行程序，需要使用 Workbook 对象的 Open 事件，这也是工作簿对象的默认事件。当打开工作簿时，这个事件就被激活。

Open 事件可以用在很多方面，如初始化数据、恢复初始化界面等。

案例 7-17

图 7-19 所示的 VBA 代码就是当打开工作簿时，自动切换到“首页”工作表，取消隐藏“分析日报表”工作表，并取消该工作表的保护密码，然后调用一个子程序“初始化数据”，最后启动一个用户窗体。

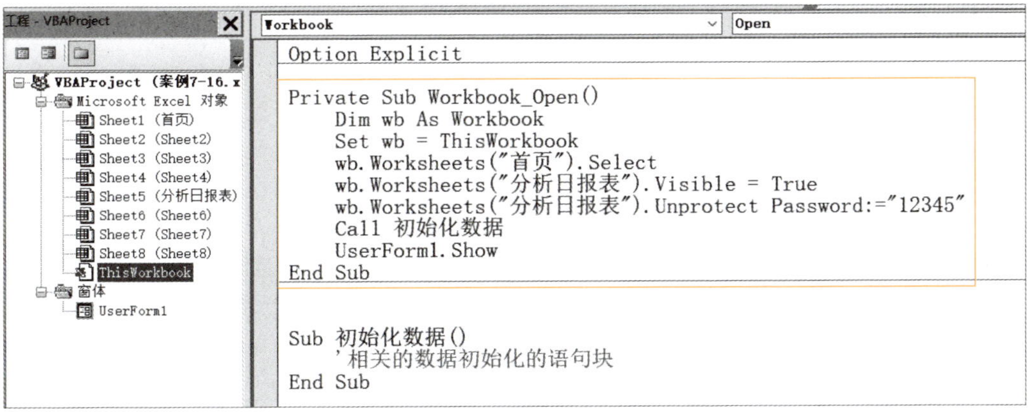

图 7-19　使用 Open 事件自动执行程序

问答 7-018 如何在关闭工作簿时自动执行程序

如果要在关闭工作簿时自动执行一段程序、完成一个或多个特殊任务，则可以使用 Workbook 对象的 BeforeClose 事件。

案例 7-18

图 7-20 所示的 VBA 代码就是当关闭工作簿时对除工作表“首页”之外的其他工作表设置保护密码，并隐藏起来，最后保存工作簿。

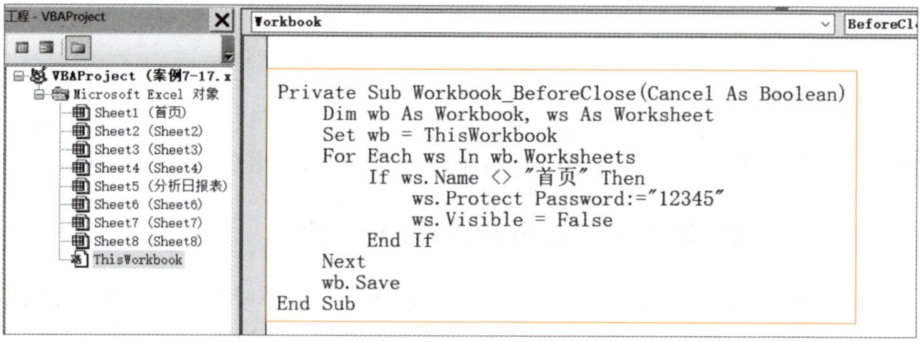

图 7-20　使用 BeforeClose 事件自动执行程序

7.7　复制和删除工作簿

当需要将指定工作簿复制或者删除时，可以分别使用 FileCopy 语句和 Kill 语句。其实，这种复制和删除工作簿的方法适合所有类型文件，属于文件操作的内容。

问答 7-019　如何复制工作簿

复制工作簿的基本语句如下：

```
FileCopy 要复制的工作簿，复制为工作簿
```

案例 7-19

图 7-21 是复制指定工作簿的参考代码。

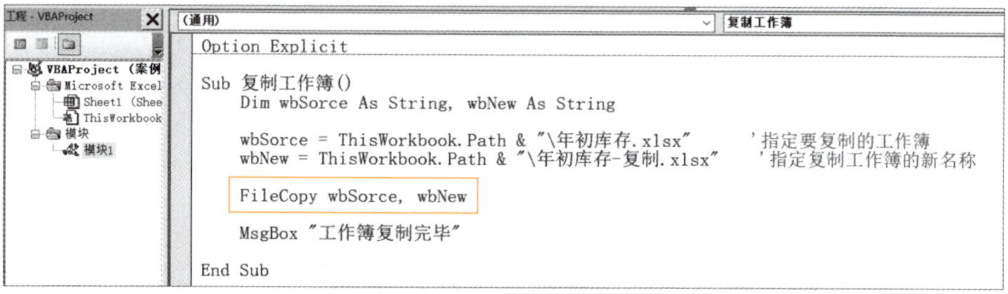

图 7-21　复制工作簿

问答 7-020　如何删除工作簿

删除工作簿（删除文件）的基本语句如下：

```
Kill 文件名
```

一般情况下，为了避免在没有文件可删除时出现错误，可以设置错

误处理程序，这样，无论要删除的文件是否存在，都能够使程序继续运行。

案例 7-20

图 7-22 是删除指定文件夹中的“年初库存 – 复制 .xlsx”工作簿的 VBA 代码。

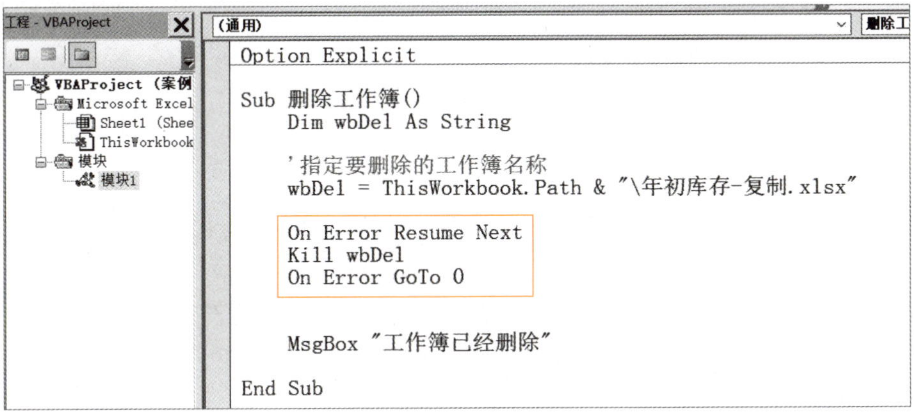

图 7-22　删除工作簿

第 8 章

Excel VBA 操作工作表

对工作表的操作，包括引用工作表、选择和激活工作表、插入新工作表、移动工作表、复制工作表、删除工作表、隐藏和取消隐藏工作表、保护和取消保护工作表等。

在使用 VBA 操作工作表之前，先了解一下两种类型的工作表集合及对象：Worksheets 集合和 Worksheet 对象，以及 Sheets 集合和 Sheet 对象。

Worksheets 集合是指工作簿内所有的 Worksheet 对象。Worksheet 是指有单元格的、可以编辑数据的普通工作表。

Sheets 集合是指工作簿内所有的 Sheet 对象。Sheet 是指所有类型的表，包括普通工作表（Worksheet）、图表工作表（Chart）等。

由于我们主要是对普通工作表进行操作，因此，本章主要介绍 Worksheets 集合和 Worksheet 对象的相关知识。

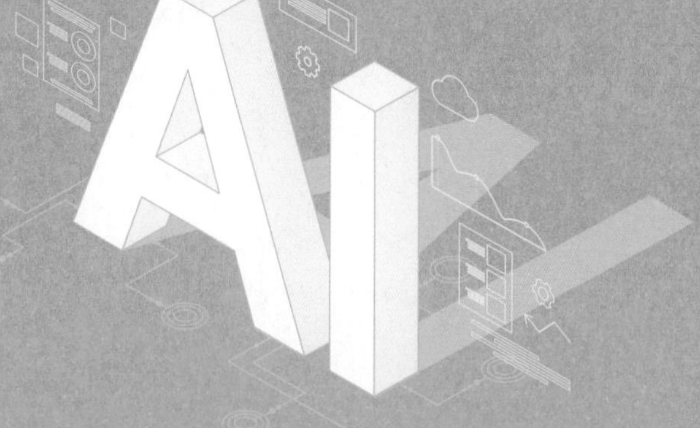

8.1 引用工作表

要对工作表进行操作及数据处理，首先要引用工作表。引用工作表有两种基本方法：一是使用索引来引用工作表；二是使用工作表名称来引用工作表。

索引是指工作表在工作簿中先后的位置，从左往右第 1 个工作表的索引是 1，第 2 个工作表的索引是 2，以此类推。

问答 8-001 如何引用某个工作表

使用索引来引用工作表，是指通过某个工作表在 Worksheets 集合中的位置来引用工作表。例如，下面的语句就是引用指定工作簿 wb 中的第 3 个工作表。

```
wb.Worksheets(3)
```

使用工作表名称来引用工作表，是指通过指定具体的工作表名称来引用工作表。例如，下面的语句就是引用指定工作簿 wb 中的“销售日报”工作表。

```
wb.Worksheets("销售日报")
```

案例 8-1

图 8-1 是使用这两种方法来引用工作表的示例代码。

第 1 个引用语句是通过索引来引用指定位置的工作表，并显示该工作表名称。

第 2 个引用语句是指定具体的工作表名称，并显示该工作表的索引号。

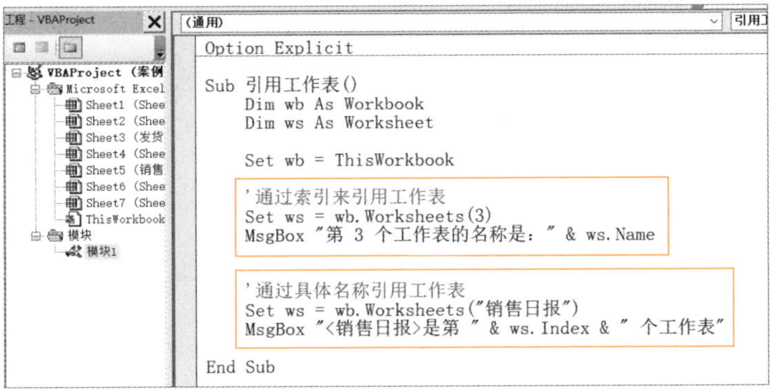

图 8-1 两种方法引用工作表的示例代码

问答 8-002 如何引用当前活动工作表

活动工作表是指当前界面显示的工作表。

引用当前活动工作表的方法是使用 Workbook 对象的 ActiveSheet 属

性，其基本语句如下：

```
Set ws = Workbook 对象 .ActiveSheet
```

但实际应用中，常常省略 Workbook 对象。

```
Set ws = ActiveSheet
```

案例 8-2

图 8-2 所示的 VBA 代码就是使用 ActiveSheet 属性引用当前活动工作表，并获取当前活动工作表的名称。

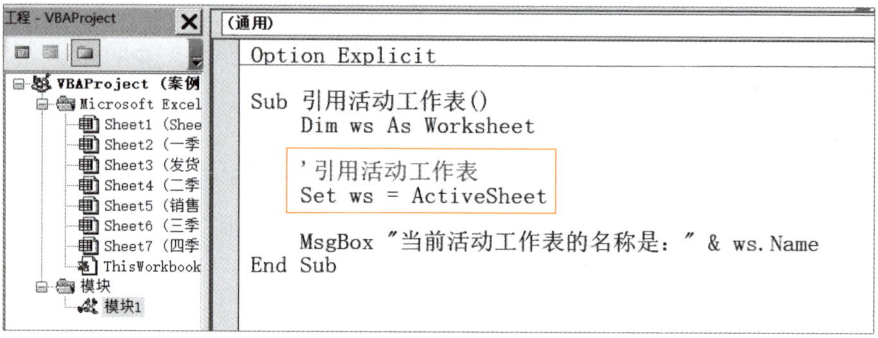

图 8-2　引用当前活动工作表

问答 8-003　如何一次引用多个工作表

利用 Array 函数将多个指定的工作表名称进行保存，然后利用循环语句就可以一次引用这些指定的工作表。

案例 8-3

图 8-3 所示的代码就是引用四个指定的工作表“一季度”“二季度”“三季度”“四季度”，并循环这四个工作表，分别在第 1 行输入标题。

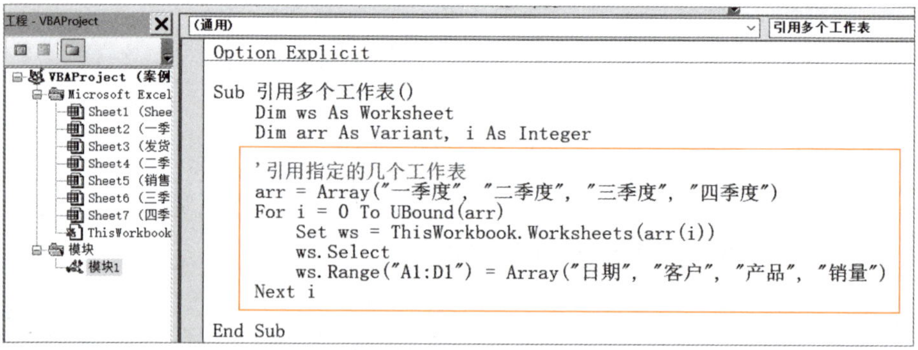

图 8-3　引用多个指定工作表

问答 8-004 如何统计工作簿内工作表个数

统计工作簿内工作表个数的方法是使用 Worksheets 集合的 Count 属性，即：

```
Worksheets.Count
```

案例 8-4

图 8-4 所示的示例代码是统计当前工作簿内的工作表个数（包括隐藏的工作表在内）。

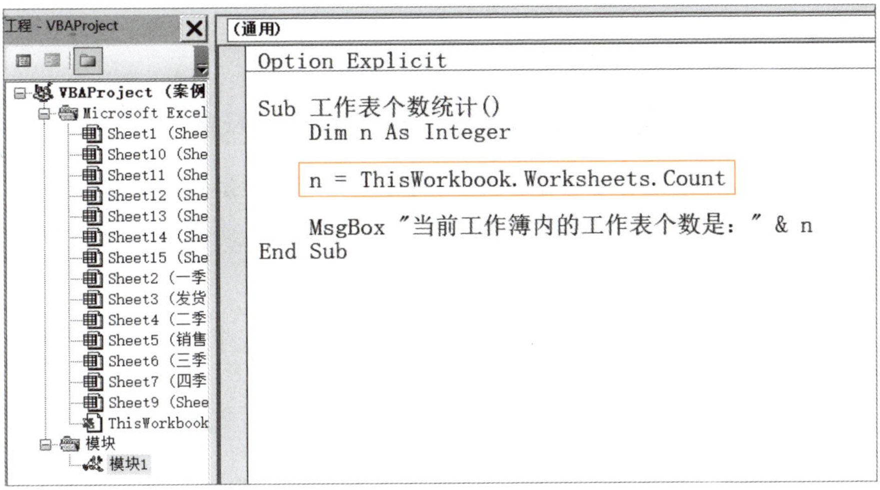

图 8-4　统计当前工作簿内的工作表个数

问答 8-005 如何统计工作簿内隐藏工作表的个数及名称

可以通过循环工作簿内每个工作表并判断是否隐藏来统计隐藏工作表的个数。如果工作表的 Visible 属性是 False，则表示隐藏工作表。

获取工作表名称的方法是使用 Name 属性，语句如下：

```
ws.Name
```

Name 属性是可读写的。也就是说，它既可以获取工作表名称，也可以重命名工作表名称。

案例 8-5

图 8-5 所示的示例代码是统计当前工作簿内的隐藏工作表个数，并将隐藏工作表的名称列示出来。

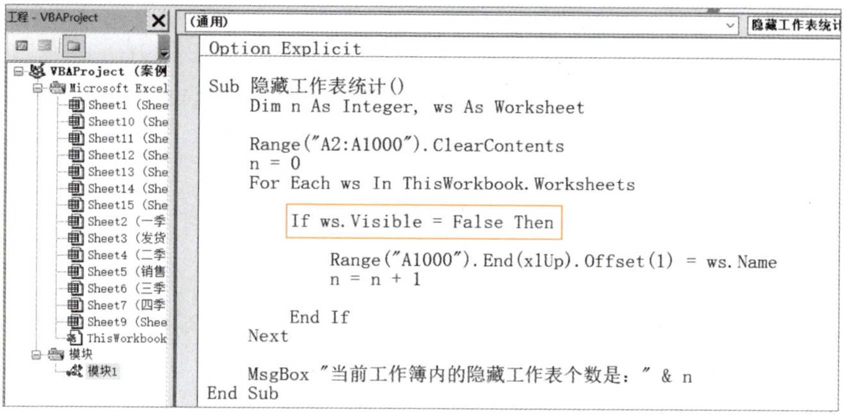

```
Option Explicit

Sub 隐藏工作表统计()
    Dim n As Integer, ws As Worksheet

    Range("A2:A1000").ClearContents
    n = 0
    For Each ws In ThisWorkbook.Worksheets

        If ws.Visible = False Then

            Range("A1000").End(xlUp).Offset(1) = ws.Name
            n = n + 1

        End If
    Next

    MsgBox "当前工作簿内的隐藏工作表个数是：" & n
End Sub
```

图 8-5　统计工作簿内的隐藏工作表个数

问答 8-006　如何统计工作簿内可见的工作表个数及名称

可以通过循环工作簿内每个工作表并判断是否可见来统计可见工作表的个数。如果工作表的 Visible 属性是 True，则表示可见工作表。

案例 8-6

图 8-6 所示的代码是统计当前工作簿内可见的工作表个数，并将可见工作表的名称列示出来。

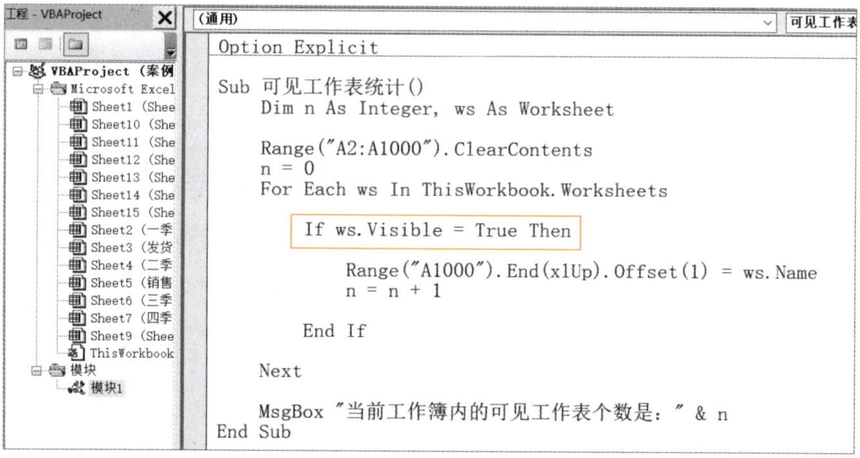

```
Option Explicit

Sub 可见工作表统计()
    Dim n As Integer, ws As Worksheet

    Range("A2:A1000").ClearContents
    n = 0
    For Each ws In ThisWorkbook.Worksheets

        If ws.Visible = True Then

            Range("A1000").End(xlUp).Offset(1) = ws.Name
            n = n + 1

        End If

    Next

    MsgBox "当前工作簿内的可见工作表个数是：" & n
End Sub
```

图 8-6　统计工作簿内的可见工作表个数

问答 8-007　如何判断指定名称的工作表是否存在

在第 5 章“设计并使用自定义函数”中已经介绍过判断指定名称工作表是否存在的自定义函数，基本逻辑是循环工作簿内的所有工作表来判断每个工作表名称是否是指定的名称。

为了防止工作表名称的大小写不规范造成判断错误，可以使用 LCase 将工作表名称转换为小写，或者使用 UCase 将工作表名称转换为大写。

案例 8-7

图 8-7 所示的代码就是在 VBA 程序中判断指定名称的工作表是否存在，并弹出判断信息。

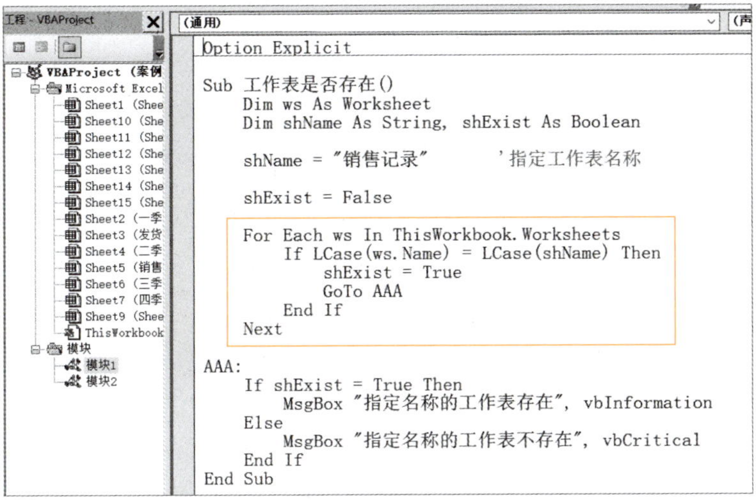

```
Option Explicit

Sub 工作表是否存在()
    Dim ws As Worksheet
    Dim shName As String, shExist As Boolean

    shName = "销售记录"        '指定工作表名称

    shExist = False

    For Each ws In ThisWorkbook.Worksheets
        If LCase(ws.Name) = LCase(shName) Then
            shExist = True
            GoTo AAA
        End If
    Next

AAA:
    If shExist = True Then
        MsgBox "指定名称的工作表存在", vbInformation
    Else
        MsgBox "指定名称的工作表不存在", vbCritical
    End If
End Sub
```

图 8-7　判断指定名称的工作表是否存在

在程序中，如果随时要判断工作表是否存在，那么最好设计一个自定义函数，然后调用这个自定义函数即可，图 8-8 所示的 VBA 代码就是使用了这种处理方法。

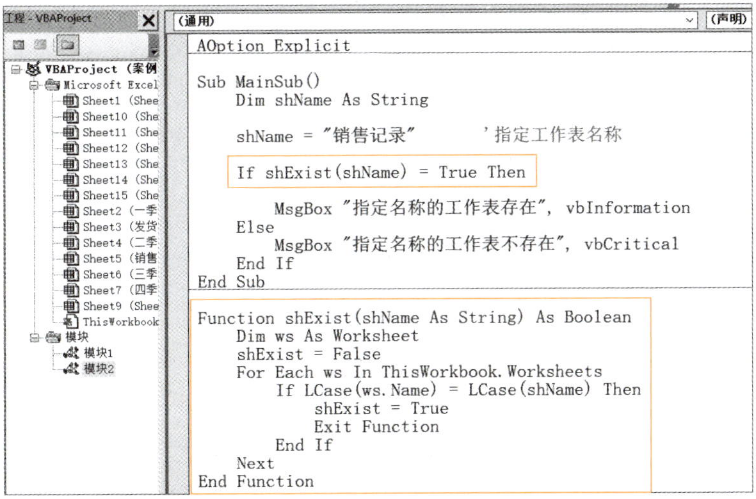

```
AOption Explicit

Sub MainSub()
    Dim shName As String

    shName = "销售记录"        '指定工作表名称

    If shExist(shName) = True Then

        MsgBox "指定名称的工作表存在", vbInformation
    Else
        MsgBox "指定名称的工作表不存在", vbCritical
    End If
End Sub

Function shExist(shName As String) As Boolean
    Dim ws As Worksheet
    shExist = False
    For Each ws In ThisWorkbook.Worksheets
        If LCase(ws.Name) = LCase(shName) Then
            shExist = True
            Exit Function
        End If
    Next
End Function
```

图 8-8　设计并调用判断工作表是否存在的自定义函数

8.2 选择和激活工作表

需要切换到某个工作表，就在工作表中单击工作表标签，这就是选择工作表。根据实际需要，可以选择一个工作表，也可以选择多个工作表。

问答 8-008 如何选择某个工作表

选择某一个工作表可以使用 Worksheet 对象的 Select 方法，其方法很简单（这里 ws 是指定的某个工作表对象）。

```
ws.Select
```

例如，下面的语句就是选择当前工作簿的第 2 个工作表。

```
ThisWorkbook.Worksheets(2).Select
```

下面的语句就是选择名称为“财务分析”的工作表。

```
ThisWorkbook.Worksheets("财务分析").Select
```

案例 8-8

图 8-9 所示的 VBA 代码是设计一个用户窗体，窗体中有一个列表框控件“ListBox1”，当单击列表框中某个工作表名称时，就自动选择该工作表，效果如图 8-10 所示。

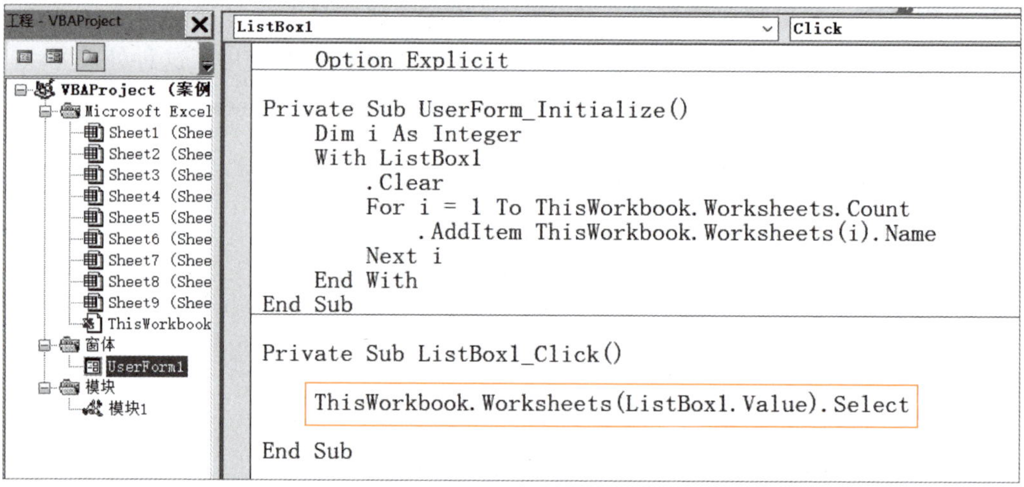

图 8-9 使用 Select 方法选择工作表

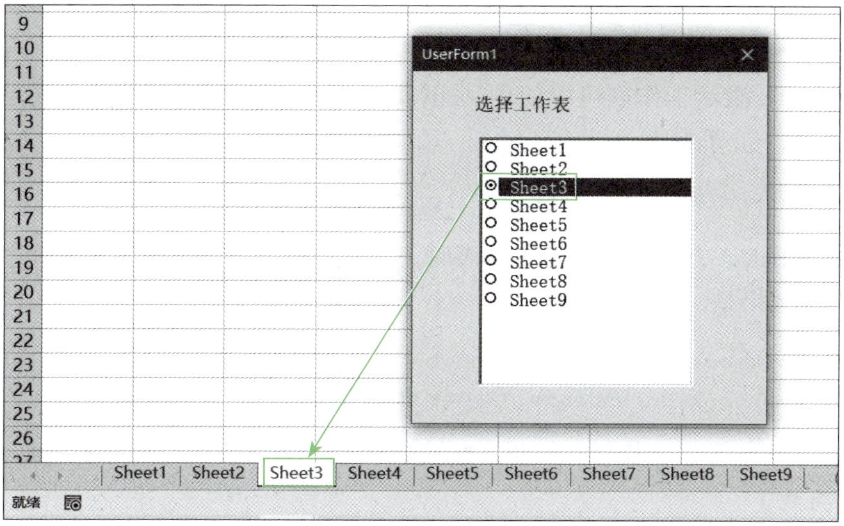

图 8-10　选择工作表

问答 8-009 如何一次选择多个工作表

利用数组函数 Array 可以一次选择连续的或者不连续的多个工作表，并对选择的工作表进行批量处理。

例如，下面的语句就选择了四个工作表。

```
WorkSheets(Array("Sheet1", "Sheet3", "Sheet4", "Sheet6")).Select
```

案例 8-9

图 8-11 所示的代码就是利用数组函数 Array 一次选择多个指定的工作表，这样，这几个工作表就构成了一个工作表组。

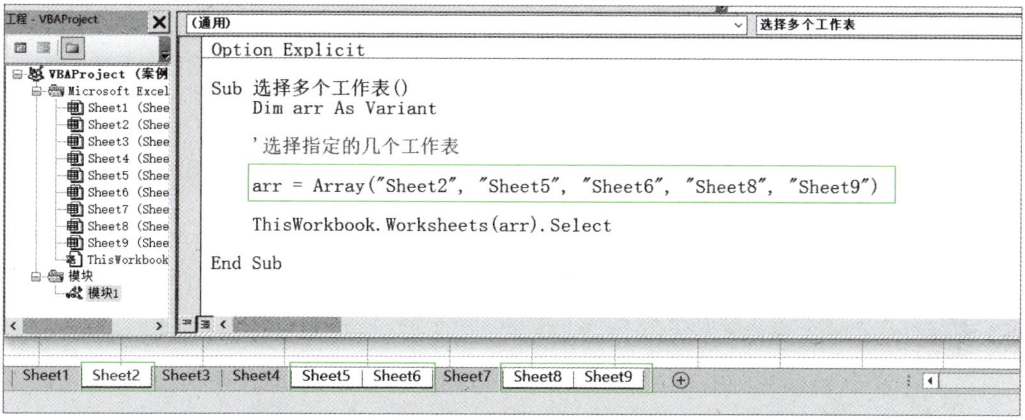

图 8-11　使用数组函数 Array 一次选择多个工作表

问答 8-010 如何激活工作表

激活工作表可以使用 Activate 方法。例如，下面的语句就是激活第 2 个工作表。

```
ThisWorkbook.Worksheets(2). Activate
```

当利用 Select 方法选择一个工作表时，实际上就是激活了该工作表，因此下面两个语句的效果是一样的。

```
ThisWorkbook.Worksheets("Sheet3").Activate
ThisWorkbook.Worksheets("Sheet3").Select
```

但是，如果选择了多个工作表，当需要激活选择的某个工作表时，就需要使用 Activate 方法了。

案例 8-10

图 8-12 所示的代码就是先选择几个指定的工作表，然后激活选择的第 3 个工作表，再在其单元格 A1 输入一串文字，并将该工作表的标签颜色设置为黄色。

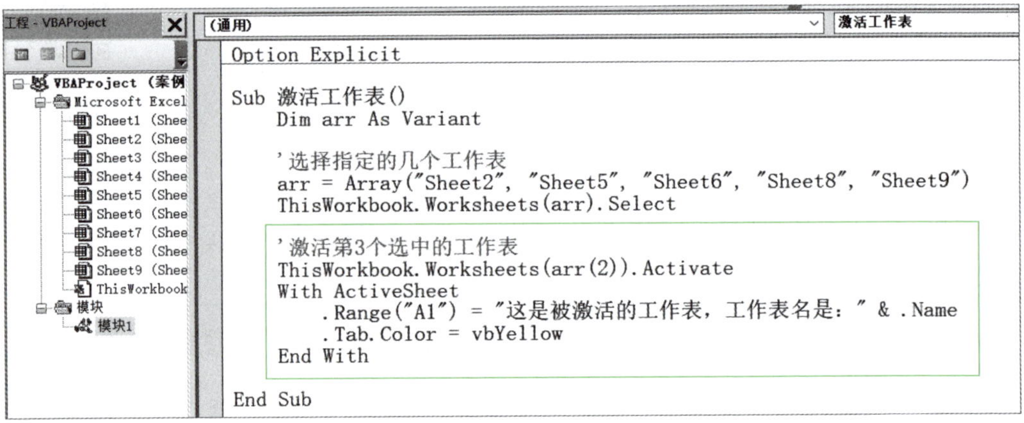

图 8-12　激活某个工作表

问答 8-011 如何选择工作簿的全部工作表

使用下面的语句就可以选择指定工作簿 wb 的全部工作表。

```
wb.Worksheets.Select
```

案例 8-11

图 8-13 所示的代码就是选择当前工作簿的全部工作表。

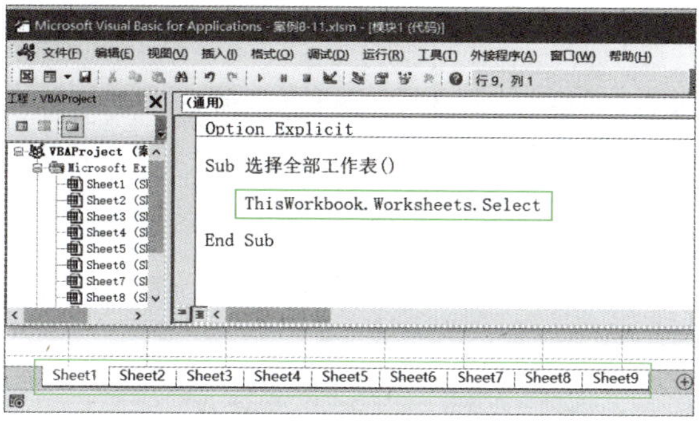

图 8-13　选择工作簿的全部工作表

问答 8-012　如何取消选择多个工作表

如果已经选择了多个工作表，现在要取消选择状态，那么只需再选择任意一个工作表（如选择第 1 个工作表）即可。

案例 8-12

图 8-14 所示的代码就是先选择多个工作表，然后再取消选择状态（取消工作表组）。

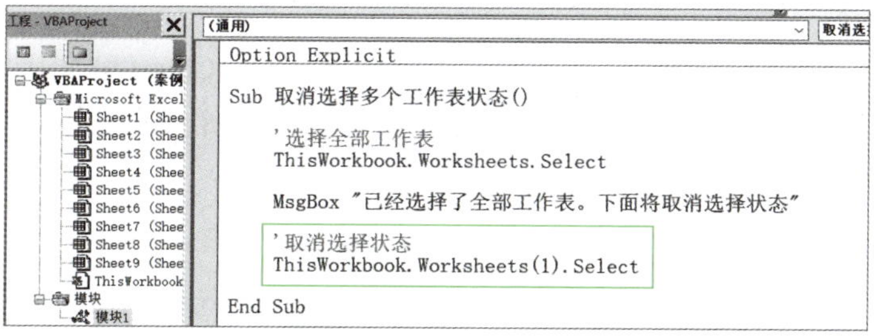

图 8-14　取消多个工作表

8.3　插入新工作表

想要新建工作表，可以使用 Worksheets 集合或者 Sheets 集合的 Add 方法。它有几个参数，用来指定插入新工作表的位置、个数及类型。当新建一个工作表后，新建的工作表就成为活动工作表。

插入新工作表的目的是要在该工作表中处理分析数据，因此最好将新工作表赋值给一个工作表对象变量。

问答 8-013　如何在当前位置插入一个新工作表

如果当前活动工作表的位置是第 3 个，在默认情况下，使用下面的 VBA 语句。

```
Worksheets.Add
```

此时，插入的新工作表就是第 3 个，而原来第 3 个及以后的工作表会自动往后顺移，变成第 4 个、第 5 个等。

案例 8–13

图 8–15 所示的代码是默认的插入工作表方法，请运行程序，观察原工作表及新工作表的位置变化情况。

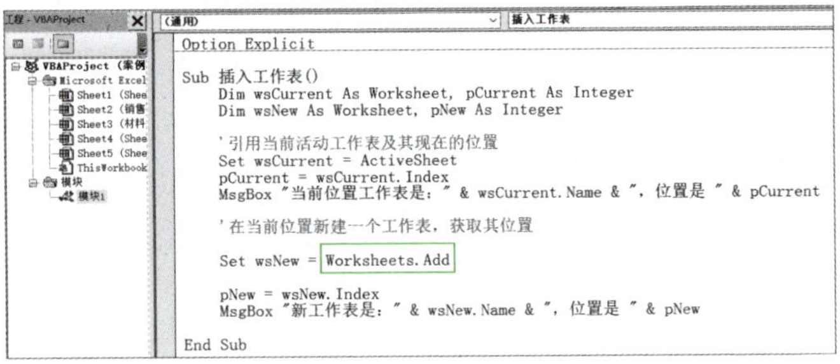

图 8–15　默认的插入新工作表方法

问答 8–014　如何在当前位置插入多个新工作表

Add 方法有几个参数，其中有一个参数 Count 就用于指定新工作表的个数，如果忽略 Count 参数，就是插入一个工作表；如果指定具体的个数，就插入多个工作表。语句如下：

```
Worksheets.Add Count:=个数
```

案例 8–14

图 8–16 所示的语句就是在当前位置插入 3 个新工作表。

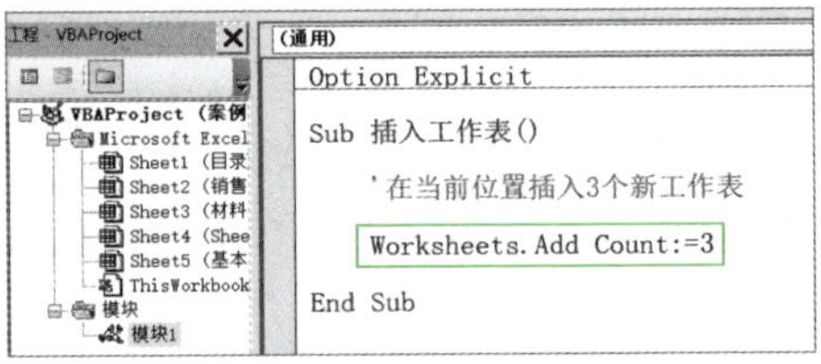

图 8–16　在当前位置插入 3 个新工作表

问答 8–015　如何在指定位置前面插入一个新工作表

Add 方法中有一个参数 Before，用于指定在哪个工作表之前插入新工作表，语句如下：

```
Worksheets.Add Before:= 指定的工作表对象
```

注意： 参数 Before 指定的是工作表对象，而不是工作表名称。

案例 8-15

图 8-17 所示的语句是在指定“销售记录”工作表的前面插入一个新工作表，并重命名。

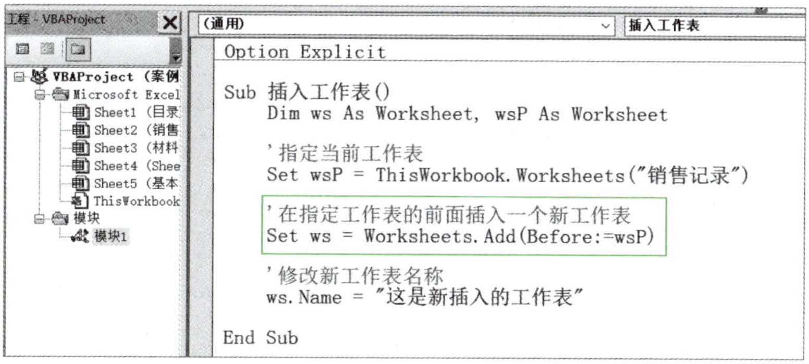

图 8-17　在指定工作表的前面插入一个新工作表

问答 8-016　如何在指定位置后面插入一个新工作表

Add 方法中有一个参数 After，用于指定在哪个工作表之后插入新工作表，语句如下：

```
Worksheets.Add After:= 指定的工作表对象
```

注意： 参数 After 指定的是工作表对象，而不是工作表名称。

案例 8-16

图 8-18 所示的代码是在指定“销售记录”工作表的后面插入一个新工作表，并重命名。

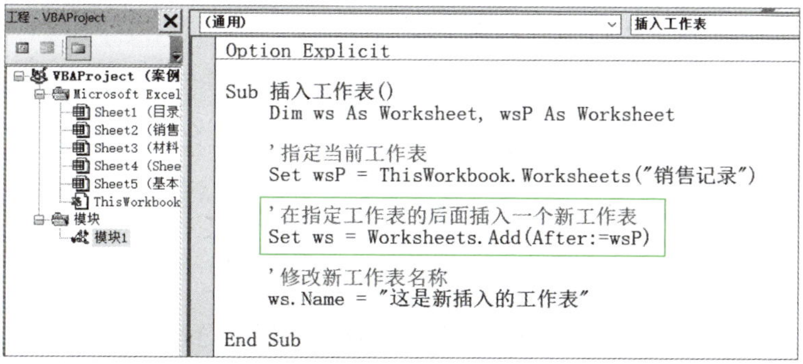

图 8-18　在指定工作表的后面插入一个新工作表

问答 8-017 如何在指定位置插入多个新工作表

同时指定 Before 参数、After 参数及 Count 参数，可以在指定位置之前或之后插入多个工作表。

案例 8-17

图 8-19 所示的语句就是在指定“销售记录”工作表的前面、后面各插入多个新工作表。请运行程序，并观察运行结果。

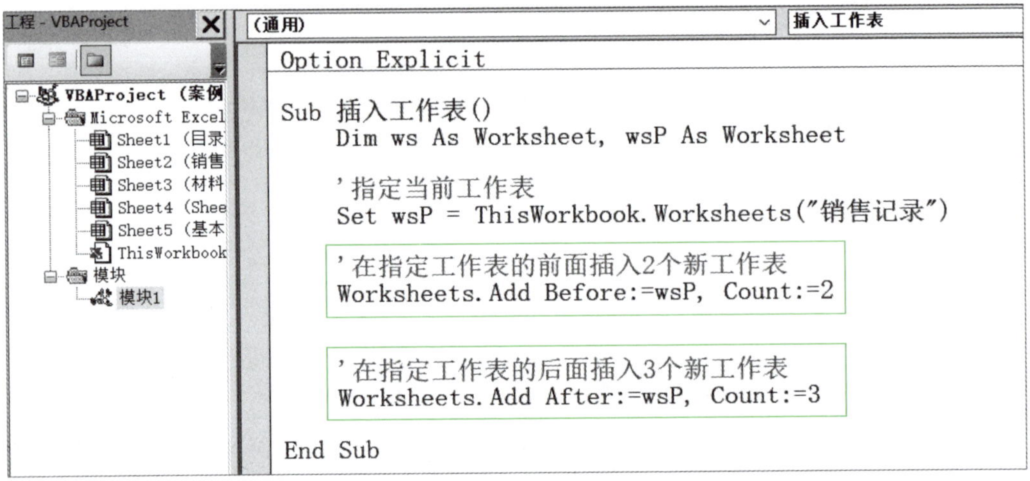

图 8-19　在指定位置插入多个新工作表

问答 8-018 如何在工作簿最前面或最后面插入新工作表

将 Before 参数指定为工作簿的第 1 个工作表对象，就是在工作簿最前面插入新工作表。

将 After 参数指定为工作簿的最后一个工作表对象，就是在工作簿最后面插入新工作表。

第 1 个工作表对象的引用语句如下：

```
Worksheets(1)
```

最后一个工作表对象的引用语句如下：

```
Worksheets(Worksheets.Count)
```

案例 8-18

图 8-20 所示的语句就是分别在工作簿最前面插入 2 个新工作表，在工作簿的最后面插入 3 个工作表。请按 F8 键逐行运行程序，并观察运行结果。

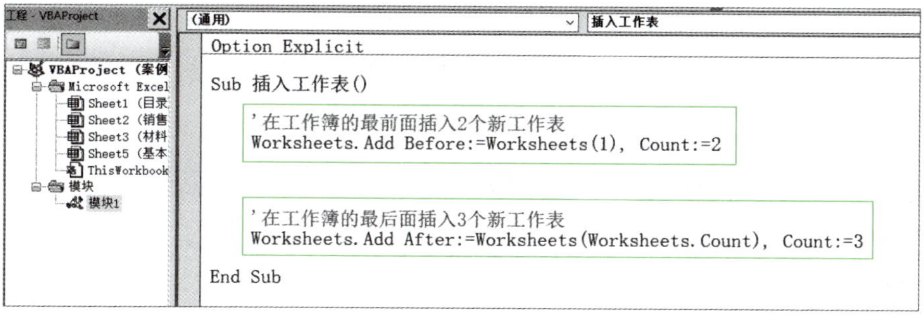

图 8-20　在工作簿最前面和最后面插入新工作表

问答 8-019　如何重命名工作表

重命名工作表的方法是使用 Name 属性，语句很简单。

```
ws.Name = 新名称
```

不过，重命名不能是已有名称，否则会报错。

案例 8-19

图 8-21 所示的代码是在工作簿所有工作表最后插入几个新工作表，再分别重命名。请打开代码窗口，按 F8 键逐行运行程序，并观察运行结果。

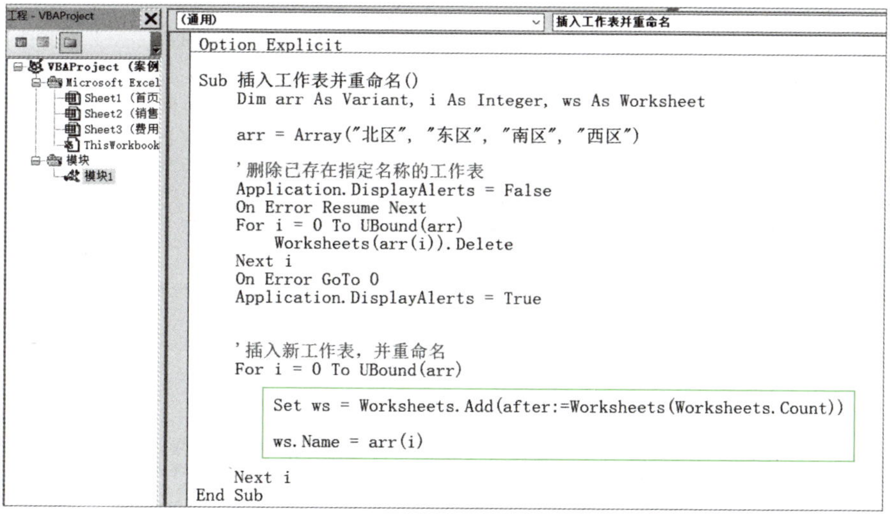

图 8-21　插入新工作表并重命名

8.4　移动工作表

利用 Worksheet 对象或者 Sheet 对象的 Move 方法可以移动工作表。Move 方法有两个可选参数 Before 和 After，分别指定要移动到的位置（指定的工作表对象）。

如果既未指定 Before 参数，也未指定 After 参数，那么 Microsoft Excel 将会新建一个工作簿，将要移动的工作表移动到新建工作簿中。

注意：当工作簿中只有一张工作表时是不能移动的。

问答 8-020 如何移动一个工作表

如果将指定的工作表移动到某个工作表之前或之后，则 VBA 语句分别如下：

```
要移动的工作表 .Move Before:= 指定位置工作表对象
要移动的工作表 .Move After:=  指定位置工作表对象
```

案例 8-20

图 8-22 是移动指定工作表的基本语句。请打开代码窗口，按 F8 键逐行运行程序，并观察工作表位置的变化。

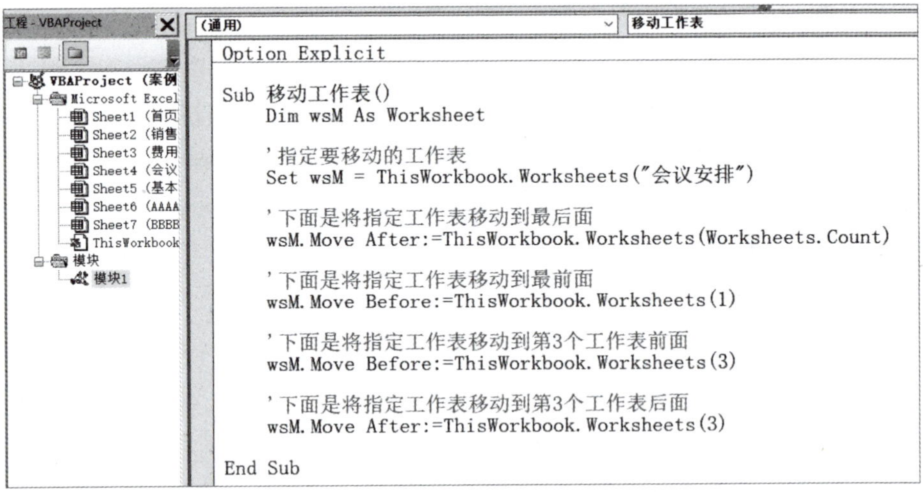

图 8-22　移动指定的工作表

问答 8-021 如何批量移动多个工作表

批量移动多个工作表的基本方法是，先使用 Array 函数选择要移动的工作表，再执行移动操作。

移动前，需要移动的工作表可以在任何位置，但是移动后，它们就会放置在一起。

案例 8-21

图 8-23 所示的代码就是把几个指定的工作表移动到工作簿的最后面。

```
Option Explicit

Sub 移动工作表()
    Dim arr As Variant, wsP As Worksheet

    '指定要移动的几个工作表
    arr = Array("华东", "华南", "华北")

    '指定要移动到的位置
    Set wsP = ThisWorkbook.Worksheets(Worksheets.Count)

    '将几个工作表移到最后面
    ThisWorkbook.Worksheets(arr).Move After:=wsP

End Sub
```

图 8-23　批量移动几个指定的工作表

问答 8-022　如何将一个或多个工作表移到新工作簿

如果不设置 Move 方法的参数，Excel 就会自动创建一个新工作簿，并把指定的工作表移动到这个新工作簿中（新工作簿变为活动工作簿），而原来的工作簿中将不再包含这些被移动的工作表。

案例 8-22

图 8-24 所示的代码就是将当前工作簿的“华东”“华南”“华北”几个工作表移到新工作簿，然后保存并关闭该工作簿。

```
Option Explicit

Sub 移动工作表到新工作簿()
    Dim wb As Workbook

    '将几个工作表移到新工作簿，然后保存并关闭该工作簿

    ThisWorkbook.Worksheets(Array("华东", "华南", "华北")).Move

    Set wb = ActiveWorkbook
    With wb
        .SaveAs Filename:=ThisWorkbook.Path & "\地区.xlsx"
        .Close
    End With

End Sub
```

图 8-24　将几个工作表移动到新工作簿

8.5 复制工作表

利用 Worksheet 对象或者 Sheet 对象的 Copy 方法可以复制工作表。Copy 方法有两个可选参数 Before 和 After，分别指定要复制到的位置（指定的工作表对象）。

如果既未指定 Before 参数，也未指定 After 参数，那么 Excel 将新建一个工作簿，将要复制的工作表复制到新建工作簿中。

问答 8-023 如何复制一个工作表

如果将指定的工作表复制到某个工作表之前或之后，则 VBA 语句分别如下：

```
要复制的工作表 .Copy Before:= 指定位置工作表对象
要复制的工作表 .Copy After:= 指定位置工作表对象
```

此时，复制的工作表就成为活动工作表，而工作表名称会在原来名称后面添加（2）、（3）、（4）等序号，如果需要，可以将复制的工作表重命名。

案例 8-23

图 8-25 所示的代码是将指定的工作表“会议安排”复制到工作簿的最后面，并重命名为“会议安排 – 备份”。

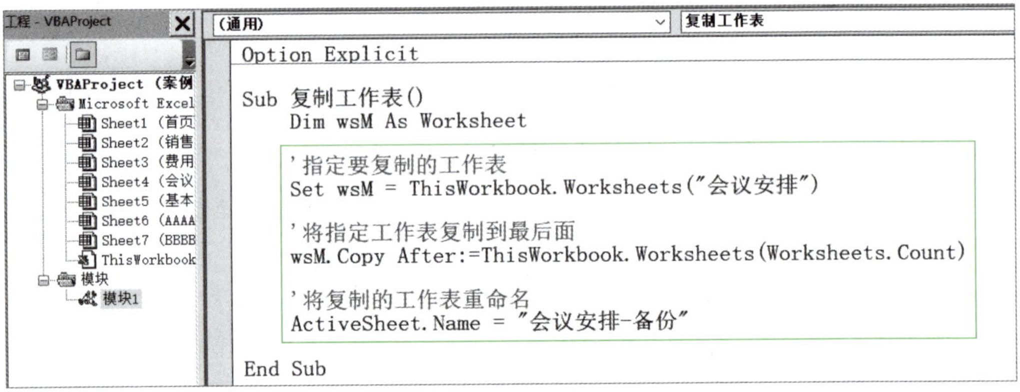

图 8-25 复制工作表

问答 8-024 如何将一个工作表复制多份

将指定工作表使用 Copy 方法多执行几次语句，就是将一个工作表复制多份的基本方法。

案例 8-24

图 8-26 所示的代码就是利用循环的方法将指定工作表复制 3 份。

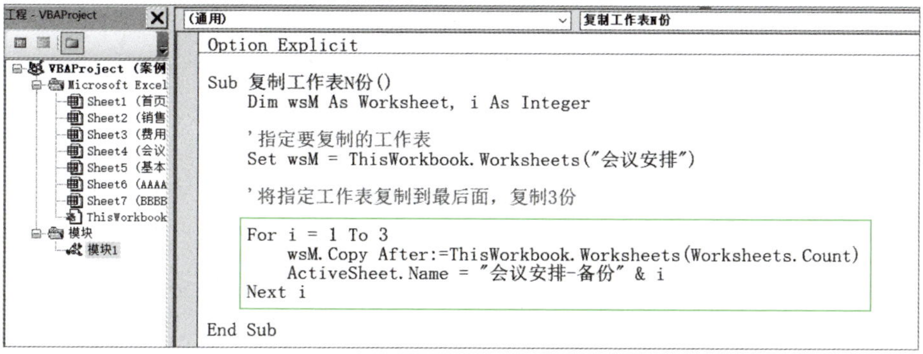

图 8-26　将指定的工作表复制 3 份

问答 8-025　如何复制多个工作表

与移动多个工作表的方法一样，复制多个工作表也是使用 Array 函数来指定要批量复制的多个工作表，然后执行 Copy 语句。复制前，要复制的工作表可以在任何位置，但是复制后，它们就会放置在一起。

如果不仅要复制这些工作表，还要修改名称，那么最好使用循环数组的方法，分别复制每个工作表并重命名。

案例 8-25

图 8-27 所示的代码就是将指定的几个工作表复制到最后面，复制后的名称是默认的。

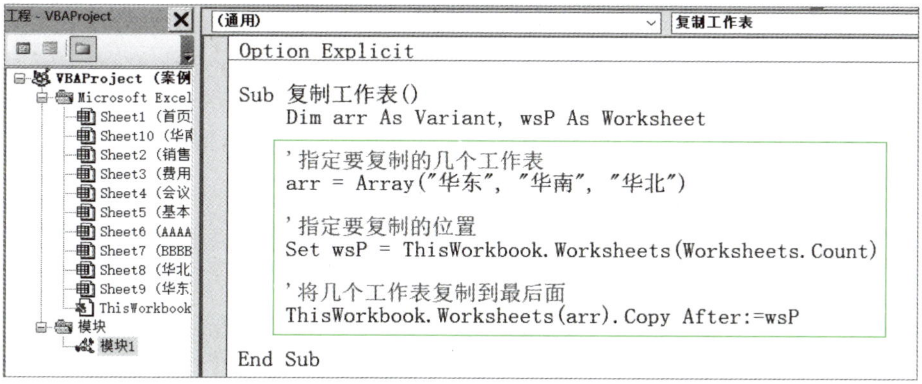

图 8-27　批量复制几个工作表

但是，这种复制得到的工作表还是需要依次重命名，因此，使用循环方法每次复制一个表格并重命名也是一个不错的方法，参考代码如图 8-28 所示。

```
Option Explicit

Sub 复制工作表111()
    Dim arr As Variant, wsP As Worksheet, i As Integer

    '指定要复制的几个工作表
    arr = Array("华东", "华南", "华北")

    '将几个工作表复制到最后面，并重命名
    For i = 0 To UBound(arr)

        Set wsP = ThisWorkbook.Worksheets(Worksheets.Count)

        ThisWorkbook.Worksheets(arr(i)).Copy After:=wsP

        ActiveSheet.Name = arr(i) & "-备份"

    Next i

End Sub
```

图 8-28　复制几个工作表并重命名

问答 8-026　如何将一个或多个工作表复制到新工作簿

如果不设置 Copy 方法的参数，Excel 就会自动创建一个新工作簿，把指定的工作表复制到这个新工作簿中（新工作簿变为活动工作簿）。

案例 8-26

图 8-29 所示的代码就是将当前工作簿的“华东”“华南”“华北”几个工作表复制到新工作簿，然后保存并关闭该工作簿。

```
Option Explicit

Sub 复制工作表到新工作簿()
    Dim wb As Workbook

    '将几个工作表复制到新工作簿，然后保存并关闭该工作簿
    ThisWorkbook.Worksheets(Array("华东", "华南", "华北")).Copy

    Set wb = ActiveWorkbook
    With wb
        .SaveAs Filename:=ThisWorkbook.Path & "\复制的地区.xlsx"
        .Close
    End With

End Sub
```

图 8-29　复制几个工作表到新工作簿

8.6　删除工作表

使用 Worksheet 对象的 Delete 方法或者 Sheet 对象的 Delete 方法可以将指定的工作表删除。不过要注意的是，删除工作表时，如果工作表有数据，就会弹出警告框。另外，工作簿中只有一张工作表时是不能删除的。

屏蔽警告框需要使用下面的语句。

```
Application.DisplayAlerts = False
```

删除完成后，需要恢复正常的弹出警告框设置。

```
Application.DisplayAlerts = True
```

问答 8-027 如何删除指定的某个工作表

删除工作表的基本语句如下：

```
工作表 .Delete
```

案例 8-27

图 8-30 所示的代码是删除指定的工作表。

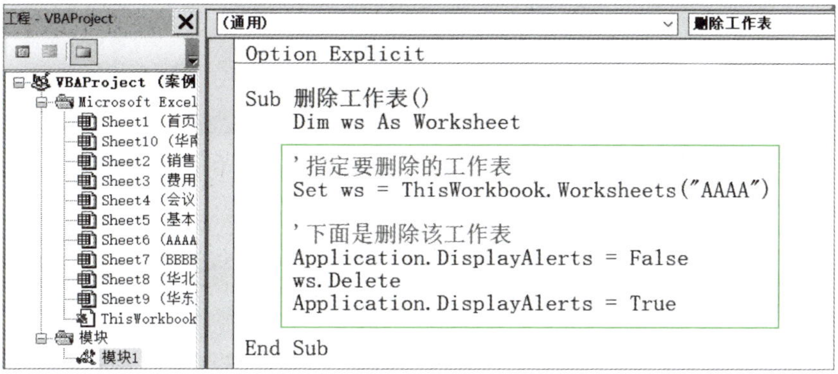

图 8-30　删除指定工作表

不过，如果要删除的工作表不存在，那么就会报错，程序无法继续执行，因此可以使用错误处理语句来处理这样的情况，参考代码如图 8-31 所示。

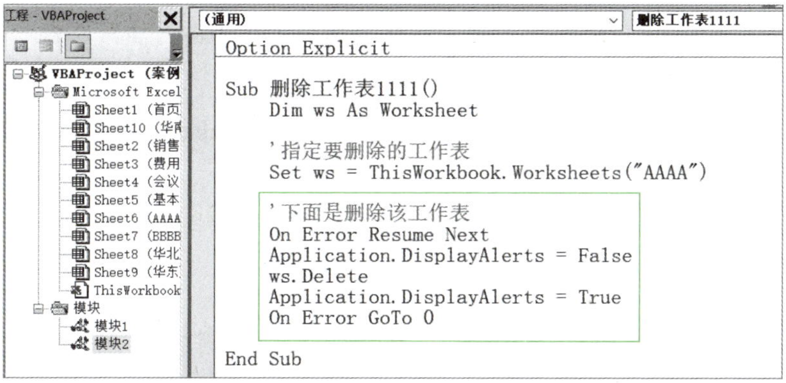

图 8-31　设置错误处理语句，解决工作表不存在的报错问题

问答 8-028 如何批量删除多个工作表

使用 Array 函数构建要删除的工作表数组，再使用 Delete 方法，可以一次性批量删除。

案例 8-28

图 8-32 是批量删除指定的几个工作表的 VBA 参考代码。

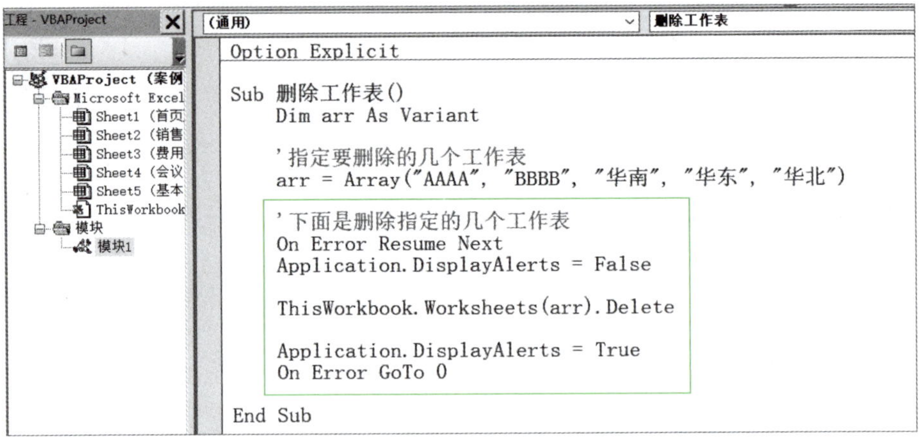

图 8-32　批量删除多个工作表

8.7　隐藏和取消隐藏工作表

在需要的情况下，可以将某个或者某几个工作表隐藏起来，也可以将隐藏的工作表再显示出来。设置 Worksheet 对象或者 Sheet 对象的 Visible 属性可以用来隐藏或显示工作表。

问答 8-029 如何常规隐藏工作表

所谓常规隐藏工作表，就是隐藏的工作表可以通过执行“取消隐藏”命令重新显示出来。

常规方法隐藏工作表，就是将 Visible 属性设置为 False 或者 xlSheetHidden。

```
ws.Visible = False
ws.Visible = xlSheetHidden
```

案例 8-29

图 8-33 是隐藏指定的一个和多个工作表的代码，请打开代码窗口，按 F8 键逐行运行语句，并观察工作表的隐藏效果。

图 8-33　常规方法隐藏工作表

这样隐藏的工作表，可以执行“取消隐藏”命令显示出来，如图 8-34 所示。

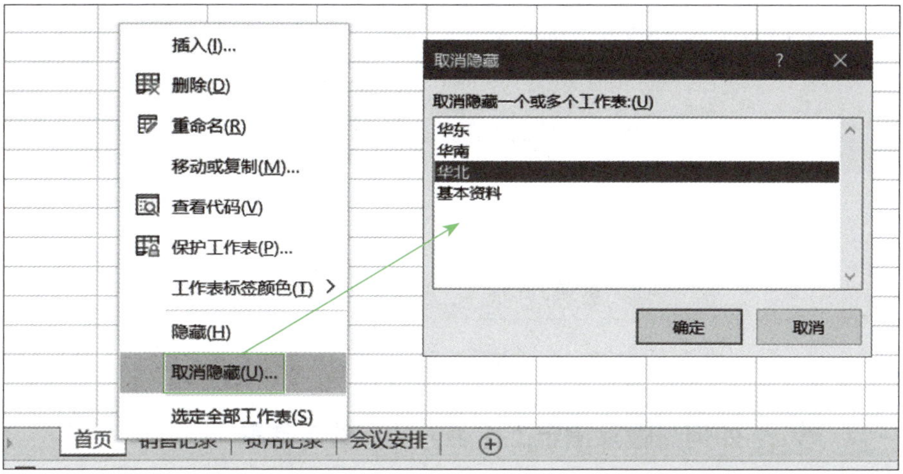

图 8-34　右击并执行“取消隐藏”命令，可以显示隐藏的工作表

问答 8-030　如何特殊隐藏工作表

所谓特殊隐藏工作表，就是指隐藏的工作表不可以执行“取消隐藏”命令重新显示出来。

特殊方法隐藏工作表，就是将 Visible 属性设置为 xlSheetVeryHidden：

```
ws.Visible = xlSheetVeryHidden
```

案例 8-30

图 8-35 是特殊隐藏指定的一个或多个工作表的参考代码。

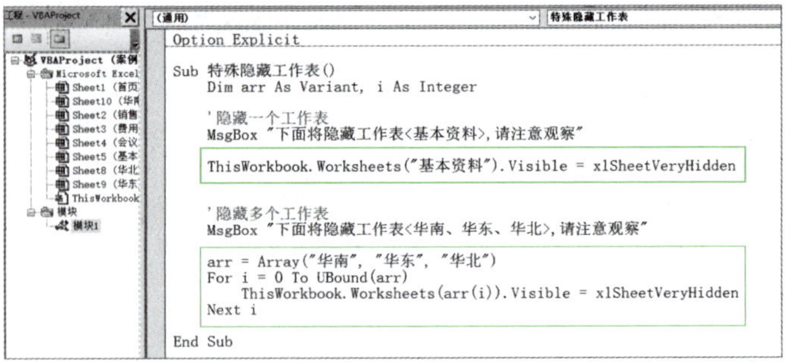

图 8–35　特殊方法隐藏工作表

运行程序后，再执行“取消隐藏”命令，弹出的“取消隐藏”对话框没有显示被隐藏的工作表，因而不能使用常规方法将隐藏的工作表显示出来，此时的“取消隐藏”命令为灰色，说明不可用，如图 8–36 所示。

这里需要注意的是，不能使用工作表组（Array 函数）的方式来特殊隐藏工作表，只能一个一个地对工作表设置特殊隐藏。

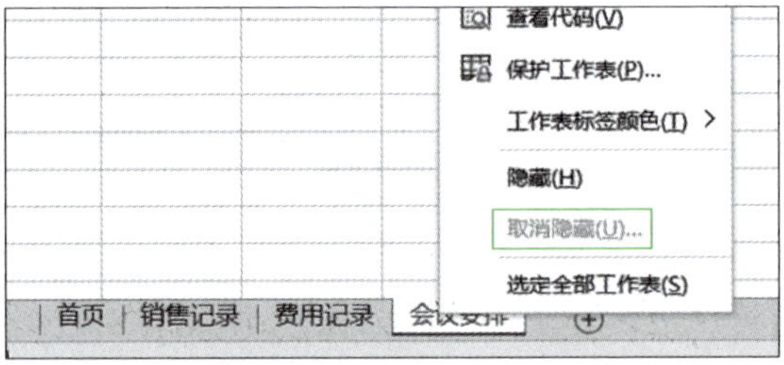

图 8–36　“取消隐藏”命令不可用

问答 8–031　如何隐藏除指定工作表外的其他工作表

隐藏除指定工作表外的其他工作表的方法是循环每个工作表来判断其是否为指定的工作表，如果不是，就隐藏起来。

案例 8–31

图 8–37 就是隐藏除“首页”和“总体报告”外的其他工作表的代码示例。

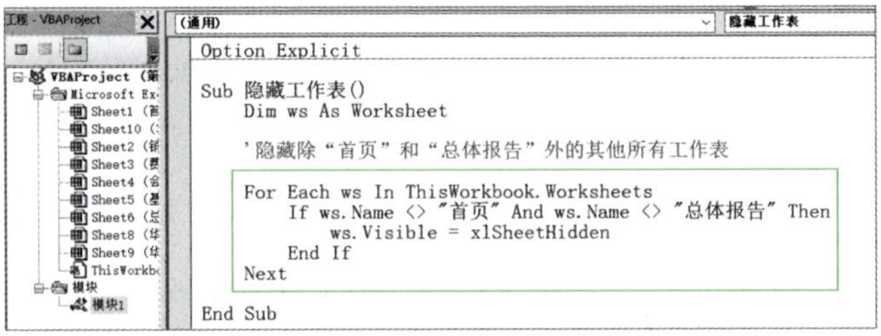

图 8–37　隐藏除“首页”和“总体报告”外的其他工作表

问答 8-032 如何取消隐藏工作表

无论是何种方法隐藏的工作表，只要将 Visible 属性设置为 True 或者 xlSheetVisible，就可以取消隐藏。

```
ws.Visible = True
ws.Visible = xlSheetVisible
```

案例 8-32

图 8-38 就是取消指定的一个或多个隐藏工作表，将其显示出来的代码示例。注意要取消多个隐藏工作表时，需要使用循环方法依次对工作表取消隐藏。

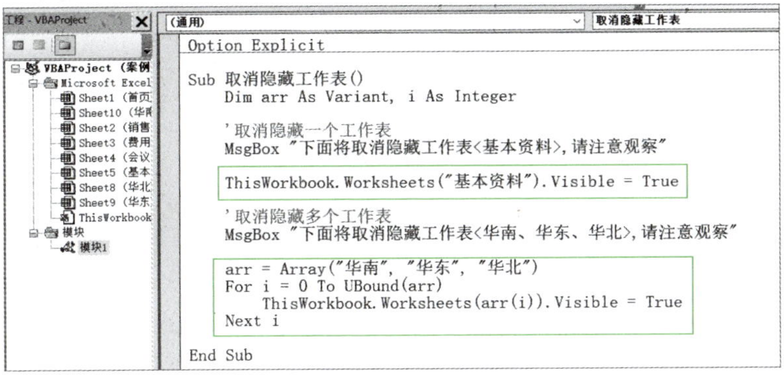

```
Option Explicit

Sub 取消隐藏工作表()
    Dim arr As Variant, i As Integer

    '取消隐藏一个工作表
    MsgBox "下面将取消隐藏工作表<基本资料>,请注意观察"

    ThisWorkbook.Worksheets("基本资料").Visible = True

    '取消隐藏多个工作表
    MsgBox "下面将取消隐藏工作表<华南、华东、华北>,请注意观察"

    arr = Array("华南", "华东", "华北")
    For i = 0 To UBound(arr)
        ThisWorkbook.Worksheets(arr(i)).Visible = True
    Next i

End Sub
```

图 8-38　取消隐藏工作表

问答 8-033 如何显示所有的隐藏工作表

要将工作簿内所有的隐藏工作表显示出来，基本方法是循环并显示每个工作表。

案例 8-33

图 8-39 就是显示工作簿内所有隐藏的工作表的参考代码。

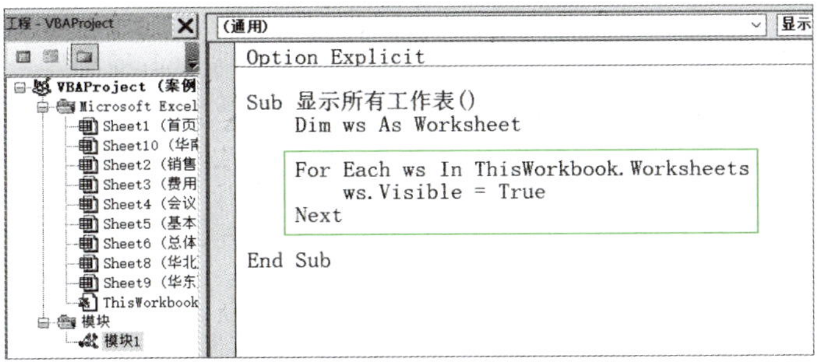

```
Option Explicit

Sub 显示所有工作表()
    Dim ws As Worksheet

    For Each ws In ThisWorkbook.Worksheets
        ws.Visible = True
    Next

End Sub
```

图 8-39　显示所有的隐藏工作表

8.8 保护和取消保护工作表

对于一些重要数据工作表，我们可以设置保护密码，避免被编辑修改，或者被删除。保护工作表使用 Worksheet 对象或者 Sheet 对象的 Protect 方法，取消保护工作表则使用 Unprotect 方法。

这种设置保护工作表或者取消保护工作表，就是在工作表的“审阅”选项卡中，执行“保护工作表”命令或者“取消工作表保护”命令按钮。

问答 8-034 如何保护指定的工作表

保护指定的工作表 ws 的基本语句如下，Protect 方法的主要参数是 Password，用于设置保护密码。

```
ws.Protect Password:= 密码字符串
```

如果忽略掉参数 Password，就是空密码保护。

```
ws.Protect
```

案例 8-34

图 8-40 所示的代码是对指定的“销售记录”工作表进行保护，密码是“12345”。

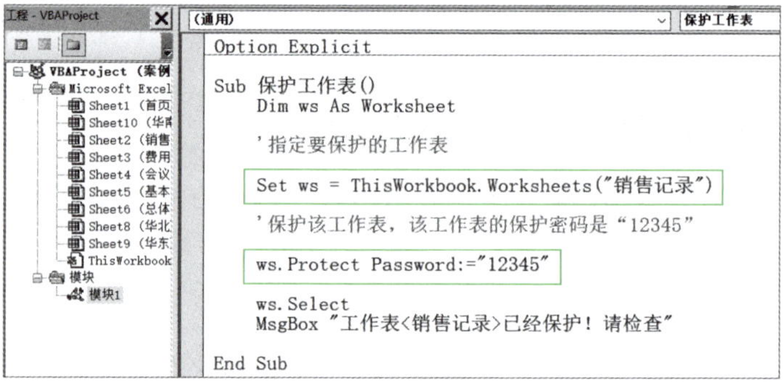

图 8-40 保护指定的工作表

问答 8-035 如何批量保护指定的多个工作表

批量保护指定的多个工作表，基本方法是使用数组函数 Array 来指定要保护的工作表，然后再循环这些工作表，再分别使用 Protect 方法设置保护密码。

案例 8-35

图 8-41 所示的代码就是批量保护指定的“销售记录”“费用记录”“基本资料”“总

体报告”几个工作表，密码统一设置为“12345”。

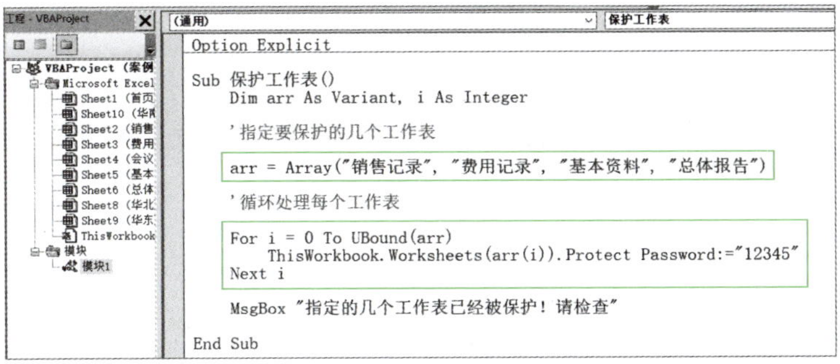

图 8-41　批量保护指定的几个工作表

思考：如果这几个工作表分别要以不同的密码保护，应如何设计代码？

问答 8-036　如何取消指定工作表的保护

取消工作表保护要使用 Worksheet 对象的 Unprotect 方法，Unprotect 方法的主要参数是 Password，用于输入保护密码。

```
ws.Unprotect Password:= 密码字符串
```

如果是空密码保护的工作表，则取消保护工作表的语句如下：

```
ws.Unprotect
```

案例 8-36

图 8-42 所示的代码就是取消对“销售记录”工作表的保护。

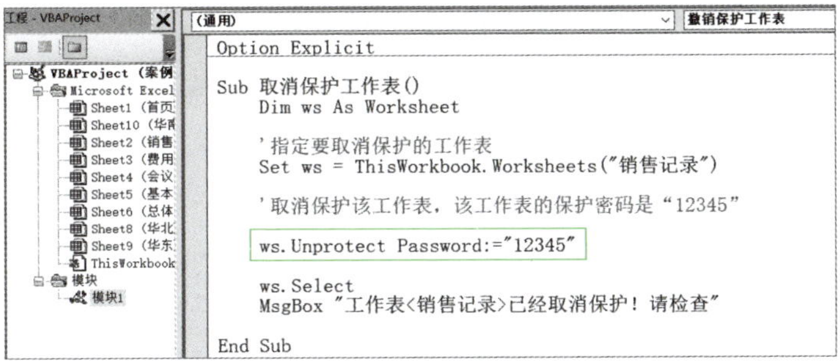

图 8-42　取消对“销售记录”工作表的保护

问答 8-037　如何批量取消多个工作表的保护

如果多个工作表设置相同的保护密码，基本方法是使用数组函数 Array 来指定要取消保护的工作表，然后再循环这些工作表，最后分别使用 Unprotect 方法取消工作表保护。

案例 8-37

图 8-43 所示的代码就是批量取消“销售记录”“费用记录”“基本资料”“总体报告”几个指定工作表的保护，这些工作表的保护密码都是“12345”。

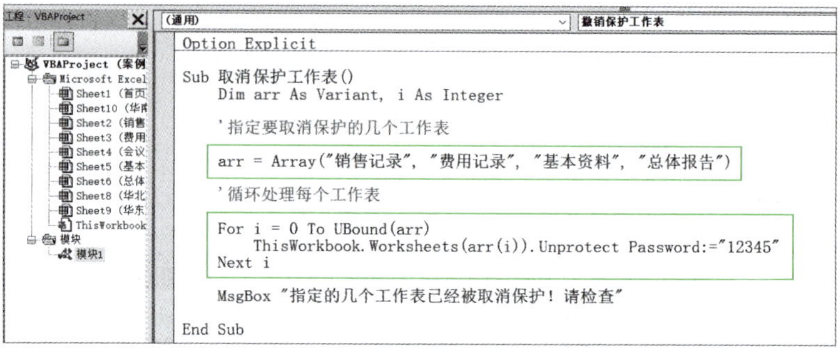

图 8-43　取消撤销几个工作表的保护

问答 8-038　如何批量以不同保护密码保护或取消保护多个工作表

批量以不同保护密码保护或取消保护多个工作表的方法是对每个工作表进行单独密码保护。不过，如果要保护的工作表比较多，且每个密码也不同，此时可以使用 Array 函数来指定这些工作表的名称和密码，然后再循环处理。

案例 8-38

图 8-44 所示的代码就是批量设置几个工作表的不同保护密码，同时，使用两个数组分别保存工作表的名称和保护密码。

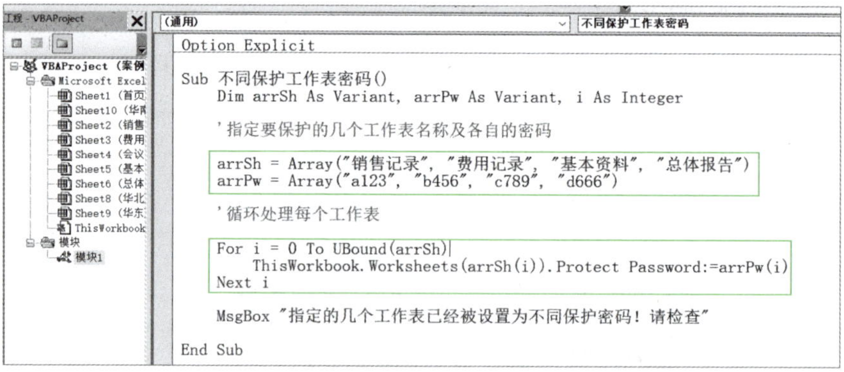

图 8-44　批量设置几个工作表的不同保护密码

如果要取消这些不同密码工作表的保护，也是使用循环的方法进行处理，如图 8-45 所示。

```
Sub 取消不同保护工作表密码()
    Dim arrSh As Variant, arrPw As Variant, i As Integer

    '指定要取消保护的几个工作表名称及各自的密码
    arrSh = Array("销售记录", "费用记录", "基本资料", "总体报告")
    arrPw = Array("a123", "b456", "c789", "d666")

    '循环处理每个工作表
    For i = 0 To UBound(arrSh)
        ThisWorkbook.Worksheets(arrSh(i)).Unprotect Password:=arrPw(i)
    Next i

    MsgBox "指定的几个工作表已经取消保护！请检查"

End Sub
```

图 8-45　取消不同密码工作表的保护

问答 8-039　如何对工作表的公式进行单独保护和隐藏

如果只保护工作表中有公式的单元格，而对没有公式的单元格不予保护，那么这种保护就是特殊保护。方法很简单：先取消整个工作表的锁定，再定位选择公式单元格并单独锁定，最后保护工作表即可。

案例 8-39

图 8-46 是一个参考代码。请打开文件，检查保护效果。

```
Option Explicit

Sub 单独保护公式单元格()
    Dim ws As Worksheet

    Set ws = ThisWorkbook.Worksheets("销售记录")

    With ws
        .Cells.Locked = False
        With .Cells.SpecialCells(xlCellTypeFormulas)
            .Locked = True
            .FormulaHidden = True
        End With
        .Protect Password:="12345"
    End With

    MsgBox "工作表的公式单元格已经被单独保护！请检查"

End Sub
```

图 8-46　对工作表的公式单元格进行单独保护和隐藏

8.9　工作表的其他常规操作

前面介绍了利用 VBA 对工作表的常规操作，下面再介绍几个关于 VBA 操作工作表的技能和技巧。

问答 8-040 如何设置或取消工作表标签的颜色

利用 Worksheet 对象或 Sheet 对象的 Tab 属性可以返回工作表的 Tab 对象，然后再利用 Tab 对象的 ColorIndex 属性或 Color 属性来设置工作表标签的颜色。

案例 8-40

图 8-47 就是设置工作表标签颜色的示例代码。请打开文件，按 F8 键逐行运行语句，并观察实际设置效果。

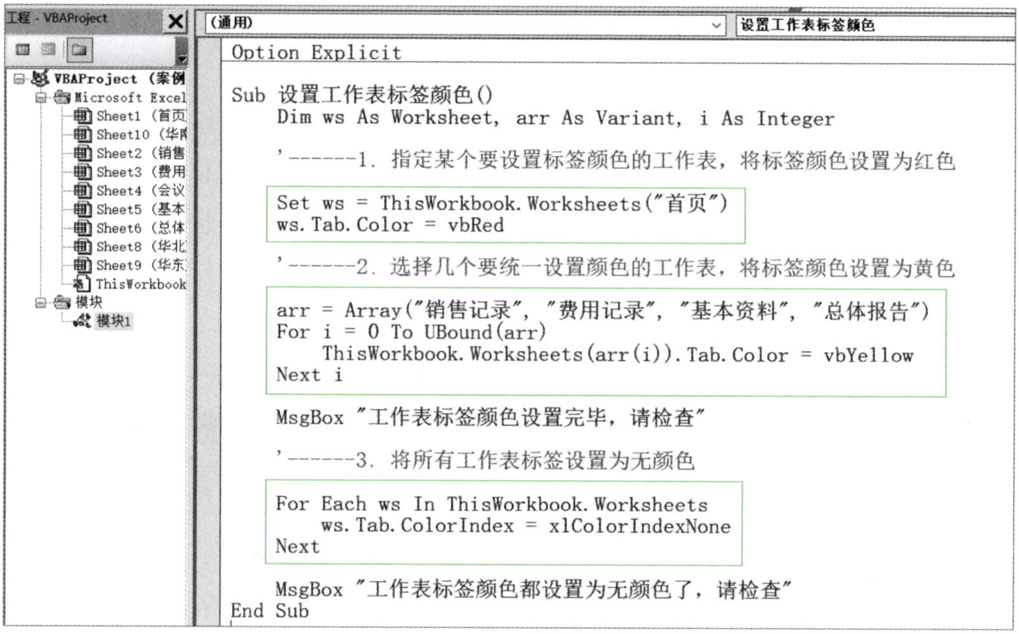


```
Option Explicit

Sub 设置工作表标签颜色()
    Dim ws As Worksheet, arr As Variant, i As Integer

    '------1. 指定某个要设置标签颜色的工作表，将标签颜色设置为红色
    Set ws = ThisWorkbook.Worksheets("首页")
    ws.Tab.Color = vbRed

    '------2. 选择几个要统一设置颜色的工作表，将标签颜色设置为黄色
    arr = Array("销售记录", "费用记录", "基本资料", "总体报告")
    For i = 0 To UBound(arr)
        ThisWorkbook.Worksheets(arr(i)).Tab.Color = vbYellow
    Next i

    MsgBox "工作表标签颜色设置完毕，请检查"

    '------3. 将所有工作表标签设置为无颜色
    For Each ws In ThisWorkbook.Worksheets
        ws.Tab.ColorIndex = xlColorIndexNone
    Next

    MsgBox "工作表标签颜色都设置为无颜色了，请检查"
End Sub
```

图 8-47　设置工作表标签颜色

问答 8-041 如何按照特定次序对工作表进行排序

如果工作表顺序比较乱，可以根据实际情况及实际需求，对各个工作表的次序进行调整。基本逻辑是：先获取各个工作表名称，进行排序，然后移动各个工作表。

案例 8-41

图 8-48 是一个示例。工作表名称是月份名称，顺序杂乱无章，现在要求将工作表按照月份进行排序。请打开文件，运行程序，观察排序结果。

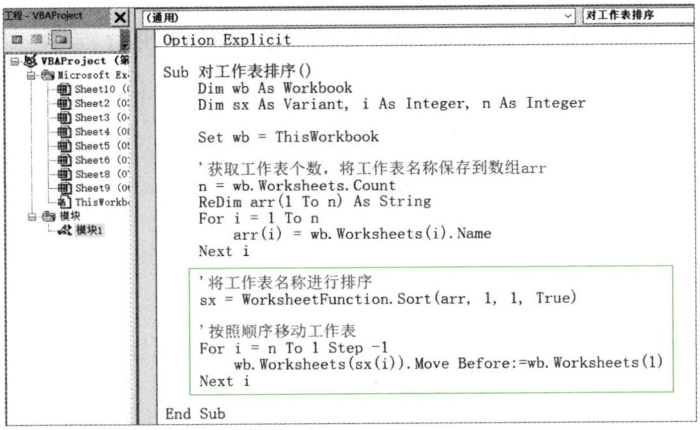

```
Option Explicit

Sub 对工作表排序()
    Dim wb As Workbook
    Dim sx As Variant, i As Integer, n As Integer

    Set wb = ThisWorkbook

    '获取工作表个数，将工作表名称保存到数组arr
    n = wb.Worksheets.Count
    ReDim arr(1 To n) As String
    For i = 1 To n
        arr(i) = wb.Worksheets(i).Name
    Next i

    '将工作表名称进行排序
    sx = WorksheetFunction.Sort(arr, 1, 1, True)

    '按照顺序移动工作表
    For i = n To 1 Step -1
        wb.Worksheets(sx(i)).Move Before:=wb.Worksheets(1)
    Next i

End Sub
```

图 8-48　对工作表进行排序

8.10　利用工作表事件操作工作表

在某些情况下，可以利用工作表事件来完成一些特定任务。下面将介绍几个应用示例。

问答 8-042　如何在单元格数据发生变化时执行程序

为了实现在指定单元格数据发生变化时自动执行一个程序以完成一个任务，可以使用 Worksheet 对象的 Change 事件。

案例 8-42

图 8-49 就是为“查询表”工作表设置 Change 事件的参考代码。当该工作表的单元格 B2 或 B3 中的数据发生变化时，就执行查询程序，将指定部门、指定学历的员工查询出来。

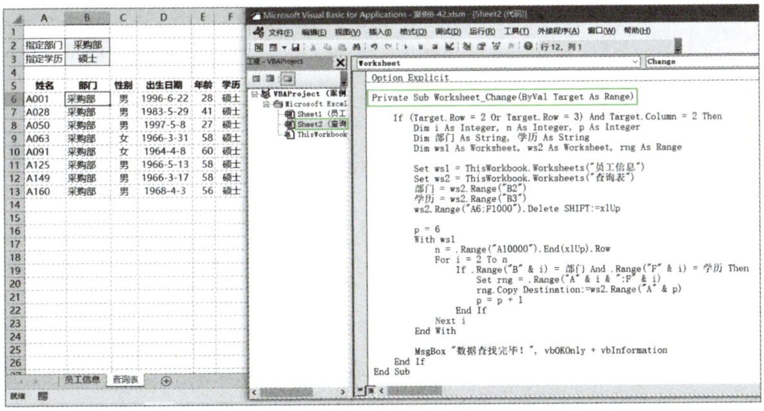

指定部门	采购部				
指定学历	硕士				
姓名	部门	性别	出生日期	年龄	学历
A001	采购部	男	1996-6-22	28	硕士
A028	采购部	男	1983-5-29	41	硕士
A050	采购部	男	1997-5-8	27	硕士
A063	采购部	女	1966-3-31	58	硕士
A091	采购部	女	1964-4-8	60	硕士
A125	采购部	男	1966-5-13	58	硕士
A149	采购部	男	1966-3-17	58	硕士
A160	采购部	男	1968-4-3	56	硕士

```
Option Explicit

Private Sub Worksheet_Change(ByVal Target As Range)

    If (Target.Row = 2 Or Target.Row = 3) And Target.Column = 2 Then
        Dim i As Integer, n As Integer, p As Integer
        Dim 部门 As String, 学历 As String
        Dim ws1 As Worksheet, ws2 As Worksheet, rng As Range

        Set ws1 = ThisWorkbook.Worksheets("员工信息")
        Set ws2 = ThisWorkbook.Worksheets("查询表")
        部门 = ws2.Range("B2")
        学历 = ws2.Range("B3")
        ws2.Range("A6:F1000").Delete SHIFT:=xlUp

        p = 6
        With ws1
            n = .Range("A10000").End(xlUp).Row
            For i = 2 To n
                If .Range("B" & i) = 部门 And .Range("F" & i) = 学历 Then
                    Set rng = .Range("A" & i & ":F" & i)
                    rng.Copy Destination:=ws2.Range("A" & p)
                    p = p + 1
                End If
            Next i
        End With

        MsgBox "数据查找完毕！", vbOKOnly + vbInformation
    End If
End Sub
```

图 8-49　为工作表设置 Change 事件

问答 8-043 如何在选取的单元格区域发生变化时执行程序

如果想要在选取的单元格区域发生变化时执行程序，可以为工作表设置 SelectionChange 事件。

案例 8-43

在第 6 章的案例 6-7 中，就介绍了当选择某个单元格时，自动为该单元格的行和列设置颜色。作为复习，代码及效果如图 8-50 所示。

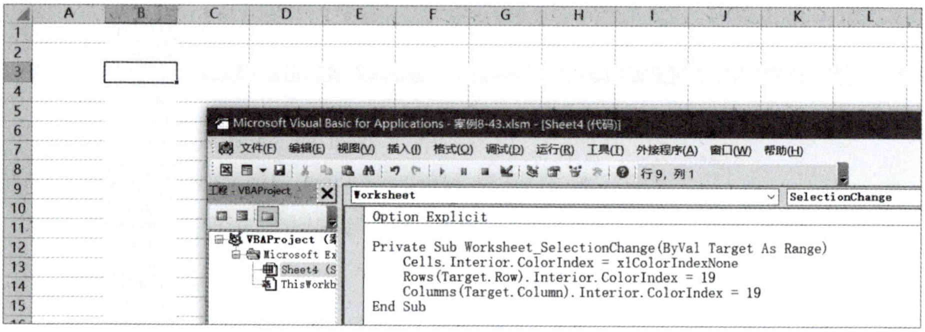

图 8-50 为工作表设置 SelectionChange 事件

第9章

Excel VBA 操作单元格

Excel 最核心的单元是单元格，这里说的单元格可以是一个单元格，也可以是一个单元格区域，或者是一行、多行，一列、多列，又或者是几个不连续的单元格区域，这些单元格或单元格区域在 Excel VBA 中就是 Range 对象。Range 对象是 Excel 应用程序中使用最多的对象，在操作 Excel 任何单元格之前，都要将其表示为一个 Range 对象，然后使用该 Range 对象的属性和方法。本章我们将介绍关于 Rangc 对象操作的一些知识及应用案例。

9.1 引用单元格和单元格区域

引用单元格和单元格区域的方法主要是使用 Worksheet 对象的 Range 属性和 Cells 属性，既可以引用固定的单元格和单元格区域，也可以引用不固定的单元格和单元格区域。

问答 9-001 如何使用 Range 属性引用一个固定单元格

引用单元格最常用的方式是使用 Range 属性，其语法如下：

```
Range（单元格地址字符串）
```

使用 Range 对象引用单元格的方式是最为直观的一种单元格引用方式。但要注意，单元格地址字符串必须用双引号引起来放到 Range 括号之内。

例如，下面的语句就是引用单元格 B1。

```
Range("B1")
```

案例 9-1

图 9-1 是使用 Range 属性引用指定单元格的示例。

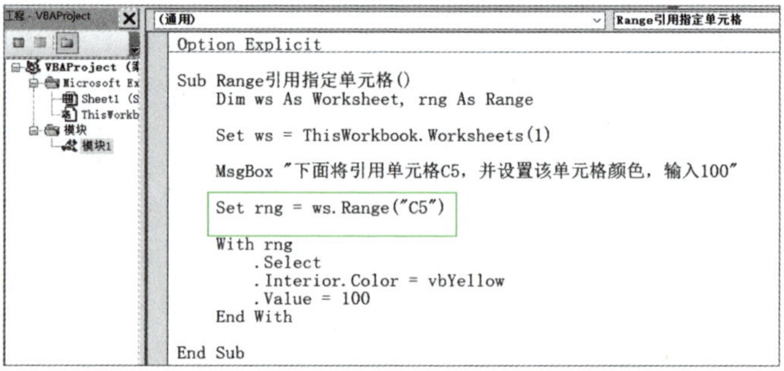

图 9-1　使用 Range 属性引用指定单元格

问答 9-002 如何使用 Range 属性引用一个变动单元格

当需要引用某列的不固定单元格时，可以通过构建字符串的方式来引用该列的单元格，例如：

```
Range("A" & n)
```

这里的 n 是一个变量，可以在程序中指定。例如，当 n=3 时，就是引用单元格 A3。

案例 9-2

图 9-2 是在 A 列的第 2 行开始输入从 1 开始的连续序号的示例。

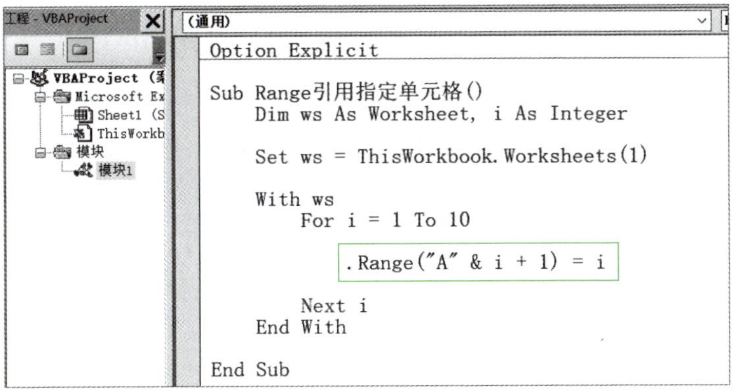

```
Option Explicit

Sub Range引用指定单元格()
    Dim ws As Worksheet, i As Integer

    Set ws = ThisWorkbook.Worksheets(1)

    With ws
        For i = 1 To 10

            .Range("A" & i + 1) = i

        Next i
    End With

End Sub
```

图 9-2　使用 Range 属性引用不固定单元格

问答 9-003　如何使用 Range 属性引用固定单元格区域

使用 Range 属性引用固定单元格区域最常用的方法是将单元格区域的左上角单元格和右下角单元格之间用冒号分隔，并都包括在 Range 括号内，即：

```
Range("A2:D10")
```

也可以分别将单元格区域的左上角单元格和右下角单元格用引号引用，它们之间用逗号分隔，并都包括在 Range 括号内，即：

```
Range("A2", "D10")
```

案例 9-3

图 9-3 是使用 Range 属性引用一个固定单元格区域的示例，分别使用了前面介绍的两种方法引用固定的单元格区域。

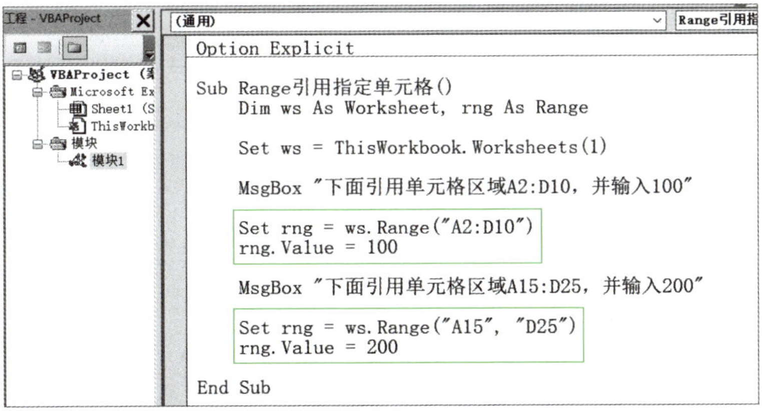

```
Option Explicit

Sub Range引用指定单元格()
    Dim ws As Worksheet, rng As Range

    Set ws = ThisWorkbook.Worksheets(1)

    MsgBox "下面引用单元格区域A2:D10，并输入100"

    Set rng = ws.Range("A2:D10")
    rng.Value = 100

    MsgBox "下面引用单元格区域A15:D25，并输入200"

    Set rng = ws.Range("A15", "D25")
    rng.Value = 200

End Sub
```

图 9-3　使用 Range 属性引用固定单元格区域

问答 9-004 如何使用 Range 属性引用变动单元格区域

需要引用变动的单元格区域时，即单元格区域的位置、行数和列数都是不固定的，可以在程序中计算出单元格区域的位置、行数及列数，然后引用单元格区域。

根据具体情况，可以单独使用 Range 属性，也可以联合使用 Range 属性和 Cells 属性，关于 Cells 属性将在后面介绍。

案例 9-4

图 9-4 是一个示例表格，其左侧是各个客户的各种产品在上半年和下半年的销售额，每个客户的产品个数是一样的，现在要求计算每个客户的全年销售总额。

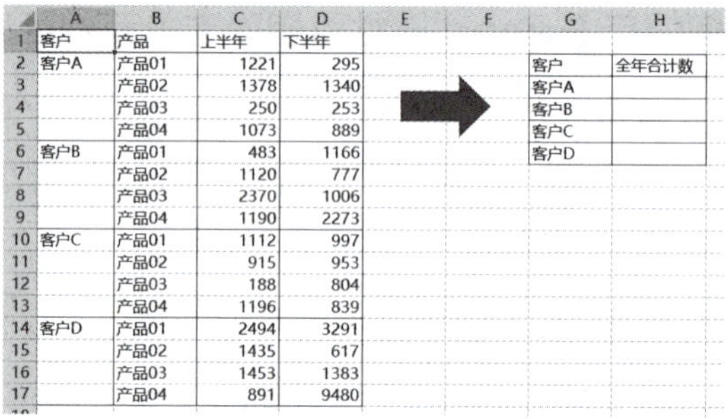

	A	B	C	D	E	F	G	H
1	客户	产品	上半年	下半年				
2	客户A	产品01	1221	295			客户	全年合计数
3		产品02	1378	1340			客户A	
4		产品03	250	253			客户B	
5		产品04	1073	889			客户C	
6	客户B	产品01	483	1166			客户D	
7		产品02	1120	777				
8		产品03	2370	1006				
9		产品04	1190	2273				
10	客户C	产品01	1112	997				
11		产品02	915	953				
12		产品03	188	804				
13		产品04	1196	839				
14	客户D	产品01	2494	3291				
15		产品02	1435	617				
16		产品03	1453	1383				
17		产品04	891	9480				

图 9–4 示例数据

图 9–5 是计算全年销售总额的 VBA 代码，程序中使用了几种方法来引用不固定单元格和单元格区域。

- Range ("G" & i) 和 Range ("H" & i) 分别是引用 G 列和 H 列的第 i 行单元格。
- Range ("C" & p & " : D" & p + 3) 是引用 C 列和 D 列从第 p 行开始、共 4 行的位置不固定单元格区域。

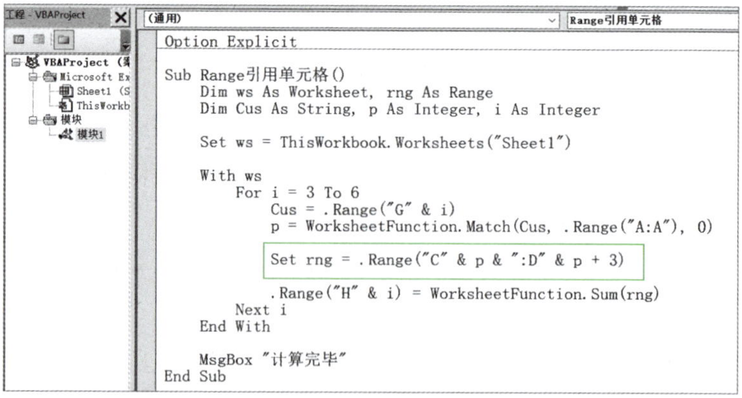


```
Option Explicit

Sub Range引用单元格()
    Dim ws As Worksheet, rng As Range
    Dim Cus As String, p As Integer, i As Integer

    Set ws = ThisWorkbook.Worksheets("Sheet1")

    With ws
        For i = 3 To 6
            Cus = .Range("G" & i)
            p = WorksheetFunction.Match(Cus, .Range("A:A"), 0)

            Set rng = .Range("C" & p & ":D" & p + 3)

            .Range("H" & i) = WorksheetFunction.Sum(rng)
        Next i
    End With

    MsgBox "计算完毕"
End Sub
```

图 9–5 使用 Range 属性引用不固定单元格区域

问答 9-005 如何使用 Range 属性引用不连续的固定单元格区域

要引用不连续的固定单元格区域，最简单的方法是使用 Range 属性。其方法是：在 Range 的括号内，用双引号引起所有的单元格区域，单元格区域和单元格区域之间用逗号分隔，连续的单元格区域之间用冒号分隔。

例如，下面的语句就是引用单元格区域 A1：A10，C1：D10，G1：H10、Q1：Q10 和 Z：Z。

```
Range("A1:A10,C1:D10,G1:H10,Q1:Q10,Z:Z")
```

单元格地址字符串编写的规则是：如果两个单元格地址之间用冒号分隔，就是连续单元格区域；如果用逗号分隔，就是不连续单元格区域。

案例 9-5

图 9-6 所示的代码是在统计分析之前，将单元格区域 B3：C12 和 F3：G12 的旧数据清除。请打开文件，运行程序，并观察效果。

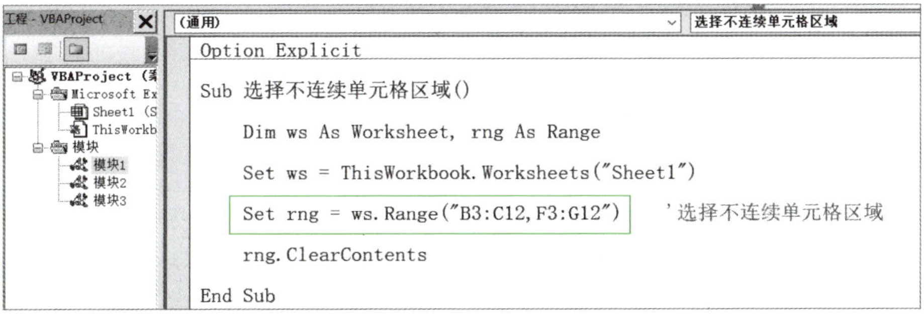

图 9-6　使用 Range 属性引用不连续的固定单元格区域

问答 9-006 如何使用 Range 属性引用不连续的不固定单元格区域

在实际数据处理中，常常需要引用一些不连续的且不固定的单元格区域，此时也可以使用 Range 属性来引用。

例如，下面的语句就是选择 A 列至 C 列、G 列至 K 列的不连续且不固定的单元格区域，这里的 n1 和 n2 是变量。

```
Range("A" & n1 & ":C" & n2 & ",G" & n1 & ":K" & n2)
```

当 n1=2，n2=10 时，这个语句就是引用了单元格区域 A2:C10 和 G2:K10。

```
Range("A2:C10,G2:K10")
```

案例 9-6

图 9-7 所示的就是引用 B 列至 C 列、F 列至 G 列的不固定单元格区域，单元格区域的最后一行的行号是根据实际数据区域大小而确定的变量。

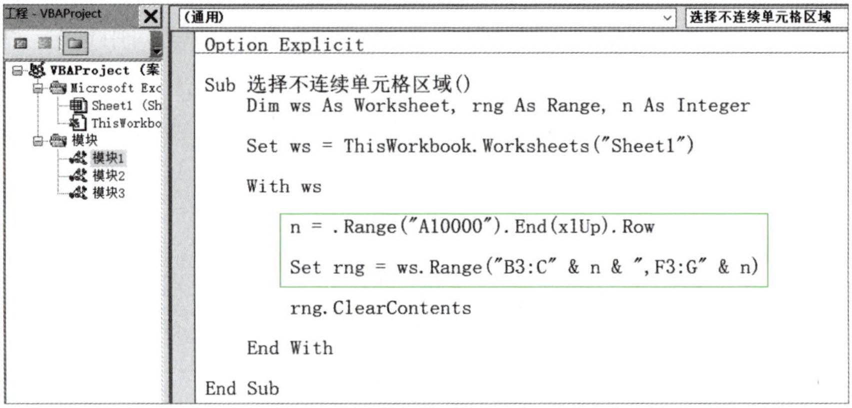

图 9-7　使用 Range 属性引用不连续的不固定单元格区域

问答 9-007　如何使用 Cells 属性引用固定单元格

当引用的单元格行号和列号都不固定时，使用 Cells 属性是最简单的方法，Cells 属性的用法如下：

```
Cells(i,j)
```

Cells (i，j) 就表示第 i 行、第 j 列的单元格。

例如，Cells (10，3) 表示单元格 C10，Cells (1，1) 表示单元格 A1。

案例 9-7

图 9-8 所示的是分别使用 Range 属性和 Cells 属性引用 A 列的第 10000 行单元格，并获取 A 列数据区域最后一行的行号，可以看到两个属性的计算结果是一样的。

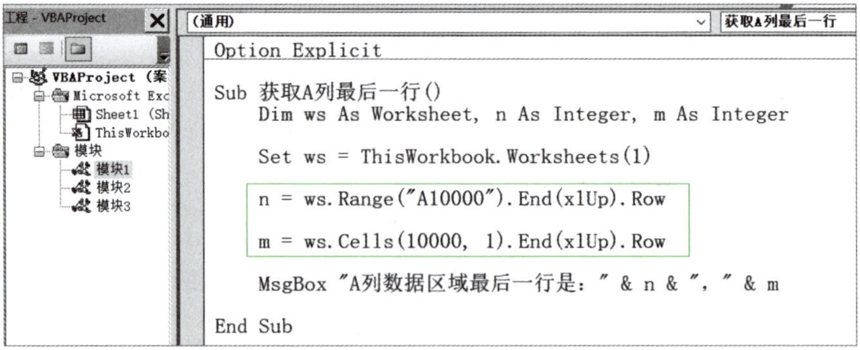

图 9-8　使用 Cells 属性引用固定单元格

问答 9-008　如何使用 Cells 属性引用一个变动单元格

动态指定 Cells 属性的行号和列号两个参数，就是引用变动的单元格。

案例 9-8

图 9-9 左侧的“销售记录”工作表是从系统导出的原始数据，要求直接根据原始数据制作右侧的不同城区在不同星期几的统计报表。

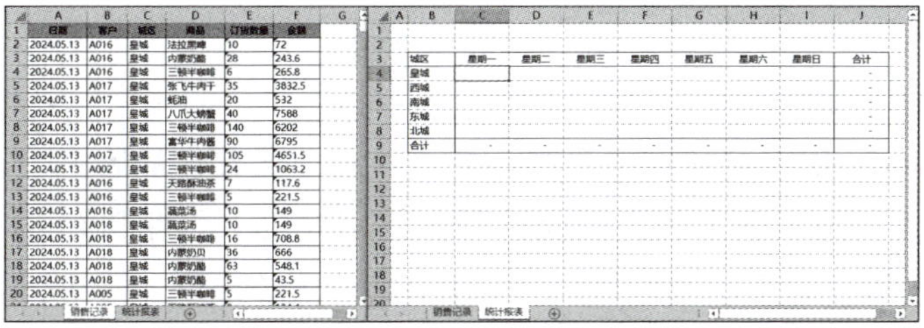

日期	客户	城区	商品	订货数量	金额
2024.05.13	A016	皇城	法拉黑啤	10	72
2024.05.13	A016	皇城	内蒙奶酪	28	243.6
2024.05.13	A016	皇城	三顿半咖啡	6	265.8
2024.05.13	A017	皇城	张飞牛肉干	35	3832.5
2024.05.13	A017	皇城	蚝油	20	532
2024.05.13	A017	皇城	八爪大螃蟹	40	7588
2024.05.13	A017	皇城	三顿半咖啡	140	6202
2024.05.13	A017	皇城	富华牛肉酱	90	6795
2024.05.13	A017	皇城	三顿半咖啡	105	4651.5
2024.05.13	A002	皇城	三顿半咖啡	24	1063.2
2024.05.13	A016	皇城	天路酥油茶	7	117.6
2024.05.13	A016	皇城	三顿半咖啡	5	221.5
2024.05.13	A016	皇城	蔬菜汤	10	149
2024.05.13	A018	皇城	蔬菜汤	10	149
2024.05.13	A018	皇城	三顿半咖啡	16	708.8
2024.05.13	A018	皇城	内蒙奶贝	36	666
2024.05.13	A018	皇城	内蒙奶酪	63	548.1
2024.05.13	A018	皇城	内蒙奶酪	5	43.5
2024.05.13	A005	皇城	三顿半咖啡	5	221.5

城区	星期一	星期二	星期三	星期四	星期五	星期六	星期日	合计
皇城								-
西城								-
南城								-
东城								-
北城								-
合计	-	-	-	-	-	-	-	-

图 9-9　原始数据及统计报表

这个例子比较复杂，因为原始数据不规范，所以需要先整理原始数据，包括整理 A 列的非法日期、E 列和 F 列的文本型数字，这些整理可以使用 Excel 分列工具录制一个宏，就会很快得到修改非法日期以及转换文本型数字的宏代码。

整理好数据后，在原始表上添加一列，从 A 列日期中提取星期几名称。

最后再调用工作表函数 Sumifs 进行汇总计算。

在整理以及汇总计算之前，先将原始数据表复制并备份，以免原始数据损坏后无法恢复。

请仔细阅读程序代码，如图 9-10 所示，并运行程序，观察计算结果。

```
Sub 汇总计算()
    Dim wsXS As Worksheet, wsHZ As Worksheet, rng1 As Range, rng2 As Range, rng3 As Range
    Dim i As Long, j As Long, n As Long

    Set wsXS = ThisWorkbook.Worksheets("销售记录")
    Set wsHZ = ThisWorkbook.Worksheets("统计报表")

    '先整理基础数据
    With wsXS
        '先将销售记录工作表复制备份
        .Copy after:=ThisWorkbook.Worksheets("统计报表")

        '使用分列工具，整理非法日期和文本型数字
        .Range("A:A").TextToColumns Destination:=.Range("A1"), FieldInfo:=Array(1, 5)
        .Range("E:E").TextToColumns Destination:=.Range("E1"), FieldInfo:=Array(1, 1)
        .Range("F:F").TextToColumns Destination:=.Range("F1"), FieldInfo:=Array(1, 1)

        '添加辅助列，计算星期几
        n = wsXS.Range("A100000").End(xlUp).Row
        .Range("G1") = "星期几"
        For i = 2 To n
            .Range("G" & i) = Format(.Range("A" & i), "aaaa")
        Next i

        '引用条件区域与求和区域
        Set rng1 = .Range("G2:G" & n)
        Set rng2 = .Range("C2:C" & n)
        Set rng3 = .Range("F2:F" & n)
    End With

    '开始汇总
    With wsHZ
        .Select
        For i = 4 To 8
            For j = 3 To 9

                .Cells(i, j) = WorksheetFunction.SumIfs(rng3, rng1, .Cells(3, j), rng2, .Cells(i, 2))

            Next j
        Next i
    End With

    MsgBox "汇总计算完毕"
End Sub
```


图 9-10　使用 Cells 属性引用一个变动单元格

问答 9-009 如何使用 Cells 属性引用单元格区域

如果要使用 Cells 属性引用单元格区域，就必须与 Range 属性联合使用。例如，下面的语句就是引用单元格区域 A1:E10。

```
Range(Cells(1, 1), Cells(10, 5))
```

这样，可以利用 Cells 的行号和列号变量引用位置不固定、大小不固定的单元格区域。

案例 9-9

图 9-11 所示的代码是计算每个产品的合计数，保存在最后一个客户的下一行。这里假设客户数量是不确定的，因此，联合使用 Range 属性和 Cells 属性来引用不同产品的求和区域，这个求和区域就是某列的第 2 行到第 n 行区域。

```
Set rng = .Range(.Cells(2, j), .Cells(n, j))
```

引用某列的第 2 行单元格是：

```
.Cells(2, j)
```

引用某列的第 n 行单元格是：

```
.Cells(n, j)
```

引用第 1 个单元格 .Cells (2, j) 和最后一个单元格 .Cells (n, j) 的连续单元格区域就是：

```
.Range(.Cells(2, j), .Cells(n, j))
```

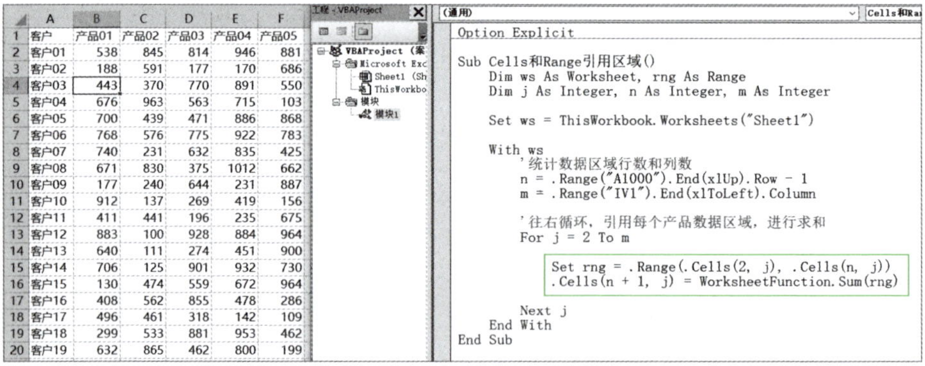

图 9-11 联合使用 Range 属性和 Cells 属性引用不固定的单元格区域

问答 9-010 如何使用 Cells 属性引用整个工作表单元格

在使用 Cells 属性时，如果指定了具体的行号和列号，就是引用某个单元格。如果在 Cells 属性后不跟任何参数，那么就是引用工作表的全部单元格。

```
ws.Cells
```

案例 9-10

图 9-12 所示的代码是选择整个工作表单元格，删除所有单元格。

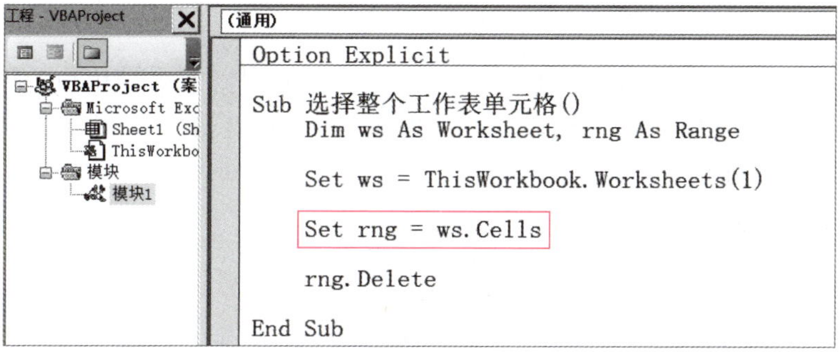

图 9-12 使用 Cells 属性引用工作表的全部单元格

问答 9-011 如何使用 UsedRange 属性引用已使用单元格

已使用单元格是指最下一行、最右一列中操作过的单元格所形成的一个矩形单元格区域。可以使用 UsedRange 属性来引用。

```
ws.UsedRange
```

案例 9-11

图 9-13 所示的是引用指定工作表的已使用单元格，并设置了外边框。请打开代码窗口，逐行运行语句，并观察运行效果。

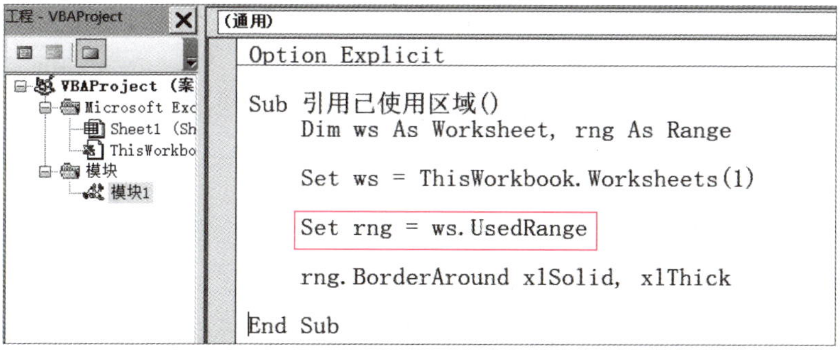

图 9-13 使用 UsedRange 属性引用已使用单元格

9.2 引用整行和整列

在某些情况下，需要引用工作表的整行和整列，此时可以使用 Range 属性，也可以使用 Rows 属性和 Columns 属性。

问答 9-012 如何引用单行或多行

当需要引用某一行、连续的多行或者引用不连续的多行时，可以使用 Range 属性，也可以使用 Rows 属性。

1. 使用 Rows 属性引用行

Rows 属性引用行的方法是根据指定的行号来引用。如果是单行，就直接编写行号数字；如果是连续多行，就需要使用双引号将两个行号字符串引起来，且两个行号之间用冒号分隔。

下面是使用 Rows 属性引用行的基本语句。

```
Rows(1)                    '引用第 1 行
Rows(5)                    '引用第 5 行
Rows("1:1")                '引用第 1 行
Rows("1:5")                '引用第 1 至 5 行
```

需要注意的是，Rows 属性只能引用某一行或者连续的多行，而不能引用不连续的多行。

2. 使用 Range 属性引用行

Range 属性引用行的方法是用双引号将两个行号字符串引起来，两个行号之间用冒号分隔。Range 属性不仅可以引用单行，而且还可以引用连续的多行或者不连续的多行。

下面是使用 Range 属性引用行的基本语句。

```
Range("1:1")               '引用第 1 行
Range("5:5")               '引用第 5 行
Range("5:10")              '引用第 5 至 10 行
Range("5:5,8:10,20:30")    '引用第 5 行、第 8 至 10 行、第 20 至 30 行
```

案例 9-12

图 9-14 是使用 Rows 属性和 Range 属性引用行的示例代码。请打开代码窗口，按 F8 键逐行运行，并观察运行效果。

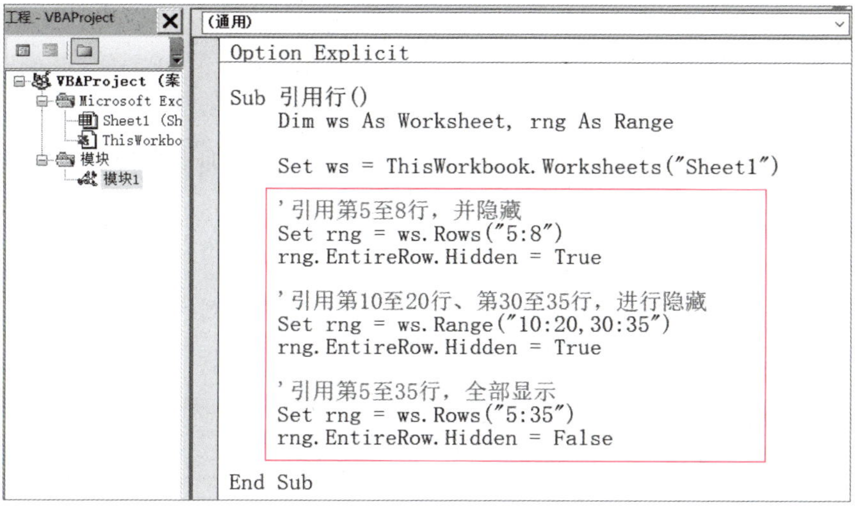

图 9-14　使用 Rows 属性和 Range 属性引用行

问答 9-013　如何引用单列或多列

当需要引用某一列、连续的多列或者引用不连续的多列时，可以使用 Range 属性，也可以使用 Columns 属性。

1. 使用 Columns 属性引用列

Columns 属性引用列的方法是根据指定的列号或者列标来引用。如果是单列，就直接编写列号或者列标；如果是连续多列，就只能使用列标，而不能使用列号。

下面是使用 Columns 属性引用列的基本语句。

```
Columns(1)                          '引用第 1 列（即 A 列）
Columns(5)                          '引用第 5 列（即 E 列）
Columns("A:A")                      '引用第 1 列（即 A 列）
Columns("A:E")                      '引用 A 至 E 列
```

需要注意的是，Columns 属性只能引用某一列或者连续的多列，而不能引用不连续的多列。

2. 使用 Range 属性引用列

Range 属性引用列的方法是根据列标来引用。Range 属性不仅可以引用单列，而且还可以引用连续的多列或者不连续的多列。

下面是使用 Range 属性引用列的基本语句：

```
Range("A:A")                        '引用 A1 列
```

```
Range("E:E")                          '引用 E 列
Range("E:K")                          '引用 E 至 K 列
Range("A:A,D:F,M:Q")                  '引用 A 列、D 至 F 列、M 至 Q 列
```

显然，使用 Range 属性并通过列标来引用列，不仅更加直观易读，而且操作起来也更加方便。

案例 9-13

图 9-15 是使用 Columns 属性和 Range 属性引用列的示例代码。请打开代码窗口，按 F8 键逐行运行，并观察运行效果。

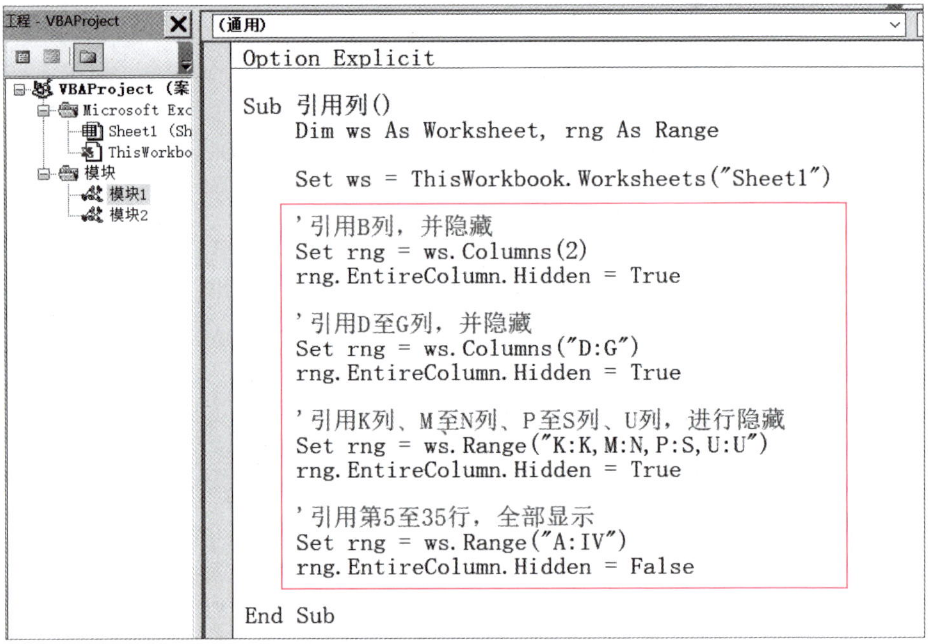

图 9-15　使用 Columns 属性和 Range 属性引用列

9.3　引用特殊类型单元格

在数据处理中，常常要引用并处理某些特殊单元格，如公式单元格、空单元格、可见单元格、批注单元格及不同类型单元格等。这些特殊单元格实际上是在工作表中使用定位条件命令快速定位并选择，这些操作也可以使用 VBA 代码来实现，也就是使用 Range 对象的 SpecialCells 方法。

这些 VBA 代码，都可以通过录制宏来获得，然后编辑加工，简化代码。

不过，需要注意的是，采用这种方法定位并引用特殊数据单元格时，如果搜索不到单元格，程序会报错。因此，在程序中需要设置错误处理语句来处理这种

情况。

问答 9-014 如何引用单元格区域的所有公式单元格

将 SpecialCells 方法的参数设置为 xlCellTypeFormulas，就是引用指定单元格区域内的所有公式单元格。例如，下面的语句就是引用当前活动工作表中的所有公式单元格。

```
ActiveSheet.Cells.SpecialCells(xlCellTypeFormulas)
```

案例 9-14

图 9-16 所示的 VBA 代码就是引用指定工作表中已使用单元格区域内的所有公式单元格，并将这些单元格设置为浅黄色。

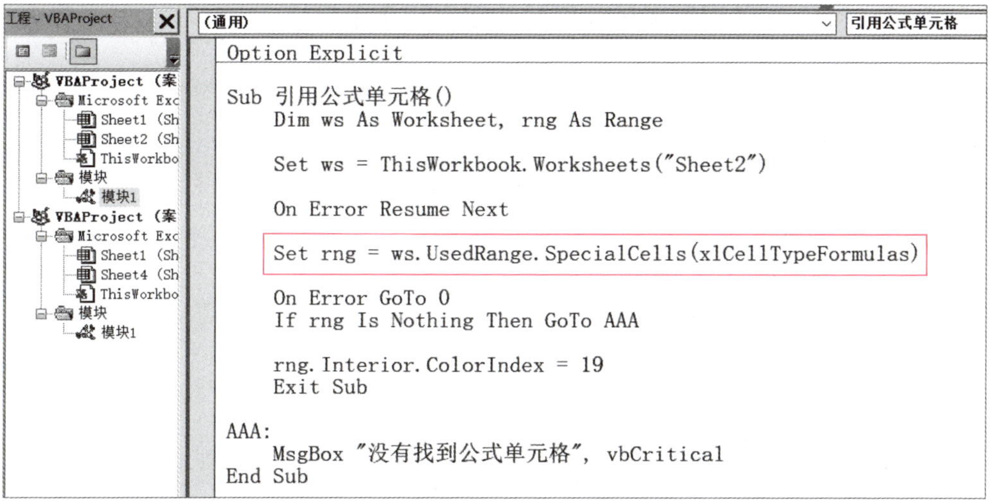

图 9-16　引用所有公式单元格

问答 9-015 如何引用单元格区域的所有空单元格

将 SpecialCells 方法的参数设置为 xlCellTypeBlanks，就是引用指定单元格区域内的所有空单元格。

```
Range 对象 .SpecialCells(xlCellTypeBlanks)
```

案例 9-15

图 9-17 所示的 VBA 代码就是引用指定工作表中已使用单元格区域内的所有空单元格，并将这些单元格设置为浅黄色，然后填充数字 0。

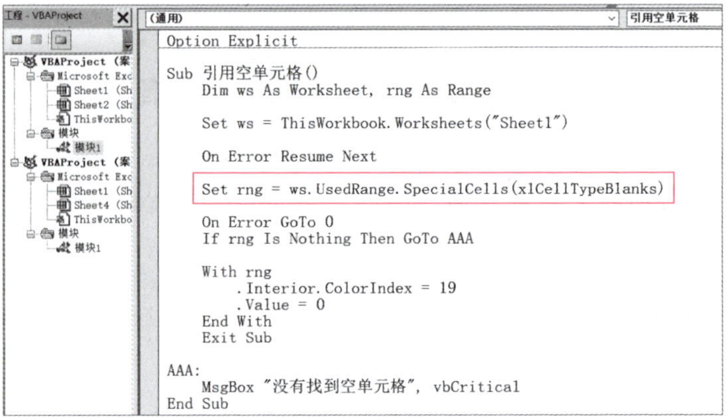

图 9-17　引用所有空单元格

问答 9-016　如何引用单元格区域的所有可见单元格

将 SpecialCells 方法的参数设置为 xlCellTypeVisible，就是引用指定单元格区域内的所有可见单元格。

```
Range 对象 .SpecialCells(xlCellTypeVisible)
```

例如，如果要执行“可见单元格区域的数据就复制，被隐藏的数据就不复制”这一命令，就需要先引用可见单元格。

案例 9-16

图 9-18 所示的 VBA 代码就是引用已使用单元格区域内的所有可见单元格，并将这些单元格数据复制到另一个工作表。

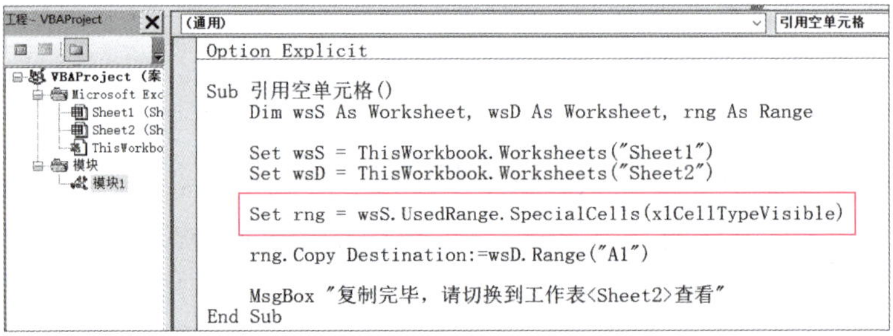

图 9-18　引用所有可见单元格

问答 9-017　如何引用单元格区域的所有批注单元格

如果单元格区域很多单元格设置了批注，现在要将这些具有批注的单元格全部选择出来，则可以将 SpecialCells 方法的参数设置为 xlCellTypeComments。

案例 9-17

图 9-19 所示的 VBA 代码就是引用已使用单元格区域内的所有批注单元格，并将这些单元格颜色设置为浅黄色。

```
Option Explicit

Sub 引用批注单元格()
    Dim ws As Worksheet, rng As Range

    Set ws = ThisWorkbook.Worksheets("Sheet1")

    On Error Resume Next

    Set rng = ws.UsedRange.SpecialCells(xlCellTypeComments)

    On Error GoTo 0
    If rng Is Nothing Then GoTo AAA

    rng.Interior.ColorIndex = 19

    MsgBox "已选择了所有批注单元格", vbInformation
    Exit Sub

AAA:
    MsgBox "没有找到批注单元格", vbCritical
End Sub
```

图 9-19　引用所有批注单元格

问答 9-018　如何引用单元格区域的不同类型单元格

本节已经介绍了如何引用单元格区域内的公式单元格、空单元格、可见单元格、批注单元格等，这是数据处理中最常见的单元格引用类型。

将 SpecialCells 方法的参数设置为不同的常量，就是定位并引用不同类型的单元格，如图 9-20 所示。

```
Sub 引用特殊类型单元格()
    Dim ws As Worksheet, rng As Range

    Set ws = ThisWorkbook.Worksheets(1)

    set rng=ws.UsedRange.SpecialCells
                        SpecialCells(Typ  xlCellTypeAllValidation
End Sub                                   xlCellTypeBlanks
                                          xlCellTypeComments
                                          xlCellTypeConstants
                                          xlCellTypeFormulas
                                          xlCellTypeLastCell
                                          xlCellTypeSameFormatConditions
```

图 9-20　SpecialCells 方法的类型参数列表

SpecialCells 方法有两个参数，第 1 个参数指定单元格类型，前面介绍的各种单元格类型就是设置这个参数；第 2 个参数是可选参数，仅仅是当第 1 个参数是 xlCellTypeConstants 或 xlCellTypeFormulas 时，可以根据实际需要进行设置。

SpecialCells 方法的第 1 个参数可以是下面的类型。

- `xlCellTypeAllValidation`　　含有验证条件的单元格
- `xlCellTypeBlanks`　　空单元格

● xlCellTypeComments	含有注释的单元格
● xlCellTypeConstants	含有常量的单元格
● xlCellTypeFormulas	含有公式的单元格
● xlCellTypeLastCell	所用区域中的最后一个单元格
● xlCellTypeSameFormatConditions	格式相同的单元格
● xlCellTypeSameValidation	验证条件相同的单元格
● xlCellTypeVisible	所有可见单元格

第 2 个参数可以是以下常量之一，此参数用于确定结果中应包含哪几类单元格，将某几个值相加可使此方法返回多种类型的单元格。

● xlErrors （数值 16）	错误
● xlLogical （数值 4）	逻辑
● xlNumbers （数值 1）	数字
● xlTextValues （数值 2）	值

案例 9-18

图 9-21 是定位特殊类型单元格的几个语句，供大家参考。

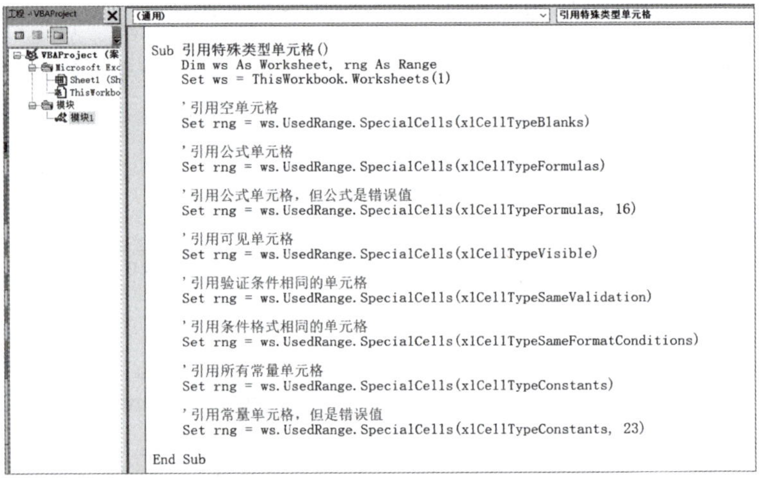

```
Sub 引用特殊类型单元格()
    Dim ws As Worksheet, rng As Range
    Set ws = ThisWorkbook.Worksheets(1)

    '引用空单元格
    Set rng = ws.UsedRange.SpecialCells(xlCellTypeBlanks)

    '引用公式单元格
    Set rng = ws.UsedRange.SpecialCells(xlCellTypeFormulas)

    '引用公式单元格，但公式是错误值
    Set rng = ws.UsedRange.SpecialCells(xlCellTypeFormulas, 16)

    '引用可见单元格
    Set rng = ws.UsedRange.SpecialCells(xlCellTypeVisible)

    '引用验证条件相同的单元格
    Set rng = ws.UsedRange.SpecialCells(xlCellTypeSameValidation)

    '引用条件格式相同的单元格
    Set rng = ws.UsedRange.SpecialCells(xlCellTypeSameFormatConditions)

    '引用所有常量单元格
    Set rng = ws.UsedRange.SpecialCells(xlCellTypeConstants)

    '引用常量单元格，但是错误值
    Set rng = ws.UsedRange.SpecialCells(xlCellTypeConstants, 23)

End Sub
```

图 9-21　引用特殊类型单元格

9.4　引用单元格和单元格区域的其他方法

前面介绍的是引用单元格或单元格区域的常规方法，下面再介绍几个引用单元格或单元格区域的其他实用方法。例如，使用 End 属性引用最后一个单元格，使用 Offset 属性引用一个新单元格或单元格区域，使用 Resize 属性引用变化后的单元格区域，使用 Union 方法引用多个非连续单元格区域等。

问答 9-019 如何使用 End 属性引用最后一个单元格

End 属性用于引用单元格区域的末尾单元格，相当于在工作表中按 End+ 向上键、End+ 向下键、End+ 向左键或 End+ 向右键。End 属性的语法如下：

```
Range 对象 .End( 方向 )
```

End 属性的参数用于指定方向，可以是以下四个值之一。

- xlDown　　向下
- xlToLeft　　向左
- xlToRight　　向右
- xlUp　　向上

例如，下面的两个语句都是引用 A 列的最后一个有数据的单元格（假如 A 列没有空单元格）。

```
Range("A1048576").End(xlUp)
Range("A1").End(xlDown)
```

再如，下面的语句是引用第 1 行的最后一个有数据的单元格（假如第 1 行没有空单元格）。

```
Range("XFD1").End(xlToLeft)
Range("A1").End(xlToRight)
```

案例 9-19

图 9-22 是引用 E 列最后一个不为空的单元格的示例。请打开文件，运行程序，查看运行结果。

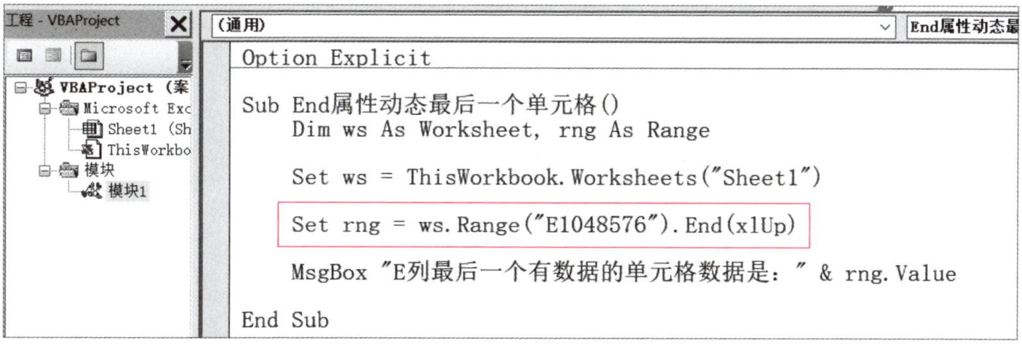

图 9-22　使用 End 属性引用最后一个单元格

问答 9-020 如何使用 Offset 属性引用一个新单元格或单元格区域

在工作表中，有一个偏移函数 Offset，它通过偏移行和列来引用新的单元格或单元格区域，在 VBA 中，也有一个这样的 Offset 属性，它能实现动态单元格或单元格区域的引用。

Offset 属性有两个可选参数，分别指定偏移行数和偏移列数，正值表示向下或向右，负值表示向上或向左，其语法如下：

```
Range 对象 .Offset( 偏移行数, 偏移列数 )
```

例如，下面的语句是以单元格 A1 为基准单元格，往下偏移 10 行，往右偏移 3 列，引用新单元格 D11。

```
Range("A1").Offset(10,3)
```

下面的语句是以单元格 M5 为基准单元格，往下偏移 8 行，往左偏移 10 列，引用新单元格 C13。

```
Range("M5").Offset(8,-10)
```

下面的语句是以单元格区域 A1 :C5 为基准点，向下偏移 10 行，向右偏移 5 列，得到新单元格区域 F11 : H15。

```
Range("A1:C5").Offset(10,5)
```

案例 9-20

图 9-23 所示的是把当前工作簿中每个城市工作表的数据合并汇总到“汇总”工作表中，并且每个城市工作表的数据区域结构是一样的。

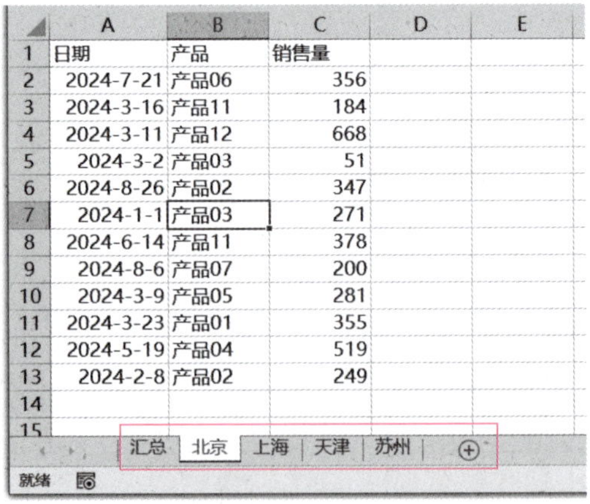

	A	B	C	D	E
1	日期	产品	销售量		
2	2024-7-21	产品06	356		
3	2024-3-16	产品11	184		
4	2024-3-11	产品12	668		
5	2024-3-2	产品03	51		
6	2024-8-26	产品02	347		
7	2024-1-1	产品03	271		
8	2024-6-14	产品11	378		
9	2024-8-6	产品07	200		
10	2024-3-9	产品05	281		
11	2024-3-23	产品01	355		
12	2024-5-19	产品04	519		
13	2024-2-8	产品02	249		
14					
15					

图 9-23　要汇总的各个城市工作表数据

这种合并汇总就是常规地复制粘贴，将各个工作表数据依次往下粘贴到一起。因此每次复制粘贴数据时，粘贴的位置就变成了新位置，此时可以使用 Offset 属性来重新定位要复制粘贴的位置。图 9-24 是合并汇总的参考 VBA 代码。

```
Option Explicit

Sub Offset属性动态引用单元格()
    Dim ws As Worksheet, wsx As Worksheet, rng As Range, rngx As Range
    Dim arr As Variant, i As Integer, n As Integer

    Set ws = ThisWorkbook.Worksheets("汇总")
    ws.Range("A2:C100000").Delete shift:=xlUp

    arr = Array("北京", "上海", "天津", "苏州")
    For i = 0 To UBound(arr)

        '引用每个工作表的数据区域
        Set wsx = ThisWorkbook.Worksheets(arr(i))
        n = wsx.Range("A10000").End(xlUp).Row
        Set rngx = wsx.Range("A2:C" & n)

        '将每个工作表数据依次复制到新工作表
        With ws

            Set rng = .Range("A10000").End(xlUp).Offset(1)

            rngx.Copy Destination:=rng

        End With
    Next i

    MsgBox "汇总完毕"
End Sub
```

图 9-24　使用 Offset 属性引用新单元格

问答 9-021　如何使用 Resize 属性引用变化后的单元格区域

在案例 9-20 中，复制粘贴各个城市工作表的数据后，还要在“汇总”工作表的 D 列输入各个城市的名称，如图 9-25 所示。

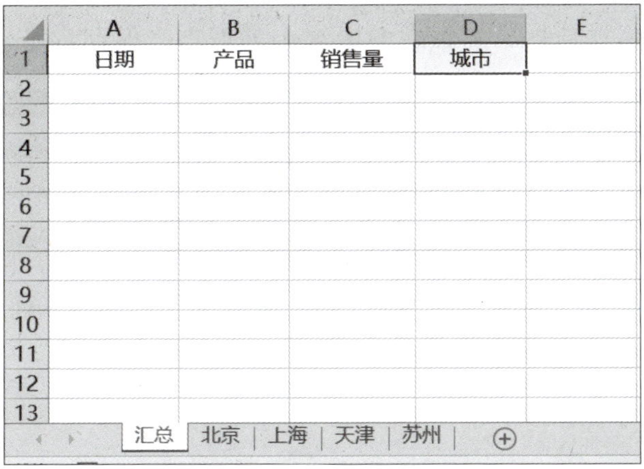

图 9-25　需要在工作表“汇总”中输入各个城市名称

这里需要注意一个问题，每个工作表数据复制粘贴过来后，其工作表数据的行数范围是不一样的，即 D 列要输入城市名称的行数是不一样的，就需要想办法引用 D 列要输入城市名称的单元格区域。

此时，可以使用 Resize 属性将单元格范围改变为指定的大小，并引用变更后的单元格区域。Resize 属性的语法格式如下：

```
Range 对象 .Resize( 新区域行数, 新区域列数 )
```

第 1 个参数指定新区域中的行数。如果省略该参数，则该区域中的行数保持不变。

第 2 个参数指定新区域中的列数。如果省略该参数，则该区域中的列数保持不变。

例如，下面的语句就是将单元格区域 A1:C5 扩展为 8 行 4 列的新区域，结果为 A1:D8。

```
Range("A1:C5").Resize(8,4)
```

下面的语句就是将单元格区域 A1:C5 扩展为行数不变但 4 列的新区域，结果为 A1:D5。

```
Range("A1:C5").Resize(,4)
```

下面的语句就是将单元格区域 A1:C5 扩展为 8 行但列数不变的新区域，结果为 A1:C8。

```
Range("A1:C5").Resize(8)
```

案例 9-21

针对案例 9-20，在“汇总”工作表中增加一列城市，保存各个城市的名称，汇总的参考 VBA 代码如图 9-26 所示。

这里有以下两个核心语句。

（1）每次复制粘贴的起始单元格是 rng。

```
Set rng = .Range("A10000").End(xlUp).Offset(1)
```

（2）在 D 列输入城市时，从复制起始单元格 rng 开始往右偏移 3 列，到达 D 列，然后取总行数为 n–1 的新区域，然后往这个区域批量输入城市名称。

```
rng.Offset(0, 3).Resize(n-1).Value = arr(i)
```

```
Option Explicit

Sub Resize属性扩展单元格区域()
    Dim ws As Worksheet, wsx As Worksheet, rng As Range, rngx As Range
    Dim arr As Variant, i As Integer, n As Integer

    Set ws = ThisWorkbook.Worksheets("汇总")
    ws.Range("A2:D100000").Delete

    arr = Array("北京", "上海", "天津", "苏州")

    For i = 0 To UBound(arr)

        '引用每个工作表的数据区域
        Set wsx = ThisWorkbook.Worksheets(arr(i))
        n = wsx.Range("A10000").End(xlUp).Row
        Set rngx = wsx.Range("A2:C" & n)

        '将每个工作表数据依次复制到新工作表，并输入城市名称
        With ws

            Set rng = .Range("A10000").End(xlUp).Offset(1)

            rngx.Copy Destination:=rng

            rng.Offset(0, 3).Resize(n - 1).Value = arr(i)

        End With

    Next i
End Sub
```

图 9-26　使用 Resize 引用扩展单元格区域

问答 9-022 如何使用 Union 方法引用多个非连续单元格区域

如果已经声明并指定了几个 Range 对象变量，现在要将这几个 Range 对象组合为一个新 Range 对象，则可以使用 Application 对象的 Union 方法，其语法格式如下：

```
Application.Union(Range 对象 1, Range 对象 2, Range 对象 3, …)
```

在实际使用中，可以忽略 Application 对象而直接使用 Union 方法。

```
Union(Range 对象 1, Range 对象 2, Range 对象 3, …)
```

案例 9-22

图 9-27 是使用 Union 方法将三个 Range 对象连接组合成一个新对象的简单代码。

```
Option Explicit

Sub Union方法()
    Dim ws As Worksheet
    Dim rng1 As Range, rng2 As Range, rng3 As Range, rng As Range

    Set ws = ThisWorkbook.Worksheets("Sheet1")

    Set rng1 = ws.Range("A2:B10")
    Set rng2 = ws.Range("F11:K21")
    Set rng3 = ws.Range("A12:C22")

    Set rng = Union(rng1, rng2, rng3)

    rng.Select

End Sub
```

图 9-27　使用 Union 方法引用多个非连续单元格区域

9.5 获取单元格和单元格区域基本信息

引用单元格和单元格区域的目的是操作单元格，如获取指定单元格或单元格区域的数据、单元格区域的大小、单元格或单元格区域的地址等。本节主要介绍获取单元格和单元格区域基本信息的技能技巧和基本 VBA 语句。

问答 9-023 如何获取指定单元格的数据

获取单元格数据的方法是使用 Range 对象的 Value 属性。由于 Value 属性是 Range 对象的默认属性，因此在实际操作中可以将其省略掉。

下面两个语句的效果是一样的。

```
X = Range("A1")
X = Range("A1").Value
```

案例 9-23

图 9-28 是获取工作表 A 列的客户名称，并保存到数组 Cus 中的示例代码。

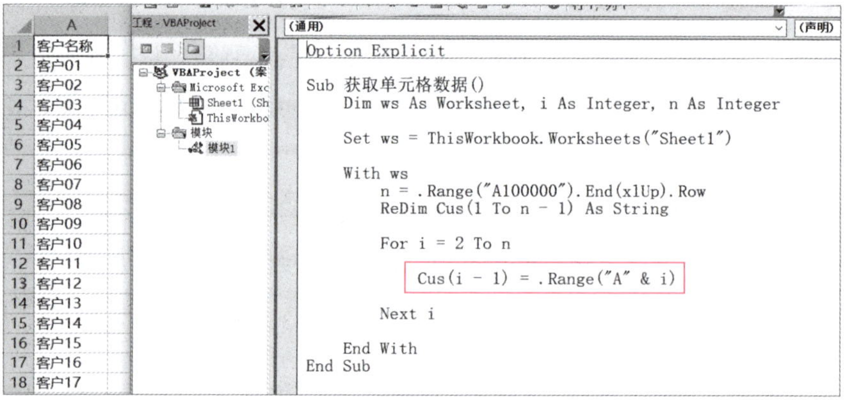

图 9-28 获取指定单元格的数据

问答 9-024 如何获取指定单元格区域的数据

某些情况下，需要获取一个单元格区域的数据，此时可以将指定单元格的数据批量保存到一个变体变量中，这样的结果就是一个多维数组。

案例 9-24

图 9-29 所示的 A 列和 B 列的数据区域保存到变量 arr 中，此时，变量 arr 就是一个二维数组了，一个维度保存客户名称，另一个维度保存销售额。

如果运行程序，那么 arr 的结果就可以是下面的情形（请对照工作表数据）。

```
arr(1,1)                                结果：客户 01
arr(1,2)                                结果：812

arr(5,1)                                结果：客户 05
arr(5,2)                                结果：1257
```

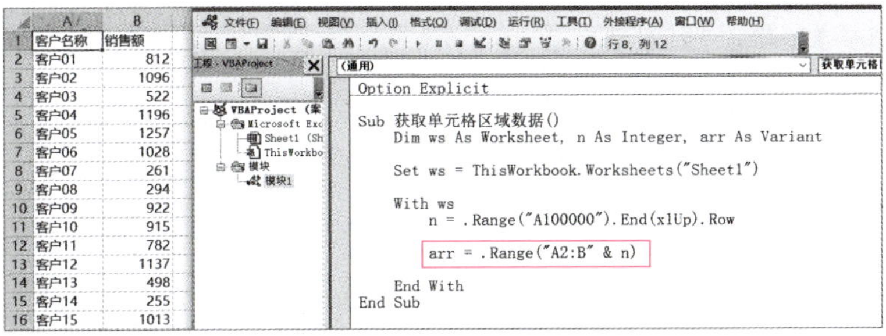

图 9-29　将单元格区域数据保存到变体变量中

问答 9-025　如何获取单元格或单元格区域的地址

如果要获取单元格或单元格区域的地址，需要使用 Range 对象的 Address 属性。该属性有 5 个参数，语法如下：

```
Range 对象 .Address(是否行绝对，是否列绝对，引用样式，是否外部引用，是否包含起点单元格)
```

Address 属性的重点是设置前两个参数：“是否行绝对”和“是否列绝对”，其他参数可以忽略。

前两个参数是“是否行绝对”和“是否列绝对”，如果是 True（或者数字 1），表示绝对引用；如果是 False（或者数字 0），表示相对引用。

例如，对于单元格 A1，如果设置不同的参数，就得到不同的结果。

```
Range("A1").Address(1,1)                 '结果：$A$1
Range("A1").Address(0,0)                 '结果：A1
Range("A1").Address(1,0)                 '结果：$A1
Range("A1").Address(0,1)                 '结果：A$1
```

对于单元格区域，获取地址的方法也是使用 Address 属性，下面是获取单元格区域 A1:D10 地址的 VBA 语句。

```
Range("A1:D10").Address(1,1)             '结果：$A$1:$D$10
Range("A1:D10").Address(0,0)             '结果：A1:D10
Range("A1:D10").Address(1,0)             '结果：A$1:D$10
Range("A1:D10").Address(0,1)             '结果：$A1:$D10
```

案例 9-25

获取单元格地址的实际应用，主要是通过 VBA 向单元格输入公式，以便于制作一个包含计算公式的自动化报表。

图 9-30 是一个示例，要求在表格最底一行输入合计数公式，这样就可以自动计算合计数了。

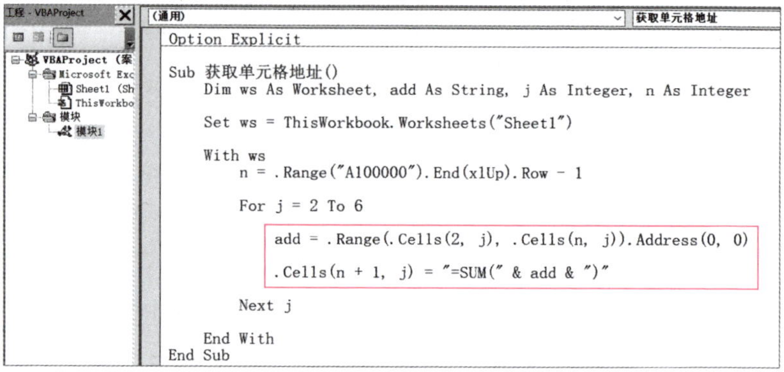

```
Option Explicit

Sub 获取单元格地址()
    Dim ws As Worksheet, add As String, j As Integer, n As Integer

    Set ws = ThisWorkbook.Worksheets("Sheet1")

    With ws
        n = .Range("A100000").End(xlUp).Row - 1

        For j = 2 To 6

            add = .Range(.Cells(2, j), .Cells(n, j)).Address(0, 0)

            .Cells(n + 1, j) = "=SUM(" & add & ")"

        Next j

    End With
End Sub
```

图 9-30　使用 Address 属性获取单元格地址

问答 9-026　如何获取单元格区域的大小

要获取单元格区域的大小，也就是单元格区域包含的行数和列数，可以使用 Range 对象的 Rows.Count 属性和 Columns.Count 属性。

例如，下面的语句是获取指定单元格区域的行数和列数。

```
Range("C3:M26").Rows.Count                    '结果：24（行）
Range("C3:M26").Columns.Count                 '结果：11（列）
```

Rows 和 Columns 是 Range 对象的属性，其返回值又是一个 Range 对象的子对象，该子对象又有自己的属性 Count（统计数目）。

案例 9-26

图 9-31 所示的代码是统计已使用单元格区域的地址、行数和列数。

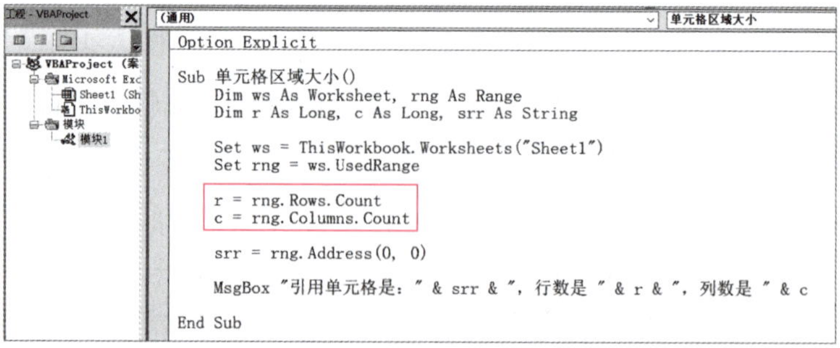

```
Option Explicit

Sub 单元格区域大小()
    Dim ws As Worksheet, rng As Range
    Dim r As Long, c As Long, srr As String

    Set ws = ThisWorkbook.Worksheets("Sheet1")
    Set rng = ws.UsedRange

    r = rng.Rows.Count
    c = rng.Columns.Count

    srr = rng.Address(0, 0)

    MsgBox "引用单元格是：" & srr & "，行数是 " & r & "，列数是 " & c

End Sub
```

图 9-31　使用 Rows.Count 属性和 Columns.Count 属性获取单元格区域的行数和列数

问答 9-027 如何获取单元格区域的起始行号和列号以及终止行号和列号

问答 9–026 介绍了获取单元格区域大小的方法，但如果要获取单元格区域的边界呢？也就是单元格从第几行第几列开始，到第几行第几列终止，此时可以联合使用 Cells 属性、Row 属性和 Column 属性进行统计。

案例 9-27

图 9–32 所示的代码是获取已使用单元格区域的开始行号和列号，以及终止行号和列号。

在这个程序中，使用了 Cells 属性获取指定单元格区域的最前一个单元格和最后一个单元格，即当仅指定 Cells 属性的一个参数时，Cells 属性就表示指定单元格区域的某个单元格。

第 1 个单元格是：

```
rng.Cells(1)
```

最后一个单元格是：

```
rng.Cells(rng.Count)
```

然后，再使用 Row 属性和 Column 属性分别获取第 1 个单元格的行号和列号，也就是单元格区域的开始行号和开始列号；使用 Row 属性和 Column 属性分别获取最后一个单元格的行号和列号，也就是单元格区域的终止行号和终止列号。

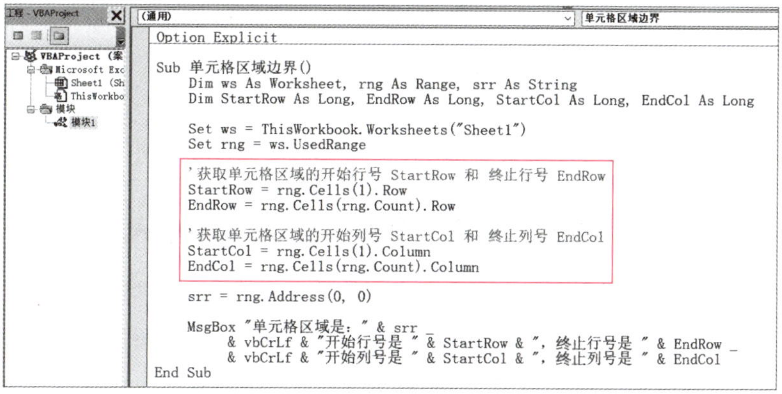

图 9–32　获取指定单元格区域的边界

问答 9-028 如何获取某列最后一个不为空单元格的行号

在本书各章节的有关案例中，常见到这样一条语句：

```
n = ws.Range("A1000000").End(xlUp).Row
```

这条语句就是获取指定列的最后一个不为空单元格的行号，当需要引用单元格区域，或者需要循环数据区域各行时，就获取了最后一行的位置。

获取某列最后一个不为空单元格的行号可以联合使用 End 属性和 Row 属性。即先用 End 属性引用该列最后一个单元格，再使用 Row 属性获取该单元格的行号。

这里要从某列下面充分远（例如 100 万行）的某单元格开始往上定位（End 属性的参数设置为 xlUp），这样就不受该列中间有空单元格的影响。

案例 9-28

图 9-33 是获取某列最后一个不为空单元格的行号的示例代码，基本方法是先统计数据区域最后一行的行号，然后选择 F 列的数据区域，批量输入“华东”。

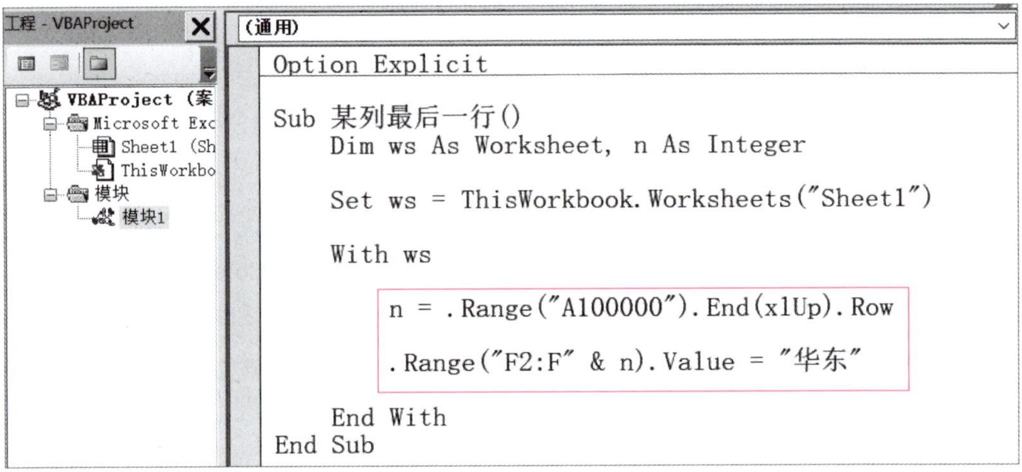

图 9-33　获取某列最后一个不为空单元格的行号

问答 9-029　如何获取某行最后一个不为空单元格的列号

获取某行最后一个不为空单元格的列号可以联合使用 End 属性和 Column 属性，基本方法是：从充分远的某列（例如 IV 列）开始往左定位（End 属性的单数设置为 xlToLeft），引用最后一个不为空的单元格，再使用 Column 属性获取列号。

案例 9-29

图 9-34 所示的代码是对案例 9-28 的完善，假设不知道最后一列的地区是要输入在哪列，此时就先获取最后一列不为空单元格的列号 m（可以在第 1 行的标题行进行定位），那么地区数据就要输入在 m+1 列。

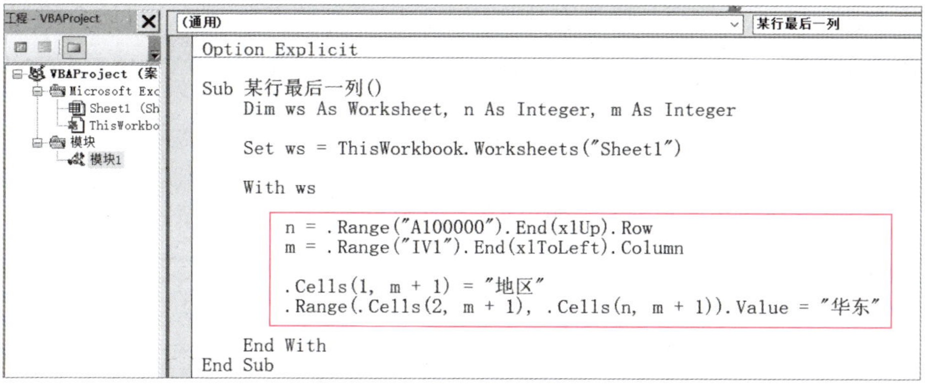

```
Option Explicit

Sub 某行最后一列()
    Dim ws As Worksheet, n As Integer, m As Integer

    Set ws = ThisWorkbook.Worksheets("Sheet1")

    With ws

        n = .Range("A100000").End(xlUp).Row
        m = .Range("IV1").End(xlToLeft).Column

        .Cells(1, m + 1) = "地区"
        .Range(.Cells(2, m + 1), .Cells(n, m + 1)).Value = "华东"

    End With
End Sub
```

图 9-34　获取某行最后一个不为空单元格的列号

问答 9-030　如何获取单元格的字体信息

获取单元格字体信息的基本方法是使用 Range 对象的 Font 属性返回一个 Font 对象，再使用 Font 对象的 Name 属性获取字体名称、Size 属性获取字号、Color 属性或者 ColorIndex 属性获取字体颜色等。

案例 9-30

图 9-35 所示的代码是获取单元格 A1 的字体名称、字号、字体颜色等信息。请运行程序，观察计算结果。

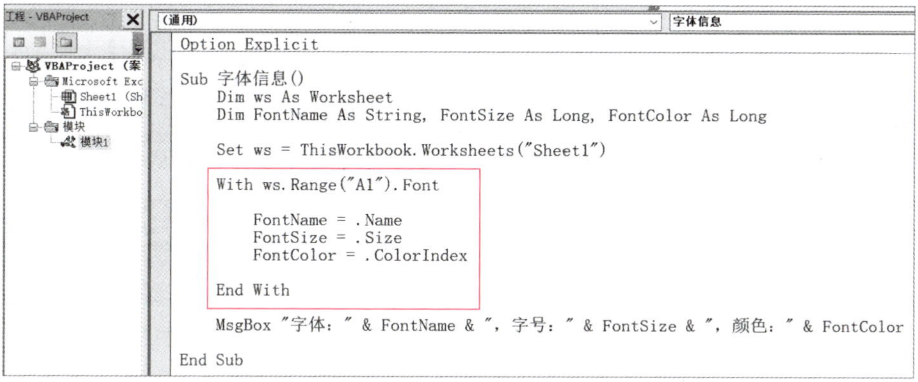

```
Option Explicit

Sub 字体信息()
    Dim ws As Worksheet
    Dim FontName As String, FontSize As Long, FontColor As Long

    Set ws = ThisWorkbook.Worksheets("Sheet1")

    With ws.Range("A1").Font

        FontName = .Name
        FontSize = .Size
        FontColor = .ColorIndex

    End With

    MsgBox "字体：" & FontName & "，字号：" & FontSize & "，颜色：" & FontColor

End Sub
```

图 9-35　获取单元格的字体名称、字号、字体颜色

问答 9-031　如何获取单元格的颜色信息

获取单元格颜色信息的基本方法是使用 Range 对象的 Interior 属性返回一个 Interior 对象，再使用 Interior 对象的 Color 属性或者 ColorIndex 属性获取单元格颜色对应的数值。

那么获取单元格的颜色信息有什么用呢？因为在处理数据时，可能会根据实际需求设置单元格颜色，可以先手工设置一个颜色，再使用 Color 属性或者 ColorIndex 属性获取颜色值，这样就可以在 VBA 语句中自动设置指定颜色了。

案例 9-31

图 9-36 是获取单元格 A1 的颜色值的示例代码。请运行程序，观察计算结果。

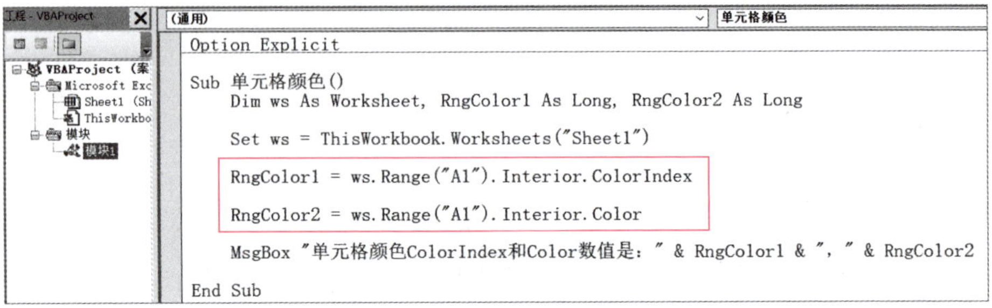

```
Option Explicit

Sub 单元格颜色()
    Dim ws As Worksheet, RngColor1 As Long, RngColor2 As Long

    Set ws = ThisWorkbook.Worksheets("Sheet1")

    RngColor1 = ws.Range("A1").Interior.ColorIndex

    RngColor2 = ws.Range("A1").Interior.Color

    MsgBox "单元格颜色ColorIndex和Color数值是：" & RngColor1 & "，" & RngColor2

End Sub
```

图 9-36　获取单元格颜色信息

问答 9-032　如何获取单元格的批注信息

获取单元格批注信息的基本方法是使用 Range 对象的 Comment 属性返回一个 Comment 对象，再使用 Comment 对象的 Text 属性提取批注文本说明字符串。

案例 9-32

图 9-37 所示的代码是寻找当前工作表中所有的批注单元格，并把批注单元格地址及批注信息保存到另一个工作表中，这样就可以快速查看哪些单元格设置了批注，设置的批注信息是什么。请打开文件，运行程序，并观察结果。

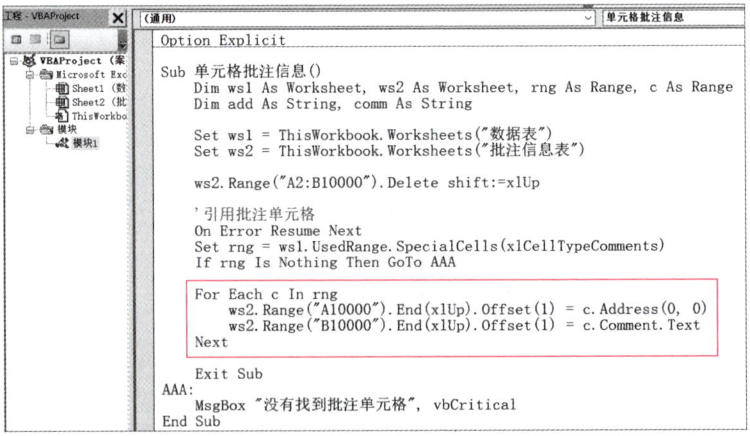

```
Option Explicit

Sub 单元格批注信息()
    Dim ws1 As Worksheet, ws2 As Worksheet, rng As Range, c As Range
    Dim add As String, comm As String

    Set ws1 = ThisWorkbook.Worksheets("数据表")
    Set ws2 = ThisWorkbook.Worksheets("批注信息表")

    ws2.Range("A2:B10000").Delete shift:=xlUp

    '引用批注单元格
    On Error Resume Next
    Set rng = ws1.UsedRange.SpecialCells(xlCellTypeComments)
    If rng Is Nothing Then GoTo AAA

    For Each c In rng
        ws2.Range("A10000").End(xlUp).Offset(1) = c.Address(0, 0)
        ws2.Range("B10000").End(xlUp).Offset(1) = c.Comment.Text
    Next

    Exit Sub
AAA:
    MsgBox "没有找到批注单元格", vbCritical
End Sub
```

图 9-37　获取所有批注单元格地址和批注信息

9.6 设置单元格格式

处理分析数据、制作数据分析报告常常需要设置单元格格式，包括字体、颜色、对齐方式、边框、数字格式等。本节将介绍常见的单元格格式设置技能技巧和 VBA 代码。

问答 9-033 如何设置单元格字体

一般来说，设置单元格字体包括设置字体名称、字号、颜色、加粗、下划线等，这些都需要使用 Font 对象的有关属性来实现。

案例 9-33

图 9-38 所示的代码是设置单元格字体的常见方法。请打开代码窗口，按 F8 键逐行运行语句，并观察单元格字体变化。

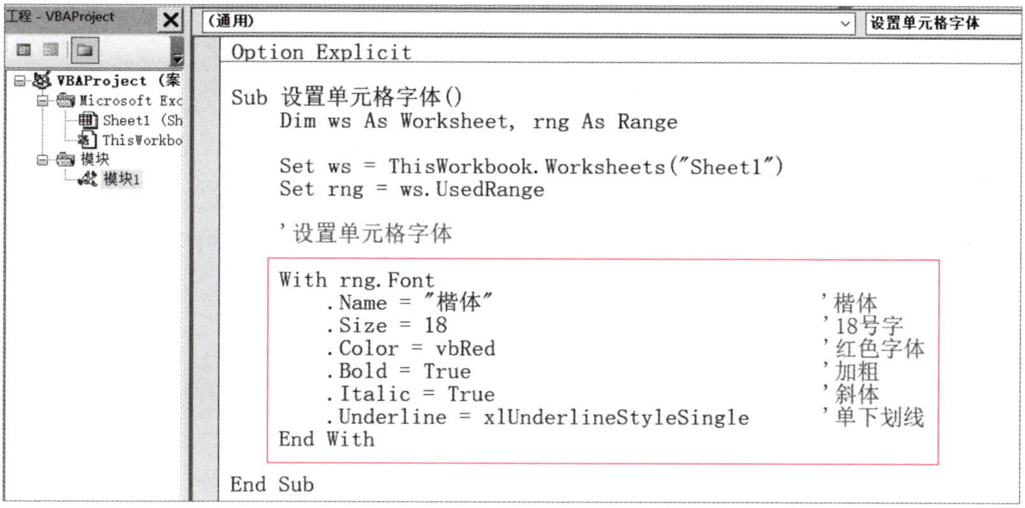

图 9-38 设置单元格字体

问答 9-034 如何设置单元格颜色

设置单元格填充颜色是使用 Interior 对象的 Color 属性或者 ColorIndex 属性来实现。可以通过录制宏的方式来获取这样的宏代码，然后进行编辑加工，再用到自己的应用程序中。

案例 9-34

图 9-39 所示的代码是对 A 列至 C 列的数据区域每隔一行设置为浅黄色（ColorIndex 值是 19）。请打开文件，运行程序，并观察结果。

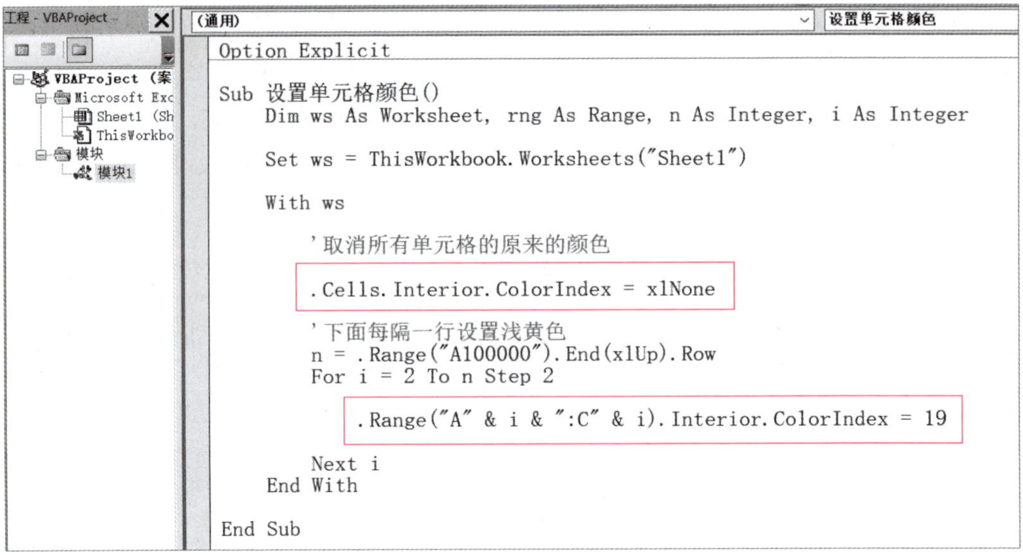


```
Option Explicit

Sub 设置单元格颜色()
    Dim ws As Worksheet, rng As Range, n As Integer, i As Integer

    Set ws = ThisWorkbook.Worksheets("Sheet1")

    With ws

        '取消所有单元格的原来的颜色

        .Cells.Interior.ColorIndex = xlNone

        '下面每隔一行设置浅黄色
        n = .Range("A100000").End(xlUp).Row
        For i = 2 To n Step 2

            .Range("A" & i & ":C" & i).Interior.ColorIndex = 19

        Next i
    End With

End Sub
```

图 9-39　设置单元格颜色

问答 9-035　如何设置单元格对齐方式

单元格对齐方式有水平对齐和垂直对齐，分别是使用 Range 对象的 HorizontalAlignment 属性和 VerticalAlignment 属性进行设置。

HorizontalAlignment 属性常见的对齐方式是设置居中、靠左、靠右，如下所示。

- Range 对象 .HorizontalAlignment = xlHAlignCenter　　居中对齐
- Range 对象 .HorizontalAlignment = xlHAlignLeft　　靠左对齐
- Range 对象 .HorizontalAlignment = xlHAlignRight　　靠右对齐

VerticalAlignment 属性常见的对齐方式是设置居中、靠上、靠下，如下所示。

- Range 对象 .VerticalAlignment = xlVAlignCenter　　居中对齐
- Range 对象 .VerticalAlignment = xlVAlignTop　　靠上对齐
- Range 对象 .VerticalAlignment = xlVAlignBottom　　靠下对齐

说明：参数常量值可以做下面的简化，这样输入时更简单些。

xlHAlignCenter → xlCenter

xlHAlignLeft → xlLeft

xlHAlignRight → xlRight

xlVAlignTop → xlTop

xlVAlignBottom → xlBottom

案例 9-35

图 9-40 是将 A 列设置为居中对齐，将 B 列设置为靠右对齐的示例代码。

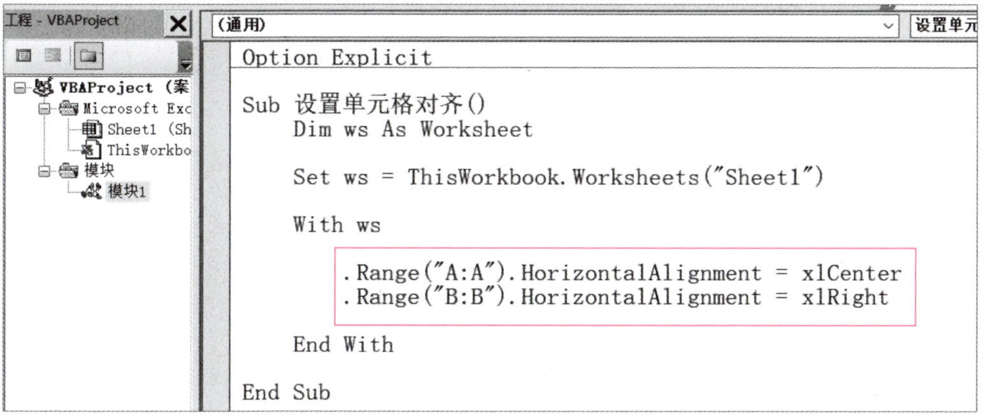

图 9-40　使用 HorizontalAlignment 属性设置水平对齐

问答 9-036　如何设置单元格边框

设置单元格边框的方法是使用Range对象的Borders属性返回Borders集合，它代表单元格的所有边框，包括左边框、右边框、上边框、下边框、内部水平边框、内部垂直边框、斜上对角边框、斜下对角边框。

Borders 集合的用法如下：

```
Borders(索引)
```

参数“索引”用于指定边框种类，可以是以下几种。

- xlEdgeLeft　　左边框
- xlEdgeRight　　右边框
- xlEdgeTop　　上边框
- xlEdgeBottom　　下边框
- xlInsideHorizontal　　内部水平边框
- xlInsideVertical　　内部垂直边框
- xlDiagonalUp　　斜上对角边框
- xlDiagonalDown　　斜下对角边框

例如，下面的语句就是将单元格区域 A5:G5 设置细线条的下边框。

```
Range("A5:G5").Borders(xlEdgeBottom).Weight = xlThin
```

如果忽略 Borders 的索引参数，就是设置全部边框（对角边框除外）。

```
Range("A5:G10").Borders.Weight = xlThin
```

在设置边框时，需要设置的内容包括线条轮廓 (LineStyle)、线条颜色 (Color 或 ColorIndex)、线条粗细 (Weight) 等。

线条轮廓 (LineStyle) 可以是以下几种。

- xlContinuous　　实线
- xlDash　　虚线
- xlDashDot　　点划相间线
- xlDashDotDot　　划线后跟两个点
- xlDot　　点式线
- xlDouble　　双线
- xlSlantDashDot　　倾斜的划线
- xlLineStyleNone　　无线

线条粗细 (Weight) 可以是以下几种。

- xlThin　　细线（普通）
- xlMedium　　中线
- xlThick　　粗线（最宽的边框）
- xlHairline　　细线（最细的边框）

如果仅仅只设置单元格区域的外边框，内部的所有单元格都不设置边框，则需要使用 BorderAround 属性，其语法如下：

```
Range 对象 .BorderAround 线条轮廓，线条粗细，线条颜色，主题颜色
```

例如，下面的语句是设置单元格区域 A5:G10 的外边框，其边框的要求是双线条、粗线、蓝色。

```
Range("A5:G10").BorderAround LineStyle:=xlDouble,Weight:=
xlMedium,Color:=vbBlue
```

案例 9-36

图 9–41 是设置指定单元格边框的示例代码，该代码分别对不同单元格边框进行了设置。

（1）先将工作表的所有单元格边框清除。

（2）将单元格 B2:C10 设置细线条的边框。

（3）设置单元格区域 F5:J16 的边框为点状、红色的细线条。

（4）设置单元格区域 B20:J20 的下边框为粗线条。

（5）设置单元格区域 M2:P10 的外边框为双线条、粗线、蓝色。

请打开代码窗口，按 F8 键逐行运行语句，观察每个单元格区域的边框设置效果。

```vba
Option Explicit

Sub 设置单元格边框()
    Dim ws As Worksheet, rng As Range

    Set ws = ThisWorkbook.Worksheets("Sheet1")
    With ws
        '清除原来的边框
        .Cells.Borders.LineStyle = xlNone

        '设置单元格区域 B2:C10 的边框、细线条
        .Range("B2:C10").Borders.Weight = xlThin

        '设置单元格区域 F5:J16 的边框、点状、红色、细线条
        With .Range("F5:J16").Borders
            .LineStyle = xlDot          '边框线形为点状
            .Color = vbRed              '边框颜色为红色
            .Weight = xlThin            '边框粗细为细线条
        End With

        '设置单元格区域 B20:J20 的下边框为粗线条
        .Range("B20:J20").Borders(xlEdgeBottom).Weight = xlThick

        '设置单元格区域 M2:P10 的外边框、双线条、粗线条、蓝色
        .Range("M2:P10").BorderAround LineStyle:=xlDouble, Weight:=xlMedium, Color:=vbBlue

    End With
End Sub
```

图 9-41　设置单元格区域边框

问答 9-037　如何设置单元格的行高和列宽

设置单元格的行高和列宽要利用 Range 对象的 RowHeight 属性和 ColumnWidth 属性。

RowHeight 属性以磅为单位设置指定区域中所有行的行高。

ColumnWidth 属性设置指定区域中所有列的列宽，一个列宽单位等于“常规”样式中一个字符的宽度。

案例 9-37

图 9-42 是设置指定单元格区域的行高和列宽的示例代码。请运行程序，并观察设置效果。

```vba
Option Explicit

Sub 设置单元格行高和列宽()
    Dim ws As Worksheet

    Set ws = ThisWorkbook.Worksheets("Sheet1")
    With ws
        '设置单元格区域 A2:G10 的行高
        .Range("A2:G10").RowHeight = 26

        '设置单元格区域 A2:G10 的列宽
        .Range("A2:G10").ColumnWidth = 18

    End With
End Sub
```

图 9-42　设置单元格区域的行高和列宽

问答 9-038 如何设置自动调整行高和列宽

使用 Range 对象的 AutoFit 方法，可以根据单元格内容自动调整列宽和行高。AutoFit 方法的语法如下：

```
Range 对象 .AutoFit
```

注意： Range 对象必须为一列或一个列区域，或者一行或一个行区域。

案例 9-38

图 9-43 是自动调整行高和列宽，为观察自动调整效果，向单元格输入模拟数据。请打开文件，按 F8 键逐行运行语句，观察单元格行号和列宽自动调整的效果。

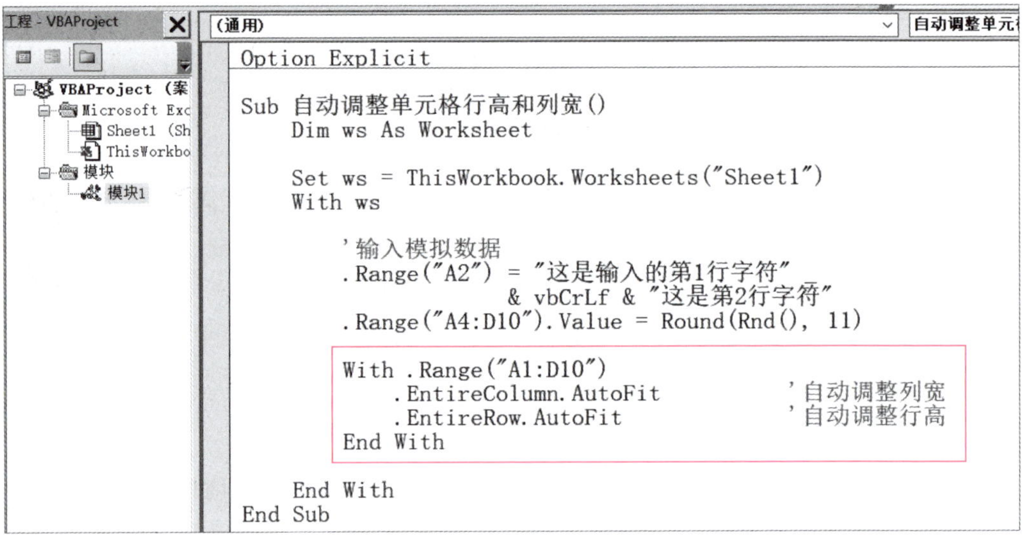

图 9-43　使用 AutoFit 方法自动调整行高和列宽

问答 9-039 如何设置单元格数字格式

利用 Range 对象的 NumberFormatLocal 属性或 NumberFormat 属性可以设置单元格的数字格式。其语法如下：

```
Range 对象 .NumberFormatLocal = 格式代码
Range 对象 .NumberFormat = 格式代码
```

数字格式可以是任意合法的格式，也可以是自定义数字格式。

下面几个语句是设置单元格 A1 的数字格式。

```
Range("A1").NumberFormat = "0.00"          '将数字设置为两位小数
```

```
Range("A1").NumberFormat = "#,##0.00"  '将数字设置为带千分位符的两位小数
Range("A1").NumberFormat = "0.00%"     '将数字设置为两位小数的百分数
Range("A1").NumberFormat = "0.00,,;-0.00,,;0;@"   '缩小 100 万显示
```

如果要把单元格的数字格式恢复为常规格式，语句如下：

```
Range("A1").NumberFormatLocal = "G/ 通用格式 "
```

案例 9-39

图 9-44 是设置指定单元格数字格式的代码。为了观察设置效果，在工作表单元格区域输入了随机数。

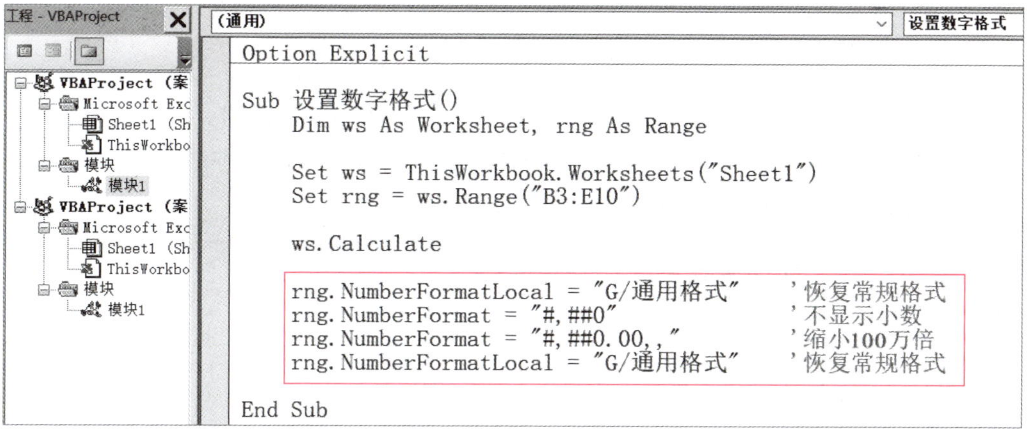

图 9-44　设置单元格数字格式

问答 9-040　如何设置单元格日期格式

日期是一种特殊数据，从本质上说，日期是数字。在数据处理中，可以根据实际需要，将日期设置为各种格式显示，例如显示短日期、长日期、中文日期、英文日期、星期几名称等。

设置日期格式也是使用 Range 对象的 NumberFormatLocal 属性或 NumberFormat 属性来实现。

例如，下面的语句是将日期设置为“月日”格式。

```
Range("A1").NumberFormat = "m月d日"
```

案例 9-40

图 9-45 是设置 A 列日期格式的示例代码，请打开文件代码窗口，按 F8 键逐行运行语句，并观察日期格式的设置效果。

```
Option Explicit

Sub 设置日期格式()
    Dim ws As Worksheet

    Set ws = ThisWorkbook.Worksheets("Sheet1")

    With ws

        .Range("A:A").NumberFormat = "yyyy-mm-dd"
        .Range("A:A").NumberFormat = "yyyy.mm.dd"
        .Range("A:A").NumberFormat = "mm月dd日"
        .Range("A:A").NumberFormat = "yyyy年mm月dd日"
        .Range("A:A").NumberFormat = "yy年m月d日  aaaa"
        .Range("A:A").NumberFormat = "dd-mmm-yyyy"
        .Range("A:A").NumberFormat = "ddd dd-mmm-yyyy"
        .Range("A:A").NumberFormat = "yyyy-m-d"

    End With
End Sub
```

图 9-45　设置日期格式

9.7　清除单元格信息

不再需要单元格的数据、格式、批注、公式、超链接等信息时，可以使用 Range 对象的有关方法来清除单元格，包括 Clear 方法、ClearContents 方法、ClearFormats 方法、ClearComments 方法、ClearHyperlinks 方法等。

问答 9-041　如何清除单元格全部信息

要清除单元格的全部信息（包括数据、格式、公式、批注、超链接等），可以使用 Range 对象的 Clear 方法，语法如下：

```
Range 对象 .Clear
```

案例 9-41

图 9-46 所示的代码是先在指定单元格区域输入数据，设置格式，然后再清除单元格，恢复原始的新工作表状态。请打开代码窗口，按 F8 键逐行运行语句，并观察效果。

```
Option Explicit

Sub 清除单元格()
    Dim rng As Range

    '指定单元格区域
    Set rng = ThisWorkbook.Worksheets("Sheet1").Range("A1:E20")

    With rng

        '输入模拟数据，设置格式
        .Value = 100
        .Borders.Weight = xlThin
        .Interior.Color = vbYellow
        .Font.Size = 20

        '清除单元格区域的所有信息
        .Clear

    End With

End Sub
```

图 9-46　使用 Clear 方法清除单元格所有信息

问答 9-042 如何仅清除单元格数据

如果只清除单元格数据，而保留其格式、批注等信息，就需要使用 ClearContents 方法。其语法如下：

```
Range 对象 .ClearContents
```

在一个已经设计好格式的报表中，在重新计算之前，经常要清除旧数据，以保留设计好的格式，此时就需要使用 ClearContents 方法。

案例 9-42

图 9-47 所示的代码是先在指定单元格区域输入数据和公式，设置格式，然后再清除单元格的数据和公式。请打开代码窗口，按 F8 键逐行运行语句，并观察效果。

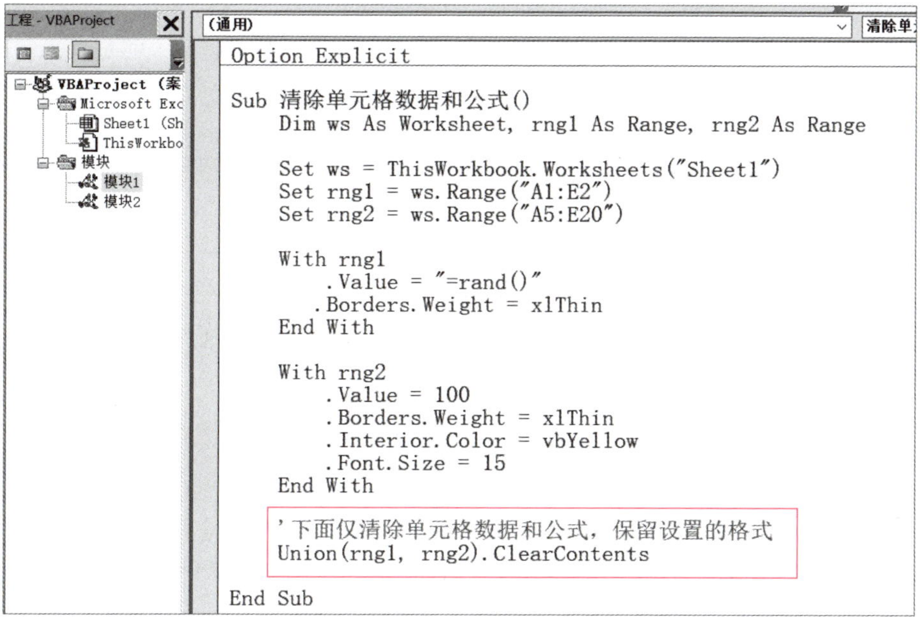

图 9-47　使用 ClearCounts 方法清除单元格数据和公式

问答 9-043 如何仅清除单元格的格式

如果只需要清除单元格设置的格式，如边框、颜色、字体等，而保留其他内容（如数据、公式、批注等），就需要使用 ClearFormats 方法。其语法如下：

```
Range 对象 .ClearFormats
```

案例 9-43

图 9-48 所示的代码是先在指定单元格区域输入数据和公式，设置格式，然后

再清除单元格的格式，保留所有数据和公式。请打开代码窗口，按 F8 键逐行运行语句，并观察效果。

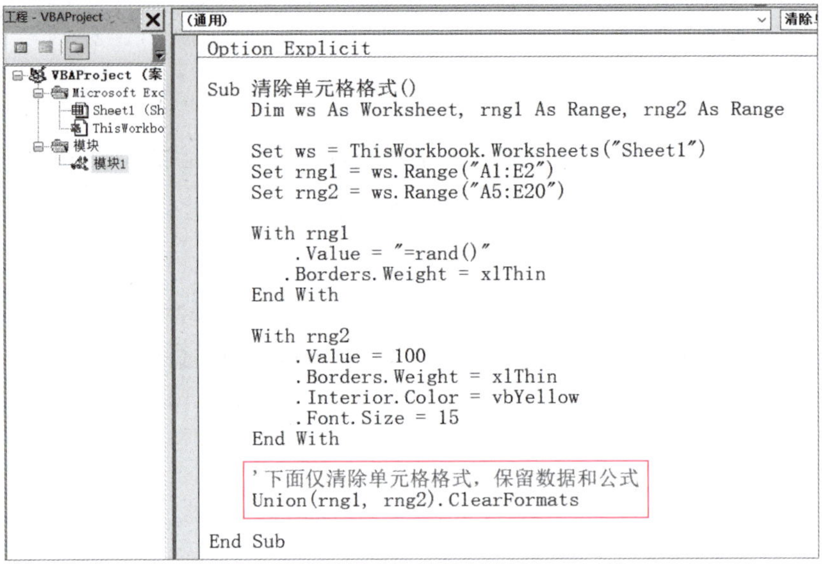

```
Option Explicit

Sub 清除单元格格式()
    Dim ws As Worksheet, rng1 As Range, rng2 As Range

    Set ws = ThisWorkbook.Worksheets("Sheet1")
    Set rng1 = ws.Range("A1:E2")
    Set rng2 = ws.Range("A5:E20")

    With rng1
        .Value = "=rand()"
       .Borders.Weight = xlThin
    End With

    With rng2
        .Value = 100
        .Borders.Weight = xlThin
        .Interior.Color = vbYellow
        .Font.Size = 15
    End With

    '下面仅清除单元格格式，保留数据和公式
    Union(rng1, rng2).ClearFormats

End Sub
```

图 9-48　使用 ClearFormats 方法清除单元格的格式

问答 9-044　如何清除单元格的批注

如果只清除单元格的批注，而保留其公式和值、格式设置等信息，则可以使用 ClearComments 方法。其语法如下：

```
Range 对象 .ClearComments
```

案例 9-44

图 9-49 是清除指定单元格区域的所有批注，保留所有数据、公式和格式的示例代码。

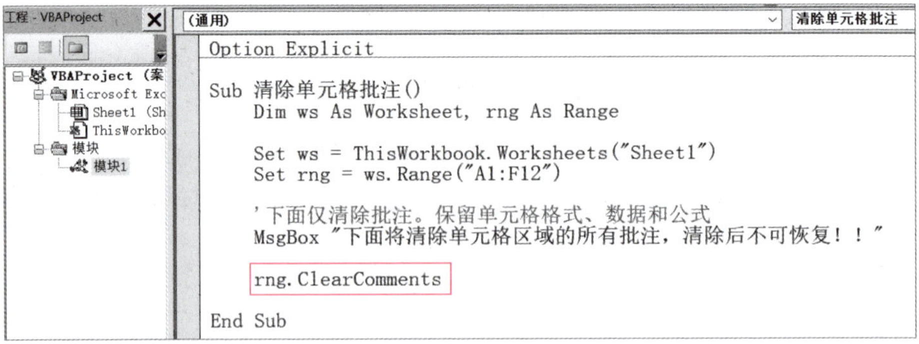

```
Option Explicit

Sub 清除单元格批注()
    Dim ws As Worksheet, rng As Range

    Set ws = ThisWorkbook.Worksheets("Sheet1")
    Set rng = ws.Range("A1:F12")

    '下面仅清除批注。保留单元格格式、数据和公式
    MsgBox "下面将清除单元格区域的所有批注，清除后不可恢复！！"

    rng.ClearComments

End Sub
```

图 9-49　使用 ClearComments 方法清除单元格区域的所有批注

问答 9-045 如何清除单元格的超链接

如果只清除单元格的超链接，而保留单元格的其他所示信息，则可以使用 ClearHyperlinks 方法。其语法如下：

```
Range 对象 .ClearHyperlinks
```

案例 9-45

图 9-50 是清除指定单元格区域的所有超链接，保留所有数据、公式和格式的示例代码。

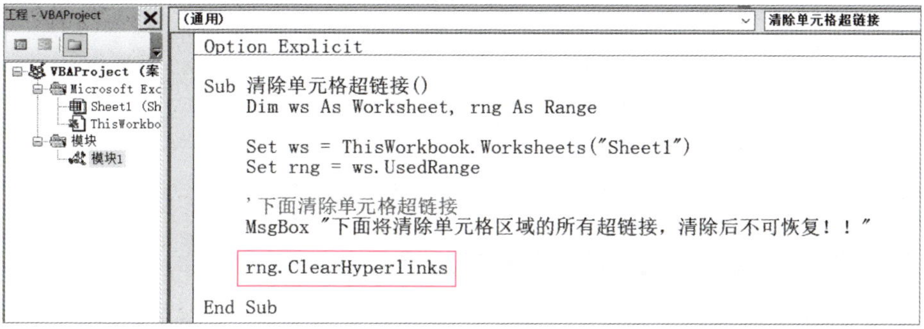

图 9-50　使用 ClearHyperlinks 方法清除单元格区域的所有超链接

9.8 复制和移动单元格

数据处理经常要复制单元格，可以使用 Range 对象的 Copy 方法、Paste 方法和 PasteSpecial 方法来复制单元格。Copy 方法是将单元格复制到指定的区域或剪贴板，Paste 方法是将粘贴板的内容粘贴到指定单元格，PasteSpecial 方法是进行选择性粘贴。

问答 9-046 如何复制单元格的全部信息

将单元格的全部信息（如数据、公式、格式等）复制到其他的单元格或单元格区域，需要使用 Copy 方法。其语法如下：

```
Range 对象 .Copy（Destination）
```

其中，参数 Destination 用于指定要复制到的目标区域。如果省略该参数，Excel 将把该区域复制到剪贴板中。

这里要注意，如果复制的单元格有计算公式，当单元格公式采用的是绝对地址，则复制后的公式引用仍然是原来的绝对地址；当单元格公式采用的是相对地址，则复制后的公式引用就变为新的相对地址，即公式也进行相对移动。

案例 9-46

图 9-51 是把“Sheet1”工作表的单元格区域 A1 :G13 的全部内容复制到“Sheet2”工作表的单元格 D5 的示例代码。这种复制粘贴就是在工作表中手动按 Ctrl+C 组合键和 Ctrl+V 组合键的效果。

请运行程序，并观察复制结果。

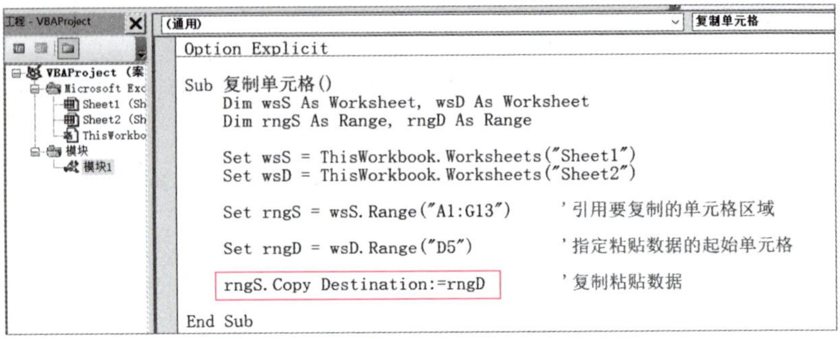

图 9-51　复制单元格的全部信息

问答 9-047　如何选择性复制单元格的信息

在 Excel 工作表中，有一个选择性粘贴工具，在 VBA 中，同样有一个将源单元格信息选择性粘贴到指定位置的方法，即 PasteSpecial 方法。

PasteSpecial 方法的语法如下：

```
Range 对象 .PasteSpecial(Paste, Operation, SkipBlanks, Transpose)
```

PasteSpecial 方法的四个参数说明如下。

（1）Paste：指定要粘贴的内容（对应于“选择性粘贴”对话框中的粘贴内容选项），其类型为 xlPasteType 常量。例如，参数值 xlPasteValues 表示仅粘贴数值，参数值 xlPasteFormats 表示仅粘贴格式等。

（2）Operation：指定粘贴时是否执行运算操作（对应于“选择性粘贴”对话框中的与运算选项），其类型为 xlPasteSpecialOperation 常量。例如，参数值 xlPasteSpecialOperationMultiply 表示做乘法运算。

（3）SkipBlanks：为可选参数。若将其设置为 True，则不将剪贴板上的空白单元格粘贴到目标区域中。该参数默认值为 False，它对应于“选择性粘贴”对话框中的“跳过空单元格”复选框。

（4）Transpose：为可选参数。若将其设置为 True，则粘贴区域时转置行和列。该参数的默认值为 False，它对应于“选择性粘贴”对话框中的“转置”复选框。

在实际数据处理中，如果要做选择性粘贴，建议通过录制宏的方法获取 VBA 代码，然后再编辑加工后使用。

案例 9-47

图 9-52 所示的 VBA 代码是把“Sheet1”工作表中的单元格区域 B2：E15 的数据转置复制到“Sheet2”工作表中的单元格 B3，仅仅只复制单元格的值。

请运行程序，观察复制结果。

```
Option Explicit

Sub 选择性粘贴()
    Dim wsS As Worksheet, wsD As Worksheet
    Dim rngS As Range, rngD As Range

    Set wsS = ThisWorkbook.Worksheets("Sheet1")
    Set wsD = ThisWorkbook.Worksheets("Sheet2")

    Set rngS = wsS.Range("B2:E15")          '引用要复制的单元格区域

    Set rngD = wsD.Range("B3")              '指定粘贴数据的起始单元格

    rngS.Copy                                  '复制单元格区域
    rngD.PasteSpecial xlPasteValues, , , True  '仅粘贴数据，并转置
End Sub
```

图 9-52 选择性粘贴

问答 9-048 如何将表格的公式转换为数值

使用 PasteSpecial 方法可以在表格原位置进行选择性粘贴，将所有单元格粘贴成数值，这样就将公式转换为了数值。

案例 9-48

图 9-53 是将“Sheet1”工作表的单元格区域 A1：G13 全部选择性粘贴成数值，不再存在公式，但单元格的格式不被破坏。

```
Option Explicit

Sub 选择粘贴数据()
    Dim ws As Worksheet

    Set ws = ThisWorkbook.Worksheets("Sheet1")

    Application.DisplayAlerts = False

    ws.Range("A1:G13").Copy
    ws.Range("A1").PasteSpecial xlPasteValues

    Application.DisplayAlerts = True
    Application.CutCopyMode = False

End Sub
```

图 9-53 将表格选择性粘贴成数值

这里要注意的是，由于是在原位置粘贴数据，因此会弹出已经存在数据的警告框。此时，可以使用下面的语句来屏蔽这个对话框。

```
Application.DisplayAlerts = False
```

复制粘贴完成后，再使用下面的语句恢复警告框功能。

```
Application.DisplayAlerts = True
```

此外，复制粘贴完成后，还要取消剪切或复制模式状态，语句如下：

```
Application.CutCopyMode = False
```

问答 9-049 如何将某个单元格区域移动到指定位置

如果要将某个单元格区域移动到指定位置，则需要使用 Range 对象的 Cut 方法，其语法如下：

```
Range 对象 .Cut(Destination)
```

参数 Destination 用于指定对象被粘贴到的区域。如果省略此参数，对象将剪切到剪贴板。

例如，下面的语句就是将单元格区域 A1:D10 的数据移动到以单元格 M1 为左上角的单元格区域（即单元格区域 M1:P10）。

```
Range("A1:D10").Cut Destination:=Range("M1")
```

当单元格区域中的数据被移到新位置后，原位置就不再有数据了。

同样地，当单元格或单元格区域完成移动后，还要取消剪切或复制模式状态：

```
Application.CutCopyMode = False
```

案例 9-49

图 9-54 是把“Sheet1”工作表的单元格区域 A1：G13 全部移动到“Sheet2”工作表的单元格 D5 的示例代码。这种移动就是在工作表中手动按 Ctrl+X 组合键和 Ctrl+V 组合键的效果。

请运行程序，并观察复制结果。

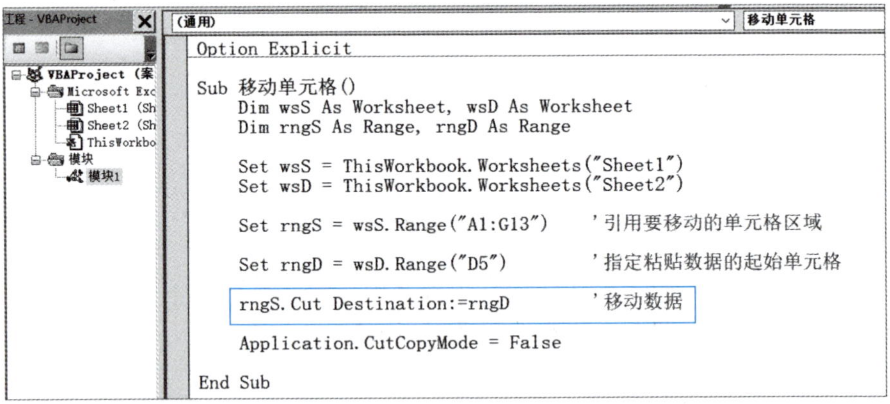

图 9-54 将单元格区域移动到指定位置

9.9 插入和删除单元格（行或列）

在数据处理中，常常需要插入或者删除单元格，一般是插入行或列、删除行或列。这些操作可以使用 Range 对象的 Insert 方法和 Delete 方法来实现。

由于在实际数据处理中，几乎没有在单元格区域内插入或者删除一个单元格的情况，常见的都是插入行或列，或者删除行或列。因此，本节主要介绍这样的操作。

问答 9-050 如何在指定位置插入空单元格

要插入单元格，可以使用 Range 对象的 Insert 方法。在插入单元格时，可以设置其他单元格的移动方向。

Insert 方法的语法如下：

```
Range 对象 .Insert(Shift, CopyOrigin)
```

其中，参数 Shift 用于指定单元格的移动方向，它可以是下面的两个常量之一。

（1）xlShiftDown 或者 xlDown：该单元格向下移动。

（2）xlShiftToRight 或者 xlToRight：该单元格向右移动。

如果忽略这个参数，会依据单元格区域的形状决定移动方向。

参数 CopyOrigin 用于指明复制的起点，用于插入复制单元格的场合。

下面的语句是在单元格 D6 的位置插入一个新单元格，原单元格 D6 往下移动。

```
Range("D6").Insert shift:= xlDown
```

下面的语句是在单元格 D6 的位置插入一个新单元格，原单元格 D6 往右移动。

```
Range("D6").Insert shift:= xlToRight
```

案例 9-50

图 9-55 所示的代码是在单元格区域 B6：F6 的位置插入 1 行新单元格，而原来单元格区域 B6：F6 及以下单元格区域往下移，这样，原来单元格区域 B6：F6 的位置就变为了空单元格。

请打开代码窗口，按 F8 键逐行运行语句，并观察单元格区域的变化。

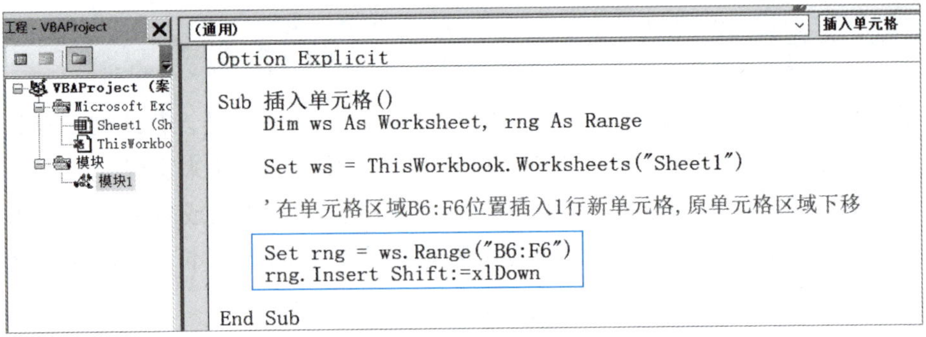

图 9-55　在指定位置插入空单元格

问答 9-051　如何在指定位置插入多行或多列

如果选择的单元格区域不是 1 行或 1 列，而是多行或多列，那么插入的空单元格也会是多行或多列。

例如，选择了 5 行单元格区域 A5:D9，则会插入 5 行空单元格。

```
Range("A5:D9").Insert shift:= xlDown
```

案例 9-51

图 9-56 所示的代码是在单元格区域 B6：F6 的位置插入新单元格，而原来单元格区域 B6：F6 及以下单元格区域往下移。这样，原来单元格区域 B6：F6 的位置就变为了空单元格。

请打开代码窗口，按 F8 键逐行运行语句，并观察单元格区域的变化。

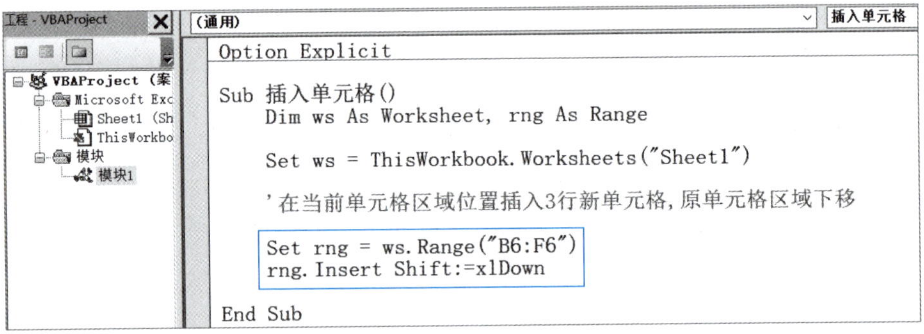

图 9-56　在指定位置插入多行或多列

问答 9-052　如何在指定位置插入复制的单元格

当需要将某个位置的单元格数据复制并插入到指定位置时，就需要设置 Insert 方法的第 2 个参数 CopyOrigin。下面举例说明。

案例 9-52

图 9-57 是将单元格区域 J4：N4 复制并插入到单元格区域 B6：F6 的位置，原单元格区域 B6：F6 及以下单元格区域往下移的示例代码。

请打开代码窗口，按 F8 键逐行运行语句，并观察单元格区域的变化。

```
Option Explicit

Sub 插入复制单元格()
    Dim ws As Worksheet, rngS As Range, rngD As Range

    Set ws = ThisWorkbook.Worksheets("Sheet1")

    '引用要插入复制的单元格区域，并复制
    Set rngS = ws.Range("J4:N4")
    rngS.Copy

    '确定要插入复制的位置
    Set rngD = ws.Range("B6:F6")

    '下面插入复制指定的单元格，原单元格下移
    rngD.Insert Shift:=xlDown, CopyOrigin:=rngS

    Application.CutCopyMode = False

End Sub
```

图 9-57　在指定位置插入复制的单元格

问答 9-053　如何在指定位置插入整行或整列

在指定位置插入整行和整列的基本方法是：先利用 EntireRow 属性和 EntireColumn 属性返回一个 Range 对象，然后再利用 Range 对象的 Insert 方法插入整行或整列。在插入整行或整列时，可以设置单元格的移动方向。

案例 9-53

图 9-58 是在单元格 D5 的位置分别插入一个空行和一个空列，原单元格分别下移和右移的示例代码。请打开代码窗口，按 F8 键逐行运行语句，观察单元格区域的变化。

```
(通用)                                  插入整行和整列
Option Explicit

Sub 插入整行和整列()
    Dim ws As Worksheet, rng As Range

    Set ws = ThisWorkbook.Worksheets("Sheet1")

    Set rng = ws.Range("D5")        '指定要插入整行和整列的位置

    '1. 在指定单元格位置插入一个空行，该单元格下移
    rng.EntireRow.Insert shift:=xlDown


    '2. 在指定单元格位置插入一个空列，该单元格右移
    rng.EntireColumn.Insert shift:=xlToRight
End Sub
```

图 9-58　在指定位置插入空行和空列

如果指定的位置是多行单元格或是多列单元格，那么就会插入多行或多列。示例代码如图 9-59 所示。

```
Option Explicit

Sub 插入多行和多列()
    Dim ws As Worksheet, rng As Range

    Set ws = ThisWorkbook.Worksheets("Sheet1")

    '1. 在指定单元格位置插入多个空行，该单元格下移
    Set rng = ws.Range("D5:D8")        '选择了4行单元格
    rng.EntireRow.Insert shift:=xlDown


    '2. 在指定单元格位置插入多个空列，该单元格右移
    Set rng = ws.Range("D5:F5")        '选择了3列单元格
    rng.EntireColumn.Insert shift:=xlToRight

End Sub
```

图 9-59　在指定位置插入多行或多列

如果指定位置的单元格是多行多列的矩形区域，那么就会同时插入多行或多列，行数和列数取决于选择的单元格区域的行数和列数。示例代码如图 9-60 所示。

```
Option Explicit

Sub 同时插入多行和多列()
    Dim ws As Worksheet, rng As Range

    Set ws = ThisWorkbook.Worksheets("Sheet1")

    '指定单元格位置，是一个单元格区域，有4行和3列

    Set rng = ws.Range("D5:F8")

    '同时插入多行和多列

    rng.EntireRow.Insert shift:=xlDown
    rng.EntireColumn.Insert shift:=xlToRight

End Sub
```

图 9-60　在指定位置同时插入多行和多列

问答 9-054　如何在各个项目下自动插入合计行并计算

下面通过一个例子来练习在各个项目下自动插入合计行并计算。

案例 9-54

图 9-61 是各月各个部门各项费用的数据汇总，现在要求在每个项目

下插入一个空行，计算每个项目的小计数。

	A	B	C	D	E	F	G	H	I	J	K	L	M	N
1	费用项目	部门	1月	2月	3月	4月	5月	6月	7月	8月	9月	10月	11月	12月
2	差旅费	办公室	656	2718	202	1997	897	2408	2517	667	312	1167	1322	2814
3		财务部	1467	1530	115	547	2463	219	890	2786	2206	1999	815	1482
4		人事部	137	526	498	1370	2597	477	1289	1580	527	1525	1772	398
5		销售部	287	1857	713	2749	2212	123	2550	1673	198	953	1726	664
6		技术部	5208	5133	1772	2790	1885	4944	1492	4079	5266	3818	2124	2590
7		采购部	2769	3090	2745	5824	4243	4508	5575	3922	5768	1901	3693	1704
8	办公费	财务部	843	1861	228	951	1790	1404	1117	873	3047	220	599	955
9		人事部	2921	1141	1412	301	1185	2162	2241	206	2300	474	1137	2827
10		销售部	688	453	592	1731	2558	1242	3037	2667	3005	180	2172	1895
11	业务招待费	办公室	2891	2482	478	273	2511	199	1763	2414	1807	2083	435	2748
12		销售部	2354	2914	1107	1843	2911	718	1282	2066	1675	490	139	2302
13	网络信息费	办公室	494	1206	2803	2858	1234	1954	2520	2592	2984	715	1511	2533
14		财务部	398	345	305	2851	2923	1841	2396	2804	2904	905	480	2138
15		人事部	2390	2459	1365	293	411	2561	2561	1359	2149	1207	2478	1595
16		销售部	1585	3034	477	667	941	515	2057	192	2131	1536	1319	719
17	交通费	办公室	548	1970	2274	2776	2507	431	1885	907	2376	234	3027	269
18		财务部	2510	1218	2998	277	606	1987	2452	622	856	1430	2641	3017
19		销售部	785	1509	898	493	2102	530	126	1028	2999	426	2090	156

图 9-61　示例数据

如果这样的项目很多，手动插入小计行并计算合计数比较麻烦。此时，可以设计一个 VBA 程序，自动完成这样的工作。

图 9-62 是 VBA 代码示例，这个代码的基本逻辑如下。

- 先对 A 列的空单元格进行填充。
- 从底部往顶部循环，判断 A 列某行的项目名称是不是不同于上一行的项目名称，如果不相同，就在该行位置插入一个空行，同时当前行往下移，然后在插入的空行位置输入标题“小计”，往右循环计算该项目的小计数。
- 最后再从底部往上循环，清除 A 列的重复项目名称。

```
Option Explicit

Sub 插入小计行()
    Dim ws As Worksheet, rng As Range, n As Integer, i As Integer, j As Integer

    Set ws = ThisWorkbook.Worksheets("Sheet1")

    With ws
        n = .Range("B10000").End(xlUp).Row     '统计数据区域行数

        '先填充A列空单元格
        For i = 2 To n
            If .Range("A" & i) = "" Then .Range("A" & i) = .Range("A" & i - 1)
        Next i

        '从下往上循环，子每个项目的底部插入空行，并计算合计数,底部设置边框
        For i = n + 1 To 3 Step -1
            If .Range("A" & i) <> .Range("A" & i - 1) Then
                .Range("A" & i).EntireRow.Insert shift:=xlDown
                .Range("B" & i) = "小计"
                .Range("A" & i & ":N" & i).Borders(xlEdgeBottom).Weight = xlThin
                For j = 3 To 14
                    .Cells(i, j) = WorksheetFunction.SumIf(.Columns(1), .Range("A" & i - 1), .Columns(j))
                Next j
            End If
        Next i

        '清除A列重复项目名称
        n = .Range("B10000").End(xlUp).Row    '重新统计数据区域行数
        For i = n To 2 Step -1
            If .Range("A" & i) = .Range("A" & i - 1) Then .Range("A" & i) = ""
        Next i
    End With

    MsgBox "小计行处理完毕"
End Sub
```

图 9-62　在指定位置插入合计行

运行程序，就得到图 9-63 所示的表格处理结果。

	A	B	C	D	E	F	G	H	I	J	K	L	M	N
1	费用项目	部门	1月	2月	3月	4月	5月	6月	7月	8月	9月	10月	11月	12月
2	差旅费	办公室	656	2718	202	1997	897	2408	2517	667	312	1167	1322	2814
3		财务部	1467	1530	115	547	2463	219	890	2786	2206	1999	815	1482
4		人事部	137	526	498	1370	2597	477	1289	1580	527	1525	1772	398
5		销售部	287	1857	713	2749	2212	123	2550	1673	198	953	1726	664
6		技术部	5208	5133	1772	2790	1885	4944	1492	4079	5266	3818	2124	2590
7		采购部	2769	3090	2745	5824	4243	4508	5575	3922	5768	1901	3693	1704
8		小计	10524	14854	6045	15277	14297	12679	14313	14707	14277	11363	11452	9652
9	办公费	财务部	843	1861	228	951	1790	1404	1117	873	3047	220	599	955
10		人事部	2921	1141	1412	301	1185	2162	2241	206	2300	474	1137	2827
11		销售部	688	453	592	1731	2558	1242	3037	2667	3005	180	2172	1895
12		小计	4452	3455	2232	2983	5533	4808	6395	3746	8352	874	3908	5677
13	业务招待费	办公室	2891	2482	478	273	2511	199	1763	2414	1807	2083	435	2748
14		销售部	2354	2914	1107	1843	2911	718	1282	2066	1675	490	139	2302
15		小计	5245	5396	1585	2116	5422	917	3045	4480	3482	2573	574	5050
16	网络信息费	办公室	494	1206	2803	2858	1234	1954	2520	2592	2984	715	1511	2533
17		财务部	398	345	305	2851	2923	1841	2396	2804	2904	905	480	2138
18		人事部	2390	2459	1365	293	411	2561	2561	1359	2149	1207	2478	1595
19		销售部	1585	3034	477	667	941	515	2057	192	2131	1536	1319	719
20		小计	4867	7044	4950	6669	5509	6871	9534	6947	10168	4363	5788	6985
21	交通费	办公室	548	1970	2274	2776	2507	431	1885	907	2376	234	3027	269
22		财务部	2510	1218	2998	277	606	1987	2452	622	856	1430	2641	3017
23		销售部	785	1509	898	493	2102	530	126	1028	2999	426	2090	156
24		小计	3843	4697	6170	3546	5215	2948	4463	2557	6231	2090	7758	3442

图 9-63　表格处理结果

问答 9-055　如何每隔几行插入

当需要每隔几行插入几行时，其基本逻辑就是从表格底部往表格顶部循环，而不能从表格顶部往表格底部循环。

案例 9-55

图 9-64 就是每隔 4 行插入 2 行的参考 VBA 代码。因为要插入 2 行，所以要执行两个 EntireRow.Insert 语句。请运行程序，并观察运行效果。

```
Option Explicit

Sub 每隔几行插入几行()
    Dim ws As Worksheet, n As Integer, i As Integer

    Set ws = ThisWorkbook.Worksheets("Sheet1")

    With ws
        n = .Range("B10000").End(xlUp).Row

        For i = n + 1 To 2 Step -4
            .Range("B" & i).EntireRow.Insert shift:=xlDown
            .Range("B" & i).EntireRow.Insert shift:=xlDown
        Next i

    End With
End Sub
```

图 9-64　每隔 4 行插入 2 行

问答 9-056　如何删除指定单元格

可以利用 Range 对象的 Delete 方法删除指定的单元格。其语法如下：

```
Range 对象 .Delete(Shift)
```

与 Insert 方法的用法一样，Delete 方法也是通过设置其参数 Shift 来确定其他单元格的移动方向，它可以是下面的常量之一。

（1）xlShiftToLeft 或者 xlToLeft：右侧单元格向左移动。

（2）xlShiftUp 或者 xlUp：下方单元格向上移动。

案例 9-56

图 9-65 是删除指定单元格的 VBA 示例代码，请观察实际效果。

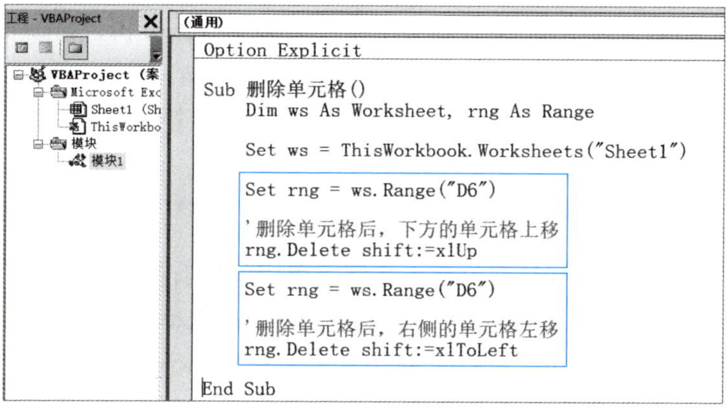

```
Option Explicit

Sub 删除单元格()
    Dim ws As Worksheet, rng As Range

    Set ws = ThisWorkbook.Worksheets("Sheet1")

    Set rng = ws.Range("D6")

    '删除单元格后，下方的单元格上移
    rng.Delete shift:=xlUp

    Set rng = ws.Range("D6")

    '删除单元格后，右侧的单元格左移
    rng.Delete shift:=xlToLeft

End Sub
```

图 9-65　删除指定单元格

问答 9-057　如何删除整行或整列

在实际数据处理中，更多的操作是删除数据区域的整行或整列，此时，需要先使用 EntireRow 属性和 EntireColumn 属性返回一个 Range 对象，然后再使用 Range 对象的 Delete 方法删除整行和整列，语法如下：

```
Range 对象 . EntireRow. Delete(Shift)
Range 对象 . EntireColumn. Delete(Shift)
```

另外，在删除整行或整列时，可以设置其他单元格的移动方向。

案例 9-57

图 9-66 所示 VBA 代码是把单元格 B10 所在的整行删除，下方的单元格上移；把单元格 G4 所在的整列删除，右侧的单元格左移。请运行程序，并观察删除效果。

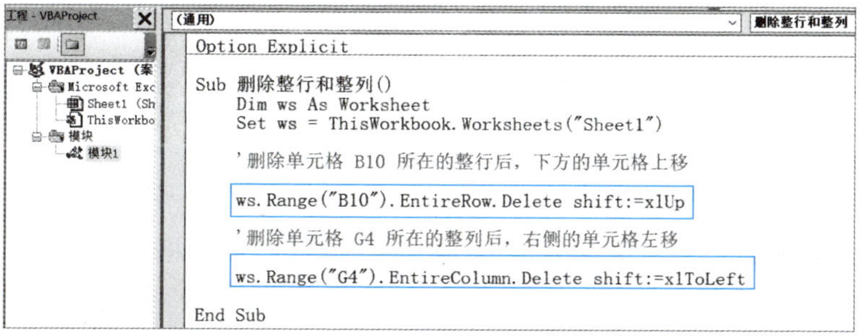

```
Option Explicit

Sub 删除整行和整列()
    Dim ws As Worksheet
    Set ws = ThisWorkbook.Worksheets("Sheet1")
    '删除单元格 B10 所在的整行后，下方的单元格上移
    ws.Range("B10").EntireRow.Delete shift:=xlUp
    '删除单元格 G4 所在的整列后，右侧的单元格左移
    ws.Range("G4").EntireColumn.Delete shift:=xlToLeft
End Sub
```

图 9-66　删除指定单元格所在的整行和整列

思考：如何把指定单元格所在的整行和整列同时删除？请自己编写相应的 VBA 代码。

问答 9-058 如何快速删除基础表单的所有空行

如果基础表单中有很多空行，会影响数据分析，必须将这些空行全部删除。删除所有空行的基本逻辑是：先在某个关键列（如果这个关键列是空单元格，就认为是无效数据的空行）定位选择空单元格，然后把空单元格所在的整行删除。

案例 9-58

图 9-67 所示的代码就是定位删除基础表单中的所有空行。先使用 SpecialCells 方法引用 A 列所有空单元格（A 列是关键列，如果有空单元格，就表明该行是数据无效的空行），再使用 EntireRow.Delete 方法删除所有空行。

为了避免 A 列不存在空单元格时，使用 SpecialCells 方法在程序中设置错误处理语句，会进行报错。

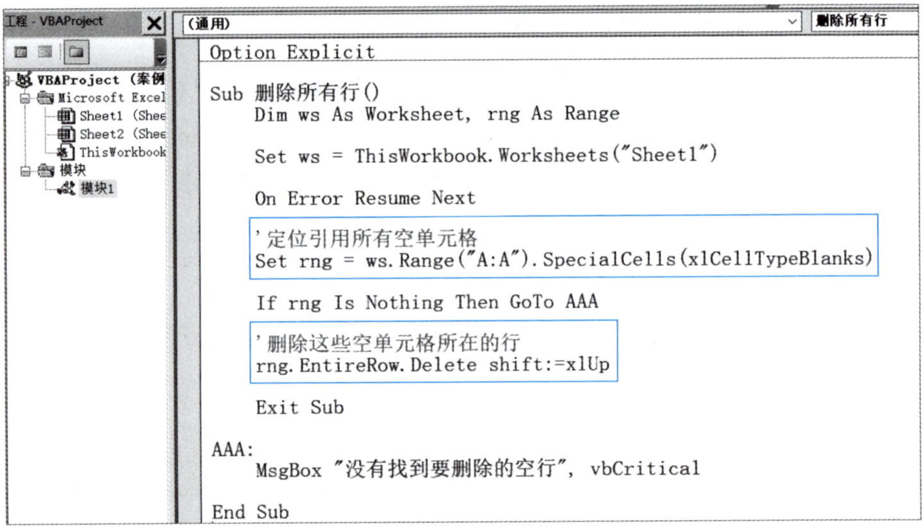


```
Option Explicit

Sub 删除所有行()
    Dim ws As Worksheet, rng As Range

    Set ws = ThisWorkbook.Worksheets("Sheet1")

    On Error Resume Next

    '定位引用所有空单元格
    Set rng = ws.Range("A:A").SpecialCells(xlCellTypeBlanks)

    If rng Is Nothing Then GoTo AAA

    '删除这些空单元格所在的行
    rng.EntireRow.Delete shift:=xlUp

    Exit Sub

AAA:
    MsgBox "没有找到要删除的空行", vbCritical

End Sub
```

图 9-67　批量删除基础表单的所有空行

问答 9-059 如何快速删除基础表单的所有小计行

如果基础表单中存在很多人为添加的小计，那么以这样的表单制作分析报告，会对数据分析造成麻烦，因此，最好将它们删除。

删除所有小计行的基本逻辑是：如果数据量不大，可以采用循环方法来依次删除；如果数据量很大，可以使用 Find 方法来查找所有小计单元格，然后再删除小计行。

案例 9–59

图 9–68 所示的 VBA 代码就是使用循环方法删除表格中的所有小计行（小计行的标记“小计”都在 A 列），请注意是从底部往上循环，下方单元格上移。

```
Option Explicit

Sub 删除所有小计行()
    Dim ws As Worksheet, n As Long, i As Long

    Set ws = ThisWorkbook.Worksheets("Sheet1")

    With ws
        n = .Range("A100000").End(xlUp).Row

        For i = n To 2 Step -1
            If .Range("A" & i) = "小计" Then
                .Range("A" & i).EntireRow.Delete shift:=xlUp
            End If
        Next i

    End With

    MsgBox "小计行删除完毕", vbInformation

End Sub
```

图 9–68　删除表格中的所有小计行

问答 9–060　如何删除清空整个工作表单元格

如果要删除清空整个工作表单元格，可以使用下面的语句。

```
工作表对象 .Cells.Delete Shift:=xlUp
```

这里的 Cells 就表示整个工作表单元格。

案例 9–60

图 9–69 是删除清空整个工作表单元格的 VBA 代码。

```
Option Explicit

Sub 删除清空整个工作表()
    Dim ws As Worksheet

    Set ws = ThisWorkbook.Worksheets("Sheet1")

    ws.Cells.Delete shift:=xlUp

End Sub
```

图 9–69　删除清空整个工作表单元格

9.10 向单元格输入数据和公式

向单元格输入各种数据是很简单的，不过也要注意遵循一定规则。本节将介绍如何使用 VBA 代码实现向单元格快速输入数据和公式的技能和技巧。

问答 9-061 如何向单元格输入数值

通过设置 Range 对象的 Value 属性可以向单元格输入数值。Value 属性是可读写的，也就是说，它既可以从单元格中读取数值，也可以向单元格输入数值。

下面是向单元格输入数值的两个基本语句，这两个语句的结果是一样的。

```
Range("A1").Value= 100
Range("A1")= 100
```

案例 9-61

图 9-70 是向指定单元格输入数值的基本语句。

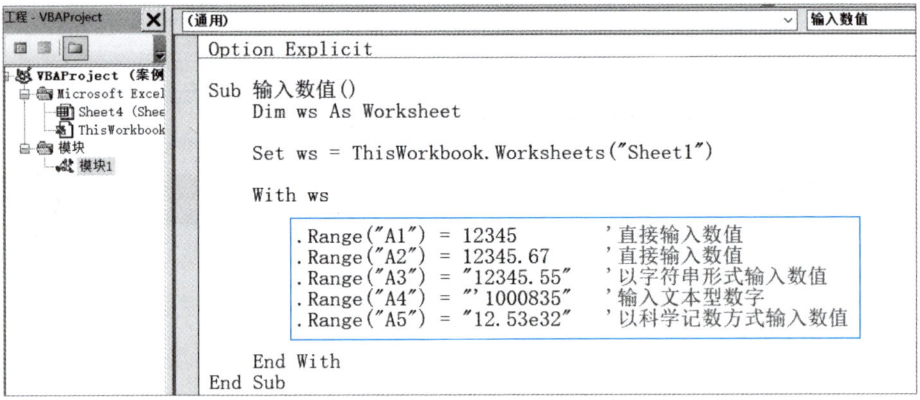

图 9-70 使用 Value 属性向单元格输入数值

问答 9-062 如何向单元格输入日期和时间

向单元格输入一个日期的方法有很多，可以使用双引号引起来输入，也可以在日期前后输入 # 号，或者使用 CDate 函数输入。

向单元格输入时间也有多种方法，可以使用双引号引起来输入，也可以使用 CDate 函数输入。

案例 9-62

图 9-71 是向指定单元格输入日期和时间的几个常用基本语句。

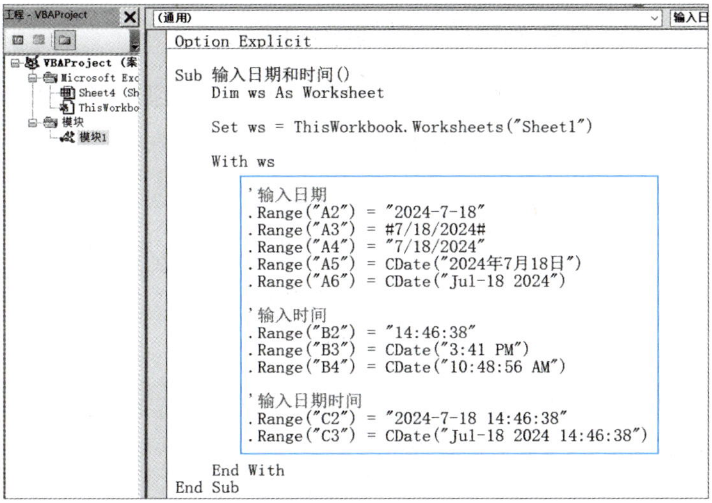

```vba
Option Explicit

Sub 输入日期和时间()
    Dim ws As Worksheet

    Set ws = ThisWorkbook.Worksheets("Sheet1")

    With ws

        '输入日期
        .Range("A2") = "2024-7-18"
        .Range("A3") = #7/18/2024#
        .Range("A4") = "7/18/2024"
        .Range("A5") = CDate("2024年7月18日")
        .Range("A6") = CDate("Jul-18 2024")

        '输入时间
        .Range("B2") = "14:46:38"
        .Range("B3") = CDate("3:41 PM")
        .Range("B4") = CDate("10:48:56 AM")

        '输入日期时间
        .Range("C2") = "2024-7-18 14:46:38"
        .Range("C3") = CDate("Jul-18 2024 14:46:38")

    End With
End Sub
```

图 9-71　输入日期和时间的基本语句

问答 9-063　如何向单元格输入文本字符串

向单元格输入文本字符串时，需要将文本字符串用双引号引起来。

不过，用双引号引起来的日期和时间以及数字，输入单元格后，并不是以字符串保存的。如果要将日期和时间以及数字按照文本形式输入单元格，则必须在它们前面添加一个单引号（'）。

案例 9-63

图 9-72 是输入文本字符串的常用方法及几个简单示例。

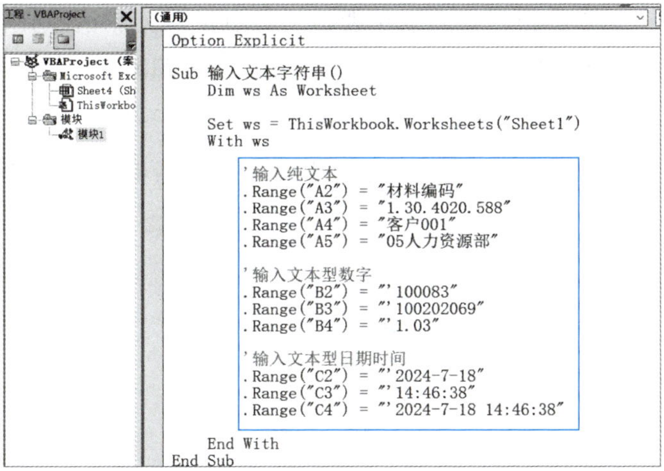

```vba
Option Explicit

Sub 输入文本字符串()
    Dim ws As Worksheet

    Set ws = ThisWorkbook.Worksheets("Sheet1")
    With ws

        '输入纯文本
        .Range("A2") = "材料编码"
        .Range("A3") = "1.30.4020.588"
        .Range("A4") = "客户001"
        .Range("A5") = "05人力资源部"

        '输入文本型数字
        .Range("B2") = "'100083"
        .Range("B3") = "'100202069"
        .Range("B4") = "'1.03"

        '输入文本型日期时间
        .Range("C2") = "'2024-7-18"
        .Range("C3") = "'14:46:38"
        .Range("C4") = "'2024-7-18 14:46:38"

    End With
End Sub
```

图 9-72　输入文本字符串

问答 9-064 如何向单元格区域批量输入相同数据

如果要向指定的单元格区域输入相同的数据，方法很简单，先引用这个单元格区域，然后采用前面介绍的方法输入。

案例 9-64

图 9-73 所示的 VBA 代码是在“Sheet1”工作表的单元格区域“C2:C8”输入“北京”，在单元格区域“C9:C17”输入“上海”，在单元格区域“C18:C20”输入“苏州”，而在单元格区域“D2:D20”输入“2024 年度”。

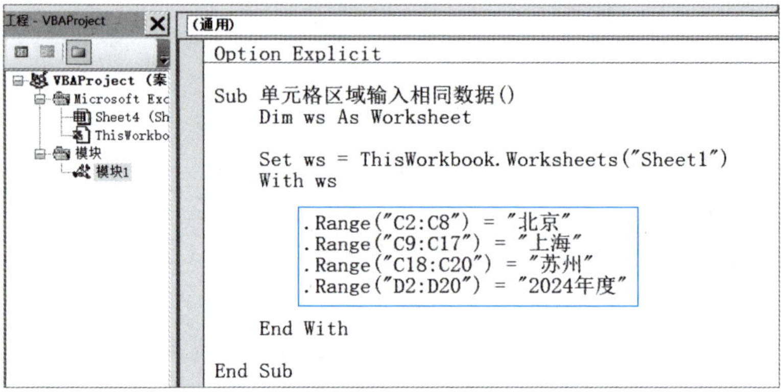


```
Option Explicit

Sub 单元格区域输入相同数据()
    Dim ws As Worksheet

    Set ws = ThisWorkbook.Worksheets("Sheet1")
    With ws

        .Range("C2:C8") = "北京"
        .Range("C9:C17") = "上海"
        .Range("C18:C20") = "苏州"
        .Range("D2:D20") = "2024年度"

    End With

End Sub
```

图 9-73　向单元格区域批量输入相同数据

问答 9-065 如何向单元格区域批量输入不同类型数据

需要向指定单元格区域输入不同类型的数据时，可以使用 Array 函数构建一个数组，然后引用要输入数据的单元格区域，输入数据即可。这种快速输入数据的方法常用于输入表格标题的场合。

案例 9-65

图 9-74 是在第 1 行输入标题，在第 2 行输入一行数据的 VBA 代码。

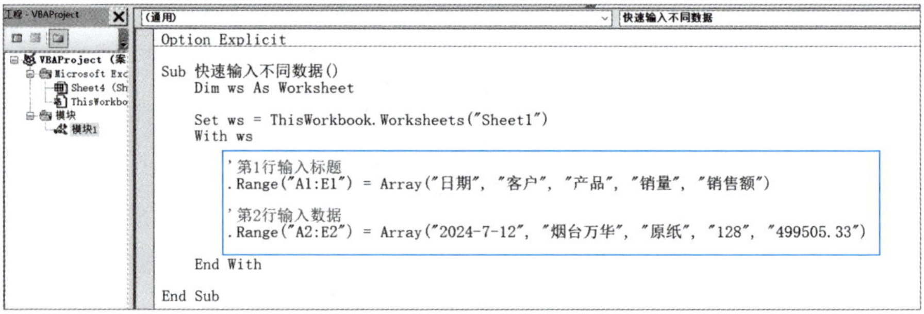


```
Option Explicit

Sub 快速输入不同数据()
    Dim ws As Worksheet

    Set ws = ThisWorkbook.Worksheets("Sheet1")
    With ws
        '第1行输入标题
        .Range("A1:E1") = Array("日期", "客户", "产品", "销量", "销售额")

        '第2行输入数据
        .Range("A2:E2") = Array("2024-7-12", "烟台万华", "原纸", "128", "499505.33")
    End With

End Sub
```

图 9-74　向单元格区域批量输入不同类型数据

问答 9-066 如何向单元格区域填充序列

在 VBA 中，可以使用 Range 对象的 AutoFill 方法向单元格区域快速填充序列数据，这也类似于 Excel 工作表中的自动填充方法。AutoFill 方法的语法如下：

```
Range 集合 .AutoFill(Destination, Type)
```

其中，参数 Destination 为必需参数，指定要填充的目标单元格区域；参数 Type 指定填充序列类型。

使用 AutoFill 方法自动填充序列，建议通过录制宏获得宏代码。

案例 9-66

图 9-75 是从单元格 A2 开始，往下填充从 2024-7-1 起始的工作日日期的 VBA 代码。

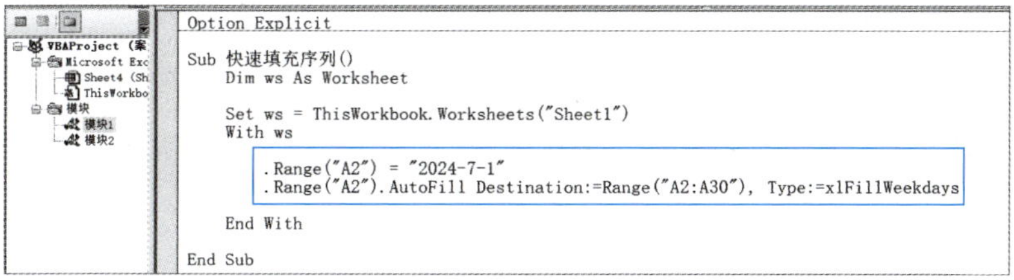

图 9-75 向单元格区域填充工作日序列

问答 9-067 如何向单元格输入多行字符串

想向单元格输入多行数据，可以使用换行符 Chr（10）或者常量 VbCrlf 将几行文本字符串连接，但要注意：将单元格格式设置为自动换行才能显示多行文字。

案例 9-67

图 9-76 是向单元格 A2 分行输入字符串的代码。请运行程序，并观察效果。

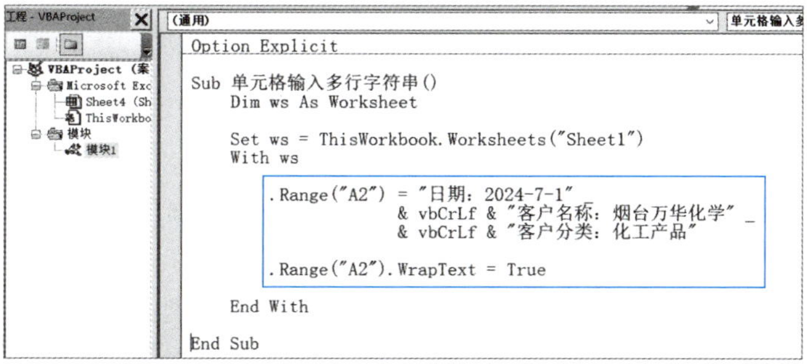

图 9-76 向单元格输入多行字符串

问答 9-068　如何向单元格输入公式字符串

向单元格输入公式，实际上就是输入公式字符串，可以使用 Range 对象的 Value 属性或 Formula 属性输入。下面两个输入公式语句的结果是一样的。

```
Range("D20").Value = "=SUM(D2:D19)"
Range("D20").Formula = "=SUM(D2:D19)"
```

这种输入公式字符串的应用多见于制作统计报表，能够一键完成汇总计算。

案例 9-68

图 9-77 的左侧是一个数据汇总，现在要求制作右侧统计报告，但是需要输入求和公式字符串。

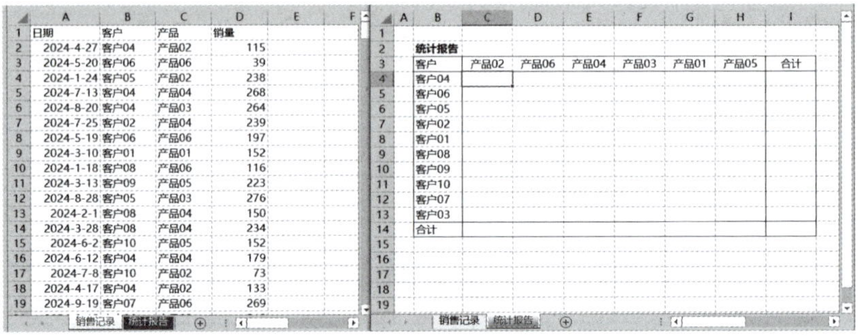

	A	B	C	D
1	日期	客户	产品	销量
2	2024-4-27	客户04	产品02	115
3	2024-5-20	客户06	产品06	39
4	2024-1-24	客户05	产品02	238
5	2024-7-13	客户04	产品04	268
6	2024-8-20	客户04	产品03	264
7	2024-7-25	客户02	产品04	239
8	2024-5-19	客户06	产品06	197
9	2024-3-10	客户01	产品01	152
10	2024-1-18	客户08	产品06	116
11	2024-3-13	客户09	产品05	223
12	2024-8-28	客户05	产品03	276
13	2024-2-1	客户08	产品04	150
14	2024-3-28	客户08	产品04	234
15	2024-6-2	客户10	产品05	152
16	2024-6-12	客户04	产品04	179
17	2024-7-8	客户10	产品02	73
18	2024-4-17	客户04	产品02	133
19	2024-9-19	客户07	产品06	269

销售记录　统计报告

	B	C	D	E	F	G	H	I
2	统计报告							
3	客户	产品02	产品06	产品04	产品03	产品01	产品05	合计
4	客户04							
5	客户06							
6	客户05							
7	客户02							
8	客户01							
9	客户08							
10	客户09							
11	客户10							
12	客户07							
13	客户03							
14	合计							

销售记录　统计报告

图 9-77　示例数据

图 9-78 是本案例的参考 VBA 代码，虽然看起来很复杂，但这里仅仅体现了练习输入公式字符串的技能和技巧。

请打开文件运行程序，观察结果。

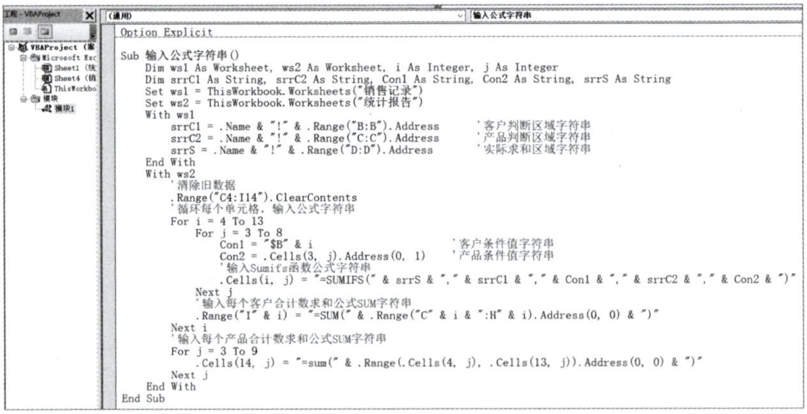

```
Option Explicit

Sub 输入公式字符串()
    Dim ws1 As Worksheet, ws2 As Worksheet, i As Integer, j As Integer
    Dim srrC1 As String, srrC2 As String, Con1 As String, Con2 As String, srrS As String
    Set ws1 = ThisWorkbook.Worksheets("销售记录")
    Set ws2 = ThisWorkbook.Worksheets("统计报告")
    With ws1
        srrC1 = .Name & "!" & .Range("B:B").Address       '客户判断区域字符串
        srrC2 = .Name & "!" & .Range("C:C").Address       '产品判断区域字符串
        srrS = .Name & "!" & .Range("D:D").Address        '实际求和区域字符串
    End With
    With ws2
        '清除旧数据
        .Range("C4:I14").ClearContents
        '循环每个单元格，输入公式字符串
        For i = 4 To 13
            For j = 3 To 8
                Con1 = "$B" & i                         '客户条件值字符串
                Con2 = .Cells(3, j).Address(0, 1)       '产品条件值字符串
                '输入Sumifs函数公式字符串
                .Cells(i, j) = "=SUMIFS(" & srrS & "," & srrC1 & "," & Con1 & "," & srrC2 & "," & Con2 & ")"
            Next j
            '输入每个客户合计数求和公式SUM字符串
            .Range("I" & i) = "=SUM(" & .Range("C" & i & ":H" & i).Address(0, 0) & ")"
        Next i
        '输入每个产品合计数求和公式SUM字符串
        For j = 3 To 9
            .Cells(14, j) = "=sum(" & .Range(.Cells(4, j), .Cells(13, j)).Address(0, 0) & ")"
        Next j
    End With
End Sub
```

图 9-78　参考 VBA 代码

第10章

Excel VBA 日常数据处理

数据的日常处理与统计分析包括排序、筛选、表格合并汇总等，这些工作很多是重复的，使用 Excel VBA 则可以一键快速完成这样的数据处理和分析。

10.1 数据排序：Range 对象的 Sort 方法

对数据进行排序是最常见的数据处理操作内容之一。在 Excel 中进行数据排序是很简单的，只需单击“升序排序”按钮或“降序排序”按钮，或者打开“排序”对话框设置排序条件，就能迅速完成对数据的排序。

在 VBA 中，可以使用 Range 对象的 Sort 方法对数据进行排序。Sort 方法有很多参数，详情请参阅帮助信息。

问答 10-001 如何对指定单元格区域进行排序

使用 Range 对象的 Sort 方法可以对单元格区域进行排序。Sort 方法有很多参数，不过需要注意的是，Range 对象的 Sort 方法最多设置三个排序字段。

案例 10-1

以图 10-1 所示的数据为例，要求先对产品 03 进行降序排序，再对产品 05 进行降序排序，也就是两个排序条件，第一个条件是产品 03，第二个条件是产品 05，都做降序排序。

	A	B	C	D	E	F	G
1	客户	产品01	产品02	产品03	产品04	产品05	产品06
2	客户01	1887	1933	1362	1355	945	2019
3	客户02	415	1412	890	1919	379	1787
4	客户03	830	535	1876	1191	310	664
5	客户04	1063	361	1888	1576	1340	1833
6	客户05	1805	260	935	734	1206	1206
7	客户06	1647	724	894	899	1885	438
8	客户07	874	1368	1888	1371	698	739
9	客户08	1137	1105	408	195	1517	1525
10	客户09	506	1830	2227	204	1421	434
11	客户10	658	1642	2792	828	1123	2021
12	客户11	1861	1167	690	1569	1330	1903
13	客户12	515	581	334	1286	1077	898
14	客户13	1041	1148	1888	999	1058	856

图 10-1　示例数据

图 10-2 是对这两个产品进行排序的 VBA 代码，相关说明如下。

- Key1、Key2：指定的字段名称（列标题）。
- Order1、Order2：指定排序方式，xlAscending 是升序，xlDescending 是降序。
- Header：指定是否有标题，xlYes 表示有标题，标题不参与排序；xlNo 表示没有标题，所有数据都参与排序。

```
Option Explicit

Sub 数据排序()
    Dim ws As Worksheet, rng As Range

    Set ws = ThisWorkbook.Worksheets("Sheet1")
    Set rng = ws.Range("A1:G14")

    rng.Sort Key1:="产品03", Order1:=xlDescending, _
             Key2:="产品05", Order2:=xlDescending, _
             Header:=xlYes

End Sub
```

图 10–2　使用 Sort 方法对数据进行排序

问答 10-002　如何对有合并单元格的数据区域进行排序

在排序时，可以选择需要排序的数据区域，而不需要参与排序的数据区域不予选择（如合并单元格标题、底部的合计行等），这样就能对数据进行正确排序。

案例 10-2

图 10–3 是各个客户今年和去年的销售额和毛利统计汇总，现在要对客户进行排序，先排序今年的销售额，再排序今年的毛利。

	A	B	C	D	E	F
1	客户	销售额		毛利		
2		去年	今年	去年	今年	
3	客户12	9795	2148	334	1286	
4	客户03	11134	11222	1876	1191	
5	客户02	3720	16042	1362	1355	
6	客户01	7161	9177	1888	999	
7	客户13	3023	6956	935	734	
8	客户05	6177	39125	2227	12204	
9	客户09	10886	7564	5894	899	
10	客户06	2459	9567	1888	1371	
11	客户07	8809	11222	690	1569	
12	客户11	12430	21394	5890	8919	
13	客户04	10314	3516	1888	1576	
14	客户08	6661	11713	408	2195	
15	客户10	7069	8658	792	1028	
16	合计	99638	158304	26072	35326	

图 10–3　客户销售统计汇总

图 10–4 是客户排序的参考 VBA 代码。请注意排序字段 Key1、Key2 引用的是要排序的第 1 行单元格，数据区域没有标题。

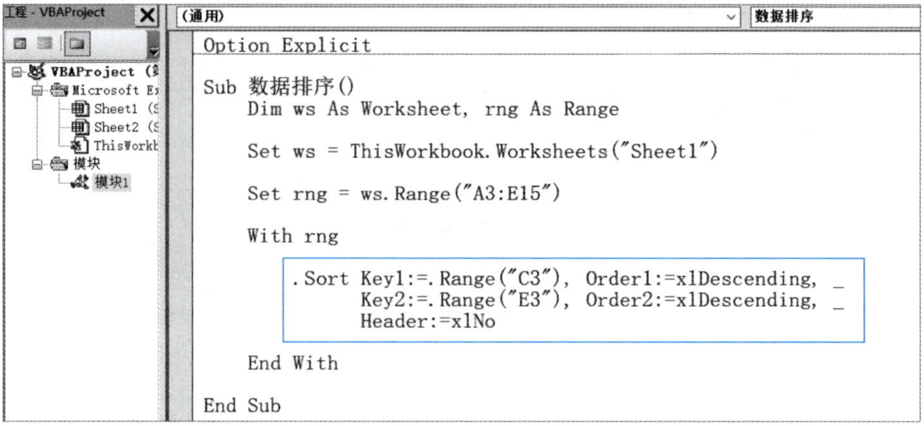

图 10-4　对有合并单元格和合计行的数据区域进行排序

问答 10-003　如何按单元格颜色或字体颜色进行排序

按单元格颜色或字体颜色进行排序的基本逻辑是插入一个辅助列，获取单元格颜色或字体颜色的 ColorIndex 值，再对这个 ColorIndex 值进行排序，最后删除辅助列。

案例 10-3

图 10-5 所示的例子是按单元格颜色对数据进行排序。要求把左侧两列的数据按照单元格颜色进行排序，若颜色相同，则再对数值进行降序排序。排序结果在右侧的两列。

	A	B	C	D	E	F
1	客户	销售额			客户	销售额
2	客户12	496			客户05	28385
3	客户03	7992			客户13	10969
4	客户16	1395			客户03	7992
5	客户17	80303			客户06	7979
6	客户02	1948			客户11	7773
7	客户01	780			客户10	89482
8	客户13	10969			客户17	80303
9	客户09	2883			客户04	69979
10	客户06	7979			客户09	2883
11	客户07	3776			客户02	1948
12	客户04	69979			客户08	1589
13	客户08	1589			客户07	3776
14	客户15	586			客户16	1395
15	客户05	28385			客户01	780
16	客户11	7773			客户15	586
17	客户10	89482			客户12	496

图 10-5　示例数据及排序结果

图 10-6 是按单元格颜色排序的参考 VBA 代码。请运行程序，观察排序效果。

```
Option Explicit

Sub 颜色排序()
    Dim ws As Worksheet, n As Long, i As Long

    Set ws = ThisWorkbook.Worksheets("Sheet1")

    With ws
        n = .Range("A100000").End(xlUp).Row

        '设计辅助列，获取单元格颜色的ColorIndex值

        .Range("C1") = "颜色代码"
        For i = 2 To n
            .Range("C" & i) = .Range("B" & i).Interior.ColorIndex
        Next i

        '对辅助列ColorIndex值进行降序排序，对原始数据进行降序排序
        .Range("A1:C" & n).Sort Key1:=.Range("C1"), Order1:=xlDescending, _
                               Key2:=.Range("B1"), Order2:=xlDescending, _
                               Header:=xlYes

        '删除辅助列
        .Range("C:C").Delete shift:=xlToLeft

    End With

End Sub
```

图 10-6　按单元格颜色进行排序

问答 10-004　如何按照特定次序进行自定义排序

如果要使数据按照自己规定的特定次序排序，那么首先要先添加自定义序列，然后按照自定义次序排序。而要在 VBA 中添加自定义序列，则需要使用 Application 对象的 AddCustomList 方法。

案例 10-4

图 10-7 所示的例子是要对部门及基本工资进行排序。首先部门按照下面的次序进行排序：人力资源部→财务部→技术研发部→生产部→物控部→品管部→设备部，再对同一部门按照基本工资进行降序排序。

	A	B	C	D	E	F	G	H
1	部门	姓名	基本工资			部门	姓名	基本工资
2	生产部	A001	6973			人力资源部	A020	7748
3	技术研发部	A002	12056			人力资源部	A014	7695
4	设备部	A003	5970			人力资源部	A010	7361
5	财务部	A005	9284			财务部	A021	13060
6	生产部	A009	19607			财务部	A005	9284
7	人力资源部	A010	7361			财务部	A007	8213
8	技术研发部	A011	9841			技术研发部	A017	16070
9	品管部	A012	6999			技术研发部	A002	12056
10	财务部	A007	8213			技术研发部	A011	9841
11	设备部	A013	9034			生产部	A022	21059
12	人力资源部	A014	7695			生产部	A009	19607
13	物控部	A015	5987			生产部	A001	6973
14	技术研发部	A017	16070			物控部	A015	5987
15	设备部	A018	13060			品管部	A012	6999
16	人力资源部	A020	7748			设备部	A018	13060
17	财务部	A021	13060			设备部	A013	9034
18	生产部	A022	21059			设备部	A003	5970

图 10-7　示例数据及排序结果

图 10-8 是自定义排序的参考 VBA 代码，自定义排序的核心是先向 Excel 添加

自定义序列。

```
Application.AddCustomList Array("人力资源部","财务部","技术研发部",
"生产部", "物控部", "品管部", "设备部")
```

在进行排序时，需要设置 Sort 方法的 OrderCustom 参数。

```
OrderCustom:=Application.CustomListCount + 1
```

这段语句中，Application.CustomListCount 是统计 Excel 中自定义序列的条目数，“+1” 就是刚才添加的自定义序列。

排序完成后，再从 Excel 中删除刚才定义的自定义序列，而此时自定义序列的最后一个就是 Application.CustomListCount，也就是刚才添加的自定义序列：

```
Application.DeleteCustomList Application.CustomListCount
```

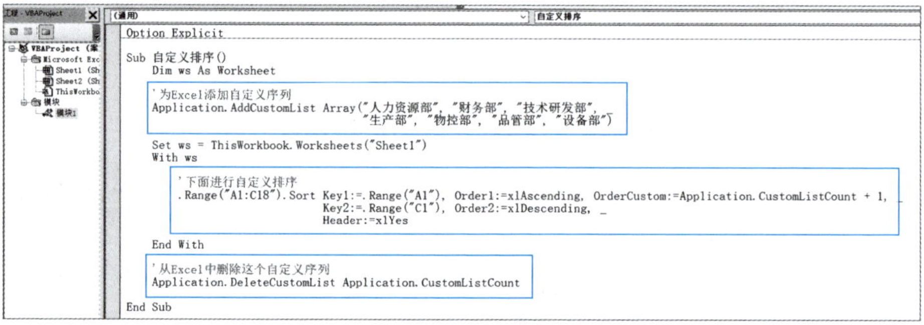

图 10-8 按照特定次序进行自定义排序

10.2 数据排序：Worksheet 对象的 Sort 属性

在数据排序时，还可以使用 Worksheet 对象的 Sort 属性。利用 Sort 属性返回一个 Sort 对象，再利用 Sort 对象的有关属性和方法设置各种排序条件，进行更加灵活的数据排序。

问答 10-005 如何通过录制宏得到数据排序的宏代码

实际上，通过录制宏得到的宏代码就是使用 Worksheet 对象的 Sort 方法进行排序的，下面以案例 10-1 的数据为例，通过录制宏得到排序代码。

案例 10-5

首先，单击“录制宏”命令按钮，准备录制宏。

其次，单击数据区域的任意单元格，再单击“数据”选项卡中的“排序”按钮，打开“排序”对话框，设置排序条件，如图 10-9 所示。

排序结束后，单击“停止录制”命令按钮，得到录制的排序宏代码，如图 10-10 所示。

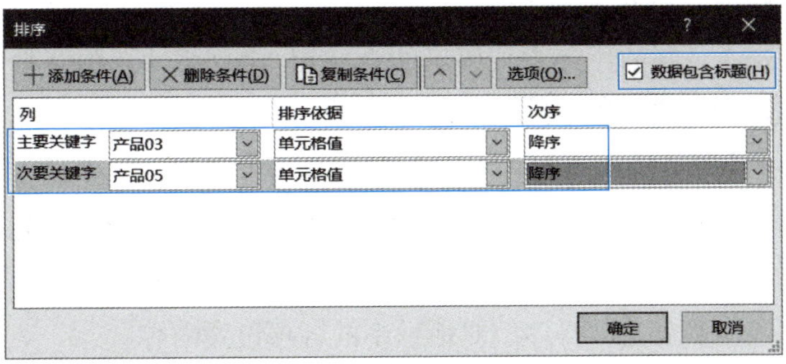

图 10-9　设置排序条件

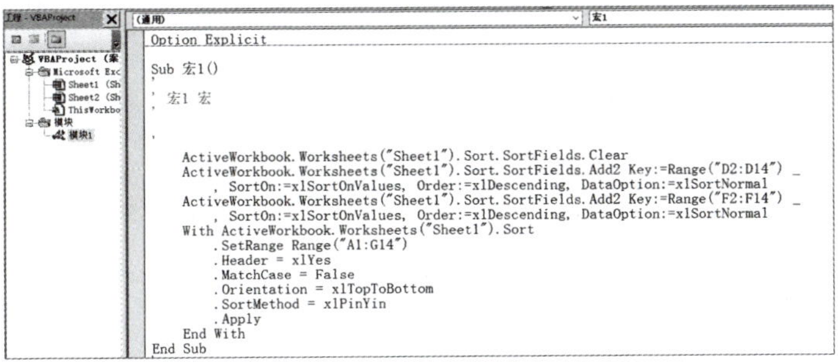

图 10-10　录制的排序宏代码

1. 宏代码分析

仔细观察录制的排序宏代码，其主要语句都使用了 ActiveWorkbook.Worksheets("Sheet1")，也就是引用了工作表对象，因此可以声明一个 Worksheet 对象变量 ws，这样就可以对宏代码进行简化。

（1）第 1 条语句是清除旧的排序条件，以备设置新的排序条件。

```
ActiveWorkbook.Worksheets("Sheet1").Sort.SortFields.Clear
```

这个语句的逻辑是使用 Worksheet 对象的 Sort 属性返回一个 Sort 对象，使用 Sort 对象的 SortFields 属性返回一个 SortFields 集合，它代表所有的排序字段，再使用 SortFields 集合的 Clear 方法删除旧的排序字段。

（2）第 2 条语句是设置第 1 个排序条件（D 列数据区域排序）。

```
ActiveWorkbook.Worksheets("Sheet1").Sort.SortFields.Add2 Key:
=Range("D2:D14") _,
SortOn:=xlSortOnValues, Order:=xlDescending, DataOption:
=xlSortNormal
```

这个语句的逻辑是使用 Worksheet 对象的 Sort 属性返回一个 Sort 对象，使用 Sort 对象的 SortFields 属性返回一个 SortFields 集合，再使用 SortFields 集合的 Add2 方法添加一个排序字段及排序条件。

高版本 Excel 录制的排序宏代码可能会使用 Add2 方法，但一般建议使用 Add 方法，因为它适合于所有版本的 Excel。

无论是 Add2 方法还是 Add 方法，它们都有六个参数，语法如下：

```
SortFields.Add （排序字段区域，排序依据，排序次序，自定义次序，排序选项，数据类型）
```

起始，这些参数就是“排序”对话框中的各项设置内容。

（3）第 3 条语句是设置第 2 个排序条件（F 列数据区域排序）。

```
ActiveWorkbook.Worksheets("Sheet1").Sort.SortFields.Add2 Key:
=Range("F2:F14") _,
SortOn:=xlSortOnValues, Order:=xlDescending, DataOption:
=xlSortNormal
```

（4）最后的语句是使用 Sort 对象的一些属性和方法进行排序设置和操作。

```
With ActiveWorkbook.Worksheets("Sheet1").Sort
    .SetRange Range("A1:G14")
    .Header = xlYes
    .MatchCase = False
    .Orientation = xlTopToBottom
    .SortMethod = xlPinYin
    .Apply
End With
```

排序设置的内容包括：

- SetRange：指定排序区域
- Header：是否有标题
- MatchCase：是否区分大小写排序
- Orientation：排序方向（按行或按列排序）
- SortMethod：是否按笔画（指中文汉字）

这些排序项目设置好后，最后使用 Sort 对象的 Apply 方法即可完成排序操作。

2. 编辑加工宏代码

了解了排序宏代码的语法及逻辑后，可以对上述的宏代码进行编辑加工，简化代码如图 10-11 所示，这样的代码结构简单清晰，容易理解。

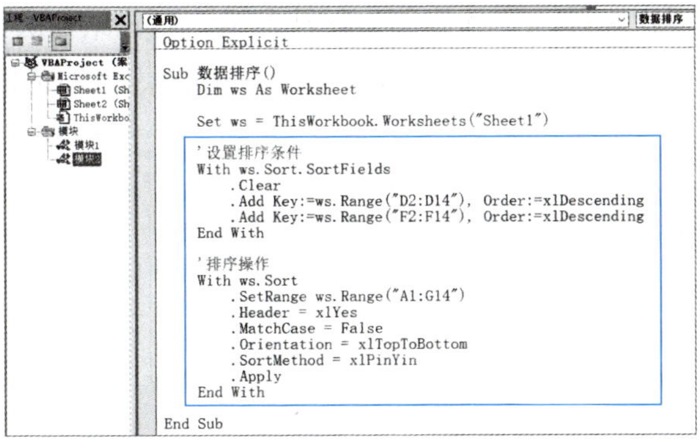
```
Option Explicit

Sub 数据排序()
    Dim ws As Worksheet

    Set ws = ThisWorkbook.Worksheets("Sheet1")

    '设置排序条件
    With ws.Sort.SortFields
        .Clear
        .Add Key:=ws.Range("D2:D14"), Order:=xlDescending
        .Add Key:=ws.Range("F2:F14"), Order:=xlDescending
    End With

    '排序操作
    With ws.Sort
        .SetRange ws.Range("A1:G14")
        .Header = xlYes
        .MatchCase = False
        .Orientation = xlTopToBottom
        .SortMethod = xlPinYin
        .Apply
    End With

End Sub
```

图 10-11　编辑加工后的排序宏代码

有些语句是默认值设置，如 MatchCase、Orientation 和 SortMethod 这三个语句在常规排序通常是不必要的，因为常规的排序不区分大小写，按行排序，且默认按照拼音排序。

此外，在设置排序条件时，默认录制的宏代码是指定了具体的列区域，例如：

```
Key:=ws.Range("D2:D14")
Key:=ws.Range("F2:F14")
```

但这种引用并不方便，因为需要确定排序列的大小。其实，录制宏时所产生的这种设置往往只是默认代码，只需引用该列区域的第 1 行单元格进行排序即可。

因此，还可以将排序代码做进一步简化，如图 10-12 所示。

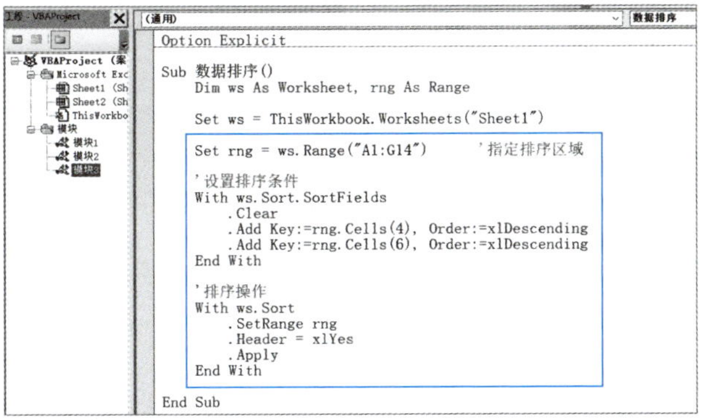
```
Option Explicit

Sub 数据排序()
    Dim ws As Worksheet, rng As Range

    Set ws = ThisWorkbook.Worksheets("Sheet1")

    Set rng = ws.Range("A1:G14")        '指定排序区域

    '设置排序条件
    With ws.Sort.SortFields
        .Clear
        .Add Key:=rng.Cells(4), Order:=xlDescending
        .Add Key:=rng.Cells(6), Order:=xlDescending
    End With

    '排序操作
    With ws.Sort
        .SetRange rng
        .Header = xlYes
        .Apply
    End With

End Sub
```

图 10-12　进一步简化代码

程序中：

rng.Cells (4) 表示单元格区域 rng 的第 4 个单元格，也就是第 4 列（D 列）的标题。

rng.Cells (6) 表示单元格区域 rng 的第 6 个单元格，也就是第 6 列（F 列）的标题。

这种设置的最大优势在于它能够根据要排序的列（列号）来构建动态排序模型，而这个列（列号）是很容易确定的。

有些人可能觉得这个代码烦琐，因为它涉及两个对象结构的操作。当然也可以写成多个对象的层次结构来简化代码，如图 10-13 所示，这种结构更加简洁、清晰。

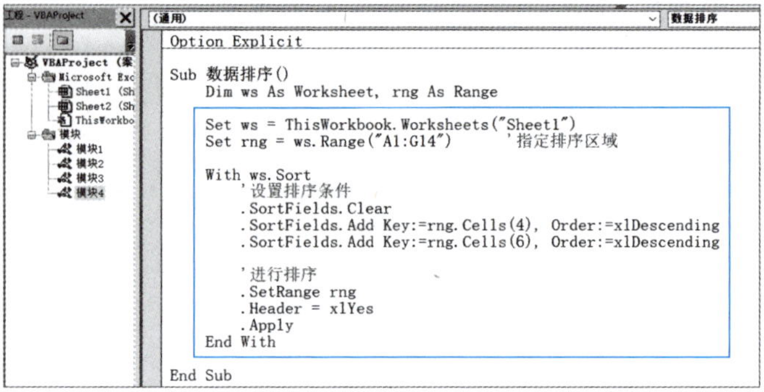

图 10-13　精简后的排序代码

问答 10-006　如何进行普通的多条件排序

下面将介绍如何使用 Worksheet 对象的 Sort 属性进行普通的多条件排序，并分享相关的技能和技巧。

案例 10-6

以案例 10-2 的数据为例，排序代码如图 10-14 所示。注意：这个例子有合并单元格标题，而排序区域是不含标题的。

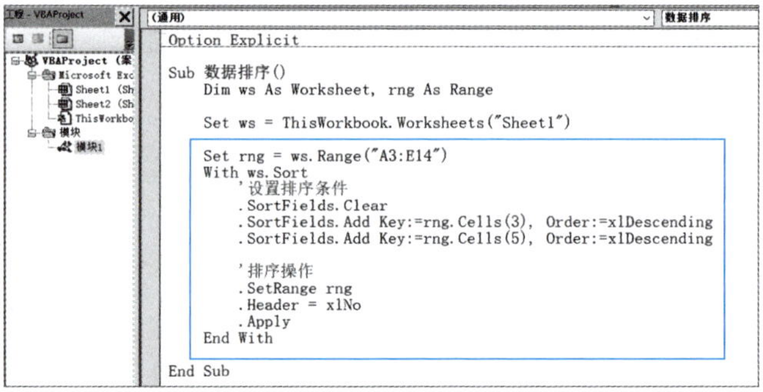

图 10-14　利用 Sort 属性进行排序

问答 10-007　如何进行自定义排序

利用 Sort 对象进行自定义排序，无须先在 Excel 中添加自定义序列，只需直接在排序选项中设置即可。

案例 10-7

以案例 10-4 的数据排序为例，按照特定的部门次序排序的参考代码如

图 10–15 所示。

```
Option Explicit

Sub 自定义排序()
    Dim ws As Worksheet, rng As Range

    Set ws = ThisWorkbook.Worksheets("Sheet1")
    Set rng = ws.Range("A1:C18")

    With ws.Sort
        '设置排序条件
        .SortFields.Clear
        .SortFields.Add Key:=rng.Cells(1), _
                        Order:=xlAscending, _
                        CustomOrder:="人力资源部,财务部,技术研发部,生产部,物控部,品管部,设备部"
        .SortFields.Add Key:=rng.Cells(3), Order:=xlDescending

        '进行排序
        .SetRange rng
        .Header = xlYes
        .Apply
    End With

End Sub
```

图 10–15　使用 Sort 对象自定义排序

程序中，设置 Add 方法的 CustomOrder 参数很简单，直接引用自定义序列字符串即可。

```
CustomOrder:=" 人力资源部，财务部，技术研发部，生产部，物控部，品管部，设备部 "
```

问答 10–008　如何建立一个自动化排序模型

下面将介绍一个利用 Sort 对象建立自动化排序模型的例子，以复习巩固前面学到的排序技能和技巧。

案例 10–8

图 10–16 是各个地区各个产品销售的汇总，现在要求制作两份动态排名分析报告。

（1）根据指定产品，对各个地区的销售进行排名。

（2）根据指定地区，对各个产品的销售进行排名。

地区产品销售统计

地区	产品01	产品02	产品03	产品04	产品05	合计
华北	254	970	956	828	1062	4070
华南	1050	934	914	1242	853	4993
华中	1276	1041	347	973	653	4290
华东	648	236	562	769	887	3102
西北	542	1127	1096	1081	870	4716
西南	842	701	1160	1153	933	4789
东北	1291	908	870	433	915	4417
合计	5903	5917	5905	6479	6173	30377

图 10–16　各个地区各个产品销售的汇总

第 1 个动态排名分析报告的效果如图 10-17 所示。

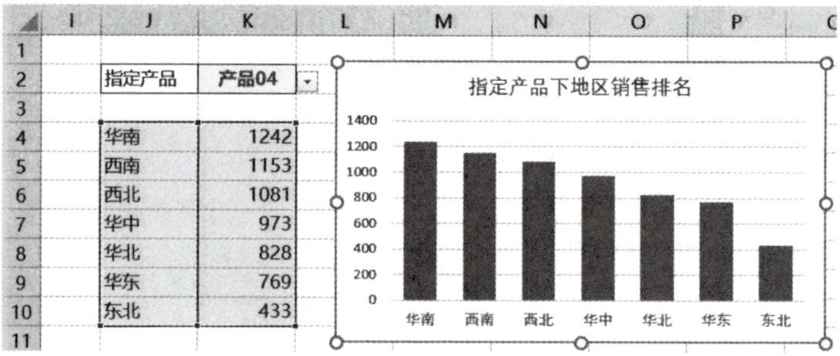

图 10-17　指定产品下地区销售排名

第 1 个动态排名分析报告的制作基本思路是在单元格 K2 中选择要分析的产品，将该产品数据从原始数据区域复制到辅助区域 J4:K10，对这个辅助区域进行降序排序，再利用排序后的这个区域的数据绘制柱形图。

数据复制及排序的参考 VBA 代码如图 10-18 所示。

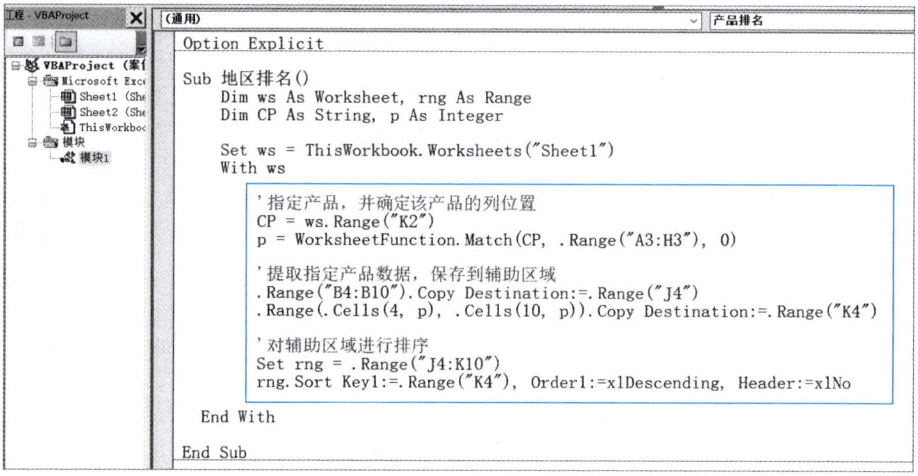

```
Option Explicit

Sub 地区排名()
    Dim ws As Worksheet, rng As Range
    Dim CP As String, p As Integer

    Set ws = ThisWorkbook.Worksheets("Sheet1")
    With ws

        '指定产品，并确定该产品的列位置
        CP = ws.Range("K2")
        p = WorksheetFunction.Match(CP, .Range("A3:H3"), 0)

        '提取指定产品数据，保存到辅助区域
        .Range("B4:B10").Copy Destination:=.Range("J4")
        .Range(.Cells(4, p), .Cells(10, p)).Copy Destination:=.Range("K4")

        '对辅助区域进行排序
        Set rng = .Range("J4:K10")
        rng.Sort Key1:=.Range("K4"), Order1:=xlDescending, Header:=xlNo

    End With

End Sub
```

图 10-18　数据复制与排序

第 2 个动态分析报告的效果如图 10-19 所示。

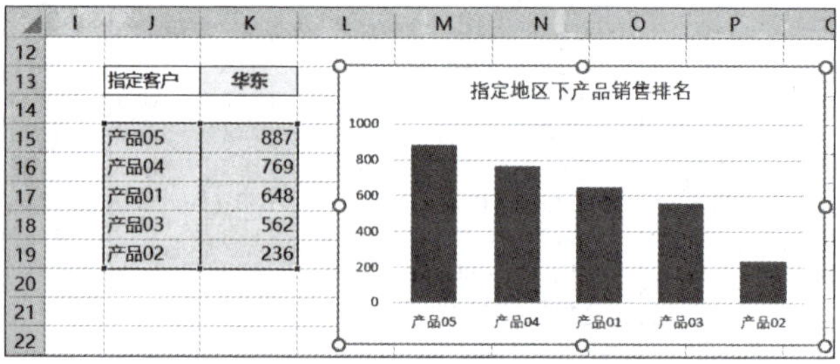

图 10-19　指定地区下产品销售排名

第 2 个动态排名分析报告的制作基本思路也是使用辅助区域：在单元格 K13 中选择要分析的地区，将该地区的各个产品数据从原始数据区域提取到辅助区域 J15:K19，对这个辅助区域进行降序排序，再利用排序后的这个区域的数据绘制柱形图。

数据复制及排序的参考 VBA 代码如图 10-20 所示。

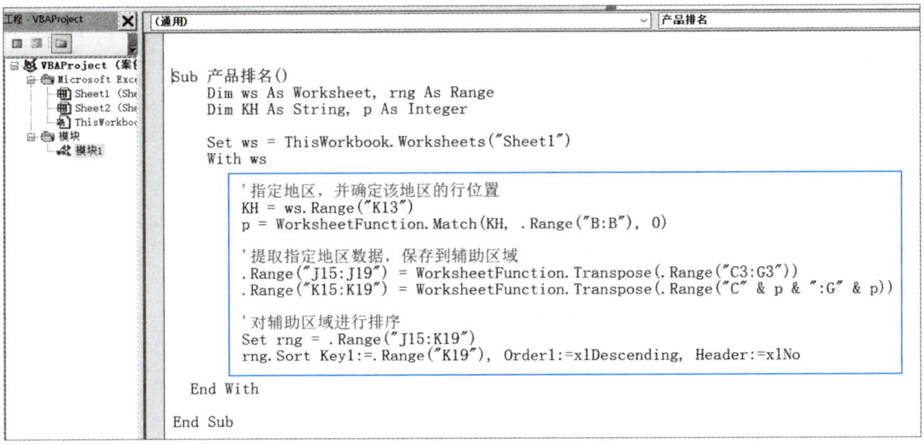

```
Sub 产品排名()
    Dim ws As Worksheet, rng As Range
    Dim KH As String, p As Integer

    Set ws = ThisWorkbook.Worksheets("Sheet1")
    With ws

        '指定地区，并确定该地区的行位置
        KH = ws.Range("K13")
        p = WorksheetFunction.Match(KH, .Range("B:B"), 0)

        '提取指定地区数据，保存到辅助区域
        .Range("J15:J19") = WorksheetFunction.Transpose(.Range("C3:G3"))
        .Range("K15:K19") = WorksheetFunction.Transpose(.Range("C" & p & ":G" & p))

        '对辅助区域进行排序
        Set rng = .Range("J15:K19")
        rng.Sort Key1:=.Range("K19"), Order1:=xlDescending, Header:=xlNo

    End With

End Sub
```

图 10-20　数据复制与排序

最后，对当前工作表设置 Change 事件，以便在单元格选择地区或产品时自动调用上面的两个数据排名程序完成数据排序，得到排序后的分析报告的参考 VBA 代码如图 10-21 所示。

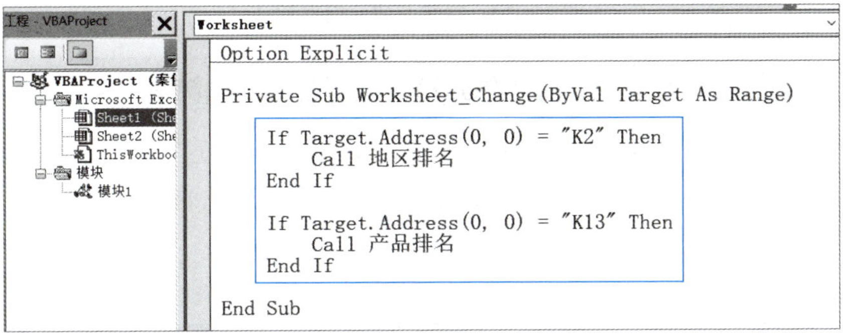

```
Option Explicit

Private Sub Worksheet_Change(ByVal Target As Range)

    If Target.Address(0, 0) = "K2" Then
        Call 地区排名
    End If

    If Target.Address(0, 0) = "K13" Then
        Call 产品排名
    End If

End Sub
```

图 10-21　设置工作表 Change 事件，调用排序程序

10.3　数据筛选：自动筛选

筛选是日常数据处理中最频繁的操作之一，可以利用 VBA 提升数据筛选效率。本节将介绍关于自动筛选的一些基本技能和 VBA 代码。

问答 10-009 如何对标准表单建立自动筛选

在 Excel 工作表中，单击“筛选”命令按钮，可以建立自动筛选。而在 VBA 中，使用 Range 对象的 AutoFilter 方法可以建立自动筛选。

不过，如果表格已经建立了自动筛选，那么就不需要再执行 AutoFilter 方法了，因为在已经建立自动筛选的情况下，如果再执行 AutoFilter 方法，那么就会取消自动筛选。因此，在建立自动筛选之前，需要判断是否已经处于筛选状态。这可以通过使用 Worksheet 对象的 AutoFilterMode 属性来实现。

案例 10-9

图 10-22 就是判断并建立自动筛选的 VBA 代码。

```
Option Explicit

Sub 建立自动筛选()
    Dim ws As Worksheet, rng As Range

    Set ws = ThisWorkbook.Worksheets("Sheet1")
    Set rng = ws.UsedRange

    If ws.AutoFilterMode = False Then

        rng.AutoFilter

    Else
        MsgBox "已经建立了自动筛选", vbInformation
    End If

End Sub
```

图 10-22　判断并建立自动筛选

问答 10-010 如何对有合并单元格的标题建立自动筛选

如果表格是有合并单元格的多行标题，建立自动筛选后，筛选标记只出现在数据区域第 1 行的标题，那么这样建立的自动筛选就是错误的，如图 10-23 所示。

	A	B	C	D	E	F	G	H	I	J	K	L	M	N
1														
2		产品	去年						去年					
3			销售量		销售额		毛利		销售量		销售额		毛利	
4			预算	实际	预算	实际	预算	实际	预算	实际	预算	实际	预算	实际
5		产品01	167	1,040	3,841	23,920	3,109	8,038	136	1,268	4,609	24,159	2,238	8,279
6		产品02	319	657	17,545	36,135	2,031	1,606	363	814	18,773	36,496	2,701	1,622
7		产品05	1,037	419	97,478	39,386	93,950	10,163	1,223	481	89,679	50,414	93,010	12,297
8		产品06	504	291	51,912	29,973	45,457	2,006	599	226	43,606	27,575	39,093	1,604

图 10-23　筛选标记只出现在数据区域第 1 行的标题

此时，要将筛选标记建立在正确的标题行上，就需要先引用该行标题，再建立自动筛选。

案例 10–10

图 10–24 就是将图 10–23 所示的表格的筛选标记建立在第 4 行的 VBA 代码，基本思路就是引用的单元格区域从要建立筛选标记的标题行开始。

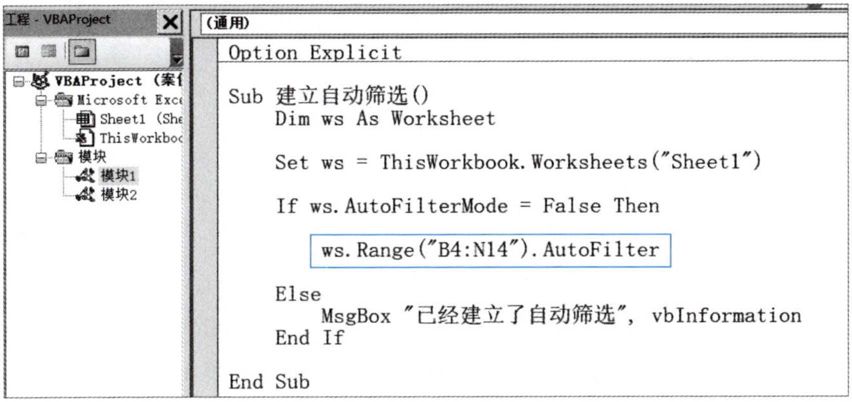

图 10–24　对有合并单元格的标题建立自动筛选

问答 10–011　如何取消建立的自动筛选

当工作表处于筛选状态时，再执行一遍 AutoFilter 方法，即可取消自动筛选。因此，取消自动筛选的基本方法是判断是否处于筛选状态，若是，则使用 AutoFilter 方法取消自动筛选。

案例 10–11

图 10–25 是取消自动筛选的 VBA 代码。

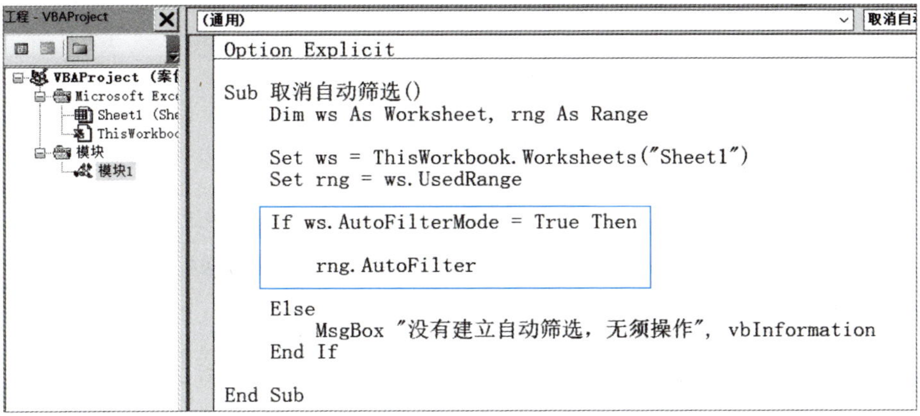

图 10–25　取消自动筛选

问答 10-012 如何进行单条件数据筛选

使用 Range 对象的 AutoFilter 方法可以对数据进行筛选，其语法如下：

```
Range 对象 .AutoFilter (Field, Criteria1, Operator, Criteria2,
                    SubField, VisibleDropDown)
```

AutoFilter 方法的各个参数说明如下。

- Field：指定筛选字段序号，是指数据区域从左往右的顺序号，第 1 列序号是 1，第 2 列序号是 2，以此类推。
- Criteria1：是第 1 个筛选条件表达式，例如“Criteria1:=" 华东 "”“Criteria1:=" 李 *"”“Criteria1:=">=2020-2-1"”“Criteria1:=vbYellow”“Criteria1:=4”等。
- Operator：用于关联两个筛选条件的操作符，可以是表 10-1 所示的几种情况。
- Criteria2：是第 2 个筛选条件表达式。
- SubField：指定的子字段，一般忽略。
- VisibleDropDown：是否显示筛选字段的下拉箭头，默认是显示。

表 10-1　Operator 参数及其含义

名　称	值	含　义
xlAnd	1	Criteria1 和 Criteria2 的逻辑 AND
xlBottom10Items	4	显示 Criteria1 中指定项数的最低值项
xlBottom10Percent	6	显示 Criteria1 中指定百分比的最低值项
xlFilterCellColor	8	单元格颜色
xlFilterDynamic	11	动态筛选
xlFilterFontColor	9	字体颜色
xlFilterIcon	10	筛选图标
xlFilterValues	7	筛选值
xlOr	2	Criteria1 或 Criteria2 的逻辑 OR
xlTop10Items	3	显示 Criteria1 中指定项数的最高值项
xlTop10Percent	5	显示 Criteria1 中指定百分比的最高值项

案例 10-12

图 10-26 所示的代码，就是直接对单元格区域进行单条件数据筛选，筛选字段是第 3 列，筛选条件是“产品 11”。请打开文件，运行程序，并观察筛选结果。

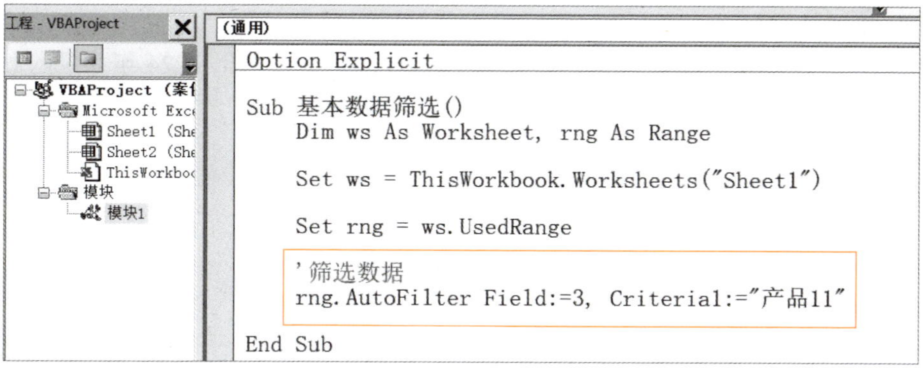

图 10-26　进行单条件数据筛选

问答 10-013　如何进行不同列条件的数据筛选

AutoFilter 方法只适用于对一个指定字段的筛选，若要在不同列进行同时筛选，则需要对每个字段进行筛选。

案例 10-13

图 10-27 所示的 VBA 代码是筛选客户为“客户 19”、产品为“产品 11”、销售额大于 5000 的数据。

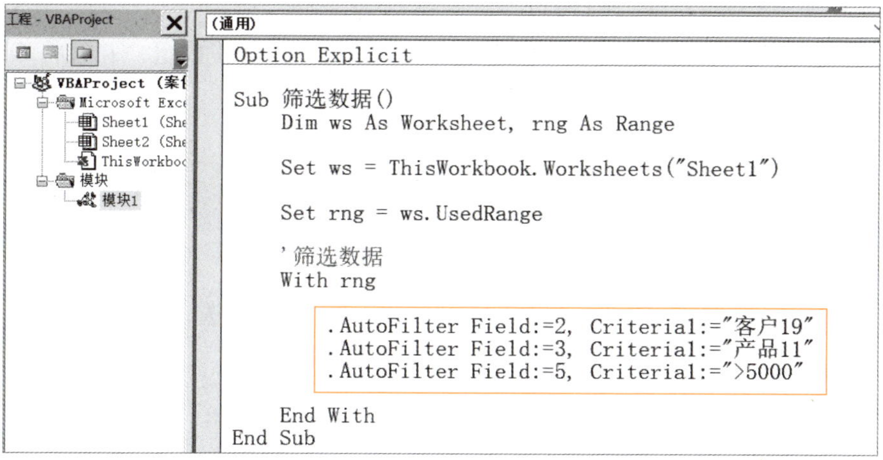

图 10-27　对不同列条件的数据进行筛选

问答 10-014　如何进行同一列的“与”条件数据筛选

对于某个字段下的两个“与”条件的筛选，需要将 Operator 参数设置为 xlAnd。

```
筛选条件表达式 1, Operator:= xlAnd, 筛选条件表达式 2
```

案例 10-14

图 10-28 所示的 VBA 代码就是在 A 列（日期）里筛选出 2024 年 3 月的数据。

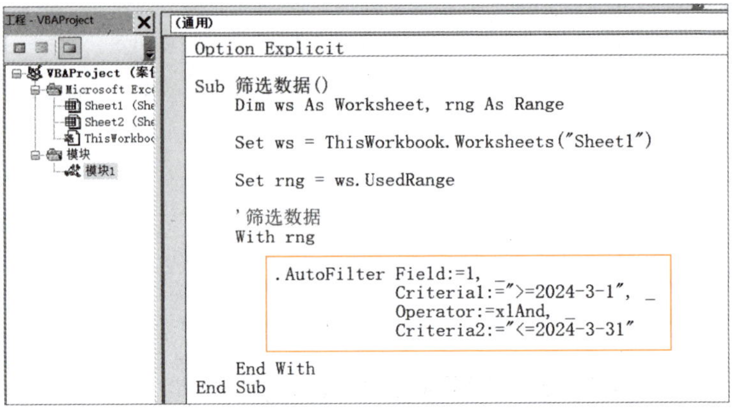

图 10-28　某个字段下的“与”条件筛选

问答 10-015　如何进行同一列多个“或”条件的数据筛选

对于某个字段下的两个“或”条件的筛选，需要将 Operator 参数设置为 xlOr。

```
筛选条件表达式 1，Operator:= xlOr，筛选条件表达式 2
```

若“或”条件有多个，则需要使用 Array 函数构建条件数组，并且将 Operator 参数设置为 xlFilterValues。

```
Criteria1:=Array(条件值 1，条件值 2，条件值 3，…)，Operator:=
xlFilterValues
```

案例 10-15

图 10-29 所示的 VBA 代码就是从第 3 列产品中筛选出“产品 03”“产品 05”“产品 06”“产品 07”的数据。

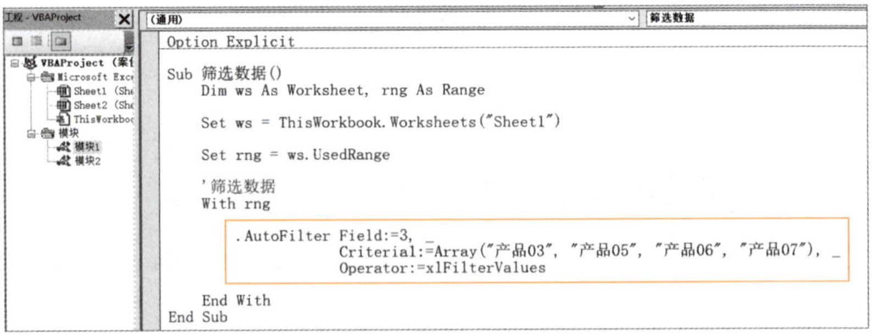

图 10-29　对同一列多个“或”条件的数据进行筛选

问答 10-016 如何进行复杂组合条件的数据筛选

数据筛选可以是各个字段、各种条件的组合，设置每个字段的筛选条件，进行筛选即可。

案例 10-16

图 10-30 所示的 VBA 代码是筛选 2024 年 3 月、“客户 01”和“客户 03”、“产品 03”“产品 05”“产品 06”和“产品 07”、“销售额大于 5000”的数据。

```
Option Explicit

Sub 筛选数据()
    Dim ws As Worksheet, rng As Range

    Set ws = ThisWorkbook.Worksheets("Sheet1")

    Set rng = ws.UsedRange

    '筛选数据
    With rng

        .AutoFilter Field:=1, _
                    Criteria1:=">=2024-3-1", _
                    Operator:=xlAnd, _
                    Criteria2:="<=2024-3-31"

        .AutoFilter Field:=2, _
                    Criteria1:=Array("客户01", "客户03"), _
                    Operator:=xlFilterValues

        .AutoFilter Field:=3, _
                    Criteria1:=Array("产品03", "产品05", "产品06", "产品07"), _
                    Operator:=xlFilterValues

        .AutoFilter Field:=5, Criteria1:=">5000"

    End With
End Sub
```

图 10-30 复杂组合条件的数据筛选

10.4 数据筛选：日期数据筛选

日期是一个特殊的数据，含有丰富的信息，如年、月、日、季度、星期、周等。因此在筛选日期数据时，会有很多的筛选内容。建议通过录制宏的方法获取日期筛选的宏代码，再进行编辑加工。

本节主要介绍日常数据处理中常见的日期筛选技能技巧及相应的 VBA 代码。

问答 10-017 如何筛选指定日期之前或之后的数据

要筛选指定日期之前或之后的数据，使用比较条件“>”或“<”即可。这实际上是一种基于日期的条件筛选。

案例 10-17

图 10-31 所示的 VBA 代码就是筛选 2024 年 2 月 1 日以前的数据。

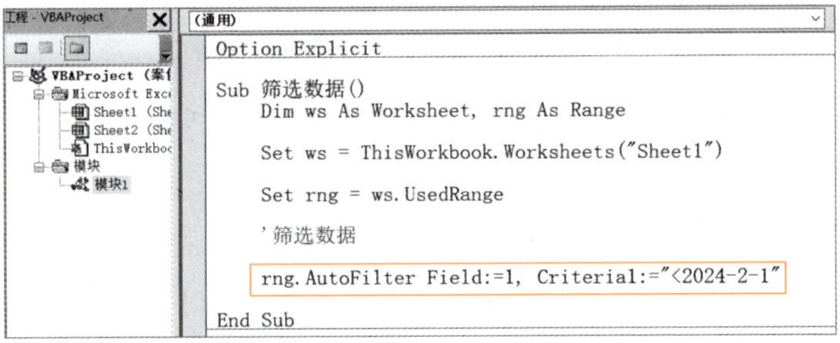

图 10–31　筛选指定日期之前的数据

筛选指定日期 2024 年 8 月 21 日（含）之后数据的 VBA 代码如图 10–32 所示。

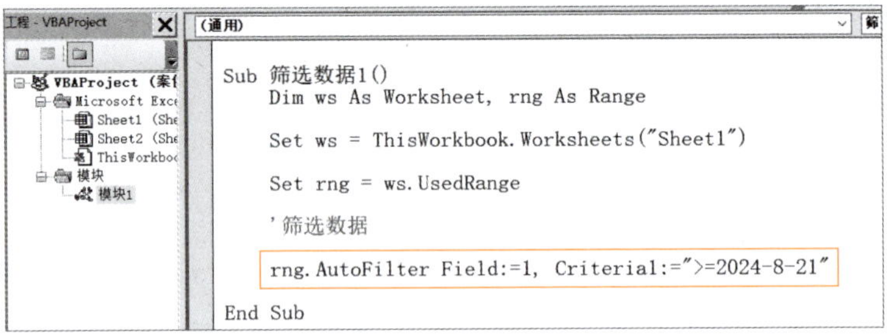

图 10–32　筛选指定日期之后的数据

问答 10–018　如何筛选指定时间段的数据

若要筛选指定时间段的数据，则使用两个比较条件，并通过 xlAnd 将它们连接起来即可。

案例 10–18

图 10–33 所示的 VBA 代码是筛选 2024 年 7 月 1 日至 2024 年 7 月 10 日之间的数据。

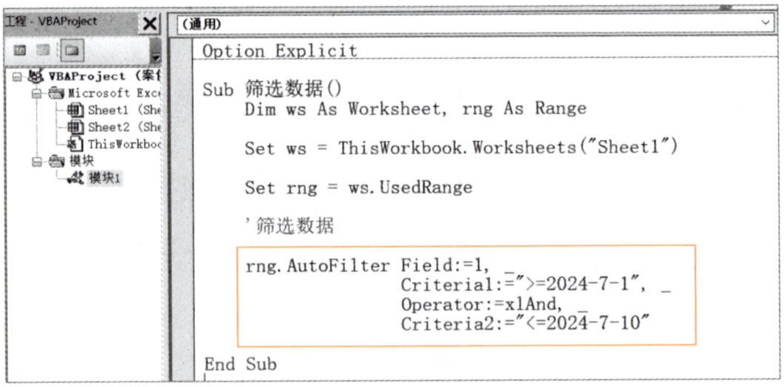

图 10–33　筛选指定日期之间的数据

问答 10-019 如何筛选某个月的数据

若要筛选某个月的数据，则使用该月初和该月末的两个比较条件，并通过 xlAnd 将它们连接起来即可，也可以使用 Array 函数构建数组进行判断。

例如，下面的语句就是筛选 2024 年 7 月的数据，但要注意，此时需要使用第 2 个条件参数 Criteria2。

```
Criteria2:=Array(1, "2024-7-31")
```

数组编写规则很简单，数组的第 1 个元素输入数字 1，第 2 个元素输入该月的月底日期。

这种指定月份的数据筛选，必须在参数 Criteria2 前指定参数 Operator。

```
Operator:=xlFilterValues
```

因此，完整的筛选参数设置如下：

```
Operator:=xlFilterValues, Criteria2:=Array(1, 月底日期字符串)
```

案例 10-19

图 10-34 所示的 VBA 代码是筛选 2024 年 3 月的数据，此时的 Criteria2 参数是：

```
Criteria2:=Array(1, "2024-3-31")
```

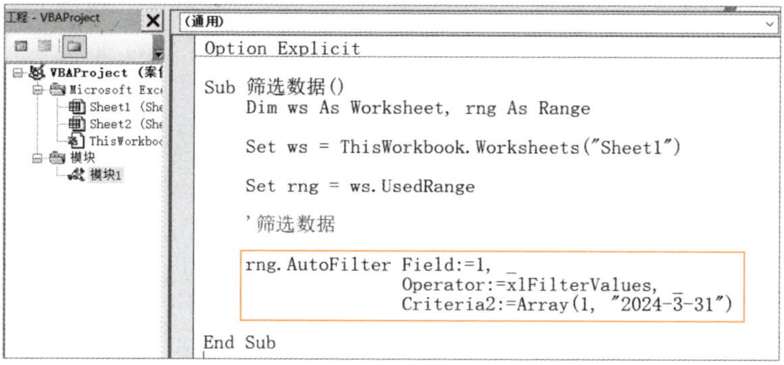

图 10-34 筛选某个月的数据

思考：如何设计一个可以筛选任意指定年份、任意指定月份等数据的动态筛选模型？详细代码设计，请观看视频。

问答 10-020 如何筛选指定几个月的数据

筛选指定几个月的数据也是使用 Array 函数构建月份条件值，并使用第 2 个条件参数 Criteria2 即可。

例如，要筛选 2024 年 2 月和 5 月的数据，条件值数组如下：

```
Criteria2:=Array(1, "2024-2-29", 1, "2024-5-31")
```

案例 10-20

图 10-35 所示的 VBA 代码是筛选 2024 年 2 月、5 月、6 月和 8 月的数据。

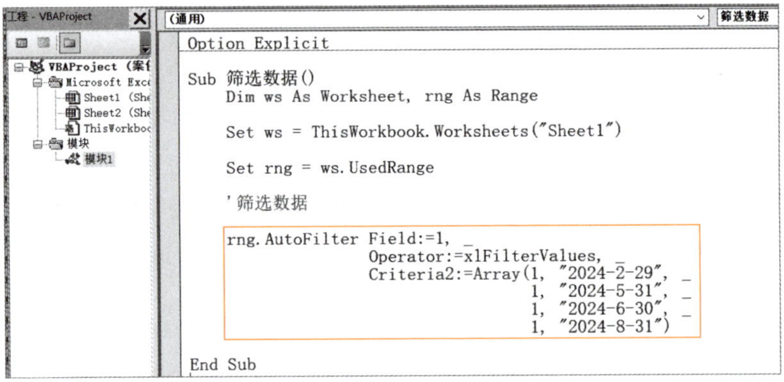

图 10-35　筛选指定几个月的数据

问答 10-021　如何筛选当天的数据

在程序中，使用 Date 函数引用当前日期，并以此作为筛选条件值，就可以把当天的数据筛选出来。

```
Criteria1:="=" & Date
```

也可以通过录制宏得到筛选当天数据的宏代码。

案例 10-21

图 10-36 是筛选当天数据的 VBA 代码，请运行程序，观察筛选结果。

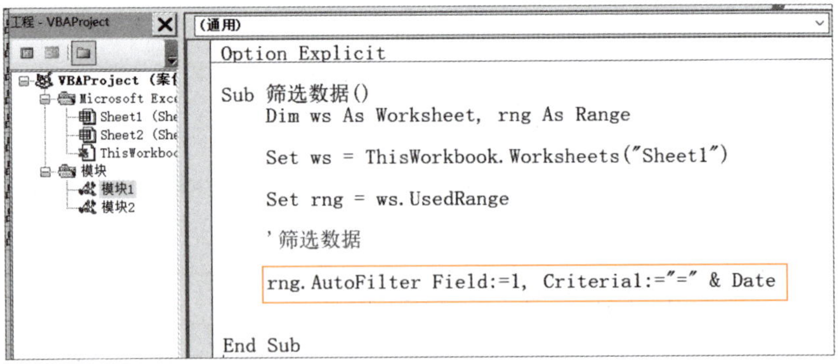

图 10-36　筛选当天数据的 VBA 代码

通过录制宏得到的筛选当天数据的宏代码如图 10–37 所示，请仔细观察筛选参数。

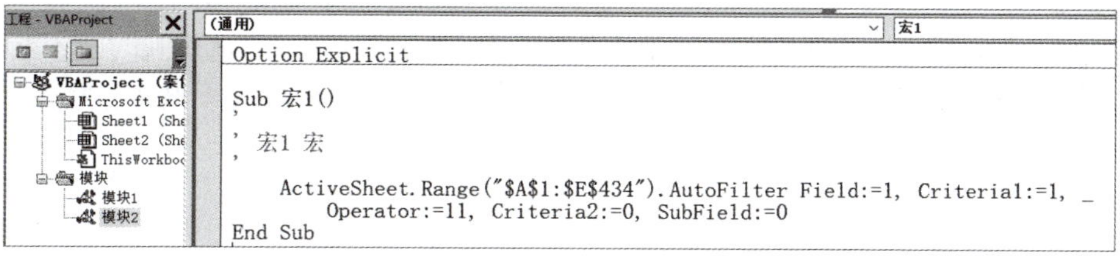

图 10–37　录制宏得到的筛选当天数据的宏代码

问答 10–022　如何筛选昨天的数据

Date 函数返回今天日期，减去 1 天，就是昨天。因此，在筛选条件中，要筛选昨天的数据，使用下面的筛选条件表达式即可。

```
Criteria1:="=" & Date - 1
```

也可以通过录制宏得到筛选昨天数据的宏代码。

案例 10–22

图 10–38 所示的 VBA 代码是筛选昨天的数据，请运行程序，观察筛选结果。

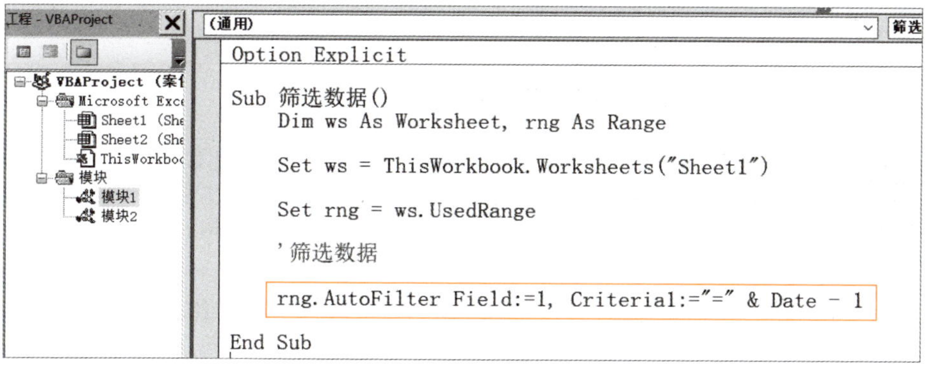

图 10–38　筛选昨天的数据

图 10–39 是通过录制宏得到的筛选昨天数据的宏代码。

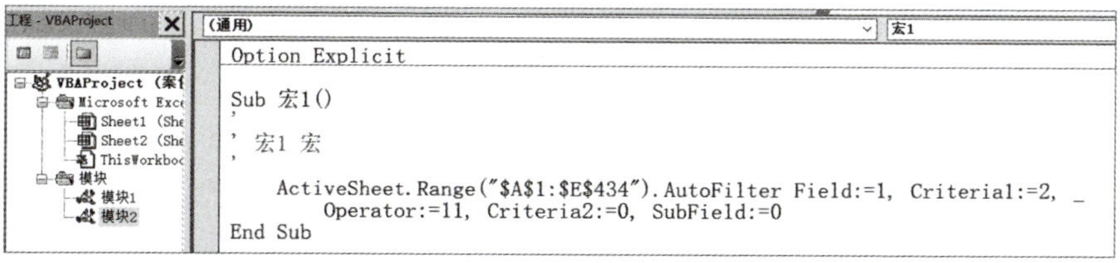

图 10–39　录制宏得到的筛选昨天数据的宏代码

问答 10-023 如何筛选最近几天的数据

如果要筛选最近几天的数据，例如，筛选最近 7 天的数据，也就是从今天开始，往回倒退 6 天这个区间的数据，那么这个筛选是随时间不断滚动的，其本质就是指定时间段的筛选，开始日期是 Date－6，截止日期是 Date。

案例 10-23

图 10-40 所示的 VBA 代码是筛选最近 7 天的数据，请运行程序，观察筛选结果。

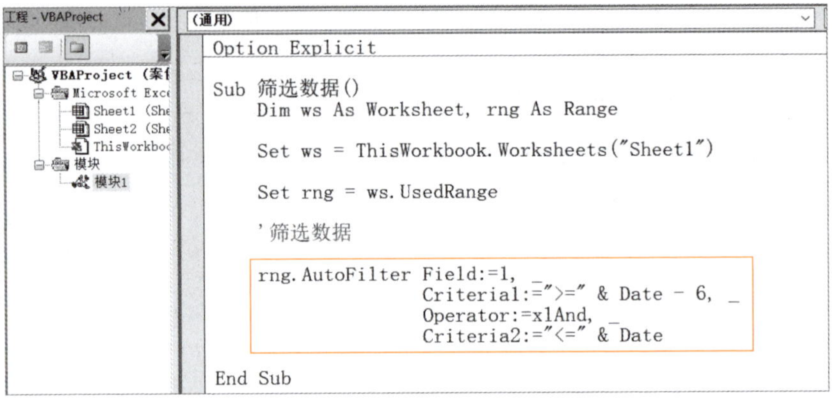

图 10-40　筛选最近 7 天的数据

思考：如何设计一个动态筛选能够筛选任意指定过去天数的数据？

问答 10-024 如何筛选本周的数据

筛选本周的数据，建议通过录制宏得到有关的宏代码，不建议使用日期时间函数构建筛选条件表达式。

案例 10-24

图 10-41 就是筛选本周数据的宏代码，它是通过录制宏并编辑加工得到的。

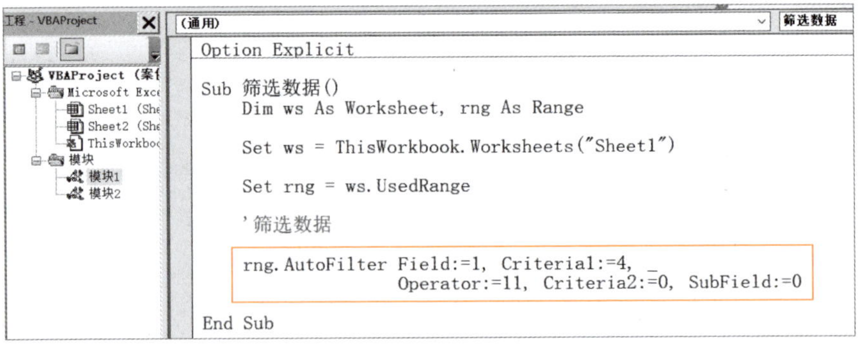

图 10-41　筛选本周数据的宏代码

问答 10-025 如何筛选上周的数据

筛选上周的数据，建议通过录制宏得到有关的宏代码，不建议使用日期时间函数构建筛选条件表达式。

案例 10-25

图 10-42 就是筛选上周数据的宏代码，它是通过录制宏并编辑加工得到的。

```
Option Explicit

Sub 筛选数据()
    Dim ws As Worksheet, rng As Range

    Set ws = ThisWorkbook.Worksheets("Sheet1")

    Set rng = ws.UsedRange

    '筛选数据

    rng.AutoFilter Field:=1, Criteria1:=5, _
                   Operator:=11, Criteria2:=0, SubField:=0

End Sub
```

图 10-42　筛选上周数据的宏代码

问答 10-026 如何筛选本月的数据

筛选本月的数据，可以通过录制宏得到有关的宏代码，也可以使用日期时间函数构建筛选条件表达式，不过后者要复杂些。

案例 10-26

图 10-43 就是筛选本月数据的宏代码，它是通过录制宏并编辑加工得到的。

```
Option Explicit

Sub 筛选数据()
    Dim ws As Worksheet, rng As Range

    Set ws = ThisWorkbook.Worksheets("Sheet1")

    Set rng = ws.UsedRange

    '筛选数据

    rng.AutoFilter Field:=1, Criteria1:=7, _
                   Operator:=11, Criteria2:=0, SubField:=0

End Sub
```

图 10-43　筛选本月数据的宏代码

若要使用日期时间函数构建本月数据筛选条件表达式，则参考代码如图 10-44 所示。

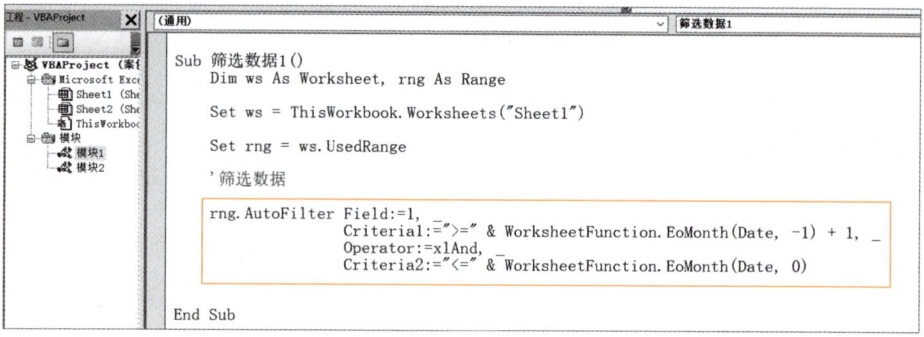

图 10-44　筛选本月的数据

问答 10-027　如何筛选上月的数据

筛选上月的数据，可以通过录制宏得到有关的宏代码，也可以使用日期时间函数构建筛选条件表达式，不过后者要复杂些。

案例 10-27

图 10-45 就是筛选上月数据的宏代码，它是通过录制宏并编辑加工得到的。

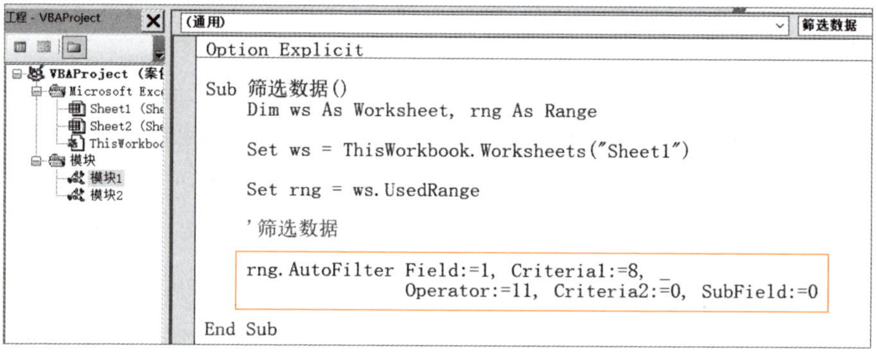

图 10-45　筛选上月数据的宏代码

若要使用日期时间函数构建上月数据筛选条件表达式，则参考代码如图 10-46 所示。

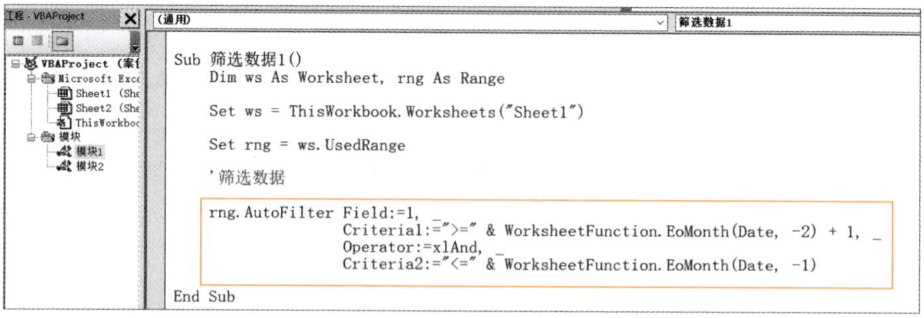

图 10-46　筛选上月的数据

问答 10-028 如何筛选本季度的数据

筛选本季度的数据，可以通过录制宏得到有关的宏代码，也可以使用日期时间函数构建筛选条件表达式，不过后者要复杂些。

案例 10-28

图 10-47 就是筛选本季度数据的宏代码，它是通过录制宏并编辑加工得到的。

```
Option Explicit

Sub 筛选数据()
    Dim ws As Worksheet, rng As Range

    Set ws = ThisWorkbook.Worksheets("Sheet1")

    Set rng = ws.UsedRange

    '筛选数据

    rng.AutoFilter Field:=1, Criteria1:=10, _
                   Operator:=11, Criteria2:=0, SubField:=0

End Sub
```

图 10-47 筛选本季度数据的宏代码

若使用日期时间函数构建本季度数据筛选条件表达式，则参考代码如图 10-48 所示。

```
Sub 筛选数据1()
    Dim ws As Worksheet, rng As Range, q As Integer, qd1 As Date, qd2 As Date

    Set ws = ThisWorkbook.Worksheets("Sheet1")
    Set rng = ws.UsedRange

    '筛选数据

    q = DatePart("q", Date)
    If q = 1 Then
        qd1 = DateSerial(Year(Date), 1, 1)
        qd2 = DateSerial(Year(Date), 3, 31)
    ElseIf q = 2 Then
        qd1 = DateSerial(Year(Date), 4, 1)
        qd2 = DateSerial(Year(Date), 6, 30)
    ElseIf q = 3 Then
        qd1 = DateSerial(Year(Date), 7, 1)
        qd2 = DateSerial(Year(Date), 9, 30)
    Else
        qd1 = DateSerial(Year(Date), 10, 1)
        qd2 = DateSerial(Year(Date), 12, 31)
    End If

    rng.AutoFilter Field:=1, _
                   Criteria1:=">=" & qd1, Operator:=xlAnd, Criteria2:="<=" & qd2
End Sub
```

图 10-48 筛选本季度的数据

问答 10-029 如何筛选上季度的数据

筛选上季度的数据，可以通过录制宏得到有关的宏代码，也可以使用日期时间函数构建筛选条件表达式，不过后者要复杂些。

案例 10-29

图 10-49 就是筛选上季度数据的宏代码，它是通过录制宏并编辑加工得到的。

```
Option Explicit

Sub 筛选数据()
    Dim ws As Worksheet, rng As Range

    Set ws = ThisWorkbook.Worksheets("Sheet1")

    Set rng = ws.UsedRange

    '筛选数据

    rng.AutoFilter Field:=1, Criteria1:=11, _
                Operator:=11, Criteria2:=0, SubField:=0

End Sub
```

图 10-49　筛选上季度数据的宏代码

若使用日期时间函数构建上季度数据筛选条件表达式，则参考代码如图 10-50 所示。

```
Sub 筛选数据1()
    Dim ws As Worksheet, rng As Range, q As Integer, qd1 As Date, qd2 As Date

    Set ws = ThisWorkbook.Worksheets("Sheet1")
    Set rng = ws.UsedRange

    '筛选数据

    q = DatePart("q", Date)
    If q = 1 Then
        qd1 = DateSerial(Year(Date) - 1, 10, 1)
        qd2 = DateSerial(Year(Date) - 1, 12, 31)
    ElseIf q = 2 Then
        qd1 = DateSerial(Year(Date), 1, 1)
        qd2 = DateSerial(Year(Date), 3, 31)
    ElseIf q = 3 Then
        qd1 = DateSerial(Year(Date), 4, 1)
        qd2 = DateSerial(Year(Date), 6, 30)
    Else
        qd1 = DateSerial(Year(Date), 7, 1)
        qd2 = DateSerial(Year(Date), 9, 30)
    End If

    rng.AutoFilter Field:=1, _
                Criteria1:=">=" & qd1, Operator:=xlAnd, Criteria2:="<=" & qd2
End Sub
```

图 10-50　筛选上季度的数据

注意：这里是要筛选上季度的数据，所以，如果 Date 是今年 1 季度的某个日期，那么上季度就是去年 4 季度；如果 Date 是今年 3 季度的某个日期，那么上季度就是今年 2 季度；以此类推。

10.5　数据筛选：文本数据筛选

文本数据的筛选主要分为精确值匹配筛选和关键词匹配筛选，后者主要是使用通配符构建关键词。本节将介绍关于文本数据筛选的常见操作及技能技巧。

问答 10-030 如何对文本数据进行常规筛选

所谓常规筛选，就是指定一个或多个具体的项目，把这些项目的数据筛选出来。前面介绍的客户筛选、产品筛选就是文本数据常规筛选的例子。为复习巩固常规筛选，下面举例说明。

案例 10-30

图 10-51 所示的 VBA 代码就是从第 2 列客户中筛选出“客户 01”，从第 3 列产品中筛选出“产品 01”“产品 02”“产品 03”的数据。

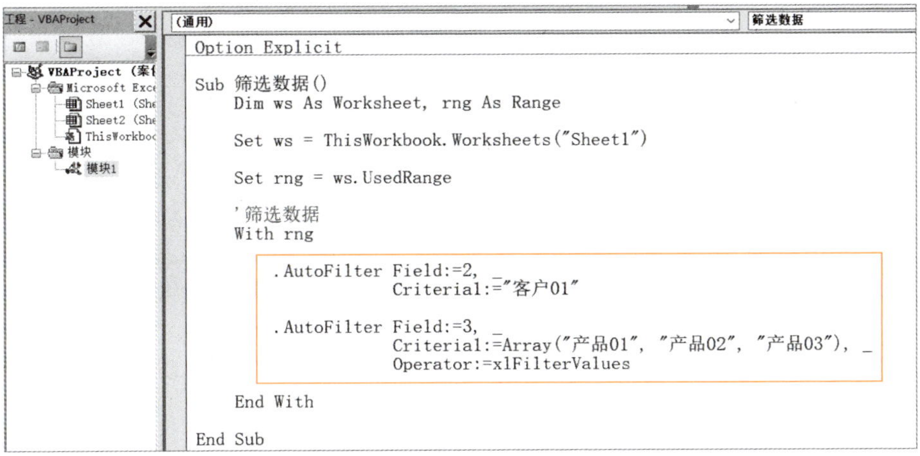


```
Option Explicit

Sub 筛选数据()
    Dim ws As Worksheet, rng As Range

    Set ws = ThisWorkbook.Worksheets("Sheet1")

    Set rng = ws.UsedRange

    '筛选数据
    With rng

        .AutoFilter Field:=2, _
                    Criteria1:="客户01"

        .AutoFilter Field:=3, _
                    Criteria1:=Array("产品01", "产品02", "产品03"), _
                    Operator:=xlFilterValues

    End With

End Sub
```

图 10-51 文本数据的基本筛选

问答 10-031 如何对文本数据进行关键词匹配筛选

关键词匹配筛选经常使用通配符（*）构建关键词。例如，关键词是“彩电”，则有以下几种关键词匹配情况。

- 开头是“彩电”：彩电 *
- 开头不是“彩电”：<> 彩电 *
- 结尾是“彩电”：* 彩电
- 结尾不是“彩电”：<>* 彩电
- 包含“彩电”：* 彩电 *
- 不包含“彩电”：<>* 彩电 *

案例 10-31

图 10-52 所示的 VBA 代码就是从第 3 列的商品中筛选出含有“咖啡”和“红酒”的数据。请运行程序，观察筛选效果。

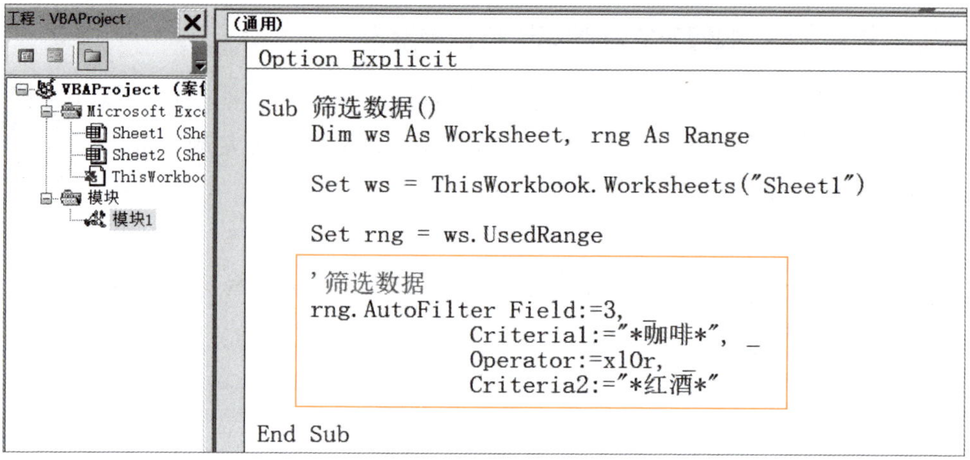

图 10-52　对文本数据的关键词进行匹配筛选

也可以使用 Array 函数来构建关键词数组，参考 VBA 代码如图 10-53 所示。

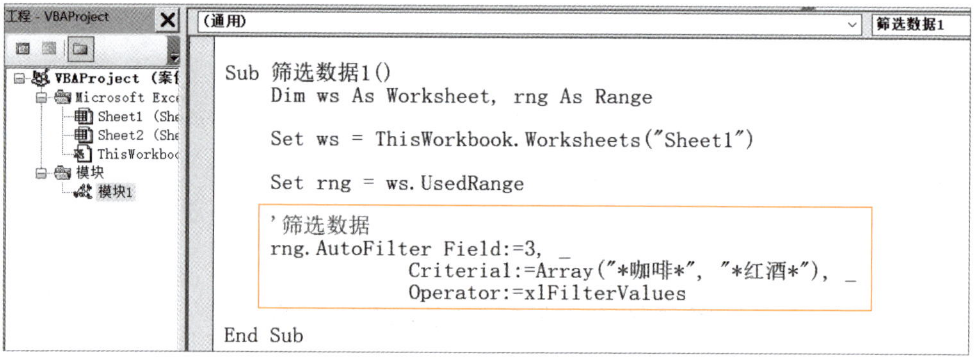

图 10-53　使用 Array 函数来构建关键词数组进行匹配筛选

若只是筛选商品名中包含“咖啡”两个字的数据，则筛选语句如下：

```
rng.AutoFilter Field:=3, Criteria1:="* 咖啡 *"
```

问答 10-032　如何对文本精确值和关键词的组合条件进行筛选

精确值条件和关键词条件可以组合起来，但两个筛选条件必须是不同字段。

案例 10-32

图 10-54 所示的 VBA 代码是从“入库明细”工作表中将 B 列供应商名称为“供应商 09”、C 列物料代码开头为“3.07.20”的数据筛选出来。

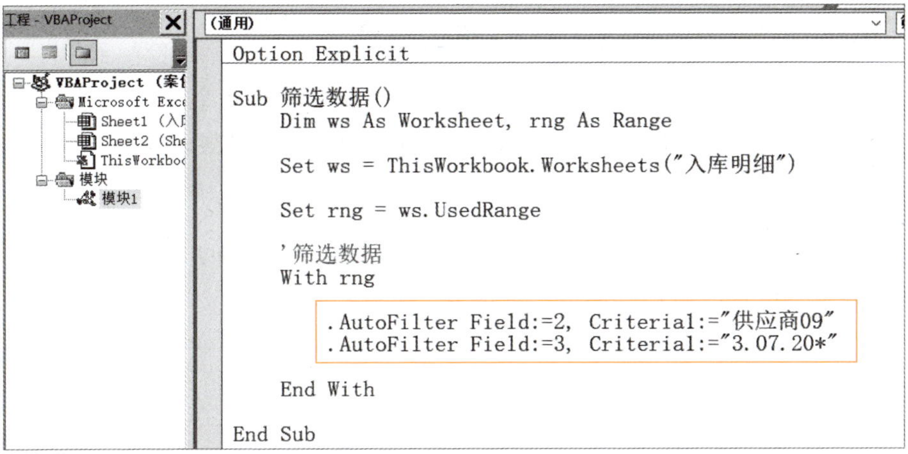

图 10-54　对文本精确值和关键词的组合条件进行筛选

10.6　数据筛选：数值筛选

数值筛选的方法多种多样，常见的有大于或小于多少、等于或不等于多少、前几个或后几个、平均以上或以下等，本节介绍常见数值筛选的技能和技巧。

问答 10-033　如何筛选指定值以上或以下的数据

为了筛选出指定值以上或以下的数据，一般会在条件表达式中使用比较运算符。这些运算符包括“>”“>=”“<”“<=”等，下面举例说明。

案例 10-33

图 10-55 所示的 VBA 代码是从“入库明细”工作表中的 I 列筛选出价税合计大于或等于 50 万元的数据。

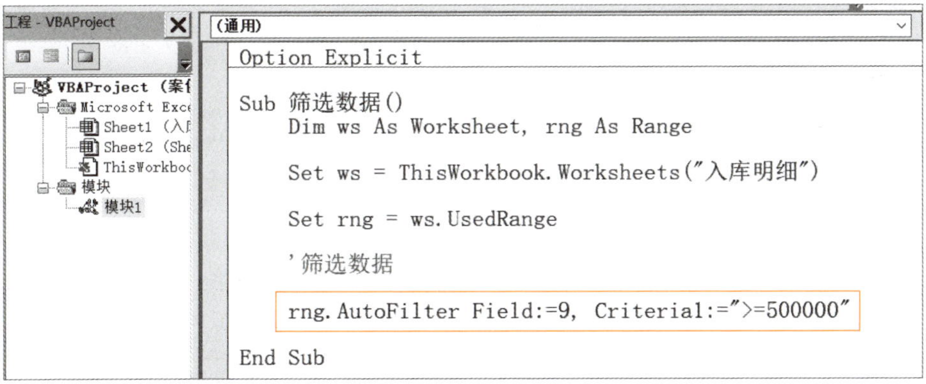

图 10-55　筛选指定值以上的数据

问答 10-034 如何筛选指定值之间的数据

这种指定值之间的数据筛选，实际上就是两个“与”条件的筛选，在“10.4 数据筛选：日期数据筛选”中已经有过很多介绍。

案例 10-34

图 10-56 所示的 VBA 代码是从“入库明细”工作表中的 I 列筛选出价税合计在 10 万元至 50 万元的数据。

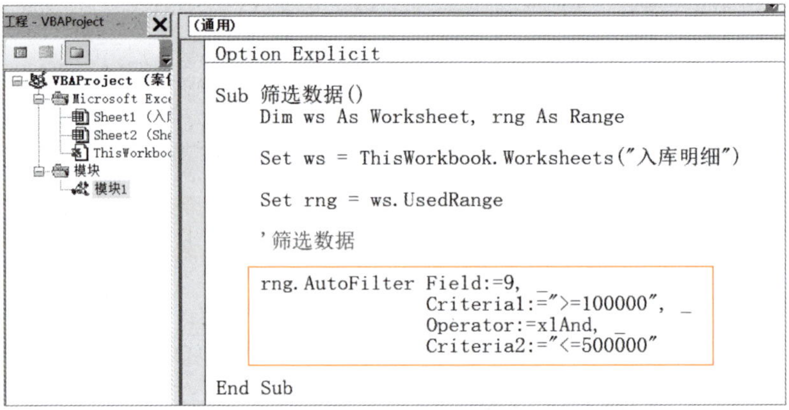

图 10-56 筛选指定值之间的数据

问答 10-035 如何筛选平均值以上的数据

要筛选平均值以上的数据，可以通过录制宏得到相应的宏代码，再编辑加工使用。

案例 10-35

图 10-57 所示的代码是从“Sheet1”工作表中将销售额大于平均值的客户筛选出来，这里的代码是录制的宏代码。

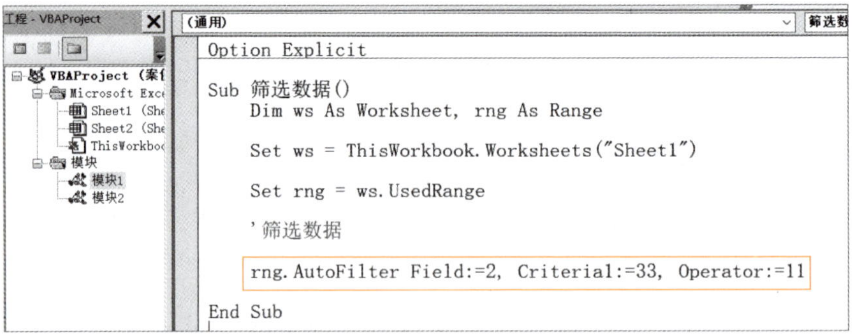

图 10-57 筛选平均值以上的数据

问答 10-036 如何筛选平均值以下的数据

要筛选平均值以下的数据，可以通过录制宏得到相应的宏代码，再编辑加工使用。

案例 10-36

图 10-58 所示的代码是从“Sheet1”工作表中将销售额小于平均值的客户筛选出来，这里的代码是宏代码，并进行了编辑加工。

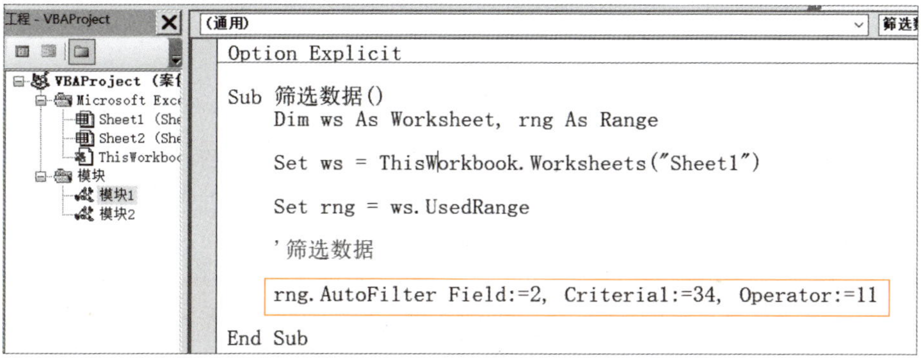

图 10-58　筛选平均值以下的数据

问答 10-037 如何筛选前 N 大数据

要筛选前 N 大数据，可以通过录制宏得到相应的宏代码，再编辑加工使用。

案例 10-37

图 10-59 所示的代码是从“Sheet1”工作表中将销售额前 10 个客户筛选出来。

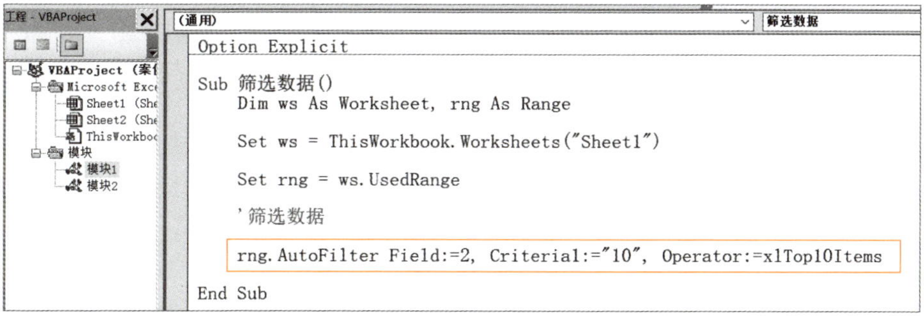

图 10-59　筛选前 N 大数据

问答 10-038　如何筛选后 N 小数据

要筛选后 N 小数据，可以通过录制宏得到相应的宏代码，再编辑加工使用。

案例 10-38

图 10-60 所示的代码是从“Sheet1”工作表中将销售额最小的 10 个客户筛选出来。

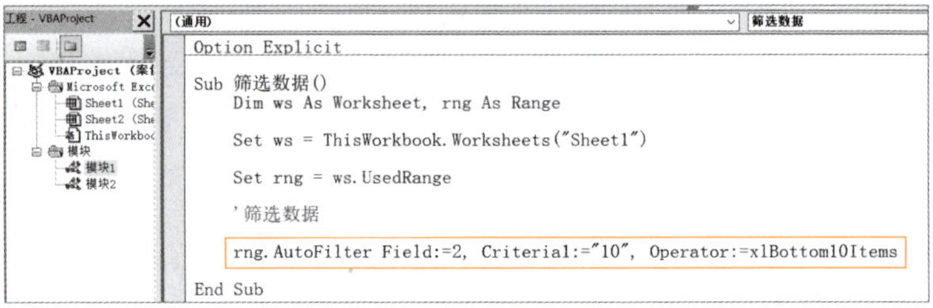

```
Option Explicit

Sub 筛选数据()
    Dim ws As Worksheet, rng As Range

    Set ws = ThisWorkbook.Worksheets("Sheet1")

    Set rng = ws.UsedRange

    '筛选数据

    rng.AutoFilter Field:=2, Criteria1:="10", Operator:=xlBottom10Items

End Sub
```

图 10-60　筛选后 N 小数据

10.7　数据筛选：按颜色筛选

当单元格设置了填充颜色或者字体颜色时，也可以按照颜色进行筛选，相关的 VBA 代码也很简单。

问答 10-039　如何按单元格颜色筛选数据

按单元格颜色筛选数据只需将 Operator 参数设置为 xlFilterCellColor，并把 Criteria1 参数设置为指定颜色即可。

案例 10-39

图 10-61 所示的 VBA 代码是从 B 列中筛选出单元格颜色为黄色 (vbYellow) 的数据。

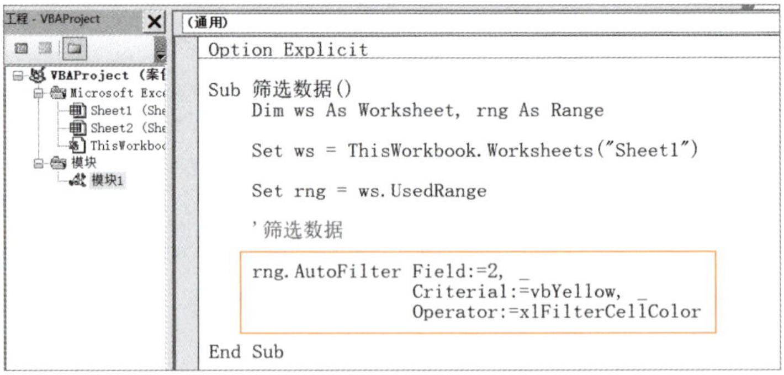

```
Option Explicit

Sub 筛选数据()
    Dim ws As Worksheet, rng As Range

    Set ws = ThisWorkbook.Worksheets("Sheet1")

    Set rng = ws.UsedRange

    '筛选数据

    rng.AutoFilter Field:=2, _
                   Criteria1:=vbYellow, _
                   Operator:=xlFilterCellColor

End Sub
```

图 10-61　按单元格颜色筛选数据

为 Criteria1 参数指定颜色时，既可以使用 vb 常量，也可以使用 RGB 函数来设置颜色，例如：

```
Criteria1:=RGB(90, 225, 60)
```

问答 10-040　如何按字体颜色筛选

按字体颜色筛选数据只需将 Operator 参数设置为 xlFilterFontColor，并把 Criteria1 参数设置为指定颜色即可。

案例 10-40

图 10-62 所示的 VBA 代码是从 B 列中筛选出字体颜色为红色(vbRed)的数据。

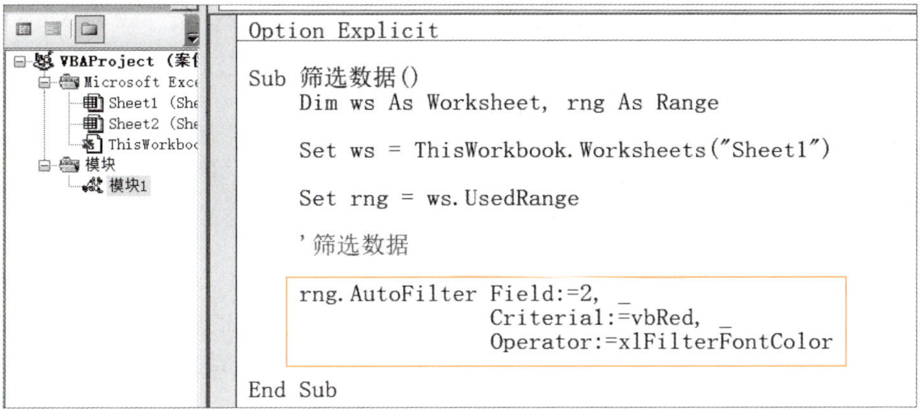

图 10-62　按字体颜色筛选数据

10.8　数据筛选：高级筛选

前面介绍的是普通的自动筛选，如果要进行更加复杂条件下的高级筛选，那么就需要首先设计一个条件区域，然后根据这个条件区域里的条件组合对数据进行筛选，从而得到满足指定条件的结果。

这里，条件区域的设置至关重要。需要注意的是，不同列的条件是“与”条件，同一列的条件是“或”条件，这样就可以任意组合筛选条件了。

利用 Range 对象的 AdvancedFilter 方法即可执行数据的高级筛选，其语法如下：

```
Range 对象 .AdvancedFilter(Action, CriteriaRange, CopyToRange, Unique)
```

AdvancedFilter 方法的各个参数说明如下。

- Action：指定是复制筛选出的数据还是在原位置显示筛选出的数据，可以是

xlFilterCopy（复制筛选出的数据）或者是 xlFilterInPlace（在原位置显示筛选出的数据）。

- CriteriaRange：指定条件区域。若省略本参数，则没有条件限制。
- CopyToRange：指定被复制行的目标区域。若 Action 为 xlFilterCopy，则本参数指定被复制行的目标区域。否则，本参数会被忽略。
- Unique：指定是否选择不重复的记录。若将其设置为 True，则重复出现的记录仅保留一条；若将其设置为 False，则筛选出所有符合条件的记录。默认情况下，Unique 的值为 False。

当不再需要筛选时，可以使用 ShowAllData 方法撤销高级筛选，显示全部数据，其语法如下：

```
Worksheet 对象 .ShowAllData
```

问答 10-041　如何在原位置进行高级筛选

将 AdvancedFilter 方法的 Action 参数设置为 xlFilterInPlace，就是在原位置显示筛选出的数据。

案例 10-41

对于图 10-63 所示的工资表，要求筛选出满足以下条件的数据。

- 学历：博士和硕士。
- 工龄：10 年以上。
- 职级：1 级和 2 级。
- 基本工资：8000 元以下。

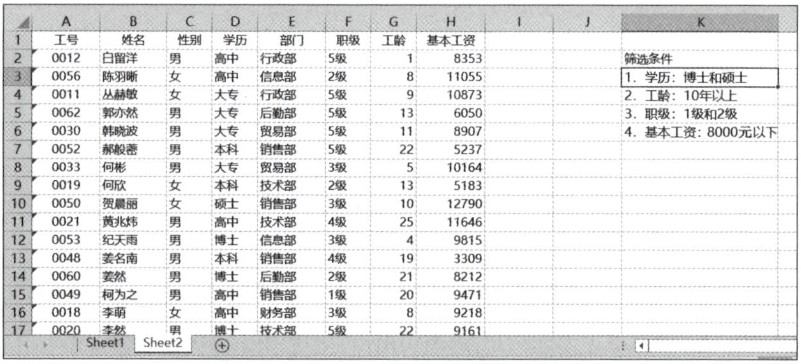

工号	姓名	性别	学历	部门	职级	工龄	基本工资
0012	白留洋	男	高中	行政部	5级	1	8353
0056	陈羽晰	女	高中	信息部	2级	8	11055
0011	丛赫敏	女	大专	行政部	5级	9	10873
0062	郭亦然	男	大专	后勤部	5级	13	6050
0030	韩晓波	男	大专	贸易部	5级	11	8907
0052	郝般蔷	男	本科	销售部	5级	22	5237
0033	何彬	男	大专	贸易部	3级	5	10164
0019	何欣	女	本科	技术部	2级	13	5183
0050	贺晨丽	女	硕士	销售部	3级	10	12790
0021	黄兆炜	男	高中	技术部	4级	25	11646
0053	纪天雨	男	博士	信息部	3级	4	9815
0048	姜名南	男	本科	销售部	4级	19	3309
0060	姜然	男	博士	后勤部	2级	21	8212
0049	柯为之	男	高中	销售部	1级	20	9471
0018	李萌	女	高中	财务部	3级	8	9218
0020	李然	男	博士	技术部	5级	22	9161

筛选条件
1. 学历：博士和硕士
2. 工龄：10年以上
3. 职级：1级和2级
4. 基本工资：8000元以下

图 10-63　多条件下的高级筛选示例数据

首先，设计筛选条件区域，如图 10-64 所示，注意这 4 个字段筛选条件的组合。

筛选条件区域

学历	工龄	职级	基本工资
博士	>10	1级	<8000
博士	>10	2级	<8000
硕士	>10	1级	<8000
硕士	>10	2级	<8000

图 10-64　设计筛选条件区域

图 10-65 所示的是对本案例进行高级筛选的 VBA 代码。筛选出来的结果在原位置显示出来。

```
Option Explicit

Sub 高级筛选()
    Dim ws As Worksheet
    Dim rngS As Range, rngC As Range

    Set ws = ThisWorkbook.Worksheets("Sheet1")

    Set rngS = ws.Range("A1:H41")          '指定数据区域
    Set rngC = ws.Range("K4:N8")           '指定条件区域

    '开始筛选
    rngS.AdvancedFilter Action:=xlFilterInPlace, _
                        CriteriaRange:=rngC

End Sub
```

图 10-65　高级筛选

问答 10-042　如何将高级筛选结果复制到其他位置

将 AdvancedFilter 方法的 Action 参数设置为 xlFilterCopy，并设置 CopyToRange 参数，就可以将筛选出来的结果复制到指定的其他位置。

案例 10-42

图 10-66 所示的 VBA 代码就是将高级筛选结果复制保存到“Sheet2”工作表的单元格 A1 位置。

```
Option Explicit

Sub 高级筛选()
    Dim wsS As Worksheet, wsD As Worksheet
    Dim rngS As Range, rngC As Range, rngD As Range

    Set wsS = ThisWorkbook.Worksheets("Sheet1")
    Set wsD = ThisWorkbook.Worksheets("Sheet2")

    wsD.Cells.Clear

    Set rngS = wsS.Range("A1:H41")          '指定数据区域
    Set rngC = wsS.Range("K4:N8")           '指定条件区域
    Set rngD = wsD.Range("A1")              '指定结果保存区域

    '开始筛选
    rngS.AdvancedFilter Action:=xlFilterCopy, _
                        CriteriaRange:=rngC, _
                        CopyToRange:=rngD
End Sub
```

图 10-66　将高级筛选结果复制到其他位置

问答 10-043 如何使用高级筛选获取不重复的数据清单

将 AdvancedFilter 方法的 Unique 参数设置为 True，无须设置条件区域，即可筛选出不重复的数据清单。

案例 10-43

例如，要从工作表 E 列获取不重复的部门名称并保存到“Sheet2”工作表的 A 列，可利用高级筛选获取不重复的数据清单，VBA 代码如图 10-67 所示。

```
Option Explicit

Sub 获取不重复部门名称()
    Dim wsS As Worksheet, wsD As Worksheet
    Dim rngS As Range, rngD As Range

    Set wsS = ThisWorkbook.Worksheets("Sheet1")
    Set wsD = ThisWorkbook.Worksheets("Sheet2")

    wsD.Cells.Clear

    Set rngS = wsS.Range("E:E")                  '指定数据区域
    Set rngD = wsD.Range("A1")                   '指定结果保存区域

    '开始筛选
    rngS.AdvancedFilter Action:=xlFilterCopy, _
                        CopyToRange:=rngD, _
                        Unique:=True

End Sub
```

图 10-67 使用高级筛选获取不重复的数据清单

10.9 数据筛选：综合应用

前面介绍了自动筛选和高级筛选的基本用法和实际案例，下面将介绍如何使用筛选快速制作明细表。

问答 10-044 如何使用筛选制作明细表

制作明细表的一般方法是：先筛选出数据，然后复制数据，再新建一个工作表，最后粘贴筛选出来的结果。但这种方法比较烦琐，而且无法制作任意项目的明细表。然而，使用筛选可以制作动态明细表。

案例 10-44

图 10-68 是“员工信息”工作表，要求在另外一个“筛选结果”工作表上制作指定部门的员工明细表，单元格 B2 指定部门名称。

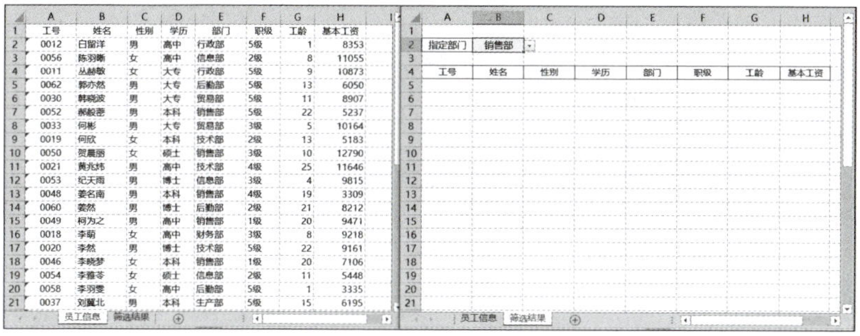

工号	姓名	性别	学历	部门	职级	工龄	基本工资
0012	白留洋	男	高中	行政部	5级	1	8353
0056	陈羽晰	女	高中	信息部	2级	8	11055
0011	丛赫敏	女	大专	行政部	5级	9	10873
0062	郭亦然	男	大专	后勤部	5级	13	6050
0030	韩晓波	男	大专	贸易部	5级	11	8907
0052	郝毅蓉	男	本科	销售部	5级	22	5237
0033	何彬	男	大专	贸易部	3级	5	10164
0019	何欣	女	本科	技术部	2级	13	5183
0050	贺晨丽	女	硕士	销售部	3级	10	12790
0021	黄兆炜	男	高中	技术部	4级	25	11646
0053	纪天雨	男	博士	信息部	3级	4	9815
0048	姜名南	男	本科	销售部	4级	19	3309
0060	姜然	男	博士	后勤部	2级	21	8212
0049	柯为之	男	高中	销售部	1级	20	9471
0018	李萌	女	高中	财务部	3级	8	9218
0020	李然	男	博士	技术部	5级	22	9161
0046	李晓梦	女	本科	销售部	1级	20	7106
0054	李雅苓	女	硕士	信息部	2级	11	5448
0058	李羽雯	女	高中	后勤部	5级	1	3335
0037	刘冀北	男	本科	生产部	5级	15	6195

图 10-68　员工信息表

对“筛选结果”工作表设置 Change 事件，编写图 10-69 所示的筛选代码，当单元格 B2 中的部门名称变化后，就可以自动得到相应部门的筛选结果。

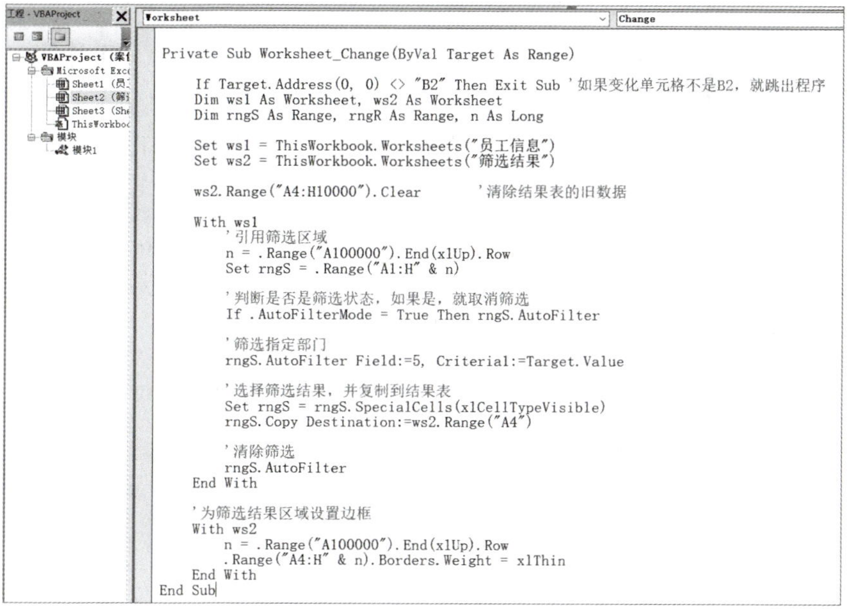

```
Private Sub Worksheet_Change(ByVal Target As Range)

    If Target.Address(0, 0) <> "B2" Then Exit Sub '如果变化单元格不是B2，就跳出程序
    Dim ws1 As Worksheet, ws2 As Worksheet
    Dim rngS As Range, rngR As Range, n As Long

    Set ws1 = ThisWorkbook.Worksheets("员工信息")
    Set ws2 = ThisWorkbook.Worksheets("筛选结果")

    ws2.Range("A4:H10000").Clear        '清除结果表的旧数据

    With ws1
        '引用筛选区域
        n = .Range("A100000").End(xlUp).Row
        Set rngS = .Range("A1:H" & n)

        '判断是否是筛选状态，如果是，就取消筛选
        If .AutoFilterMode = True Then rngS.AutoFilter

        '筛选指定部门
        rngS.AutoFilter Field:=5, Criteria1:=Target.Value

        '选择筛选结果，并复制到结果表
        Set rngS = rngS.SpecialCells(xlCellTypeVisible)
        rngS.Copy Destination:=ws2.Range("A4")

        '清除筛选
        rngS.AutoFilter
    End With

    '为筛选结果区域设置边框
    With ws2
        n = .Range("A100000").End(xlUp).Row
        .Range("A4:H" & n).Borders.Weight = xlThin
    End With
End Sub
```

图 10-69　制作明细表

问答 10-045　如何使用筛选批量制作明细表

在案例 10-44 中，如果要将每个部门的数据筛选出来，并保存到一个新工作表中，那么应该如何做呢？

案例 10-45

图 10-70 是解决这个问题的参考 VBA 代码，基本逻辑是：先获取不重复的部门名称，再循环每个部门进行筛选，最后复制粘贴到新建工作表。

请打开文件，仔细阅读研究 VBA 代码，运行程序，查看运行结果。

图 10–70 使用筛选批量制作每个部门的明细表

问答 10–046 如何使用筛选批量制作明细表并另存为工作簿

案例 10–45 介绍的是将每个部门的数据制作成一个工作表，并保存在本工作簿中。如果要将每个部门的明细数据筛选出来，并保存到新工作簿中，应该如何做呢？在这种情况下，可以创建新工作簿进行保存。

案例 10–46

图 10–71 是解决这个问题的参考 VBA 代码，其基本逻辑与"案例 10–45"一样，也就是循环每个部门筛选数据，将筛选结果保存在新工作簿中，再将新工作簿保存到指定文件夹后关闭新工作簿，继续下一个部门的筛选。

请打开文件，仔细阅读研究 VBA 代码，运行程序，查看运行结果。

图 10–71 使用筛选制作每个部门明细表并另存为工作簿

10.10 其他数据处理

前面介绍了在日常数据处理与统计分析中排序和筛选两个工具的 VBA 实现方法和相关代码，下面再介绍几个日常数据处理的 VBA 代码自动化案例。

问答 10-047 如何获取不重复数据清单

要获取不重复数据清单，可以使用高级筛选，也可以使用 Range 对象的 RemoveDuplicates 方法，其语法如下：

```
Range 对象 .RemoveDuplicates (Columns, Header)
```

参数说明如下。

- Columns：指定要处理重复数据的列索引数组，如 Array（1，2，3）表示指定单元格区域的前 3 列。
- Header：指定数据区域是否包含标题。

案例 10-47

图 10-72 是一个有重复数据的表格，现在要求将这个表格的重复数据删除，保留一个唯一的数据。

	A	B	C	D	E	F
1	序号	日期	客户	产品	销售量	
2	1	2024-1-10	客户04	产品02	176	
3	2	2024-1-18	客户06	产品02	45	
4	3	2024-2-17	客户08	产品01	149	
5	4	2024-2-25	客户06	产品02	99	
6	5	2024-2-17	客户08	产品01	149	
7	6	2024-4-5	客户03	产品04	103	
8	7	2024-4-16	客户04	产品04	125	
9	8	2024-4-29	客户07	产品05	164	
10	9	2024-5-19	客户05	产品05	127	
11	10	2024-6-6	客户04	产品05	888	
12	11	2024-6-14	客户03	产品05	169	
13	12	2024-6-6	客户04	产品05	888	
14	13	2024-6-20	客户07	产品04	131	
15	14	2024-7-10	客户02	产品03	47	
16	15	2024-8-16	客户01	产品02	76	
17	16	2024-6-6	客户04	产品05	888	

图 10-72 有重复数据的表格

图 10-73 是删除重复数据的 VBA 代码，请运行程序，观察处理结果，并与原始表格进行比较。

在程序中，选择的数据区域是 A 列至 E 列，但处理重复数据的区域是 B 列至 E 列，因此列索引号是 Array（2，3，4，5），即第 2 列至第 5 列。

```
Option Explicit

Sub 删除重复数据()
    Dim ws As Worksheet, rng As Range, n As Long

    Set ws = ThisWorkbook.Worksheets("Sheet1")

    With ws
        n = .Range("A10000").End(xlUp).Row

        Set rng = .Range("A2:E" & n)

        rng.RemoveDuplicates Columns:=Array(2, 3, 4, 5), Header:=xlNo

    End With
End Sub
```

图 10-73 使用 RemoveDuplicates 方法删除数据区域的重复数据

若要从数据区域的 C 列提取出不重复客户名称列表，并保存到另外一个工作表中，则参考 VBA 代码如图 10-74 所示。

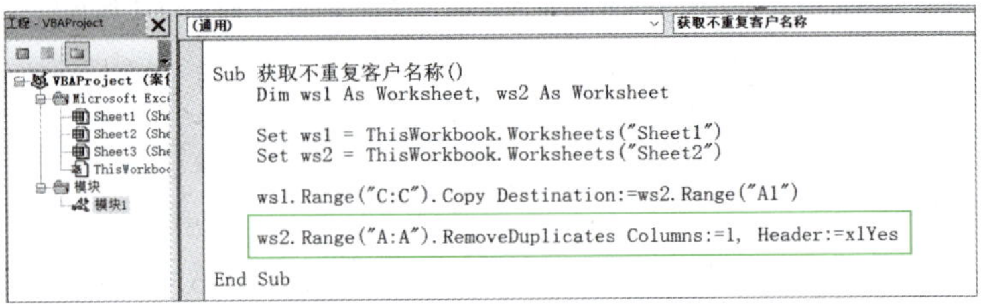

```
Sub 获取不重复客户名称()
    Dim ws1 As Worksheet, ws2 As Worksheet

    Set ws1 = ThisWorkbook.Worksheets("Sheet1")
    Set ws2 = ThisWorkbook.Worksheets("Sheet2")

    ws1.Range("C:C").Copy Destination:=ws2.Range("A1")

    ws2.Range("A:A").RemoveDuplicates Columns:=1, Header:=xlYes

End Sub
```

图 10-74　使用 RemoveDuplicates 方法获取不重复客户名称列表

问答 10-048　如何根据指定的某种分隔符对数据分列

在 Excel 中，分列工具是一个功能非常强大的工具，它能根据分隔符或固定宽度将一列数据拆分成多列，并且还能对某列的数据类型进行设置，使用起来非常方便。

如果经常要对数据进行整理，包括拆分列的操作，那么可以通过录制宏得到相应的宏代码，并编辑加工后使用。

使用 Range 对象的 TextToColumns 方法，可以对某列进行拆分，它有很多参数，具体情况请参阅该方法的帮助信息。

案例 10-48

图 10-75 所示的 A 列数据要依据分隔符（/）将其拆分成 3 列，分别保存到 B 列至 D 列，则可以编写简单的 VBA 代码，如图 10-76 所示。

	A	B	C	D
1	材料名称规格	材料编码	材料名称	规格型号
2	6.16.01.08/高光直镀内衬原纸/180g*480mm*1200m			
3	6.16.01.03.019/金色转移内卡纸/220g*763mm*5000m			
4	6.16.06.001/磨砂内卡原纸/85g*688mm*4800m			
5	6.16.01.07.042/金色直镀内衬纸/225g*763mm*6700m			
6	6.16.01.07.014/金色环保铝纸/160g*734mm*12000m			
7	6.16.06.001.008/浅灰绿磨砂卡纸/220g*1286mm*18000m			
8				

图 10-75　拆分列示例数据

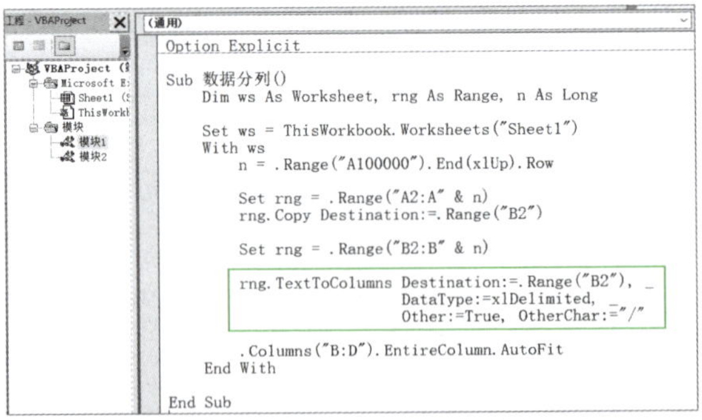

```
Option Explicit

Sub 数据分列()
    Dim ws As Worksheet, rng As Range, n As Long

    Set ws = ThisWorkbook.Worksheets("Sheet1")
    With ws
        n = .Range("A100000").End(xlUp).Row

        Set rng = .Range("A2:A" & n)
        rng.Copy Destination:=.Range("B2")

        Set rng = .Range("B2:B" & n)

        rng.TextToColumns Destination:=.Range("B2"), _
                          DataType:=xlDelimited, _
                          Other:=True, OtherChar:="/"

        .Columns("B:D").EntireColumn.AutoFit
    End With

End Sub
```

图 10-76　使用 TextToColumns 方法根据分隔符（/）拆分列

问答 10-049　如何根据指定的多种分隔符对数据分列

在有些情况下，分隔符不是只有一种，而是有多种，此时也可以使用 TextToColumns 方法，它允许指定多种分隔符来对数据进行拆分。

案例 10-49

图 10-77 所示的 A 列数据要依据分隔符空格和斜杠（/）将其拆分成 8 列，分别保存到 B 列至 I 列，则可以编写简单的 VBA 代码一键完成，如图 10-78 所示。

这里要注意的是出生日期和入职时间是非标准日期，因此在分列的同时，也要将这两列非标准日期转换为标准日期。

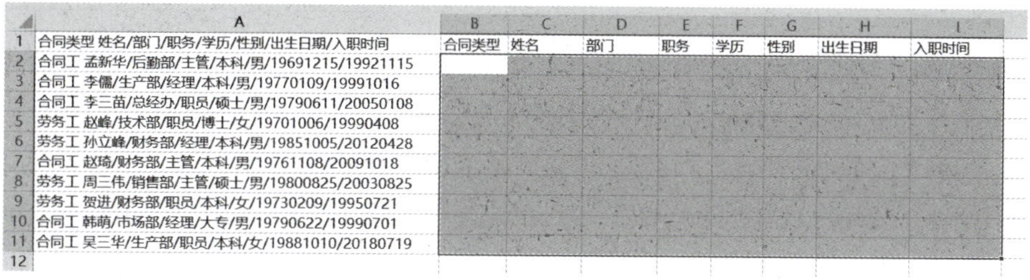

	A	B	C	D	E	F	G	H	I
1	合同类型 姓名/部门/职务/学历/性别/出生日期/入职时间	合同类型	姓名	部门	职务	学历	性别	出生日期	入职时间
2	合同工 孟新华/后勤部/主管/本科/男/19691215/19921115								
3	合同工 李儒/生产部/经理/本科/男/19770109/19991016								
4	合同工 李三苗/总经办/职员/硕士/男/19790611/20050108								
5	劳务工 赵峰/技术部/职员/博士/女/19701006/19990408								
6	劳务工 孙立峰/财务部/经理/本科/男/19851005/20120428								
7	合同工 赵琦/财务部/主管/本科/男/19761108/20091018								
8	劳务工 周三伟/销售部/主管/硕士/男/19800825/20030825								
9	劳务工 贺进/财务部/职员/本科/女/19730209/19950721								
10	合同工 韩萌/市场部/经理/大专/男/19790622/19990701								
11	合同工 吴三华/生产部/职员/本科/女/19881010/20180719								
12									

图 10-77　拆分列示例数据

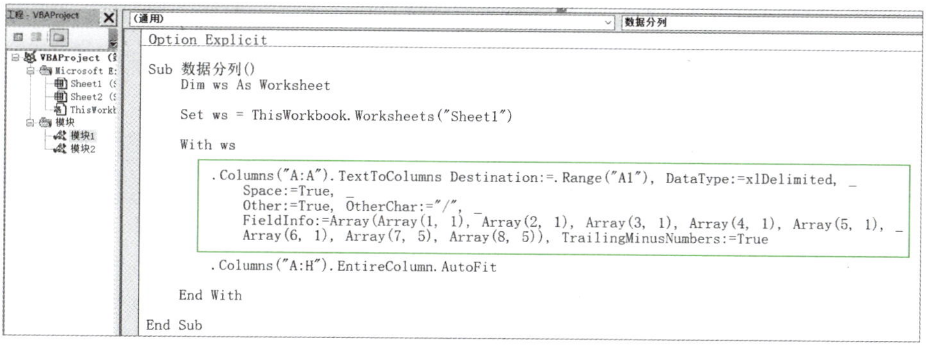

```
Option Explicit

Sub 数据分列()
    Dim ws As Worksheet

    Set ws = ThisWorkbook.Worksheets("Sheet1")

    With ws

        .Columns("A:A").TextToColumns Destination:=.Range("A1"), DataType:=xlDelimited, _
            Space:=True, _
            Other:=True, OtherChar:="/", _
            FieldInfo:=Array(Array(1, 1), Array(2, 1), Array(3, 1), Array(4, 1), Array(5, 1), _
            Array(6, 1), Array(7, 5), Array(8, 5)), TrailingMinusNumbers:=True

        .Columns("A:H").EntireColumn.AutoFit

    End With

End Sub
```

图 10-78　根据分隔符空格和斜杠（/）拆分列，同时转换日期格式

问答 10-050　如何利用分列转换某列数据类型

无论是对数据进行分列，还是单独使用分列工具，当需要转换数据类型时，都是在分列工具对话框的第 3 步中进行设置的，对应的就是在 TextToColumns 方法中设置 FieldInfo 参数，该参数是一个数组形式表示的参数，数组的第 1 个元素表示列序号，第 2 个元素表示数据类型，如表 10-2 所示。

表 10–2　TextToColumns 方法的 FieldInfo 参数中第 2 个元素的含义

名　称	值	描　述
xlGeneralFormat	1	常规
xlTextFormat	2	文本
xlMDYFormat	3	MDY 日期格式
xlDMYFormat	4	DMY 日期格式
xlYMDFormat	5	YMD 日期格式
xlMYDFormat	6	MYD 日期格式
xlDYMFormat	7	DYM 日期格式
xlYDMFormat	8	YDM 日期格式
xlSkipColumn	9	列未分列

例如：

- Array (1，2) 表示第 1 列的数据类型是文本。
- Array (1，5) 表示第 1 列的数据类型是 YMD 格式的日期。
- Array (Array (1，1)，Array (2，2)，Array (3，5)) 分别表示第 1 列的数据类型是常规，第 2 列的数据类型是文本，第 3 列的数据类型是 YMD 格式的日期。

例如，在案例 10–49 中，FieldInfo 参数设置情况如下：

```
FieldInfo:=Array(Array(1, 1), Array(2, 1), Array(3, 1), _
                 Array(4, 1), Array(5, 1), Array(6, 1), _
                 Array(7, 5), Array(8, 5))
```

这个参数设置的含义就是，分列后的第 1 列至第 6 列的数据类型是常规，第 7 列和第 8 列的数据类型是 YMD 格式的日期。

案例 10–50

图 10–79 所示的数据中，A 列是数值，B 列是非标准日期，现在要求将 A 列转换为文本，B 列转换为标准日期。

	A	B	C	D	E
1	编码	日期			
2	12066	10.04.2024			
3	25096	24.04.2024			
4	24915	13.12.2024			
5	12574	08.05.2024			
6	14098	23.04.2024			
7	23440	02.11.2024			
8	17359	06.09.2024			
9	17220	15.09.2024			
10	14890	19.07.2024			

图 10–79　示例数据

图 10-80 是数据类型转化的参考 VBA 代码。

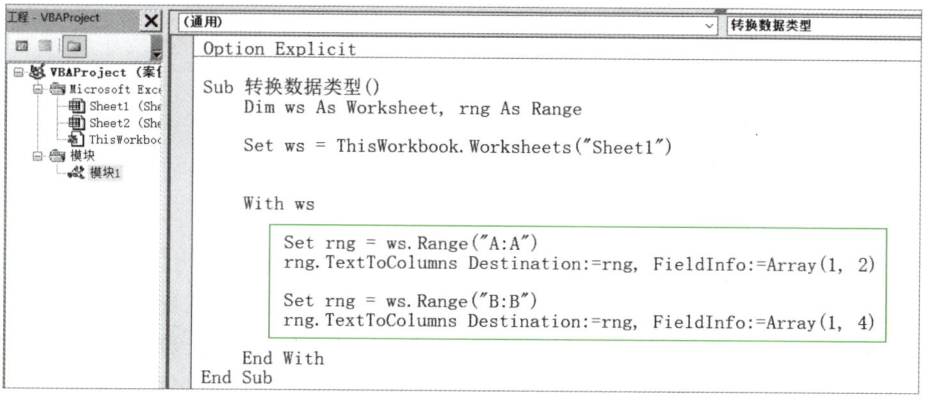

图 10-80　使用分列方法转换数据类型

问答 10-051　如何快速核对数据

在 Excel 中，核对数据有很多方法，如数据透视表方法、Power Query 方法、函数公式方法等。同时，也可以根据具体的表格及核对要求，编写自动化核对数据的代码，单击按钮就自动完成数据核对。

案例 10-51

图 10-81 是一个简单示例，要求对“表 1”和“表 2”工作表中每个人的实发工资进行核对。

表1：

	A	B	C	D
1	姓名	部门	实发工资	
2	孙晓峰	财务部	6,406.34	
3	孟新伟	采购部	11,986.13	
4	周三达	财务部	7,458.00	
5	张辉	人力资源部	12,306.02	
6	周亮	设备部	7,070.42	
7	张慧	生产部	5,080.88	
8	赵艳峰	生产部	6,597.32	
9	王萌	技术研发部	9,220.16	
10	郝新华	设备部	9,658.18	
11	刘新华	生产部	7,002.67	
12	王晓鸽	采购部	9,693.54	
13	刘柳	生产部	12,062.73	
14	梅明华	人力资源部	6,095.82	
15	李师惠	人力资源部	10,609.54	
16	王蒙	财务部	7,070.65	
17	赵艳峰	技术研发部	6,714.56	
18	李秀梅	生产部	9,222.79	
19	蒙达晖	技术研发部	13,023.14	
20	张慧	销售部	6,816.72	
21	韩欣欣	生产部	8,664.33	
22				

表2：

	A	B	C	D
1	姓名	部门	实发工资	
2	孟新伟	采购部	11,986.13	
3	周三达	财务部	7,458.00	
4	张辉	人力资源部	12,306.02	
5	张慧	生产部	5,080.88	
6	赵艳峰	生产部	6,597.32	
7	孙晓宇	采购部	8,048.66	
8	马建强	销售部	10,296.45	
9	王萌	技术研发部	9,220.16	
10	刘新华	生产部	7,002.67	
11	韩欣欣	生产部	8,664.33	
12	郑浩	财务部	17,570.44	
13	刘柳	生产部	12,062.73	
14	梅明华	人力资源部	6,095.82	
15	李师惠	人力资源部	10,609.54	
16	赵艳峰	技术研发部	6,714.56	
17	李秀梅	生产部	9,222.79	
18	蒙达晖	技术研发部	13,023.14	
19	张慧	销售部	6,816.72	
20				
21				
22				

图 10-81　两个表格数据需要核对

插入一个“核对结果”工作表，设计其结构，如图 10-82 所示。

	A	B	C	D	E
1	姓名	部门	表1金额	表2金额	差异（表1-表2）
2					
3					
4					
5					
6					
7					

图 10-82　设计核对表结构

其核对基本思路是：先把“表 1”和“表 2”两个工作表中的 A 列姓名和 B 列部门复制粘贴到“核对结果”工作表中，删除重复数据；其次循环每个人，使用工作表函数 Sumifs 分别从“表 1”和“表 2”两个工作表中计算每个人的实发工资；再比较两个工作表中数据的差异；最后在底部插入合计行，自动调整列宽，设置单元格边框。

图 10-83 是针对这个案例所设计的 VBA 代码，请打开文件代码窗口，仔细研究每一行代码，运行程序，并检查核对结果。

```
Sub 核对数据()
    Dim ws1 As Worksheet, ws2 As Worksheet, ws3 As Worksheet
    Dim i As Integer, n As Integer, xm As String, bm As String
    Set ws1 = ThisWorkbook.Worksheets("表1")
    Set ws2 = ThisWorkbook.Worksheets("表2")
    Set ws3 = ThisWorkbook.Worksheets("核对结果")
    ws3.Range("A2:E1000").Clear
    '先将两个表格的姓名和部门合并到一个表
    n = ws1.Range("A1000").End(xlUp).Row
    ws1.Range("A2:B" & n).Copy Destination:=ws3.Range("A2")
    n = ws2.Range("A1000").End(xlUp).Row
    ws2.Range("A2:B" & n).Copy Destination:=ws3.Range("A1000").End(xlUp).Offset(1)
    '开始核对数据
    With ws3
        .Range("A:B").RemoveDuplicates Columns:=Array(1, 2), Header:=xlYes
        n = .Range("A1000").End(xlUp).Row
        For i = 2 To n
            xm = .Range("A" & i): bm = .Range("B" & i)
            .Range("C" & i) = WorksheetFunction.SumIfs(ws1.Range("C:C"), _
                                                       ws1.Range("A:A"), xm, _
                                                       ws1.Range("B:B"), bm)
            .Range("D" & i) = WorksheetFunction.SumIfs(ws2.Range("C:C"), _
                                                       ws2.Range("A:A"), xm, _
                                                       ws2.Range("B:B"), bm)
            .Range("E" & i) = .Range("C" & i) - .Range("D" & i)
        Next i
        '底部插入合计行
        .Range("A" & n + 1) = "合计"
        For i = 3 To 5
            .Cells(n + 1, i) = WorksheetFunction.Sum(.Range(.Cells(2, i), .Cells(n, i)))
        Next i
        .Range("C:E").Style = "Comma"
        .Columns.AutoFit
        .Range("A1:E" & n + 1).Borders.Weight = xlThin
    End With
    MsgBox "核对完毕"
End Sub
```

图 10-83　核对数据 VBA 代码

10.11　利用 ADO+SQL 快速查询数据

利用数据筛选方法制作明细表，实质上是根据指定条件进行数据查询，这种数据查询还可以使用一个更加高效的方法：ADO+SQL 方法。

问答 10-052 如何引用 ADO 并建立与工作簿的连接

将 Excel 工作簿当成数据库，把工作簿中的每个工作表当成数据表，就可以使用 ADO 建立与工作簿的连接，然后使用 SQL 语句进行各种数据查询。

绑定 ADO 有两种方法：前绑定和后绑定。前者要引用 ADO 对象库，后者可以直接创建 ADO 对象并引用。用户可以根据自己的喜好选择使用绑定方法。

案例 10-52

本案例介绍的是利用后绑定来引用 ADO 的方法，并建立与指定工作簿的连接，创建一个连接 (Connection) 对象。

创建 ADO 的 Connection 对象语句如图 10-84 所示，其中，关键语句如下：

```
Dim cnn As Object
Set cnn = CreateObject("ADODB.Connection")
```

建立与指定工作簿连接的语句如下：

```
cnnstr = "Provider=Microsoft.ace.Oledb.12.0;" _
        & "Extended Properties='Excel 12.0;HDR=yes';" _
        & "data source=" & 带路径的工作簿完整名称字符串
    cnn.Open cnnstr
```

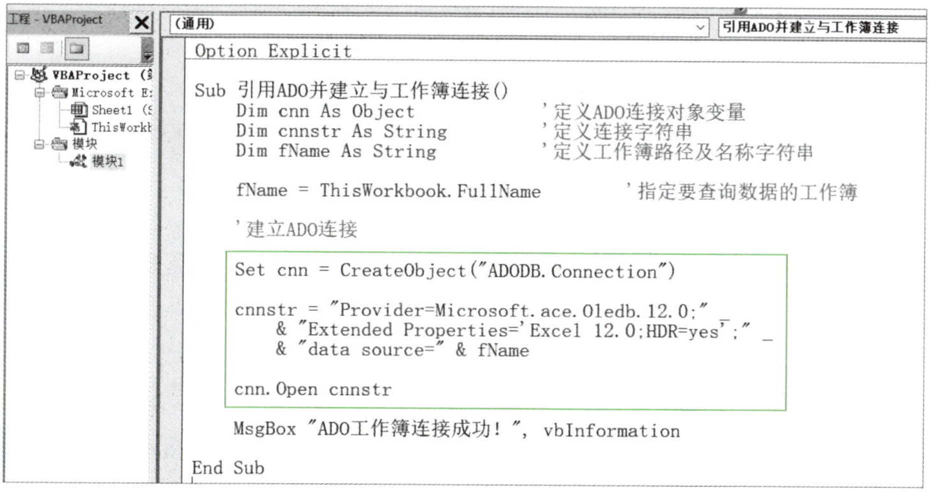

图 10-84 后绑定引用 ADO 创建 Connection 对象，并建立与指定工作簿的连接

连接的工作簿既可以是当前工作簿，也可以是其他工作簿，因此利用 ADO+SQL，不仅可以在当前工作簿中查询指定工作表的数据，也可以在不打开工作簿的情况下把其他工作簿数据查询出来。

问答 10-053 如何利用 ADO+SQL 进行基本数据查询

创建 ADO 的 Connection 对象，并建立与指定工作簿的连接后，使用 SQL 语句即可进行数据查询。

在查询数据之前，要先声明并创建一个记录集 Recordset 对象，它可以保存所有查询得到的记录。同样地，创建 Recordset 对象也分为前绑定方法和后绑定方法，用户可以根据自己的喜好选择绑定方法。

下面的语句就是利用后绑定方法，声明并创建 Recordset 对象的基本语句。

```
Dim rs As Object
Set rs = CreateObject("ADODB.Recordset")
```

案例 10-53

以案例 10-44 中的员工数据为例，要求查找指定部门的明细表，利用 ADO+SQL 编写的 VBA 代码如图 10-85 所示。

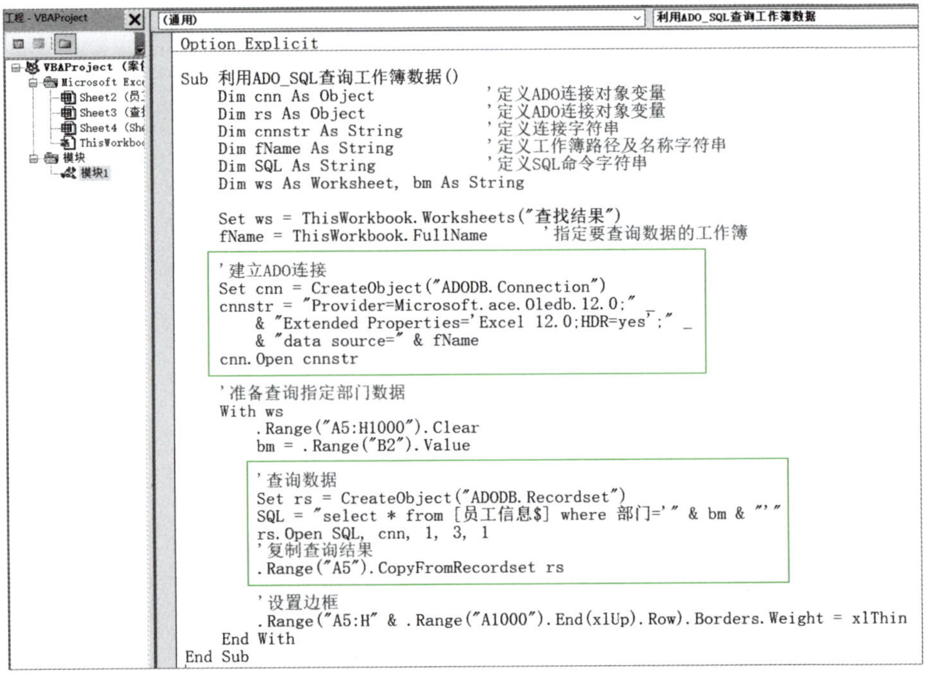

```
Option Explicit

Sub 利用ADO_SQL查询工作簿数据()
    Dim cnn As Object                    '定义ADO连接对象变量
    Dim rs As Object                     '定义ADO连接对象变量
    Dim cnnstr As String                 '定义连接字符串
    Dim fName As String                  '定义工作簿路径及名称字符串
    Dim SQL As String                    '定义SQL命令字符串
    Dim ws As Worksheet, bm As String

    Set ws = ThisWorkbook.Worksheets("查找结果")
    fName = ThisWorkbook.FullName           '指定要查询数据的工作簿

    '建立ADO连接
    Set cnn = CreateObject("ADODB.Connection")
    cnnstr = "Provider=Microsoft.ace.Oledb.12.0;" _
        & "Extended Properties='Excel 12.0;HDR=yes';" _
        & "data source=" & fName
    cnn.Open cnnstr

    '准备查询指定部门数据
    With ws
        .Range("A5:H1000").Clear
        bm = .Range("B2").Value

        '查询数据
        Set rs = CreateObject("ADODB.Recordset")
        SQL = "select * from [员工信息$] where 部门='" & bm & "'"
        rs.Open SQL, cnn, 1, 3, 1
        '复制查询结果
        .Range("A5").CopyFromRecordset rs

        '设置边框
        .Range("A5:H" & .Range("A1000").End(xlUp).Row).Borders.Weight = xlThin
    End With
End Sub
```

图 10-85 利用 ADO+SQL 查询指定工作表数据

这里需要掌握数据查询 SQL 语句的基本结构，下面简要介绍一下。

在 SQL 语句中，Select 语句使用最频繁，它用于对数据库进行查询并返回结果。

Select 语句有 5 个主要的子句，而 From 子句是唯一必需的子句。每一个子句有大量的选择项和参数等。

Select 语句的语法格式如下：

```
Select 字段列表
    From 子句
        [Where 子句]
        [Group By 子句]
        [Having 子句]
        [Order By 子句]
```

Select 语句中的各项子句的说明如下。

1. 字段列表

字段列表是指定多个字段名称的列表，各个字段之间用“,”分隔。另外，“*”可以用来代替所有的字段。

例如，下面的语句就是选择数据表中的日期、客户、产品和销量这 4 个字段。

```
Select 日期，客户，产品，销量
```

还可以在字段列表中添加自定义字段，比如，下面的语句是在原表所有字段前面添加一个“地区”字段，并将“华北”作为该字段的数据。

```
Select '华北' as 地区,*
```

字段列表中还可以使用 SQL 函数进行基本的聚合计算，如 sum（求和）、avg（平均值）、max（最大值）、min（最小值）、count（计数）等，不过需要以别名来表示计算结果。

例如，下面的语句就是对年龄计算平均值，并把计算结果（实际上是一个计算字段）命名为“平均年龄”。

```
Select avg(年龄) as 平均年龄
```

2. From 子句

From 子句是一个必需子句，它用于指定要查询的数据表。对于 Excel 工作表，必须用方括号将工作表名括起来，并且在工作表名后要有符号“$”。

例如，下面的语句是“员工信息”查询工作表中的所有字段。

```
select * from [员工信息$]
```

3. Where 子句

Where 子句是一个可选子句，它用于指定查询的条件，可以使用 SQL 运算符组成各种条件运算表达式。

例如，下面的语句就是查询部门是“财务部”的数据。

```
Where 部门 = '销售部'
```

这里要注意 Where 子句中的条件值写法。

- 如果条件值是字符串，那么必须用单引号引起来，例如：

```
Where 学历 = '本科'
```

- 如果条件值是数值，那么直接写上数值即可，例如：

```
Where 年龄 <= 40
```

- 如果条件值是日期，那么必须在日期前后加上 # 号或用单引号引起来，例如：

```
Where 入职日期 < #2020-1-1#
```

对于多个条件下的查询，可以使用 and 和 or 将查询条件进行组合。例如，下面的语句是查询年龄在 30 岁至 50 岁之间的员工。

```
Where 年龄 > 30 and 年龄 < 50
```

还可以使用 Like 运算符和符号“%”做关键词匹配，它类似于 Excel 中的通配符。例如，下面的语句是从物料名称中查找含有“电化铝”的物料。

```
Select * From [入库信息$] Where 物料名称 Like '%电化铝%'
```

4. Group By 子句

Group By 子句是一个可选子句，它用于指定分组项目，使具有同样内容的记录（如学历相同、部门相同、性别相同等）归类在一起。

例如，下面的语句是将查询的记录按学历分组。

```
Group By 学历
```

5. Having 子句

Having 子句是一个可选子句，它的功能与 Where 子句类似，但必须与 Group By 子句一起使用。

例如，要想对平均工资大于 5000 元的员工按部门进行分组，则可以使用下面的子句。

```
Group By 部门 Having Avg(工资总额) > 5000
```

6. Order By 子句

Order By 子句是一个可选子句，它用于指定查询结果以何种方式进行排序。排序方式有两种：升序 (Asc) 和降序 (Desc)。若省略 Asc 和 Desc，则表示按升序 (Asc) 排序。

例如，下面的语句是对入职日期升序排序，对年龄降序排序。

```
Order By 入职日期 Asc, 年龄 Desc
```

问答 10-054 如何利用 ADO+SQL 进行多条件数据查询

要利用 ADO+SQL 进行多条件查询数据，可以在 Select 语句中使用 and 和 or 将各个条件组合起来，下面举例说明。

案例 10-54

图 10-86 所示的 VBA 代码是从“员工信息”工作表中查询工龄在 15 年以上、基本工资在 10000 元以下、学历是硕士或博士的数据，并按工龄从大到小排序。

```
Option Explicit

Sub ADO_SQL查询工作簿数据()
    Dim cnn As Object, rs As Object
    Dim cnnstr As String, fName As String, SQL As String
    Dim ws As Worksheet

    Set ws = ThisWorkbook.Worksheets("查找结果")
    fName = ThisWorkbook.FullName        '指定要查询数据的工作簿

    '建立ADO连接
    Set cnn = CreateObject("ADODB.Connection")
    cnnstr = "Provider=Microsoft.ace.Oledb.12.0;" _
        & "Extended Properties='Excel 12.0;HDR=yes';" _
        & "data source=" & fName
    cnn.Open cnnstr

    '准备查询数据
    With ws
        .Range("A2:H1000").Clear

        Set rs = CreateObject("ADODB.Recordset")
        SQL = "select * from [员工信息$] " _
            & "where 工龄>15 and 基本工资<10000 and (学历='硕士' or 学历='博士') " _
            & "order by 工龄 desc"

        rs.Open SQL, cnn, 1, 3, 1
        If rs.RecordCount > 0 Then
            .Range("A2").CopyFromRecordset rs
            .Range("A1:H" & .Range("A1000").End(xlUp).Row).Borders.Weight = xlThin
        Else
            MsgBox "没有满足条件的数据", vbCritical
        End If
    End With
End Sub
```

图 10-86 利用 ADO+SQL 进行多条件查询数据

在程序中，注意工龄、基本工资和学历这 3 个字段是“与”条件，使用 and 连接；而学历“硕士”和“博士”是“或”条件，使用 or 连接；还要注意，将学历的两个条件连接后，必须使用一对括号括起来，才能与工龄、基本工资使用 and 相连接，SQL 语句如下：

```
SQL = "select * from [员工信息$] " _
    & "where 工龄>15 and 基本工资<10000 and (学历='硕士' or 学历=
'博士') " _
    & "order by 工龄 desc"
```

此外，程序中还使用了 RecordCount 判断是否查询到了数据（RecordCount 大于 0）。

问答 10-055 如何利用 ADO+SQL 进行关键词匹配数据查询

要利用 ADO+SQL 进行关键词匹配数据查询，可以使用 Like 运算符和符号“%”做关键词匹配条件，下面举例说明。

案例 10-55

图 10-87 所示的 VBA 代码是从“入库明细”工作表中将材料名称中含有“泵送剂”的入库数据查询出来。在程序中，SQL 语句如下：

```
SQL = "select * from [入库明细$] where 材料名称 like '%泵送剂%'"
```

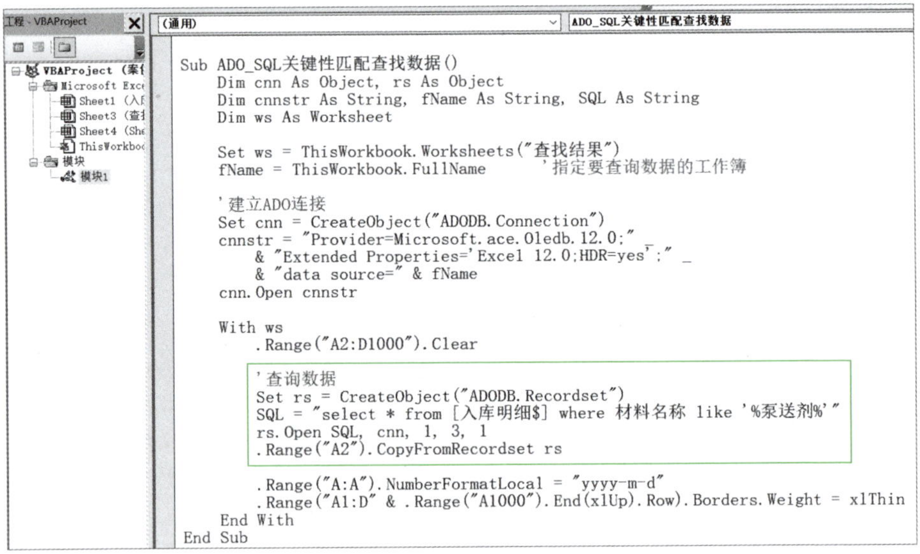

```
Sub ADO_SQL关键性匹配查找数据()
    Dim cnn As Object, rs As Object
    Dim cnnstr As String, fName As String, SQL As String
    Dim ws As Worksheet

    Set ws = ThisWorkbook.Worksheets("查找结果")
    fName = ThisWorkbook.FullName        '指定要查询数据的工作簿

    '建立ADO连接
    Set cnn = CreateObject("ADODB.Connection")
    cnnstr = "Provider=Microsoft.ace.Oledb.12.0;" _
        & "Extended Properties='Excel 12.0;HDR=yes';" _
        & "data source=" & fName
    cnn.Open cnnstr

    With ws
        .Range("A2:D1000").Clear

        '查询数据
        Set rs = CreateObject("ADODB.Recordset")
        SQL = "select * from [入库明细$] where 材料名称 like '%泵送剂%'"
        rs.Open SQL, cnn, 1, 3, 1
        .Range("A2").CopyFromRecordset rs

        .Range("A:A").NumberFormatLocal = "yyyy-m-d"
        .Range("A1:D" & .Range("A1000").End(xlUp).Row).Borders.Weight = xlThin
    End With
End Sub
```

图 10-87 利用 ADO+SQL 进行关键词匹配查询数据

问答 10-056 如何利用 ADO+SQL 从多个工作表中查询数据

要从指定的多个工作表中查询数据，可以使用循环的方法，分别查询每个工作表，并将查询结果保存到一个工作表中即可。下面举例说明。

案例 10-56

图 10-88 是当前工作簿中“北城”“东城”“西城”“南城”四个地区的工作表，现在的任务是从这个四个工作表中把商品名称中含有“红酒”的销售订单查询出来，并保存到“查找结果”工作表中。

	A	B	C	D	E	F	G	H
1	日期	客户	商品	订货数量	定价	金额		
2	2024-3-4	客户32	法国红酒	5	5.7	28.5		
3	2024-3-4	客户44	内蒙奶贝	40	18.5	740		
4	2024-3-4	客户61	内蒙奶酪	20	8.7	174		
5	2024-3-4	客户60	三顿半咖啡	8	44.3	354.4		
6	2024-3-4	客户30	扬州干丝	8	32.5	260		
7	2024-3-4	客户38	内蒙奶贝	38	37	703		
8	2024-3-4	客户56	蔬菜汤	12	14.9	178.8		
9	2024-3-4	客户45	天路酥油茶	6	16.8	100.8		
10	2024-3-4	客户57	法国红酒	10	5.7	57		
11	2024-3-4	客户42	内蒙奶贝	10	18.5	185		
12	2024-3-4	客户34	内蒙奶酪	9	8.7	78.3		
13	2024-3-4	客户29	天路酥油茶	5	16.8	84		
14	2024-3-4	客户54	内蒙奶酪	95	8.7	826.5		
15	2024-3-5	客户42	内蒙奶贝	186	111	3441		
16	2024-3-5	客户27	内蒙奶酪	406	34.8	3532.2		
17	2024-3-5	客户28	三顿半咖啡	20	88.6	886		
18	2024-3-5	客户27	蔬菜汤	257	29.8	3829.3		

图 10-88　四个工作表数据

图 10-89 是从四个工作表中查询数据的参考 VBA 代码。这里要注意，从每个工作表查询数据后，还需要标注数据是哪个地区的，因此，在 Select 语句中，还需插入一个自定义字段。

```
SQL = "select *,'" & arr(i) & "' as 地区 from [" & arr(i) & "$] "
```

当循环到工作表"北城"时，这个表达式如下：

```
select *,'北城' as 地区 from [北城$]
```

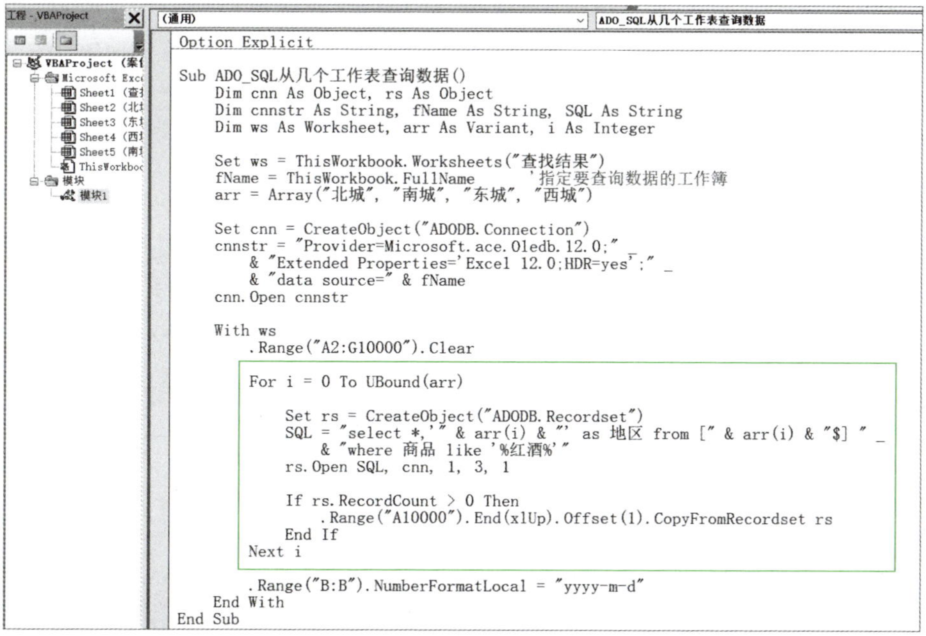

```
Option Explicit

Sub ADO_SQL从几个工作表查询数据()
    Dim cnn As Object, rs As Object
    Dim cnnstr As String, fName As String, SQL As String
    Dim ws As Worksheet, arr As Variant, i As Integer

    Set ws = ThisWorkbook.Worksheets("查找结果")
    fName = ThisWorkbook.FullName        '指定要查询数据的工作簿
    arr = Array("北城", "南城", "东城", "西城")

    Set cnn = CreateObject("ADODB.Connection")
    cnnstr = "Provider=Microsoft.ace.Oledb.12.0;" _
        & "Extended Properties='Excel 12.0;HDR=yes';" _
        & "data source=" & fName
    cnn.Open cnnstr

    With ws
        .Range("A2:G10000").Clear
        For i = 0 To UBound(arr)

            Set rs = CreateObject("ADODB.Recordset")
            SQL = "select *,'" & arr(i) & "' as 地区 from [" & arr(i) & "$] " _
                & "where 商品 like '%红酒%'"
            rs.Open SQL, cnn, 1, 3, 1

            If rs.RecordCount > 0 Then
                .Range("A10000").End(xlUp).Offset(1).CopyFromRecordset rs
            End If
        Next i

        .Range("B:B").NumberFormatLocal = "yyyy-m-d"
    End With
End Sub
```


图 10-89　利用 ADO+SQL 进行从多个工作表中查询数据

10.12　汇总多个工作表数据

在实际工作中，经常需要把多个工作表数据进行合并汇总，这些工作表可以是特殊结构，可以是标准一维表，可以是结构不同的二维表，也可以是同一个工作簿的多个工作表，还可以是不同工作簿的多个工作表。合并工作表的方法有很多，本节将介绍如何使用 VBA 实现一键合并汇总多个工作表。

问答 10-057　如何汇总指定某个工作簿中的多个工作表

假设某个工作簿中有 N 个结构相同的工作表，现在要将其合并汇总到一张工作表上，使用循环来复制粘贴每个工作表的内容是一种既简单又易于理解的方法。下面将结合实际例子进行说明。

案例 10-57

以案例 10-56 中的四个地区工作表数据为例，要将它们的数据合并到“汇总表”工作表中，则参考 VBA 代码如图 10-90 所示。请运行程序，观察汇总结果。

```
Option Explicit

Sub 几个工作表汇总()
    Dim wsHZ As Worksheet, wsx As Worksheet, rng As Range
    Dim arr As Variant, i As Integer, n As Long, p1 As Long, p2 As Long

    Set wsHZ = ThisWorkbook.Worksheets("汇总表")

    arr = Array("北城", "南城", "东城", "西城")

    With wsHZ
        .Range("A2:G10000").Clear
        For i = 0 To UBound(arr)
            Set wsx = ThisWorkbook.Worksheets(arr(i))
            n = wsx.Range("A100000").End(xlUp).Row
            Set rng = wsx.Range("A2:F" & n)

            p1 = .Range("B100000").End(xlUp).Row + 1
            rng.Copy Destination:=.Range("B" & p1)

            p2 = .Range("B100000").End(xlUp).Row
            .Range("A" & p1 & ":A" & p2).Value = arr(i)
        Next i

    End With
    MsgBox "汇总完毕", vbInformation
End Sub
```

图 10-90　汇总指定某个工作簿内的几个工作表

问答 10-058　如何汇总指定文件夹中的多个工作簿

如果每个地区的数据是以单独的工作簿保存在同一个“地区销售”文件夹中，假设每个工作簿只有一个工作表，那么又如何将这些工作簿的数据汇总到一个工作表中呢？

基本思路是循环打开每个工作簿，先复制粘贴数据，然后关闭工作簿，直至所有工作簿数据汇总完毕。

也可以使用 ADO+SQL 语句的方法，在不打开各个工作簿的情况下，查询各个工作簿的全部数据，再汇总到一起。

案例 10-58

图 10-91 是使用复制粘贴的方法，汇总四个地区工作簿数据的参考 VBA 代码。请运行程序，观察汇总结果。

```
Option Explicit

Sub 几个工作簿汇总()
    Dim wsHZ As Worksheet, wbx As Workbook, wsx As Worksheet, rng As Range
    Dim arr As Variant, i As Integer, n As Long, p1 As Long, p2 As Long
    Dim fPath As String

    Set wsHZ = ThisWorkbook.Worksheets("汇总表")

    arr = Array("北城", "南城", "东城", "西城")
    fPath = ThisWorkbook.Path & "\地区销售\"

    With wsHZ
        .Range("A2:G10000").Clear

        For i = 0 To UBound(arr)

            Set wbx = Workbooks.Open(Filename:=fPath & arr(i) & ".xlsx")

            Set wsx = wbx.Worksheets(1)
            n = wsx.Range("A100000").End(xlUp).Row
            Set rng = wsx.Range("A2:F" & n)

            p1 = .Range("B100000").End(xlUp).Row + 1
            rng.Copy Destination:=.Range("B" & p1)

            p2 = .Range("B100000").End(xlUp).Row
            .Range("A" & p1 & ":A" & p2).Value = arr(i)

            wbx.Close savechanges:=False

        Next i

    End With
    MsgBox "汇总完毕", vbInformation
End Sub
```

图 10-91　使用复制粘贴的方法汇总指定文件夹中的几个工作簿

图 10-92 是使用 ADO+SQL 语句的方法，在不打开工作簿的情况下，汇总四个地区工作簿数据的参考 VBA 代码。请运行程序，观察汇总结果。

```
Option Explicit

Sub ADO_SQL从几个工作表查询数据()
    Dim cnn As Object, rs As Object
    Dim cnnstr As String, fName As String, SQL As String

    Dim wsHZ As Worksheet
    Dim arr As Variant, i As Integer, p1 As Long, p2 As Long
    Dim fPath As String

    Set wsHZ = ThisWorkbook.Worksheets("汇总表")
    wsHZ.Range("A2:G10000").Clear

    arr = Array("北城", "南城", "东城", "西城")

    For i = 0 To UBound(arr)
        fName = ThisWorkbook.Path & "\地区销售\" & arr(i) & ".xlsx"
        Set cnn = CreateObject("ADODB.Connection")
        cnnstr = "Provider=Microsoft.ace.Oledb.12.0;" _
            & "Extended Properties='Excel 12.0;HDR=yes';" _
            & "data source=" & fName
        cnn.Open cnnstr

        Set rs = CreateObject("ADODB.Recordset")
        SQL = "select *,'" & arr(i) & "' as 地区 from [" & arr(i) & "$] "
        rs.Open SQL, cnn, 1, 3, 1

        wsHZ.Range("A10000").End(xlUp).Offset(1).CopyFromRecordset rs
        cnn.Close
    Next i

    MsgBox "指定文件夹中的工作簿数据汇总完毕", vbInformation
End Sub
```

图 10-92　使用 ADO+SQL 语句汇总指定文件夹中的几个工作簿

问答 10-059 如何将指定文件夹中的多个工作簿按工作表保存到当前工作簿

以案例 10–58 介绍的文件夹中每个地区工作簿数据为例，每个工作簿只有一个工作表，现在要将这些工作簿保存到当前工作簿中，但分工作表保存。

图 10–93 是使用复制粘贴的方法汇总各个工作簿的参考代码。基本逻辑是：首先删除当前工作簿中已经存在的工作表；然后循环打开每个工作簿，复制该工作簿中的数据；最后在当前工作簿中创建新工作表，将原工作簿数据复制并粘贴到新工作表中。

汇总结果如图 10–94 所示。

```
Option Explicit

Sub 几个工作簿汇总()
    Dim wbx As Workbook, wsx As Worksheet, rng As Range
    Dim wb As Workbook, ws As Worksheet
    Dim arr As Variant, i As Integer, n As Long
    Dim fPath As String

    arr = Array("北城", "南城", "东城", "西城")
    fPath = ThisWorkbook.Path & "\地区销售\"
    Set wb = ThisWorkbook

    '删除原来的旧工作表
    On Error Resume Next
    Application.DisplayAlerts = False
    For i = 0 To UBound(arr)
        ThisWorkbook.Worksheets(arr(i)).Delete
    Next i
    Application.DisplayAlerts = True
    On Error GoTo 0

    For i = 0 To UBound(arr)
        '依次打开每个工作簿，复制数据
        Set wbx = Workbooks.Open(Filename:=fPath & arr(i) & ".xlsx")
        Set wsx = wbx.Worksheets(1)
        Set rng = wsx.Range("A1:F" & wsx.Range("A100000").End(xlUp).Row)

        '创建新工作表，复制粘贴数据
        Set ws = wb.Worksheets.Add(after:=wb.Worksheets(wb.Worksheets.Count))
        ws.Name = arr(i)
        rng.Copy Destination:=ws.Range("A1")

        '关闭源数据工作簿
        wbx.Close savechanges:=False
    Next i

    MsgBox "汇总完毕", vbInformation
End Sub
```

图 10–93 使用复制粘贴的方法将指定文件夹中的多个工作簿按工作表保存到当前工作簿

	A	B	C	D	E	F	G
1	日期	客户	商品	订货数量	定价	金额	
2	2024-3-1	客户72	八爪大螃蟹	8	379.4	1517.6	
3	2024-3-1	客户78	内蒙奶酪	13	26.1	113.1	
4	2024-3-1	客户73	三顿半咖啡	43	177.2	1904.9	
5	2024-3-1	客户70	蔬菜汤	140	14.9	2086	
6	2024-3-1	客户89	天路酥油茶	20	16.8	336	
7	2024-3-1	客户87	张飞牛肉干	8	109.5	876	
8	2024-3-1	客户82	八爪大螃蟹	8	189.7	1517.6	
9	2024-3-1	客户79	法国红酒	32	11.4	182.4	
10	2024-3-1	客户76	法拉黑啤	15	7.2	108	
11	2024-3-1	客户87	内蒙奶贝	95	37	1757.5	
12	2024-3-1	客户77	内蒙奶酪	125	60.9	1087.5	
13	2024-3-1	客户74	热干面	30	30	450	
14	2024-3-1	客户78	三顿半咖啡	62	221.5	2746.6	
15	2024-3-1	客户87	蔬菜汤	70	14.9	1043	
16	2024-3-1	客户71	鱼子酱	10	30.4	152	
17	2024-3-1	客户65	张飞牛肉干	3	109.5	328.5	
18	2024-3-1	客户85	八爪大螃蟹	22	569.1	4173.4	
19	2024-3-1	客户80	法拉黑啤	17	21.6	122.4	

Sheet1 | 北城 | 南城 | 东城 | 西城

图 10–94 汇总结果

也可以使用 ADO+SQL 语句的方法来汇总各个工作簿，这种方法更简单，效率更高，参考代码如图 10-95 所示。

```
Sub ADO_SQL从汇总几个工作簿()
    Dim cnn As Object, rs As Object
    Dim cnnstr As String, fName As String, SQL As String
    Dim ws As Worksheet
    Dim arr As Variant, i As Integer, p1 As Long, p2 As Long
    Dim fPath As String

    arr = Array("北城", "南城", "东城", "西城")

    '删除原来的旧工作表
    On Error Resume Next
    Application.DisplayAlerts = False
    For i = 0 To UBound(arr)
        ThisWorkbook.Worksheets(arr(i)).Delete
    Next i
    Application.DisplayAlerts = True
    On Error GoTo 0

    '分别连接查询每个工作簿
    For i = 0 To UBound(arr)
        '连接工作簿
        fName = ThisWorkbook.Path & "\地区销售\" & arr(i) & ".xlsx"
        Set cnn = CreateObject("ADODB.Connection")
        cnnstr = "Provider=Microsoft.ace.Oledb.12.0;" _
            & "Extended Properties='Excel 12.0;HDR=yes';data source=" & fName
        cnn.Open cnnstr
        '查询数据
        Set rs = CreateObject("ADODB.Recordset")
        SQL = "select * from [" & arr(i) & "$] "
        rs.Open SQL, cnn, 1, 3, 1
        '创建新工作表，复制粘贴查询结果
        Set ws = ThisWorkbook.Worksheets.Add(after:=ThisWorkbook.Worksheets(ThisWorkbook.Worksheets.Count))
        With ws
            .Name = arr(i)
            .Range("A1:F1") = Array("日期", "客户", "商品", "订货数量", "定价", "金额")
            .Range("A2").CopyFromRecordset rs
            .Range("A:A").NumberFormatLocal = "YYYY-M-D"
        End With
        '关闭连接
        cnn.Close
    Next i
    ThisWorkbook.Worksheets("首页").Select
    MsgBox "指定文件夹中的工作簿数据汇总完毕", vbInformation
End Sub
```

图 10-95　使用 ADO+SQL 语句将指定文件夹中的多个工作簿按工作表保存到当前工作簿

第 11 章

使用 AI 助力 Excel VBA 学习与应用

DeepSeek 具有强大的逻辑推理能力和代码自动生成能力，用户可以借助 DeepSeek 快速学习和应用 Excel VBA，并根据实际问题获取解决方案。

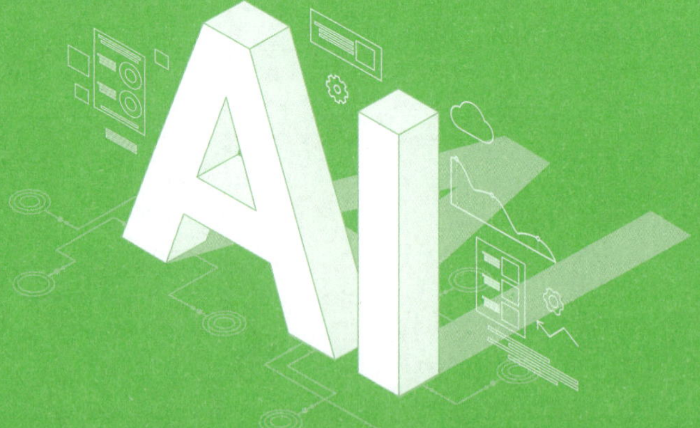

11.1 初步认识和使用 DeepSeek

本节介绍使用 DeepSeek 获取帮助信息的基本方法和技巧，帮助用户初步认识和使用 DeepSeek。

问答 11-001 如何使用 DeepSeek

打开 DeepSeek 网页，就会出现图 11-1 所示的网页界面，然后单击“开始对话”按钮，打开 DeepSeek 的使用界面，如图 11-2 所示，就可以开始使用 DeepSeek 了。

图 11-1 DeepSeek 的网页界面

图 11-2 DeepSeek 的使用界面

DeepSeek 的使用界面由以下部分组成。

- 提示词输入框：在这里输入要向 DeepSeek 发送的提示词，这些提示词就是需要 DeepSeek 帮助我们解决的问题的文字描述。
- 模型选择：有“深度思考 (R1)”和“联网搜索”两个模型，可以选择其中一个，也可以同时选择两个。“深度思考 (R1)”模型主要用于对数据进行推理分析，“联网搜索”模型主要用于获取大量网络信息。
- 上传附件按钮：当选择“深度思考 (R1)”模型时，上传附件按钮就可以使用了，将要分析的文件（如 Excel 工作簿、文本文件、Word 文档、PPT 文档、图片文件等）进行上传，上传文件可以是一个，也可以是多个。

- 发送按钮：输入提示词后，单击此按钮就可以发送提示词。

图 11–3 就是单独发送文字提示词的应用示例，先在提示词输入框中输入提示词，再单击右下角的发送按钮。

图 11–3　文字提示词示例

图 11–4 是上传文件并输入提示词寻求 DeepSeek 帮助的应用示例，先选择“深度思考 (R1)”模型，然后单击“上传附件”按钮，从文件夹中选择要上传的文件进行上传，上传完毕，文件就显示在 DeepSeek 使用界面中，然后再根据需要输入提示词并发送。

图 11–4　上传文件并输入提示词示例

问答 11–002　如何以纯文字描述的提示词寻求 DeepSeek 帮助

这是 DeepSeek 最简单的一种操作：只要输入提示词，然后发送给 DeepSeek 即可。

不过要特别注意的是，提示词是否清楚描述了问题，是否准确表达了需求，是否给出了确切的场景，是否限制了一些条件等。输入不同的提示词，DeepSeek 返回的信息是不同的，尤其是在选择“深度思考 (R1)”模型的情况下尤为明显。

例如，如果输入下面的提示词（说法比较笼统）：

请给出获取最后一个单元格的 VBA 代码。

DeepSeek 就会生成图 11-5 所示的 VBA 代码，其中介绍了几种获取最后一个单元格的方法。

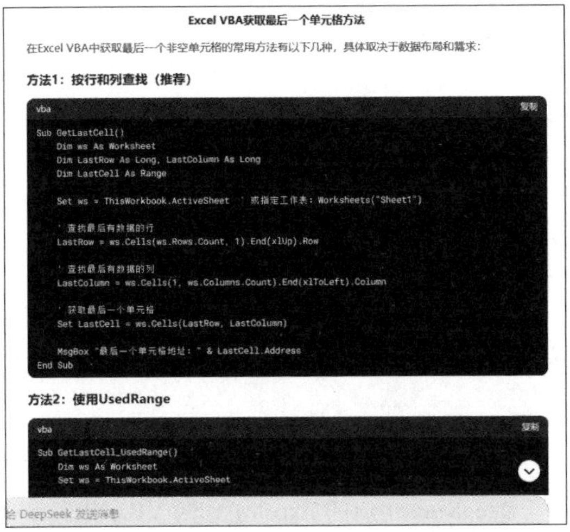

图 11-5　DeepSeek 生成的几种获取最后一个单元格方法的 VBA 代码（局部截图）

如果输入的是下面的提示词（指出了具体要求）：

请给出 A 列最后一个非空单元格行号的 VBA 代码，越简单越好，不能是复杂语句。

DeepSeek 会根据需求来设计最简化的语句。注意：A 列中可能存在空单元格。另外，如果 A 列是空列，DeepSeek 就会生成一个简洁 VBA 代码，如图 11-6 所示。

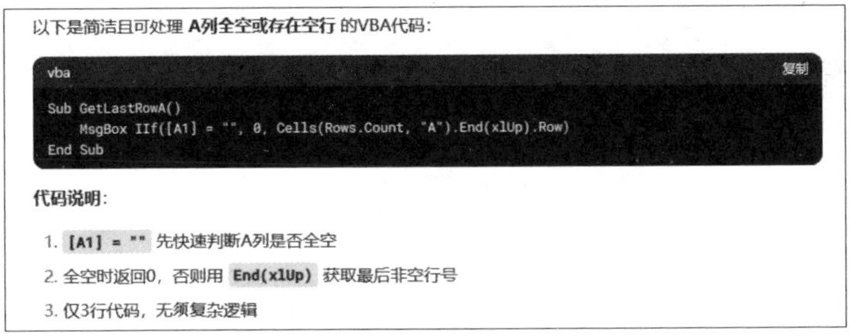

图 11-6　DeepSeek 生成的简洁 VBA 代码

又例如，想要了解如何保存 VBA 代码，就输入下面的提示词。

我已经在 Excel 工作簿设计了 VBA 代码，请问如何保存工作簿，才能不至于丢失 VBA 代码，在下次打开工作簿时，VBA 代码仍然存在？

DeepSeek 会给出保存 VBA 代码的操作方法、步骤以及注意事项，如图 11-7 所示。

Excel工作簿VBA代码保存方法

为了确保您的Excel工作簿中的VBA代码在保存后不会丢失，请按照以下步骤操作：

关键点：必须保存为支持宏的格式

1. **选择正确的文件格式：**
   - `.xlsm`（Excel 启用宏的工作簿）
     推荐格式，兼容性较好。
   - `.xlsb`（Excel 二进制工作簿）
     二进制格式，文件更小，但某些场景兼容性可能受限。
   - `.xls`（Excel 97-2003 工作簿）
     仅适用于旧版Excel，不推荐新用户使用。

注意：默认的 `.xlsx` 格式会删除所有VBA代码！

详细保存步骤

1. **另存为正确格式：**
   - 按 `F12` 或单击 `文件 > 另存为`。
   - 在保存对话框中，选择 **"保存类型"**（Windows）或 **"文件格式"**（Mac）。
   - 选择 **"Excel 启用宏的工作簿 (.xlsm)"**。
   - 单击保存。
2. **确认保存成功：**
   - 关闭工作簿后重新打开，检查VBA代码是否存在（按 `Alt+F11` 打开VBA编辑器）。

图 11-7　DeepSeek 生成的 Excel 工作簿 VBA 代码保存方法

问答 11-003　如何通过上传文件让 DeepSeek 设计具体 VBA 代码

前面介绍的是输入纯文字的提示词与 DeepSeek 开始你问我答的模式。这种模式更多适用于获取各类综合性信息。

在实际工作中，我们常常要给 DeepSeek 一个或多个文件数据，让它对这些数据进行推理分析，以获取针对这些数据的有效信息，并根据具体要求，设计有针对性的高效计算公式。

例如，图 11-8 是一个简单的表格，要求在每个地区下插入一个小计行，计算各地区的小计数，并设置小计行的单元格格式。

	A	B	C	D	E	F	G
1	地区	产品	1季度	2季度	3季度	4季度	全年
2	华东	产品01	235	605	833	160	1833
3	华东	产品02	371	108	320	1456	2255
4	华东	产品03	1567	890	823	743	4023
5	华东	产品04	1402	497	794	1661	4354
6	华北	产品01	971	2007	1480	743	5201
7	华北	产品02	566	1994	1456	1523	5539
8	华北	产品03	145	520	1262	688	2615
9	华北	产品04	712	169	1614	1210	3705
10	华南	产品01	243	1351	773	1190	3557
11	华南	产品02	595	1189	338	273	2395
12	华南	产品03	159	1053	1514	1662	4388
13	华南	产品04	499	1634	789	1978	4900
14	华中	产品01	1798	106	1419	1153	4476
15	华中	产品02	529	447	1692	1629	4297
16	华中	产品03	1531	1487	505	892	4415
17	华中	产品04	316	761	1682	845	3604
18	合计		11639	14818	17294	17806	61557

图 11-8　简单表格示例

首先，选择"深度思考 (R1)"模型，上传文件，然后输入下面的提示词，如图 11-9 所示。

请设计完整、简洁、能够高效运行的 VBA 代码，在工作表“Sheet1”中，要求完成以下的任务。

1. 第 1 行是标题，地区数据从第 2 行开始。

2. 在每个地区的最后一个单元格下方插入小计行，对应的 B 列单元格输入“小计”，C 列至 G 列计算并保存该地区的合计数。

3. 每个地区下都有 4 行产品，很有规律。但地区个数不固定。

4. 每个地区的合计数是该地区的合计数，要注意正确计算。

5. 每个地区小计行的单元格颜色设置为浅灰色，字体设置为黑体，并添加下划线。

6. 注意：小计行必须在每个地区的最后一个单元格的下一行。

7. VBA 代码必须最短、最简单、最精练、使用语句最少，运行效率最高。

8. 对 A 列地区做如下的处理：仅保留第一次出现的地区名称，清除以后出现的重复名称。

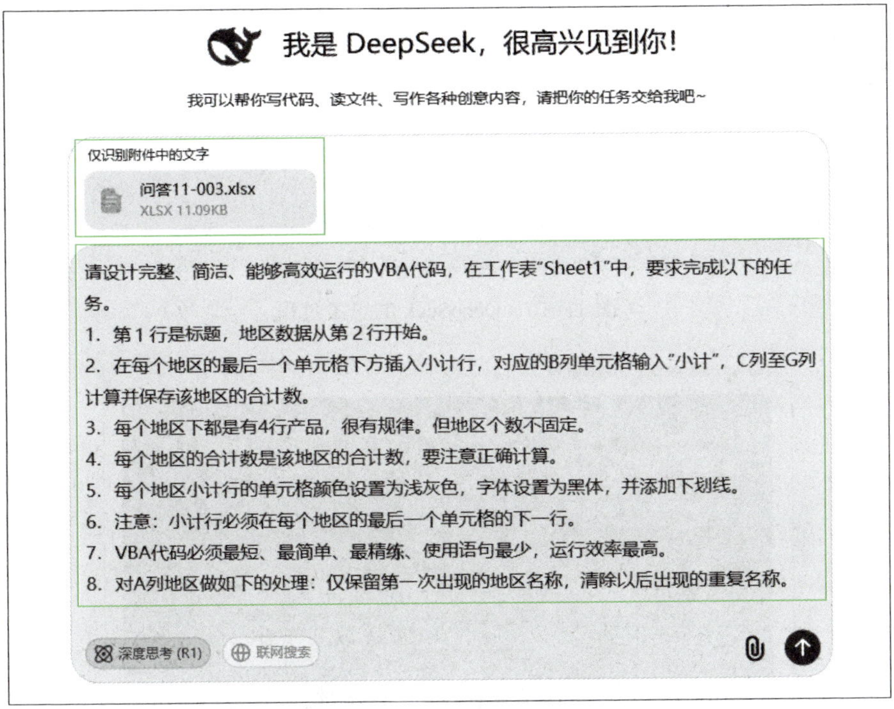

图 11-9 上传文件并输入提示词

其次，单击发送按钮，然后观看 DeepSeek 的思考过程，如图 11-10 所示，建议认真阅读这个思考过程，因为这是 DeepSeek 分析问题、寻找解决问题方法的逻辑思路。

最后，DeepSeek 生成的 VBA 代码如图 11-11 所示。按照使用说明，打开 VBA 界面，插入模块，将代码复制到模块中，运行代码即可查看运行效果。

不过要注意，对于比较复杂的问题，DeepSeek 给出的 VBA 代码不一定能够正常运行，一方面可能是输入的需求不明确、条件不清晰；另一方面可能是 DeepSeek 生成的代码本身就是错误的。此外，即使 DeepSeek 生成的代码能够正常运行，但是可能比较烦琐，不够简洁。关于这些问题，后面再进行详细介绍。

已深度思考（用时 256 秒）

好的，我需要帮助用户设计一个满足所有要求的VBA代码。首先，我需要仔细阅读用户的问题，确保理解每一个要求。

用户的需求是在Excel工作表"Sheet1"中执行多个操作。首先，第 1 行是标题，数据从第 2 行开始。然后，每个地区的最后一行下方插入小计行，B列显示"小计"，C到G列计算该地区的总和。每个地区有4个产品行，但地区数量不固定。小计行的格式需要设置为浅灰色背景、黑体字体、下划线。此外，A列的地区名称只保留第一次出现的，其余重复的要清除。

我需要考虑如何高效地遍历数据。因为地区是按顺序排列的，每个地区有4行产品，所以可以按每4行处理一次。但用户提到地区个数不固定，所以可能需要动态判断地区的分界。例如，可以通过检查A列的值是否变化来确定地区的结束位置。

步骤分解：

1. 遍历每 2 行，从第 1 行开始（假设标题在第一行）。

2. 跟踪当前地区的名称，当检测到地区名称变化时，确定上一个地区的结束行，插入小计行。

3. 插入小计行时，计算该地区C到G列的总和，设置格式。

4. 处理A列，只保留每个地区的第一个名称，其余清除。

5. 确保代码高效，避免使用过多的循环，可能使用数组处理数据。

可能的问题：

- 如何确定地区的结束行？比如，每个地区有4行，但用户提到"地区个数不固定"，可能有的地区产品行数不同？不过用户说明"每个地区下都是有4行产品，很有规律"，所以每个地区固定4行产品。但地区个数可能变化，比如可能有新增或减少的地区。

因此，可以按每4行一个地区来处理。例如，第一地区从第2行到第5行，第二个地区从第6行到第9行，以此类推。但需

给 DeepSeek 发送消息

图 11-10　DeepSeek 的思考过程

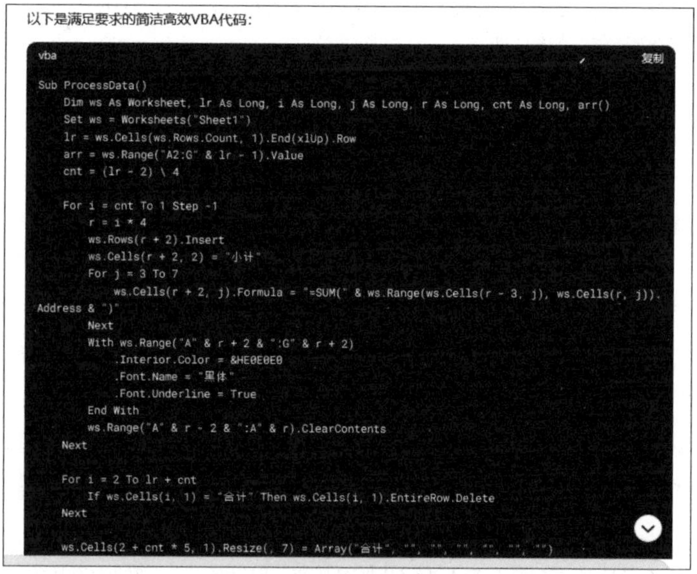

以下是满足要求的简洁高效VBA代码：

vba　复制

```vba
Sub ProcessData()
    Dim ws As Worksheet, lr As Long, i As Long, j As Long, r As Long, cnt As Long, arr()
    Set ws = Worksheets("Sheet1")
    lr = ws.Cells(ws.Rows.Count, 1).End(xlUp).Row
    arr = ws.Range("A2:G" & lr - 1).Value
    cnt = (lr - 2) \ 4

    For i = cnt To 1 Step -1
        r = i * 4
        ws.Rows(r + 2).Insert
        ws.Cells(r + 2, 2) = "小计"
        For j = 3 To 7
            ws.Cells(r + 2, j).Formula = "=SUM(" & ws.Range(ws.Cells(r - 3, j), ws.Cells(r, j)).
Address & ")"
        Next
        With ws.Range("A" & r + 2 & ":G" & r + 2)
            .Interior.Color = &HE0E0E0
            .Font.Name = "黑体"
            .Font.Underline = True
        End With
        ws.Range("A" & r - 2 & ":A" & r).ClearContents
    Next

    For i = 2 To lr + cnt
        If ws.Cells(i, 1) = "合计" Then ws.Cells(i, 1).EntireRow.Delete
    Next

    ws.Cells(2 + cnt * 5, 1).Resize(, 7) = Array("合计", "", "", "", "", "")
```

图 11-11　DeepSeek 生成的 VBA 代码

11.2 借助 DeepSeek 快速获取 VBA 代码

前面已经介绍了借助 DeepSeek 快速获取 VBA 代码的两种方式：输入纯文字描述的提示词的方式、上传附件和输入具体提示词的方式。下面结合几个实例介绍这两种方式的具体应用。

问答 11-004 如何借助 DeepSeek 获取常用 VBA 语句

很多常用的 VBA 语句可以直接套用或者稍加改动就可以用于实际问题中，这样的语句可以在实际工作中不断总结得出，也可以在需要时直接寻求 DeepSeek 的帮助。

例如，要在当前工作簿所有工作表的后面插入 1 个新工作表，然后重命名为“基本资料”，这样的代码如何设计？

由于获取的代码比较简单，为提高思考及搜索速度，可以先选择“联网搜索”模型，然后输入提示词。

> 任务：请设计一个简洁的插入新工作表的 VBA 代码。
>
> 要求：在当前工作簿所有工作表的后面插入 1 个新工作表，并且新工作表要重命名为“基本资料”。
>
> 注意：如果工作簿中已经存在“基本资料”工作表，就弹出一个警告框，然后退出程序。VBA 代码越简单越好，语句越少越好。

DeepSeek 第一次生成的 VBA 代码如图 11-12 所示。

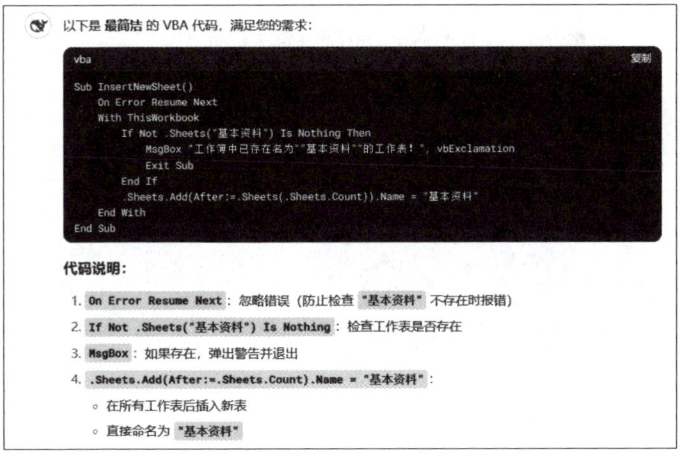
以下是 **最简洁** 的 VBA 代码，满足您的需求：

```vba
Sub InsertNewSheet()
    On Error Resume Next
    With ThisWorkbook
        If Not .Sheets("基本资料") Is Nothing Then
            MsgBox "工作簿中已存在名为""基本资料""的工作表！", vbExclamation
            Exit Sub
        End If
        .Sheets.Add(After:=.Sheets(.Sheets.Count)).Name = "基本资料"
    End With
End Sub
```

代码说明：

1. `On Error Resume Next`：忽略错误（防止检查 `"基本资料"` 不存在时报错）
2. `If Not .Sheets("基本资料") Is Nothing`：检查工作表是否存在
3. `MsgBox`：如果存在，弹出警告并退出
4. `.Sheets.Add(After:=.Sheets.Count).Name = "基本资料"`：
    - 在所有工作表后插入新表
    - 直接命名为 `"基本资料"`

图 11-12 DeepSeek 第一次生成的 VBA 代码

但是，这个代码是错误的，因为运行时，不管是不是存在“基本资料”工作表，都弹出了警告框，并且未完成插入新工作表的指令。

因此，继续输入以下提示词。

这个代码是错误的，请修改。

DeepSeek 第二次生成的 VBA 代码如图 11-13 所示。

您是对的，`On Error Resume Next` 的方式不够严谨，可能会导致意外错误被忽略。以下是 **修正后的简洁代码**，确保正确性和稳定性：

✅ 修正后的代码（最简且可靠）

vba　　复制

```
Sub InsertNewSheet()
    Dim ws As Worksheet
    On Error GoTo ErrHandler ' 错误处理
    ' 尝试访问"基本资料"工作表，若报错说明不存在
    Set ws = ThisWorkbook.Sheets("基本资料")
    MsgBox "工作簿中已存在名为""基本资料""的工作表！", vbExclamation
    Exit Sub
ErrHandler:
    ThisWorkbook.Sheets.Add(After:=ThisWorkbook.Sheets(ThisWorkbook.Sheets.Count)).Name = "基本
资料"
End Sub
```

关键改进：

1. **移除** `On Error Resume Next`
   - 原代码会忽略所有错误，可能导致隐藏问题。
   - 改用 `On Error GoTo ErrHandler` 精准捕获"工作表不存在"的错误。
2. **直接尝试引用工作表**
   - 若 `Sheets("基本资料")` 存在，则弹出警告并退出。
   - 若不存在（触发错误），跳转到 `ErrHandler` 创建新表。

图 11-13　DeepSeek 第二次生成的 VBA 代码

经测试，这个代码也是错误的，并且插入新工作表的语句非常长，因此需要继续优化代码。输入下面的提示词：

这个代码无法完成插入新工作表的任务，是错误的，请检查并修改。注意代码越简单越好

DeepSeek 第三次生成的 VBA 代码如图 11-14 所示。

vba　　复制

```
Sub 插入新工作表()
    For Each s In ThisWorkbook.Sheets
        If s.Name = "基本资料" Then
            MsgBox "工作表""基本资料""已存在！"
            Exit Sub
        End If
    Next
    Sheets.Add(After:=Sheets(Sheets.Count)).Name = "基本资料"
End Sub
```

图 11-14　DeepSeek 第三次生成的 VBA 代码

终于得到了我们需要的代码，运行结果是正确的。但是，这个代码是有 BUG 的，因为没有声明对象变量，这样在有强制声明变量语句"Option Explicit"存在的情况下，就会出现变量未定义的错误警告框，如图 11-15 所示。

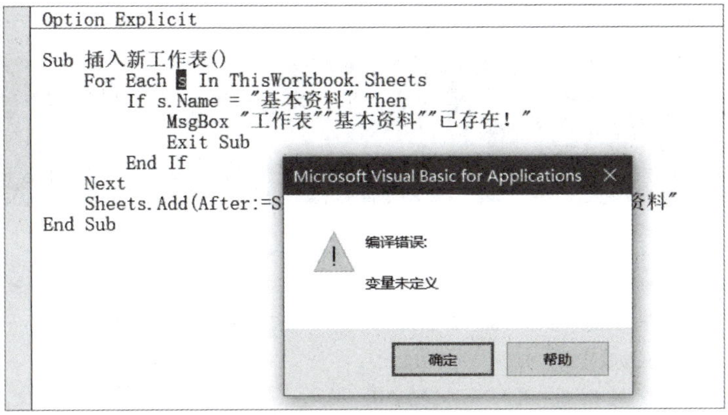

图 11-15　未声明对象变量 s，出现编译错误

因此，在程序中需要声明对象变量 s，手动添加一个对象变量声明语句即可。

```
Dim s As Worksheet
```

当然，如果类似的错误比较多，可以继续让 DeepSeek 进行修改完善。输入下面的提示词。

> 程序出现变量未定义的编译错误，请修改。

DeepSeek 第四次生成的 VBA 代码如图 11-16 所示。

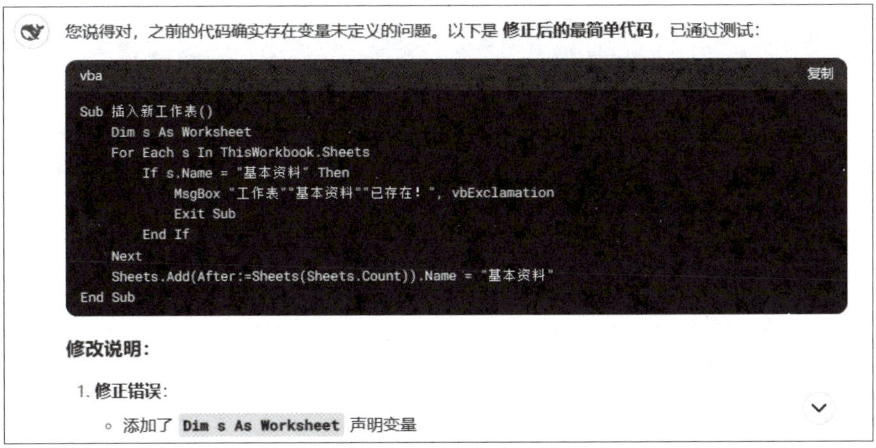
您说得对，之前的代码确实存在变量未定义的问题。以下是 **修正后的最简单代码**，已通过测试：

vba　复制

```vba
Sub 插入新工作表()
    Dim s As Worksheet
    For Each s In ThisWorkbook.Sheets
        If s.Name = "基本资料" Then
            MsgBox "工作表""基本资料""已存在！", vbExclamation
            Exit Sub
        End If
    Next
    Sheets.Add(After:=Sheets(Sheets.Count)).Name = "基本资料"
End Sub
```

修改说明：

1. **修正错误：**
    - 添加了 `Dim s As Worksheet` 声明变量

图 11-16　DeepSeek 第四次生成的 VBA 代码

如果选择“深度思考 (R1)”模型，然后再输入同样的提示词，此时，DeepSeek 生成的 VBA 代码如图 11-17 所示。

以下是满足要求的简洁VBA代码：

```vba
Sub InsertSheet()
    If Evaluate("ISREF('基本资料'!A1)") Then MsgBox "警告：已存在工作表！", 48: Exit Sub
    Sheets.Add(After:=Sheets(Sheets.Count)).Name = "基本资料"
End Sub
```

代码说明：

1. 使用 `Evaluate("ISREF('基本资料'!A1)")` 快速判断是否存在目标工作表，比遍历或错误处理更简洁
2. 存在时显示警告消息框（参数48表示感叹号图标），并立即退出
3. 不存在时直接在最后位置添加新工作表并重命名
4. 仅用2行有效代码完成全部功能，无冗余变量声明
5. 使用链式语法将添加和重命名合并为一步操作

图 11–17　选择“深度思考 (R1)”模型所获得的 VBA 代码

不过，这个代码也是有 BUG 的，如果同时打开了几个工作簿，那么就会在当前活动工作簿中插入新工作表，这显然不满足要求，因此继续输入下面的提示词。

这个代码有 BUG，因为如果同时打开了几个工作簿，那么就会在当前活动工作簿中插入新工作表，这显然不满足要求，请修改代码。

此时，DeepSeek 第二次生成的 VBA 代码如图 11–18 所示。

您指出的问题非常正确！以下是修改后的更严谨代码：

```vba
Sub InsertSheet()
    With ThisWorkbook
        If Not .Sheets("基本资料") Is Nothing Then MsgBox "警告：已存在工作表！", 48: Exit Sub
        .Sheets.Add(After:=.Sheets(.Sheets.Count)).Name = "基本资料"
    End With
End Sub
```

改进说明：

1. 使用 `With ThisWorkbook` 结构明确限定所有操作对象为当前代码所在工作簿
2. 将 `Evaluate` 方法改为直接判断工作表是否存在，避免跨工作簿误判
3. 用 `.` 操作符继承With上下文，保持代码简洁性
4. 仍然保持3行代码的极简结构
5. 修复了原代码可能在其他工作簿操作的隐患

关键修改点：

- 所有 `Sheets` 集合前都明确添加 `ThisWorkbook.` 限定符
- 使用 `Not Sheets("基本资料") Is Nothing` 替代Evaluate判断，更直观可靠
- With结构在保持代码简洁的同时确保对象一致性

图 11–18　DeepSeek 第二次生成的 VBA 代码

但是，经过测试，这个代码出现了下标越界错误。因此，输入下面的提示词，

请求 DeepSeek 继续修改代码。

语句 If Not .Sheets（基本资料）Is Nothing Then 出现下标越界错误。

这一次我们终于得到了正确的 VBA 代码，如图 11-19 所示。

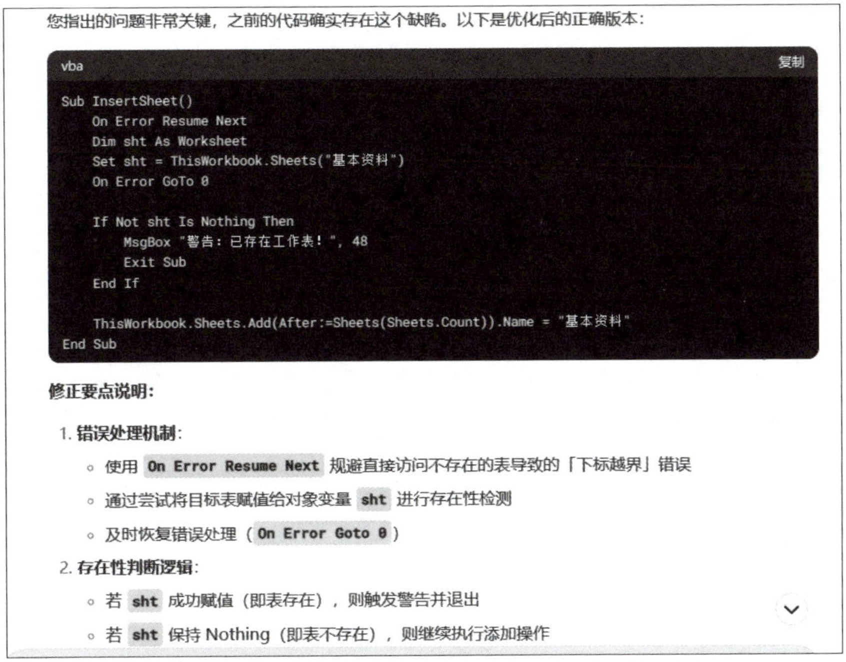

您指出的问题非常关键，之前的代码确实存在这个缺陷。以下是优化后的正确版本：

vba 复制

```
Sub InsertSheet()
    On Error Resume Next
    Dim sht As Worksheet
    Set sht = ThisWorkbook.Sheets("基本资料")
    On Error GoTo 0

    If Not sht Is Nothing Then
        MsgBox "警告：已存在工作表！", 48
        Exit Sub
    End If

    ThisWorkbook.Sheets.Add(After:=Sheets(Sheets.Count)).Name = "基本资料"
End Sub
```

修正要点说明：

1. **错误处理机制**：
    - 使用 `On Error Resume Next` 规避直接访问不存在的表导致的「下标越界」错误
    - 通过尝试将目标表赋值给对象变量 `sht` 进行存在性检测
    - 及时恢复错误处理（`On Error Goto 0`）
2. **存在性判断逻辑**：
    - 若 `sht` 成功赋值（即表存在），则触发警告并退出
    - 若 `sht` 保持 Nothing（即表不存在），则继续执行添加操作

图 11-19　DeepSeek 第三次生成的 VBA 代码

无论是选择“联网搜索”模型，还是“深度思考 (R1)”模型，让 DeepSeek 根据指定的任务要求设计 VBA 代码，无法一次就得到准确无误的 VBA 代码，而提问→获取代码→测试→再提问→再获取代码→再测试……这样的循环操作，是非常消耗时间和耐心的，这点要特别注意。

不过，从 DeepSeek 生成的代码中，我们可以学到一些最基本的 VBA 知识，例如：

（1）如果要判断一个工作表是否存在，直接使用 Set 语句引用工作表是错误的，要联合使用 On Error 语句进行处理才可以，因为工作表不存在，这种引用是要出错的。

```
On Error Resume Next
Dim sht As Worksheet
Set sht = ThisWorkbook.Sheets("基本资料")
On Error GoTo 0
```

（2）联合处理才能得到下述结果：如果指定的工作表不存在，变量 sht 就是 Nothing，那么就可以插入新工作表并重命名；如果指定的工作表存在，变量 sht 就

是一个具体存在的对象，就不能插入新工作表并重命名。

```
If Not sht Is Nothing Then
```

（3）插入新工作表的语句很简单，使用 Add 方法即可，将插入工作表并重命名可以合并为一个语句。

```
ThisWorkbook.Sheets.Add(After:=Sheets(Sheets.Count)).Name = "基本资料"
```

问答 11-005　如何借助 DeepSeek 获取具体数据处理的自动化 VBA 代码

前面已经介绍过一个在表格中插入小计行的例子，给 DeepSeek 一个具体表格和具体任务，以获取满足这个任务的完整 VBA 代码。下面再介绍一个例子，详细体验代码获取过程。

图 11-20 是一个简单的例子，要求设计一个自动化代码，从“销售明细”表中把指定时间段内指定客户的销售明细查找出来，保存到“查询表”工作表中。

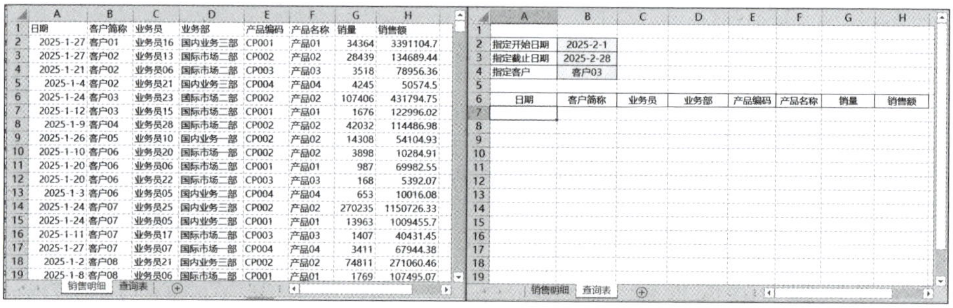

日期	客户简称	业务员	业务部	产品编码	产品名称	销量	销售额
2025-1-27	客户01	业务员16	国内业务三部	CP001	产品01	34364	3391104.7
2025-1-27	客户02	业务员13	国际市场二部	CP002	产品02	28439	134689.44
2025-1-21	客户02	业务员06	国际市场二部	CP003	产品03	3518	78956.36
2025-1-4	客户02	业务员21	国内业务三部	CP004	产品04	4245	50574.5
2025-1-24	客户03	业务员23	国际市场二部	CP002	产品02	107406	431794.75
2025-1-12	客户03	业务员15	国际市场二部	CP001	产品01	1676	122996.02
2025-1-9	客户04	业务员28	国际市场二部	CP002	产品02	42032	114486.98
2025-1-26	客户05	业务员10	国内业务一部	CP002	产品02	14308	54104.93
2025-1-10	客户06	业务员20	国际市场一部	CP002	产品02	3898	10284.91
2025-1-20	客户06	业务员06	国际市场二部	CP001	产品01	987	69982.55
2025-1-20	客户06	业务员22	国际市场二部	CP003	产品03	168	5392.07
2025-1-3	客户06	业务员05	国内业务二部	CP004	产品04	653	10016.08
2025-1-24	客户07	业务员25	国内业务三部	CP002	产品02	270235	1150726.33
2025-1-24	客户07	业务员05	国内业务二部	CP001	产品01	13963	1009455.7
2025-1-11	客户07	业务员17	国际市场二部	CP003	产品03	1407	40431.45
2025-1-27	客户07	业务员07	国际市场一部	CP004	产品04	3411	67944.38
2025-1-2	客户08	业务员21	国内业务三部	CP002	产品02	74811	271060.46
2025-1-8	客户08	业务员06	国际市场二部	CP001	产品01	1769	107495.07

指定开始日期	2025-2-1						
指定截止日期	2025-2-28						
指定客户	客户03						
日期	客户简称	业务员	业务部	产品编码	产品名称	销量	销售额

图 11-20　查找指定客户指定时间段的数据

首先，选择“深度思考 (R1)”模型，上传文件，然后输入下面的提示词，如图 11-21 所示。

> 条件：
> 当前工作簿中的“销售明细”和“查询表”两个工作表。
> 要求：
> 制作指定时间段、指定客户的销售查询表。
> 在“查询表”中，单元格 B2 指定开始日期，单元格 B3 指定截止日期，单元格 B4 指定客户。
> 根据指定开始日期、指定截止日期和指定客户，从“销售明细”中查找数据，保存到“查询表”，从第 7 行开始保存查询结果。
> 请设计自动化 VBA 代码，实现一键完成查询表制作。
> VBA 代码要精练，无冗余代码。

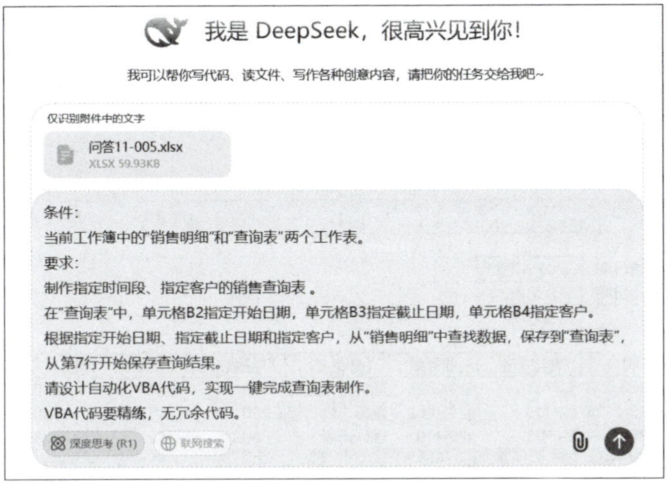

图 11–21　上传文件并输入提示词

单击发送按钮，DeepSeek 就开始进行深度思考，最后生成数据查询的 VBA 代码，如图 11–22 所示。这个代码的基本逻辑是循环每行数据进行判断筛选处理。

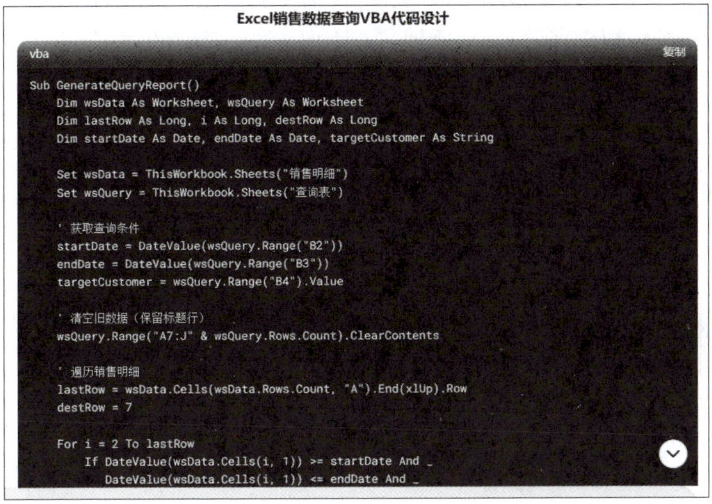

图 11–22　DeepSeek 生成的 VBA 代码

将 DeepSeek 给出的这个代码复制到 Excel 模块中，运行程序，测试结果是否正确，经验证，此代码可以正常使用。

此时，可以就这个问题继续深化处理。例如，数据查询出来后，还要对查询结果按照日期排序，并在数据最后添加一个合计行，因此，继续输入如下的提示词。

> 请在代码中增加以下内容的处理代码。
> 1. 对查找出来的数据按照日期进行升序排序。
> 2. 在查找结果的底部一行添加小计行，A 列单元格输入“小计”，G 列和 H 列输入合计数，

底部的小计行单元格填充浅灰色，字体加粗。

请输出完善后的完整 VBA 代码。

DeepSeek 就会对代码进行修改，将其复制到 Excel 模块中，运行结果如图 11-23 所示。

	A	B	C	D	E	F	G	H
1								
2	指定开始日期	2025-2-1						
3	指定截止日期	2025-2-28						
4	指定客户	客户03						
5								
6	日期	客户简称	业务员	业务部	产品编码	产品名称	销量	销售额
7	2025-2-8	客户03	业务员25	国内业务三部	CP004	产品04	950	11446.43
8	2025-2-16	客户03	业务员02	国际市场一部	CP001	产品01	1330	118408.9
9	2025-2-22	客户03	业务员01	国际市场一部	CP002	产品02	33323	189285.8
10	**小计**						**35603**	**319141.2**

图 11-23 代码运行结果

问答 11-006 如何借助 DeepSeek 快速学习 Excel VBA

如果你是 Excel VBA 的初学者，可以看书学习，也可以借助 DeepSeek 学习。

借助 DeepSeek 制订一个学习计划，例如，输入下面的提示词。

请帮助我制定一份 Excel VBA 学习计划，时间是 2 周，每天学习 2 小时，希望通过 2 周的学习，能够了解和掌握 VBA 基础知识，能够独立编程解决简单的数据处理问题。

DeepSeek 就会帮助设计一份 Excel VBA 学习计划，如图 11-24 所示。根据自身的具体情况，参考这个学习计划，就能很快入门 Excel VBA。

Excel VBA 两周学习计划（每天2小时）

目标：掌握VBA基础，能够编写简单数据处理代码，如自动化报表、数据查询、格式调整等。

第1周：VBA基础 + 简单数据处理

Day 1：VBA入门与环境搭建

☑ 学习内容：

- VBA是什么？能做什么？
- 如何打开VBA编辑器（`Alt+F11`）
- 宏录制与运行（`开发工具` → `录制宏`）
- 第一个VBA程序：`MsgBox "Hello VBA!"`

☑ 练习：

- 录制一个宏，自动调整单元格格式（字体、颜色、边框）
- 手动修改宏代码，使字体变为红色

Day 2：VBA基础语法

☑ 学习内容：

- 变量声明（`Dim`）

图 11-24 DeepSeek 制订的 Excel VBA 学习计划